Ökonomische Bildung mit Kindern und Jugendlichen

Umweltbildung und **Zukunft**sfähigkeit

Herausgegeben von Dietmar Bolscho

Band 5

PETER LANG

Frankfurt am Main · Berlin · Bern · Bruxelles · New York · Oxford · Wien

Dietmar Bolscho
Katrin Hauenschild
(Hrsg.)

Ökonomische Bildung mit Kindern und Jugendlichen

PETER LANG
Internationaler Verlag der Wissenschaften

Bibliografische Information der Deutschen Nationalbibliothek
Die Deutsche Nationalbibliothek verzeichnet diese Publikation in
der Deutschen Nationalbibliografie; detaillierte bibliografische
Daten sind im Internet über <http://www.d-nb.de> abrufbar.

Gedruckt auf alterungsbeständigem,
säurefreiem Papier.

ISSN 1433-3236
ISBN 978-3-631-57900-8

© Peter Lang GmbH
Internationaler Verlag der Wissenschaften
Frankfurt am Main 2008
Alle Rechte vorbehalten.

Printed in Germany 1 2 3 4 5   7

www.peterlang.de

Inhaltsverzeichnis

Zur ökonomischen Bildung und Nachhaltigen Entwicklung

Ausblick

Autorinnen und Autoren

Einleitung

Vom Nutzen und Nachteil ökonomischer Bildung für das Leben

Dietmar Bolscho

Friedrich Nietzsche hat in seiner berühmt gewordenen Schrift *Vom Nutzen und Nachteil der Historie für das Leben* (1874) über den – wie wir in heutiger Sprache sagen könnten – Lebensweltbezug von Wissenschaft nachgedacht. Für die „Historie" kommt er zu der Erkenntnis: „Wir brauchen sie zum Leben und zur Tat" (1970, S.3).[1]

Die Analogie zur ökonomischen Bildung mag gewagt sein, aber jede sich als wissenschaftlich verstehende Bildungskonzeption muss sich, wie die Historie bei Nietzsche, der Frage stellen, welchem übergeordnetem Ziel, welcher Leitidee, welchem Menschbild sie sich verpflichtet fühlt, was sie zur Gestaltung des Lebens der zu Bildenden beizutragen anstrebt. Dazu ist es unumgänglich, um die Bedeutung von ökonomischer Bildung begründen zu können, das Verständnis von Bildung, diesem „deutschen Deutungsmuster", das von „Glanz und E-lend" geprägt ist (vgl. Bollenbeck 1994), in seinen Grundzügen zu skizzieren.

In einem rigorosen Ordnungsversuch lässt sich Bildung in einem zeitlosen Grundmotiv verdichten: Bildung strebt *Aufklärung* an. Immanuel Kant hat 1784 die Antwort zum Grundprinzip der Aufklärung gegeben: „Aufklärung ist der Ausgang des Menschen aus seiner selbstverschuldeten Unmündigkeit", wobei Unmündigkeit „das Unvermögen (ist), sich seines Verstandes ohne Leitung eines anderen zu bedienen. Selbstverschuldet ist diese Unmündigkeit, wenn die Ursache derselben nicht am Mangel des Verstandes, sondern der Entschließung und des Mutes liegt, sich seiner ohne Leitung eines anderen zu bedienen" (zitiert nach Brandt 1999, S. 20). Der Gebildete weiß sich in seiner Welt zu orientieren, er immunisiert sich in einem gewissen Maße gegen eine Bildung, die *andere* für ihn für wichtig halten.

In der Sprache gegenwärtiger Erziehungswissenschaften geht es um Kompetenzen zum autonomen Handeln, die Weinert (2002, S. 355) so umschreibt: „In einem wachsenden Dschungel von widersprüchlichen Informationen (...) ein ausreichendes Maß an eigenständiger Urteilsbildung" ermöglichen und „individuelle Verhaltensspielräume, an Wertorientierungen und Handlungskontrollen aufzubauen und aufrecht erhalten zu können". Es geht darüber hinaus um Kompetenzen zu sozialer Partizipation, d.h. die „Bereitschaft und die Verantwortlichkeit zur aktiven Teilnahme am gesellschaftlichen, institutionellen und sozial informell organisierten Leben".

---

[1] Nietzsche hat sich übrigens in seiner Schrift gegen den sog. Historismus des 19. Jahrhunderts gewandt, in dem die anonyme Macht der Geschichte über die ethische Verantwortung des einzelnen gestellt wird.

Im DeSeCo-Programm (*Definition and Selection of Competencies*) der OECD sollen diese Schlüsselkompetenzen sowohl dem erfolgreichen Leben (*successful life*) von Individuen als auch gut funktionierenden (*well functioning*) Gesellschaften dienen. Die ökonomische Ebene in ihrer Vernetzung mit ökologischen und soziokulturellen wird ausdrücklich betont: „Individuals also face collective challenges as societies – such as balancing economic growth with environmentally sustainability, and prosperity with social equity" (OECD 2005, S. 4).

Mündigkeit als Schlüsselkompetenz bedeutet also, dass der mündige Mensch die Strukturen seiner Lebensbedingungen kritisch reflektiert und zu durchschauen befähigt wird. Mündigkeit ist nicht nur auf Individualität konzentriert, sondern ist zugleich auf die gesellschaftliche Ebene ausgerichtet. So kann es, um ein in allen Altersstufen relevantes Thema ökonomischer Bildung als Beispiel zu nennen, beim Thema *Konsum* nicht nur um die individuelle Perspektive von Kindern und Jugendlichen gehen, sondern es ist darüber hinaus etwa zu fragen, welche Folgen der Konsum in den Ländern des Nordens in globaler Perspektive für die Umwelt hat.

Vor der Ausarbeitung von Bildungsstrategien, die diesem Verständnis von Bildung verpflichtet sind, müssen Überlegungen einen Schritt davor ansetzen, nämlich den Blick auf die Interessen- und Motivationslagen der zu Bildenden richten: Wie sieht es in den Köpfen der zu Bildenden aus? Denn Lehrende können nur erfolgreich sein – wie es in der schulpädagogischen Sprache heißt –, wenn sie die Schüler ‚dort abholen', wo sie mit ihren Vorerfahrungen und ihrem Vorwissen stehen, und nicht zuletzt müssen Lehrende sich der Frage stellen, ob Lernende motiviert sind, sich mit Dingen zu beschäftigen, die ihnen im schulischen Unterricht angeboten werden.

Dazu lassen sich im Hinblick auf Ökonomie einige Vermutungen anstellen. Fragte man Kinder und Jugendliche, was sie motivieren könnte, sich mit Ökonomie zu beschäftigen, so wären die Antworten vielfältig; aber sie wären wohl zu weiten Teilen an den gegenwärtigen, aber auch zeitlich nahen lebensweltlichen Bedürfnissen ausgerichtet.

Jugendliche könnten sich für Ökonomie interessieren, weil sie vor dem Beginn ihrer beruflichen Laufbahn stehen und wissen möchten, wie lange eine bestimmte Ausbildung dauert und was man in einem bestimmten Beruf verdienen kann. Für einige wäre vielleicht das Motiv von Belang, mehr zu verdienen als ihre Eltern, um besser leben zu können und weniger sparsam sein zu müssen. Für manche Jugendliche wäre auch die Arbeitsplatzsicherheit eines Berufes von Interesse oder sie interessierten sich für die Berufe der Eltern, weil die Eltern offenbar mit ihrem Beruf zufrieden sind und die Jugendlichen dies auch anstreben.

Da Jugendliche in ihrer gegenwärtigen Lebenswelt natürlich auch Konsumenten sind, könnten sie sich für die Preisunterschiede ihrer altersspezifischen Konsumartikel interessieren und über die ihnen zur Verfügung stehenden modernen Medien die viel zitierten „Schnäppchen" recherchieren. Vielleicht werden sie bei ihren Erfahrungen mit Internet-Einkaufsformen zu rational kalkulierenden Kaufleuten, die im Wechselspiel zwischen Angebot und Nachfrage auf die für sie billigste Lösung warten.

Manche Jugendliche könnten auf Markenartikel fixiert sein und ihre Motivation für Ökonomie ist darauf ausgerichtet, stets auf dem Laufenden zu sein, um im Rahmen ihrer ökonomischen Möglichkeiten in ihrer *peer group* Trendsetter zu sein. Da dies finanzielle Ressourcen erfordert, richtet sich ihr Interesse vielleicht auf lukrative Jobs, die Stundenlöhne für Jugendliche und die gesetzlichen Bestimmungen, welche Arbeiten in welchem Alter erlaubt sind. Es könnte auch sein, dass diese Jugendliche um Schulden nicht herumkommen und Pläne für ihren Schuldenabbau entwerfen müssen.

Andere Jugendliche gehen vielleicht allein oder mit ihren Eltern auf den Wochenmarkt. Dort werden Bio-Produkte aus der Region angeboten; sie sollen gesünder sein, oft aber teurer, so dass sie beim gegebenen Familienbudget nicht in Frage kommen und der Gang zum Discounter notwendig wird.

Bei weltweiten Sportereignissen sickert mitunter durch, dass die Spielgeräte und -gegenstände von Kindern und Jugendlichen unter Bedingungen produziert werden, die in Deutschland gesetzlich nicht erlaubt sind. Die üblichen Dementi der Hersteller beruhigen zunächst, könnten aber der Anlass für Jugendliche sein, den Dingen auf die Spur gehen und wissen zu wollen, was nun und warum tatsächlich der Fall ist. Ob Jugendliche dabei auch fragen, ob es gerecht ist, dass diejenigen Spitzensportler, die mit diesen Spielgeräten, in diesem Fall Fußbällen, umgehen, im Monat 665.000€ verdienen, während ein Assistenzarzt durchschnittlich 3.400 € monatlich verdient?

Vielleicht haben Jugendliche über Anzeigenkampagnen und Informationsstände schon etwas von *TransFair* mitbekommen, also dem (1992 in Deutschland gegründeten) Verein zur Förderung des Fairen Handels. Sie halten die Idee, dass die Produzenten in den Ländern des Südens einen höheren Gewinn zur Verbesserung ihrer Lebenssituation erzielen, für im Grunde genommen gerecht. Und obwohl *TransFair*-Produkte in Deutschland mittlerweile in 27.000 Geschäften, zunehmend von Handelsketten, angeboten werden, kann es manchmal etwas mühsam sein, immer auf das entsprechende Label zu achten und unglücklicherweise das aktuell gewünschte Produkt nicht vorzufinden. Außerdem, fragen sich Jugendliche möglicherweise, was nützt es schon, wenn ich als Einzelner handele und Millionen andere, die von *TransFair* noch nichts gehört haben, in eingefahrenen Konsummustern verharren?

Wenn bisher von Jugendlichen die Rede war, so bedarf es kaum weiterer Begründungen, dass Jugendliche durch Sozialisation und Erziehung in der Familie und (vor)schulischen Bildung bereits als Kinder ökonomische Erfahrungen gemacht, Einstellungen und Grundkenntnisse über ökonomische Basiskonzepte erworben haben. In Vorschule und Grundschule tauschen Kinder Dinge und leihen sie sich (noch kostenlos) aus. Eine ökonomische Prämisse dabei ist, dass zwischen den Handelnden Vertrauen herrscht, man sich auf den anderen verlassen kann.

Das für Kinder in ihrer Lebenswelt – und oft auch für die Eltern – erste große ökonomische Thema ist meist: Taschengeld. Hier wird ökonomisch, sozial, moralisch sozialisiert: „Gib nicht alles Taschengeld am ersten Tag aus!", „Gib nicht damit an, wenn du mehr Taschengeld hast als andere in der Klasse!", „Spare einen Teil des Taschengeldes, wenn du dir einen besonderen Wunsch erfüllen willst!". Auf diese Weise und in vielen vergleichbaren Alltagssituationen erwerben Kinder ökonomische Kompetenzen, die im Rahmen gelungener (vor)schulischer Bildungsprozesse aufgegriffen, vertieft, mit Basiswissen angereichert werden können.

Unter Bildungsaspekten ist also der *Nutzen* ökonomischer Bildung, die im idealtypischen Verlauf auf die Vermittlung von Kompetenzen zielt, weitgehend unstrittig, Kompetenzen zu vermitteln, die dazu beitragen, sich in komplexen ökonomisch determinierten alltäglichen Handlungs- und Erfahrungsfeldern zu orientieren, zu urteilen und Entscheidungen zu treffen.

Den *Nachteil* ökonomischer Bildung – und damit sind diejenigen konfrontiert, deren Aufgabe es ist, Konzepte ökonomischer Bildung in der jeweiligen Praxis umzusetzen – macht die Komplexität, oft die Undurchschaubarkeit, manchmal die Bedrohlichkeit ökonomischen Geschehens aus. Ökonomische Bildung vollzieht sich häufig auf dem schmalen Grat zwischen harmonisierender ,Einübung' in alltagsnotwendige Verhaltensweisen und kritischer Betrachtung der gesellschaftlichen Strukturen, in denen ökonomisch gehandelt wird.[2]

Dies mag ein Grund dafür sein, dass ökonomischer Bildung bei Lehrenden und Lernenden, die ökonomische Bildung als Teil der Allgemeinbildung in unterschiedliche unterrichtliche Situationen und fachliche Kontexte einzubinden versuchen, nicht immer die höchste Priorität zugeschrieben wird. Es könnte sich um eine implizite Abwehrhaltung gegenüber einem in der Tat politisch besetzten, kontroversen, für den Einzelnen in seinem mikroökonomischen Handeln nur schwer durchschaubaren und manchmal als bedrohlich wahrgenommen Gegenstandsbereich handeln. Wer nimmt schon gern die erschütternden Zahlen über die weltweite Kindersterblichkeit oder das Leben von Menschen in absoluter Armut wahr, die dann in Bildungsprojekten auch noch auf ihre strukturellen Hintergründe reflektiert werden? Zumal die Möglichkeiten des einzelnen, dagegen etwas zu tun, eher begrenzt sind. Dass eine „Katastrophenpädagogik", also das möglichst drastische Ausmalen inhumaner Lebenssituationen, wenig motivierend ist, weiß man aus vielen vergleichbaren Lernbereichen, z.B. wenn es um die Auseinandersetzung mit Umweltzerstörungen oder mit Krieg und Gewalt geht.

---

[2] Man wird zu recht darauf hinweisen, dass dieses Argument für viele andere fächerübergreifende Themenbereiche zutrifft. Es sei als Beispiel nur Nachhaltige Entwicklung mit ihren Themenbereichen Globales Lernen, Zerstörung ökologischer Ressourcen oder ihre gerechte Verteilung genannt. Gegenüber diesem Einwand antworten wir mit dem gleichen Argument wie bei Ökonomischer Bildung, nämlich auch hier strukturelle, konfliktbesetzte, gesellschaftlich strittige Aspekte nicht auszuklammern.

Der vorliegende Sammelband strebt an, eine Balance zwischen *Nutzen* und *Nachteil* ökonomischer Bildung zu finden. Die Beiträge sollen deutlich machen, dass ökonomische Bildung als Teil der Allgemeinbildung notwendig ist; dies wird konzeptionell dargelegt und mit ausgewählten Praxisbeispielen untermauert. Aber es können und sollen auch die Grenzen ökonomischer Bildung nicht unterschlagen werden. Sie liegen u.a. in den curricularen Restriktionen, wie z.B. dem engen Zeitbudget der (Halbtags-) Schule, dem relativ geringen Stellenwert ökonomischer Themenbereiche in den Studiengängen für Lehrerinnen und Lehrer an allgemeinbildenden Schulen und in der angesprochenen Komplexität des Gegenstandes.

Der Sammelband will nicht den Anspruch eines Handbuches erheben, das alle relevanten disziplinären und interdisziplinären Bezüge zur ökonomischen Bildung abzudecken versucht, sondern er ist als Band für Studierende in Lehramts- und Diplomstudiengängen gedacht, die nicht Berufspädagogik und die darin enthaltenen berufsvorbereitenden Themengebiete studieren. Das Studienbuch zu Ökonomischer Bildung ist also ein Buch für Nicht-Ökonomen und folgt damit dem Anspruch, ökonomische Bildung als Teil der Allgemeinbildung zu sehen. Ferner ist der Sammelband gewissermaßen die Fortführung unseres als Studienbuch konzipierten Buches zu Bildung für Nachhaltige Entwicklung in der Schule (vgl. Hauenschild/Bolscho 2007).

Wir haben den Sammelband in drei Abteilungen gegliedert, von denen wir meinen, dass sie sowohl die Breite als auch die Offenheit des Gegenstandsbereiches abbilden.

In der ersten Abteilung *Zu theoretischen Referenzrahmen ökonomischer Bildung* sind sechs Beiträge versammelt. Im eröffnenden Beitrag von **Birgit Weber** steht der in dieser Einleitung bereits angesprochene Kernbegriff der Kompetenz im Mittelpunkt. Die Autorin entfaltet die sich aus diesem Begriff ergebenen Leitideen für ökonomische Bildung.

Die folgenden Beiträge stehen exemplarisch dafür, wie ökonomische Bildung im Austausch mit anderen Disziplinen nicht nur interdisziplinär, sondern darüber hinaus transdisziplinär ausgerichtet sein sollte. Aufgrund der zunehmenden „Partikularisierung der Disziplinen und Fächer" (Mittelstraß 2003, S. 7) läuft auch ökonomische Bildung Gefahr, nicht über den Rand der ökonomischen Disziplinen hinauszuschauen. Transdisziplinarität strebt demgegenüber an, wissenschaftsübergreifende Probleme – und sie verdichten sich bei ökonomischer Bildung – zu bearbeiten (vgl. Balsiger 2005, S. 185; vgl. auch Bolscho/ Hauenschild 2007).

Die potentielle Breite transdisziplinärer Perspektiven zur ökonomischen Bildung können wir nur in äußerster Exemplarität aufgreifen. **Carlos Kölbl**, Entwicklungs- und Kulturpsychologe, legt in seinem Beitrag überzeugend dar, dass ökonomisches Denken bei Kindern und Jugendlichen nur ein „spezieller Teilaspekt der allgemeinen Entwicklung gesellschaftlichen Denkens überhaupt" ist, der in Kontexte zu Moral, Recht, Politik und Geschichte eingebunden werden muss. Didaktische Konsequenzen liegen auf der Hand: Ökonomische Bildung muss Erkenntnisse aus diesen Bereichen zur Kenntnis nehmen und sie didaktisch nutzen; z.b. spielen bei der Behandlung des Themas „gerechte Ressourcenverteilung" moralische Entwicklungsstufen der Lernenden hinein. Dass Soziologie eine zentrale Bezugswissenschaft für ökonomische Bildung ist, dürfte unumstritten sein. Wir haben mit Hartmut Griese und Hartmut Lüdtke zwei renommierte Experten der Jugendsoziologie und der Lebensstil-Forschung gewinnen können. Die in den beiden Beiträgen vertretenen Positionen enthalten durchaus unterschiedliche Akzentuierungen. **Hartmut Griese** erinnert, ausgehend von den Klassikern der Soziologie, daran, dass die brisanten soziologischen Kategorien *Macht und Herrschaft* heute eher in den Hintergrund getreten sind. Diesem Trend sollte ökonomische Bildung nicht folgen, sondern „die herrschende Ökonomie und damit die gesellschaftlichen Verhältnisse kritisch hinterfragen". Lebensstilforschung ist, so kann man grob sagen, die Reaktion der Stratifikationsforschung auf die Probleme des Klassen- und Schichtenbegriffes.

Hartmut Lüdtke zeigt in seinem Beitrag, dass die „früher vorherrschenden Kategorien ‚Klassen' und ‚Schichten' nicht mehr gehaltvoll zur Erklärung der Unterschiede in der Lebensgestaltung und des Verhaltens" beitragen; dies gelte allerdings „nicht unbedingt im Hinblick auf Arbeitsmarkt- und Aufstiegschancen". An Re-Analysen, die auf Daten der *Allgemeinen Bevölkerungsumfrage der Sozialwissenschaften* (ALLBUS) aus dem Jahre 2004 basieren, und an eigenen empirischen Studien zu Lebensstiltypen lassen sich „Muster von Nachhaltigkeit" erkennen, bei denen vor allem das Konsumverhalten eine wichtige Rolle spielt, also ein Themenbereich, dem im Rahmen der ökonomischen Bildung ein hoher Stellenwert zukommt.

Asit Datta, als internationaler Bildungsforscher ausgewiesen, bearbeitet in seinem Beitrag das Thema Globalisierung. Bei dem mittlerweile zum Alltagsbegriff gewordenen Begriff verlaufen die Dissenslinien zwischen den Positionen: Globalisierung als Chance versus Globalisierung als Gefahr. Datta wägt in seinem Beitrag das Pro und Contra verschiedener Positionen ab, wie es von nationalen und internationalen Institutionen vertreten wird, und plädiert für transparente internationale Kontrolle von Globalisierungsprozessen.

Mit dem Beitrag des Theologen und Religionspädagogen **Harry Noormann** wird eine nicht häufig bearbeitete Perspektivenerweiterung von ökonomischer Bildung angeboten. „Semantische Analogien und Doppeldeutigkeiten zwischen der ‚Welt der Religionen' und der ‚Welt des Geldes'" öffnen uns einleitend die Augen für religionsgeschichtliche Entwicklungen. Die Arbeiter im Weinberg (Mt 20, 1-15) seien die Kurzarbeiter der biblischen Zeit gewesen. Die Skizzierung religionspädagogischer Entwürfe zum Thema „Geld" zeigt, dass Geld und Wirtschaft „vornehmlich als subsidiäre Problemaspekte ethischer Verantwortung für Gerechtigkeit, Frieden und Verantwortung" in den Blick kommen. Noormann favorisiert demgegenüber weitergehende Entwürfe, wie sie als „Realutopien" vom Ökumenischen Rat der Kirchen in Genf ausgearbeitet worden sind. „Wirtschaft im Dienst des Lebens", die u.a. „mit der Fülle des Lebens gerecht, teilhabend und nachhaltig" umgeht.

Die Verankerung ökonomischer Bildung in der Schule für alle Schulstufen und Schularten sowie für alle Bundesländer systematisch darzustellen wäre Stoff genug für ein gesondertes Buch. Daher können die Beiträge in der zweiten Abteilung dieses Sammelbandes *Zur Verankerung ökonomischer Bildung in der Schule* lediglich Exempla für die aus anderen Unterrichtsbereichen bekannten Probleme sein, über die traditionellen Fächergrenzen hinweg fächerübergreifende Inhaltsbereiche in den Curricula zu verankern.

Für den Primarbereich zeigen die Beiträge von Bernd Feige und Volker Lampe, dass Sachunterricht das Zentrierungsfach für ökonomische Bildung bei Kindern ist. **Bernd Feige** schlüsselt in einer gründlichen ideengeschichtlichen Analyse auf, dass bereits in der Heimatkunde, wenn auch mit ideologischen Belastungen, ökonomische Bildung ihren Platz gehabt hat. In der Phase des Übergangs von Heimatkunde zu Sachunterricht gab es bis heute aktuelle, allerdings in der Praxis nur wenig beachtete Konzeptionen zur ökonomischen Bildung. Feige plädiert zusammenfassend dafür, dass „eine verantwortete Pädagogisierung des Ökonomischen ein unverzichtbarer Aufklärungs- und Bildungsbeitrag im Sachunterricht der Grundschule" sein müsse.

Volker Lampe stellt seinen inhaltsanalytischen Beitrag explizit in den Zusammenhang von Bildung für Nachhaltige Entwicklung. Beachtenswert ist die vorgenommene Quantifizierung der Lernfelder ökonomischer Bildung in Rahmenplänen zum Sachunterricht. Die Dominanz der Themen Konsum/Werbung spricht für die lebensweltliche Ausrichtung ökonomischer Bildung im Sachunterricht. Die Analyse könnte eine Grundlage für weiterführende empirische Projekte zur Lehr-Lernforschung abgeben, die unter der Fragestellung stehen, wie und in welcher Weise bei der Behandlung der Lernfelder die Kompetenz-Vermittlung gelingt.

Im Beitrag von **Eveline Wuttke** werden die unterschiedlichen Positionen zur Frage ‚Ökonomische Bildung – eigenes Fach oder Einbindung in verschiedene Fächer?' erörtert. Kernstück des Beitrages sind empirische Befunde zu ökonomischer Grundkompetenz bei Schülern, Studierenden und angehenden Lehrerinnen und Lehrern, die mit einem internationalen, für Deutschland adaptierten Wirtschaftskundlichen Bildungs-Test (WBT) gewonnen wurden. Für Lehramtsstudierende ließe sich eine „eher defizitäre Kompetenz" festhalten. Für weitere empirische Forschungsarbeiten zur ökonomischen Kompetenz wären vielleicht qualitativ orientierte Verfahren, die an die internationalen und nationalen Befunde aus den Tests anknüpfen, die aber auf *Prozesse* des Kompetenzerwerbs ausgerichtet sind, für die Erklärung der Kompetenzdefizite und mögliche pädagogische Interventionsstrategien hilfreich.

Bildung für Nachhaltige Entwicklung (BNE) öffnet für Didaktikerinnen und Didaktiker aller Schulstufen und Schulformen oft das Tor für die Beschäftigung mit der ökonomischen Dimension von Nachhaltiger Entwicklung in ihrer Vernetzung mit der ökologischen und soziokulturellen Dimension (vgl. Hauenschild/Bolscho 2007, S. 34), die wie – Stoltenberg (2007) betont – um die Dimension der Bildung zu erweitern sei.

Wir eröffnen die dritte Abteilung *Zur ökonomischen Bildung und Nachhaltigen Entwicklung* mit einem Interview von **Gerd Michelsen**, der als *opinion leader* der Nachhaltigkeitskommunikation und (seit 2005) als Inhaber des UNESCO-Chair *„ Higher Education for Sustainable Development"* die Entwicklung von Bildung für Nachhaltige Entwicklung sowohl auf nationaler als auch auf internationaler Ebene maßgeblich beeinflusst hat (vgl. u.a. die Projekte in Michelsen/ Godemann 2005). Michelsen verweist auf die zahlreichen gelungenen Projekte und Modellprogramme und plädiert u.a. für die Intensivierung der Forschung im Sinne einer transdisziplinären Nachhaltigkeitsforschung, „in der Wissenschaftsakteure und gesellschaftliche Praxisakteure gemeinsam an einer Problemstellung arbeiten".

Nachhaltige Entwicklung ist ein Leitbild, das einer umweltethischen Grundlegung bedarf. Damit befasst sich **Günter Altner**, Theologe und Biologe, in seinem Beitrag. Altner favorisiert die Begrifflichkeit „diskursive Umwelt-Mitweltethik". Er erinnert dabei an Albert Schweitzer und Hans Jonas. In der Praxis der Nachhaltigkeit geht es um Differenzierungen, wie sie z.b. mit den Begriffen „starke und schwache Nachhaltigkeit" vorgenommen werden.

Gerd-Jan Krol, Ökonomie-Didaktiker, widmet sich in seinem Beitrag dem Konflikt zwischen Ökonomie und Ökologie und warnt vor vorschnellen Moralisierungen zur Lösung des Konfliktes. Ökonomische Bildung könne einen „originären Beitrag" leisten, indem sie sich der Diskrepanz zwischen Einstellungen und Verhalten bewusst werde und die dahinter stehenden Prozesse im Denken und Handeln von Menschen thematisiere. Einer dieser Prozesse umfasst die sog. *low cost versus high cost* Dimension: Menschen neigen dazu, eher umweltgerechte Verhaltensweisen zu praktizieren, wenn die sozialen und die ökonomischen Kosten eher niedrig sind (vgl. Diekmann/Preisendörfer 1992). Noch gravierender ist die von Krol behandelte Theorie zum sog. *Sozialen Dilemma*: Sie zeigt, dass Menschen oft mit Konfliktsituationen konfrontiert sind, in denen sie den individuellen Nutzen über das ,Gemein-Gut", also die Umwelt, stellen.

Ute Stoltenberg, als Vertreterin der von Gerd Michelsen aufgebauten „Lüneburger Nachhaltigkeitsgruppe", zeigt vor dem Hintergrund zahlreicher Projekte einen Weg auf, wie Menschen aus Dilemmasituationen herauskommen können: Die „Region als Bildungs- und Gestaltungsraum" nutzen. Die Region ist durch „kognitive und soziale Überschaubarkeit" gekennzeichnet und ermöglicht Menschen eine „aktive Aneignung von Räumen". Die ökonomische Perspektive kommt dadurch in den Blick, dass „aus der Perspektive der Region nachvollzogen werden (kann), dass wirtschaftliches Handeln in globalen Wirkungszusammenhängen steht".

Bei **Rolf Dasecke & Beatrice von Monschaw** wird berichtet, wie man bereits bei Kindern handlungsorientiert durch Erfahrungslernen ökonomische Kompetenzen anbahnen und grundlegen kann. Sie berichten über ein von der Deutschen Bundesstiftung Umwelt (DBU) gefördertes Projekt, das Konzept der nachhaltigen Schülerfirmen in seinen Grundzügen auch auf die Grundschule zu übertragen. Eine systematische Evaluation dieses Projektes an 6 niedersächsischen Grundschulen wird zeigen, ob die Erwartungen an das Projekt in der Praxis eingelöst werden konnten.

Im Beitrag von **Tobias Schlömer & Walter Tenfelde** wird ökonomische Bildung in der Sekundarstufe in den Kontext von Berufsorientierung gestellt. Sie entwickeln und begründen eine „zukunftsfähige Berufsorientierung", die an der Leitidee der Nachhaltigen Entwicklung ausgerichtet ist. Es wird ein „Erkundungsprojekt" zur „Energetischen Sanierung eines Einfamilienhauses" entwickelt, das für eine Berufsvorbereitungs(BVJ)-Klasse[3] konzipiert ist. Die handlungsorientierte Ausrichtung dieses Projektes zeigt, wie ökonomische Bildung auch Jugendlichen erschlossen werden kann, die bisher eher zu den „Gescheiterten" in ihrer Schullaufbahn gehören. Das Projekt kann u.E. durchaus als Beispiel gelungener Praxis für andere schulische Kontexte gesehen werden.

Horst Rode ist ausgewiesener Empiriker zur Bildung für Nachhaltige Entwicklung. Er hat das Programm der Bund-Länder-Kommission für Bildungsplanung und Forschungsförderung (BLK-Programm „21"), das von 1999 bis 2004 in 14 Bundesländern durchgeführt wurde, in mehreren Phasen evaluiert. An ausgewählten Daten zeigt Rode, dass ökonomische Bildung in Kontexte von Bildung für Nachhaltige Entwicklung und insbesondere in die Gestaltung des Schullebens eingebunden werden kann.

Der Beitrag von **Ina Rust** widmet sich einem Bereich, dem auf allen Ebenen von Lehren und Lernen in Hochschule und Schule zunehmend Bedeutung zukommen wird: dem E-Learning, also dem Lernen, das durch digitale Medien für die Vermittlung und Präsentation von Lernmaterialien und -ergebnissen gekennzeichnet ist. An Beispielen wird gezeigt, wie E-Learning, verstanden als „ergänzende Methode", auch für ökonomische Bildung genutzt werden kann, z.B. für die Unterrichtsvorbereitung.

In einem Ausblick fasst **Katrin Hauenschild** die konzeptionellen Schwerpunkte des gegenwärtigen Diskurses zur ökonomischen Bildung zusammen und diskutiert Perspektiven und Potentiale für die Weiterentwicklung ökonomischer Bildung im Kontext von Bildung für Nachhaltige Entwicklung. Sie betont insbesondere die Notwendigkeit einer methodisch vielfältigen Forschung.

Abschließend danken wir allen Autorinnen und Autoren für die anregenden Beiträge zum Thema. Wir haben konzeptionelle Unterschiede in den Beiträgen nicht durch ‚Herausgeber- Eingriffe' geglättet, sondern wir sehen in solchen Unterschieden eher den Vorteil, zum Nachdenken und Nachfragen anzuregen. Außerdem werden unterschiedliche Akzentuierungen der Vielfältigkeit Ökonomischer Bildung besser gerecht als homogene Diskussionslinien.

Wir hoffen, dass wir die Leserinnen und Leser dieses Buches motivieren können, den *Nutzen* ökonomischer Bildung in die Tat umzusetzen und mit dem *Nachteil* kritisch und produktiv umzugehen.

---

[3] Berufsvorbereitungsklassen haben zum Ziel, Jugendliche ohne Schulabschluss im Rahmen einer einjährigen Vollzeitausbildung die Möglichkeit zu bieten, einem dem Hauptschulabschluss gleichwertigen Abschluss zu erwerben und dadurch in der Lage zu sein, eine Berufsausbildung aufzunehmen.

Literatur

Balsiger, Philipp W. (2005): Transdisziplinarität. München: Wilhelm Fink Verlag.

Bollenbeck, Georg (1994): Bildung und Kultur. Glanz und Elend eines deutschen Deutungsmusters. Frankfurt am Main: Insel.

Bolscho, Dietmar; Hauenschild, Katrin (2006): Transdisziplinarirät als Perspektive für nachhaltige Entwicklung in der wissenschaftlichen Ausbildung. In: Zeitschrift für Nachhaltige Entwicklung, 3, S. 14-24.

Diekmann, Andreas; Preisendörfer, Peter (1992): Persönliches Umweltverhalten. Diskrepanzen zwischen Anspruch und Wirklichkeit. In: Kölner Zeitschrift für Soziologie und Sozialpsychologie, 44, S. 226-251.

Hauenschild, Katrin; Bolscho, Dietmar (2007): Bildung für Nachhaltige Entwicklung in der Schule. Ein Studienbuch. Frankfurt am Main: Peter Lang, 2. Aufl.

Kant, Immanuel (1784): Beantwortung der Frage: Was ist Aufklärung? Zitiert nach: Brandt, Horst D. (Hrsg.) (1999): Was ist Aufklärung? Ausgewählte kleine Schriften. Hamburg: Felix Meiner, S. 20-27.

Michelsen, Gerd; Godemann, Jasmin (2005) (Hrsg.): Handbuch Nachhaltigkeitskommunikation. Grundlagen und Praxis. München: oekom verlag.

Mittelstraß, Jürgen (2003): Transdisziplinarität – wissenschaftliche Zukunft und institutionelle Wirklichkeit. Konstanz: Universitätsverlag.

Nietzsche, Friedrich (1970): Vom Nutzen und Nachteil der Historie für das Leben (1873). Stuttgart: Reclam.

OECD (2003): The Definition and Selection of Key Competencies. Executive Summary. Paris (www.oecd.org).

Stoltenberg, Ute (2007): Bildung für eine nachhaltige Entwicklung und das eigene Leben. In: Schomaker, Claudia; Stockmann, Ruth (Hrsg.): Der (Sach-)Unterricht und das eigene Leben. Bad Heilbrunn: Klinkhardt, S. 201-212.

Weinert, Franz E. (2002): Perspektiven der Leistungsmessung – mehrperspektivisch betrachtet. In: ders. (Hrsg.): Leistungsmessung in der Schule. Weinheim: Beltz.

Zu theoretischen Referenzrahmen für ökonomische Bildung

Kompetenzen ökonomischer Grundbildung für Kinder und Jugendliche

Birgit Weber

Zwar bestreitet heute kaum noch jemand die prinzipielle Bedeutung ökonomischer Bildung im allgemeinen Schulwesen, Bedenken gegenüber einer rein auf Eigennutz ausgerichteten Bildung, Sorge vor interessenspezifischer Manipulation und Skepsis gegenüber den Wirtschaftswissenschaften halten sich aber hartnäckig. Übersehen wird dabei, dass die Wirtschaftswissenschaften keinen monolithischen Block darstellen und dass ökonomische Bildung weder ein simplifiziertes Abbild ihrer vorrangigen Referenzdisziplin noch Akzeptanz gegenüber herrschenden Bedingungen bedeutet. Was aber macht ökonomische Bildung aus und welche ökonomische Bildung sollen und sollten Schülerinnen und Schüler im allgemeinen Schulwesen erwerben?

Angesichts der gegenwärtigen curricularen Vorgaben im allgemeinen Schulwesen erscheint ökonomische Bildung zwar nicht mehr randständig, sie ist aber im Schulleben eines Individuums immer noch nicht selbstverständlich oder auf bestimmte Perspektiven beschränkt. Unter Synthese wirtschaftsdidaktischer Konzeptionen und der Anforderungen an Kompetenzentwicklung hat die wirtschaftsdidaktische Fachdidaktik mit der Entwicklung eines Kompetenzmodells begonnen, das bezogen auf Entscheidungssituationen und Rahmenbedingungen Problemlösekompetenzen fördern will, die unter Nutzung des Kerns ökonomischen Denkens als Orientierungs-, Urteils-, Entscheidungs-, Handlungs- und Gestaltungskompetenz differenziert werden können und altersgemäß zu konkretisieren sind.

1. Unmenschlich und indoktrinär? Vorbehalte gegenüber der Ökonomie

Zu dem Ergebnis „Moralisch abwärts im Aufschwung" kam der Soziologe Wilhelm Heitmeyer (2007), als er untersuchte, inwiefern wirtschaftlich funktionale Kriterien wie Nützlichkeit und Effizienz auch auf das soziale und zwischenmenschliche Verhalten übertragen werden. Da jene „ökonomistischen Prinzipien" Ressentiments gegenüber weniger leistungsfähigen Menschen schürten, bedrohten sie letztlich den gesellschaftlichen Zusammenhalt. Gewisse Bedenken gegenüber der Ökonomik und ihrer Vorgehensweise kennzeichnen das Verhältnis Ökonomik und Allgemeinbildung bis heute.

Schon Wilhelm von Humboldt (1903) warnte vor einer unreinen Bildung, die dann entstünde, wenn das was alle angeht, vermischt würde mit den besonderen individuellen oder gewerblichen Lebensbedürfnissen. Deutlicher noch wettert Ernst August Evers (1807) gegen eine „industriöse" Erziehung, deren Bezeichnung als "Nützlichkeitspädagogik" noch freundlich wirkt gegenüber seiner Charakterisierung einer „Bildung zur Bestialität", deren "mechanische Betriebsamkeit" allein dem "Sklaven des Augenblicks" diene. Durch „Humanisierung" wollte Friedrich Immanuel Niethammer (1808) deshalb der "Animalität des Zöglings" entgegenwirken. Gegenüber einer strikten Abgrenzung der allgemeinen von der beruflichen und ökonomischen Bildung machten Eduard Spranger (1951) und Theodor Litt (1958) geltend, dass sich Schule schon deshalb mit der Arbeits- und Erwerbswelt auseinandersetzen müsse, damit der ‚Erwerbstrieb sittlich und human veredelt' werde. Erst so könne sich die echte Bildung in ‚den Niederungen der Lebensnotdurft und des Daseinskampfes' bewähren.

Die Kritik am ökonomischen Denken ist heute immer noch virulent, sogar in jenen Schulfächern, die die Auseinandersetzung mit der ökonomischen Lebenswelt und dem ökonomischen System zum Kern ihrer Aufgaben zählen. So existiert etwa in der Didaktik der politischen Bildung die Sorge, dass ein eigenes Fach Ökonomie ideologische Indoktrination fördere. Hans-Hermann Hartwich (2001) und Sibylle Reinhardt (2000) befürchten, dass ein solches Fach allein für Akzeptanz gegenüber bestehenden Ordnungen werbe, Blindheit gegenüber gesellschaftlichen Problemen und politischer Dynamik bedinge, Entstaatlichung und Entgesellschaftung forciere und Lernende zum homo oeconomicus erziehe.

Auch Befürworter anderer Integrationsfächer haben ihre spezifische Position zu den Wirtschaftswissenschaften. So ist zwar im Fach Arbeitslehre seit den KMK-Beschlüssen von 1987 Wirtschaft gleichberechtigter Gegenstandsbereich neben Haushalt, Technik und Beruf. Dennoch erscheint manch einem das ökonomische Denken suspekt: So hält Günther Reuel (2001) die Ansätze der Betriebswirtschaftslehre bildungstheoretisch für fragwürdig und die Modelle der Volkswirtschaftslehre für realitätsfernen Luxus.

Sorgen vor Manipulation entbehren nicht jeglicher Grundlage. Nicht wenige Organisationen und Initiativen, die sich für die Förderung ökonomischer Bildung einsetzen, haben ihre spezifischen Interessen. Sie sind vor allem an der Änderung von Einstellungen interessiert, die Einseitigkeiten zur Folge haben können, etwa wenn die Akzeptanz für bestimmte Wertpapiere (z.B. Deutsches Aktieninstitut) oder für besondere Formen der Versicherung (z.B. Gesamtverband der Deutschen Versicherungswirtschaft) gefördert oder positive Einstellungen gegenüber dem Unternehmertum (z.B. Jugend Gründet) und der Wirtschaftsordnung (z.B. Initiative Neue Soziale Marktwirtschaft) entwickelt werden sollen. Manipulative Einseitigkeiten sind aber ebenso wenig ausgeschlossen, wenn einseitig allein Verbraucher- oder Arbeitnehmerinteressen in den Blick genommen oder wenn allein kultur- und gesellschaftskritisch soziale und ökologische Einstellungen ohne Berücksichtigung von Funktionsmechanismen und Gestaltungsoptionen gefördert werden. Keins dieser Interessen soll hier als unberechtigt gebrandmarkt werden. Sie stellen letztlich den Versuch der Gegenöffentlichkeit gegenüber einer vermeintlich einseitigen Praxis dar. Nur durch unterschiedliche Perspektiven kann Schule dazu beitragen, Lernende zur eigenständigen, aufgeklärten und verantwortlichen Urteilsbildung zu befähigen.

2. Egoismus versus Kooperation? Wissenschaftsorientierung durch Ökonomik und Managementlehre

Nun ist ökonomische Bildung im allgemeinen Schulwesen weder ein Abbild ihrer wesentlichen Bezugsdisziplin, noch hat sie die Aufgabe, Anpassung an die Ziele herrschender Interessen oder gegenwärtiger Ordnungen zu fördern. Auch gilt ihr nicht die Modellannahme des für die ökonomische Analyse und Prognose konstruierten „homo oeconomicus" als Ziel von Bildungsprozessen. Gleichwohl muss sich ökonomische Bildung der Grundannahmen ihrer Referenzwissenschaft über den beschriebenen Gegenstandsbereich vergewissern, um deren Konzepte, Denkschemata, Theorien und Methoden für die Förderung individueller Orientierung, Urteils-, Handlungs- und Mitgestaltungsfähigkeit in ökonomisch geprägten Lebenssituationen und als Voraussetzung zur Teilhabe am gesellschaftlichen Leben berücksichtigen zu können. Was auf den ersten Blick relativ trivial erscheint, ist auf den zweiten äußerst komplex.

Wenn im allgemeinen Sprachgebrauch von „der" Wirtschaft gesprochen wird, sind in der Regel nur die nach dem erwerbswirtschaftlichen Prinzip agierenden Unternehmen gemeint. Die zur Bedarfsdeckung ihrer Mitglieder agierenden privaten Haushalte, die Ressourcen zur Verfügung stellen und mit ihren Konsumentscheidungen die Produktion beeinflussen, bleiben dabei unberücksichtigt. Auch der Staat, der Rahmenbedingungen setzt, der von Lobbyisten beeinflusst wird, der bei der Gestaltung von Politik ebenfalls ökonomischen Denkprozessen unterliegt, bleibt außen vor. So erscheint der alltagsgebräuchliche Blick auf „die" Wirtschaft einseitig verzerrt. Die Notwendigkeit des Wirtschaftens wird durch die Spannung zwischen den (unbegrenzten) Bedürfnissen und den zur Verfügung stehenden Mitteln (relative Knappheit) begründet. Vor dieser Herausforderung stehen alle Individuen in privaten Haushalten und in Unternehmen, aber auch in öffentlichen Haushalten. Nach dem ökonomischen Denken existiert die grundsätzliche Anforderung, Wahlentscheidungen zwischen Alternativen treffen zu müssen, wodurch sowohl Zielkonflikte als auch Verzichtskosten entstehen. Ein effizienter Umgang mit knappen Mitteln ermöglicht somit entweder ein Bedürfnis besser oder auch mehrere Bedürfnisse zu befriedigen. Dies erfordert vernünftige und verantwortliche Kosten-Nutzen-Abwägungen, die nicht notwendig auf private, gegenwärtige und monetäre Kosten beschränkt sind, die auch nicht allein den eigenen Nutzen berücksichtigen müssen, sondern die auch soziale und ökologische Folgen und das Wohl anderer einbeziehen können. Indem Gesellschaften arbeitsteilig organisiert Überschüsse produzierten und damit existenziellen Mangel linderten, wurde die Güterproduktion in von ihren Nutzern getrennten autonomen Einheiten organisiert. Die so entstandenen Interdependenzen führten zu gegenseitigen Abhängigkeiten, die modellhaft mit Kreisläufen beschrieben werden. Diese Prozesse bedürfen eines funktionsfähigen Koordinations- und Entscheidungssystems, das dezentral oder zentral über Ordnungssysteme in Märkten, Netzwerken oder Hierarchien organisiert werden kann.

Als Gegenstandsbereich bezieht sich Ökonomie auf jenen Teilbereich der Gesellschaft, in dem Güter und Einkommen erstellt, verteilt und verwendet werden, während die Ökonomik als Wissenschaft das menschliche Verhalten in Beziehung zwischen Zielen und knappen Mitteln untersucht, die unterschiedliche Verwendung finden können. So versteht Nicholas Gregory Mankiw (2004) die Volkswirtschaftslehre als Lehre von der Bewirtschaftung knapper Ressourcen, Peter Bofinger (2006) fasst sie als Lehre von den Märkten auf. Karl Homann und Andreas Suchanek (2005) interpretieren die Ökonomik als Handlungs-, Interaktions- und Institutionentheorie zum gegenseitigen Vorteil. Ebenso wenig wie die Volkswirtschaftslehre ist die Betriebswirtschaftslehre ein monolithischer Block. So bezieht sich der faktortheoretische Ansatz von Erich Gutenberg (1990) auf die durch Erträge und Kosten gesteuerte Unternehmensführung, die eine nach dem Wirtschaftlichkeitsprinzip organisierte Kombination der Produktionsfaktoren ist. Der institutionenökonomische Ansatz von Werner Neus (2007) fragt nach den einkommensorientierten Entscheidungen aller beteiligten Individuen und interessiert sich besonders für die Voraussetzungen ihrer Koordination. Demgegenüber ist die systemorientierte Managementlehre von Hans Ulrich (2001) auf das Gestalten, Lenken und Entwickeln komplexer sozialer und ökologischer Systeme bezogen, die in enger Verbindung mit ihrer Umwelt und ihren Bezugsgruppen stehen.

Bei aller Unterschiedlichkeit des Interpretationssystems und des Erkenntnisinteresses besteht unter Ökonomen weitgehende Einigkeit über Folgendes:

(1) Knappheit ist eine – wenn auch relative – Grundtatsache des Lebens, die immer Wahlentscheidungen erfordert, da es nichts umsonst gibt.

(2) Volkswirtschaften können den Wohlstand durch richtige Leistungsanreize (v.a. Gewinne, Preise, Eigentumsrechte) erhöhen.

(3) Freiwilliger Handel durch Spezialisierung auf komparative Vorteile ist für alle vorteilhaft.

(4) Auf Wettbewerbsmärkten bilden sich Preise (d.h. auch Löhne, Zinsen) nach dem Gesetz von Angebot und Nachfrage.

Dennoch herrschen in den Wirtschaftswissenschaften auch unterschiedliche Positionen. Da keine völlige Einigkeit darüber besteht, wie die Welt und die wirtschaftlichen Zusammenhänge funktionieren, werden unterschiedliche Modelle konstruiert, wobei der Nachweis der Realitätsnähe oft schwierig ist und unterschiedliche Annahmen über die quantitativen Beziehungen bestehen. Kontroverse Positionen existieren vor allem bei der Frage, welche Maßnahmen angewendet werden sollen und wie deren Folgen zu bewerten sind. Umstritten sind vor allem Ausmaß und Strategien zur Korrektur dezentraler Entscheidungen und ihren kurz- und langfristigen Konsequenzen, die auch von den zugrundeliegenden Werturteilen abhängig sind (Woll 2007; Stiglitz 1999; Mankiw 2006). Sowohl ökonomische Entwicklungen auf Märkten, soziale Probleme und staatliche Interventionen wirken sich in unterschiedlichem Ausmaß auf die Wirtschaftssubjekte aus. Sie haben beabsichtigte und unbeabsichtigte Nebeneffekte und stehen häufig in Konflikten zu anderen Zielsetzungen.

Neben solchen innerdisziplinären Kontroversen werden interdisziplinär vor allem die Annahmen der Ökonomik zum Menschenbild kritisch gesehen. So nehmen Ökonomen an, dass Individuen in der Regel typischerweise ihren Nutzen maximieren, dabei aber durch Restriktionen (Preise, Einkommen, Institutionen etc.) in ihrem Handeln beeinflusst werden. Verhaltensänderungen resultieren nach ökonomischen Annahmen vor allem aus veränderten Restriktionen, nicht aber aus veränderten Werten. Diese Annahme resultiert daraus, dass sich Werte schwierig modellieren und messen lassen. Die Ökonomik neigt dazu, solche Präferenzen als gegeben hinzunehmen, da sie annimmt, dass die meisten Individuen auf einer allgemeinen Ebene ähnliche Ziele anstreben wie Gesundheit, Zufriedenheit und Glück. So muss sie sich auch nicht anmaßen, über persönliche Wege der Bedürfnisbefriedigung zu werten, sondern überlässt diese der freien individuellen Entscheidung. Mit diesen Modellannahmen sollen vor allem die Auswirkungen der Veränderung von Restriktionen prognostiziert werden. Diese Annahmen wurden zum Teil als realitätsfern kritisiert und forcierten unterschiedliche Weiterentwicklungen in der Ökonomik.

Mit der Institutionenökonomik (Richter/Furubotn 2003) erfolgte eine solche Weiterentwicklung, indem die Entstehung von Institutionen (informelle Regeln, formelle Verträge) und ihr Einfluss auf das individuelle Verhalten untersucht werden. Das normative Interesse richtet sich dabei auf Institutionen, die effizient Transaktionskosten und Vertragsbrüche mindern. Institutionenökonomen führen soziale Probleme ebenfalls auf das typische Handeln einzelner, durchschnittlicher Individuen zurück, sie berücksichtigen aber auch, dass die einzelnen Individuen in Unternehmen, Verbänden und Staat Eigeninteressen verfolgen. Sie gehen zwar ebenfalls vom rationalen, eigennützigen Verhalten aus, halten diese aber für eingeschränkt, da vollständige Information selten gegeben ist. Der Markt erscheint ihnen ebenfalls als effizientes Koordinationsinstrument, sie erkennen aber an, dass dessen Nutzung mit Kosten verbunden sein kann, so dass unter bestimmten Bedingungen andere Koordinationsformen überlegen sein können. Allerdings fügen sie dem ökonomischen Menschenbild eine noch pessimistischere Variante hinzu: Sie nehmen an, dass Menschen auch dann ihren eigenen Nutzen mehren, wenn sie anderen bewusst schaden. Dies resultiert aus der Annahme der Informationsasymmetrie: bei vollständiger Information wäre dies gar nicht möglich, da andere – gut informiert – sich auf solche Bedingungen gar nicht einlassen würden.

Auch die Ergebnisse der empirischen Ökonomik bzw. der Neuroökonomik (Fehr/Falk 2001; Frey/Benz 2001) differenzieren das herkömmliche Bild der Ökonomik. Untersucht werden die ökonomischen Verhaltensannahmen, um herauszufinden, unter welchen Bedingungen sich Menschen vertrauensvoll und kooperativ oder eigennützig und unkooperativ verhalten. In den Experimenten handelten die wenigsten Menschen nur gemeinnützig, aber ebenso wenig nur eigennützig. Eher scheinen sie der alttestamentarischen Aufforderung zu folgen, positiv wie negativ gleiches mit gleichem zu vergelten, sogar wenn sie sich selbst damit schaden. Da aber unter Wettbewerbsbedingungen eigennütziges Verhalten häufiger auftritt, erscheinen zum einen die Rahmenbedingungen entscheidend und zum anderen, inwiefern die Interaktion der Individuen mehrheitlich kooperativ oder konkurrierend erfolgt.

Sollen nun Erkenntnisse und Methoden der Ökonomik für Bildungsprozesse fruchtbar gemacht werden, käme es zum einen darauf an, ökonomisch geprägte Lebenssituationen zu identifizieren, in denen Individuen sich orientieren, in denen sie persönlich entscheiden und handeln müssen. Zum anderen sind jene sozialen Probleme zu identifizieren, die aus diesen Situationen entstehen und die auf diese zurückwirken, damit die Individuen verantwortlich urteilen und mit gestalten können. Im zweiten Schritt wäre es erforderlich, die grundlegenden ökonomischen Denkschemata zu ermitteln, die besonders fruchtbar für die Orientierung-, Analyse-, Urteils-, Entscheidungs- und Handlungsfähigkeit sind.

Die Anforderung an Wissenschaftsorientierung ist bezogen auf die Wirtschaftswissenschaften als Referenzdisziplin nicht einfach einzulösen. So hat sich die Volkswirtschaftslehre zu einem stark formalisierten Gebäude entwickelt mit zwar unterschiedlichem, aber eher geringem Anspruch selbst auf wirtschaftspolitische Relevanz (Frey 1999). Zu ihrer Vermittlung an Laien bedarf es ausgewiesener Beratungsinstanzen, während ihr Nutzen – angesichts der grundsätzlichen Annahme von effizienten Marktgleichgewichten – für politische Entscheidungen umstritten ist. Als Hilfe zur Bewältigung von Lebenssituationen etwa als Konsument oder Berufswähler liefert sie kaum umfassendes Orientierungs-, Erklärungs- und Gestaltungswissen. Die Betriebswirtschaftslehre ist vor allem auf eine effiziente Verfolgung der Unternehmensziele ausgerichtet, wobei sie sich lange Zeit vor allem für das Management von Großunternehmen interessiert hat. Die Haushaltsökonomik führt seit ihrer Wiederetablierung in den 1960er Jahren ein eher randständiges Dasein. Dies ist insofern erstaunlich, als die Kunst des Haushaltens mit dem Ziel, ein gutes Leben zu führen, schon seit Aristoteles zur Geburtsstunde ökonomischen Denkens gezählt werden kann.

Die Entwicklung und Differenzierung der Wirtschaftswissenschaften ist also nicht zwangsläufig darauf ausgerichtet, die Individuen als Konsumenten, Berufswähler, Erwerbstätige sowie Wirtschafts- und Staatsbürger zur angemessenen Verfolgung ihrer Interessen und sie zu aufgeklärten, sinnvollen und verantwortlichen Entscheidungen und Handlungen zu befähigen. Erschwerend kommt hinzu, dass sowohl die Lebenssituationen als auch die gesellschaftlichen Probleme komplex sind, so dass sie kaum von einer Wissenschaft allein fundiert durchleuchtet werden können. Sie unterliegen andererseits auch dem sozialen Wandel und verändern sich im Laufe der Zeit (Kaiser/Kaminski 1999; Weber 1997). In den vergangenen Jahren wurden allerdings erhebliche Anstrengungen unternommen, die Rolle der ökonomischen Bildung im Schulwesen zu stärken. Da aber die empirische Unterrichtsforschung zur ökonomischen Bildung noch vergleichsweise unterentwickelt ist, kann die Situation zunächst nur auf der curricularen Ebene beurteilt werden.

3. Selbstverständlich oder randständig? Die curriculare Situation ökonomischer Bildung im allgemeinen Schulwesen

Zwar gehört für die Kultusministerkonferenz (2001) die ökonomische Bildung zum unverzichtbaren Bestandteil der Allgemeinbildung und zum Bildungsauftrag der allgemein bildenden Schulen, ihre institutionelle Verankerung erfolgt aber von Bundesland zu Bundesland und von Schulform zu Schulform unterschiedlich (Weber 2007a).

Der für die ökonomische Bildung relevante Lernbereich in der Grundschule ist der *Sachunterricht,* auch wenn der Umgang mit Geld noch am ehesten beim Rechnen geübt wird. Elemente ökonomischen Lernens sind im Sachunterricht nicht direkt offensichtlich, da eine eigenständige ökonomische Dimension zum Beispiel im Perspektivrahmen Sachunterricht (GDSU 2002) fehlt. Ökonomische Phänomene sind aber in der sozial- und kulturwissenschaftlichen Perspektive integriert, zum Teil auch in der räumlichen, technischen und historischen Perspektive. Die am ehesten curricular verankerten ökonomisch geprägten Erfahrungs- und Handlungsfelder sind Konsum, Werbung und Geld einerseits sowie Arbeit, Produktion und Beruf andererseits. Nach den geltenden Curricula sollen die Lernenden hier vor allem Produkte herstellen, Arbeitsformen und -abläufe kennen lernen, Bedürfnisse reflektieren, mit Geld umgehen, die Absichten der Werbung erkennen und ökologische Folgen des Konsums berücksichtigen.

Wirtschaftslehre als Fach findet man in der Mittelstufe der unterschiedlichen Bundesländer in den vielfältigen Schulformen eher selten, vielmehr soll ökonomische Bildung in anderen Fächern erworben werden. Natürlich berücksichtigen auch Fächer wie Geographie, Geschichte, Mathematik, Deutsch, Kunst, Musik und Religionslehre die wirtschaftliche Lebenswelt, ihr Bildungsauftrag ist allerdings nicht auf das Verständnis oder gar auf die kompetente Mitgestaltung ökonomischer Herausforderungen ausgerichtet. Eigene Fächer für Wirtschaftslehre finden sich fast nur im Wahlpflichtbereich, so dass die Frage zu stellen ist, ob bestimmte Ankerfächer existieren, die der ökonomischen Bildung Zeit und Raum zur Entwicklung geben und die Optionen für den Erwerb ökonomischer Urteils- und Handlungskompetenz bieten. In der Mittelstufe tragen dazu vor allem zwei Fächergruppen bei. Das sind zum einen die sozialwissenschaftliche Fächergruppe (Sozialkunde bzw. Politik, zunehmend auch Politik-Wirtschaft) in allen Schulformen und zum anderen die wirtschaftlich-technische Fächergruppe (Arbeitslehre, zunehmend Arbeit-Wirtschaft-Technik), vorrangig in Haupt- und Gesamtschulen. In wenigen Bundesländern tritt Wirtschaftslehre als Gegenstandsbereich der Arbeitslehre auch als eigenständiges Fach auf und zwei Bundesländer sehen für Gymnasien und Realschulen das Fach Wirtschaft und Recht als Pflichtfach vor. Ansonsten existiert Wirtschaftslehre nur als Wahlpflichtfach. Die wirtschaftlich-technischen Fächer messen von vorneherein Haushalt und Konsum sowie Arbeit, Beruf und Produktion eine wichtige Bedeutung bei und streben die Entwicklung ökonomischer Entscheidungs- und Handlungskompetenz selbstbestimmt, rational und verantwortlich handelnder Konsumenten,

Produzenten und Berufswähler an, vernachlässigen dabei aber häufig die politisch mit zu beeinflussenden ökonomischen Rahmenbedingungen. Haushalt und Unternehmen, Konsum und Produktion sind hingegen in den Fächern der politischen Bildung eher unterbelichtet. Sozialkunde ist vor allem auf ein grundlegendes Verständnis der Wirtschaftsordnung, der Wirtschaftspolitik und der Globalisierung ausgerichtet. So bezieht sich je nach Fach und Schulform die ökonomische Bildung entweder auf den entscheidungsfähigen Konsumenten, Produzenten und Berufswähler oder aber auf den urteilsfähigen Staats- und Wirtschaftsbürger.

In der gymnasialen Oberstufe besteht im gesellschaftswissenschaftlichen Aufgabenfeld in den meisten Bundesländern die Option, neben anderen Fächern Wirtschafts- oder Sozialwissenschaften als Wahlpflicht- und Ankerfächer für die ökonomische Bildung zu wählen. Dabei spielt die Bewältigung individueller, ökonomisch geprägter Lebenssituationen kaum noch eine Rolle. Der inhaltliche Schwerpunkt in beiden Fächergruppen liegt eindeutig auf der Wirtschaftsordnung und der Wirtschaftspolitik sowie den internationalen Wirtschaftsbeziehungen. In den wirtschaftswissenschaftlichen Fächern tritt die Perspektive des Unternehmens hinzu. Obwohl die gymnasiale Oberstufe neben der Studienvorbereitung zur Mitwirkung in der demokratischen Gesellschaft befähigen, auf die Berufs- und Arbeitswelt vorbereiten und ein Verständnis sozialer, ökonomischer, politischer und technischer Zusammenhänge fördern soll, wird der ökonomischen bzw. einer diese integrierenden sozialwissenschaftlichen Bildung noch nicht mal in der Hälfte der Bundesländer Pflichtstatus mit mindestens zwei Kursen zugemessen. Aus dem gesellschaftswissenschaftlichen Aufgabenfeld, zu dem auch die Fächer Geschichte, Geographie, Sozialkunde/Politik, Wirtschaft, zum Teil auch Religion, Ethik, Recht, Psychologie, Pädagogik gehören, müssen lediglich vier Kurse belegt werden, davon mindestens zwei historische Kurse.

Die curriculare Situation ökonomischer Bildung im allgemein bildenden Schulwesen hat sich in den vergangenen Jahren auf unterschiedlichen Ebenen verbessert. Herausforderungen bleiben aber bestehen:

– Für die Grundschule gehört die Auseinandersetzung mit der Konsumenten- und Produzentenrolle mittlerweile zu einem wichtigen Feld des Sachunterrichts. Angesichts der diffusen Bestimmungen der curricularen Ausgestaltungen kann aber die Förderung von Einstellungen und Handlungen leicht zulasten von Aufklärung und Reflexion gehen.

– In der Mittelstufe können die ökonomischen Elemente durch die konkrete Ausweisung des wirtschaftlichen Bestandteils in den Integrationsfächern Arbeit-Wirtschaft-Technik und Politik-Wirtschaft nicht mehr nachrangig behandelt werden. Diese quantitative Stärkung im Fach ging jedoch selten mit einer quantitativen Ausweisung des zugewiesenen Zeitanteils für das Fach einher. Qualitativ erscheint die Zuweisung der mikroökonomischen Perspektive für Haupt- und Gesamtschüler in Arbeit-Wirtschaft-Technik und der ordnungspolitischen und makroökonomischen Perspektive für die Gymnasiasten fragwürdig.

– In der Oberstufe sind eine Ausweitung der ökonomischen Bestandteile in sozialwissenschaftlichen Fächern und auch eine Neueinführung ökonomischer Fächer festzustellen. Ihre Wahl ist aber abhängig vom Angebot der Schulen und dann von der Nachfrage der Schüler.

Somit erscheint es immer noch nicht völlig selbstverständlich, dass alle Lernenden im Laufe ihres Schullebens Kompetenzen entwickeln können, die ihnen ein tüchtiges, mündiges und verantwortliches Urteilen und Handeln in der ökonomischen Lebenswirklichkeit ermöglichen. Trotz der verstärkten Anstrengungen zur Stärkung ökonomischer Bildung bleibt *diffuse Unbeständigkeit* existent. Mit der Diskussion um Bildungsstandards wurde die Diskussion um die Kompetenzen, über die Lernenden verfügen sollten, neu entfacht. Diese wurde von der Fachdidaktik der ökonomischen Bildung genutzt, um die anzustrebenden Kompetenzen sowie den Kern ökonomischen Denkens zu bestimmen.

4. Lebenssituationen, Kategorien, Problemlösungen – Komponenten für die Definition von Kompetenzen

Als die Ergebnisse über das unterdurchschnittliche Abschneiden deutscher Schüler in internationalen Leistungsvergleichen bekannt wurden, war der bildungspolitische Handlungsdruck groß. Eine Konsequenz, die daraus gezogen wurde, war die Entwicklung von Bildungsstandards, deren Erreichung durch die Lernenden auch getestet werden sollte. Das Bildungssystem sollte nicht mehr durch Lehrpläne vorgegebene Inputs gesteuert werden, sondern durch die Entwicklung von am Ende einer Schulstufe zu erreichenden Bildungsstandards. Damit bestand für die Schulfächer bzw. die dafür vorbereitende Fachdidaktik die Herausforderung, neu darüber nachzudenken, welchen Beitrag das Fach zur Allgemeinbildung leisten und welche Kompetenzen mit Berücksichtigung des fachlichen Kerns gefördert werden sollten. Angesichts der diffusen Situation im allgemeinen Schulwesen begriffen auch die Wirtschaftsdidaktiker die Chance, den unverzichtbaren Kern dessen zu bestimmen, was ökonomische Bildung ausmachen sollte. Dabei war zu berücksichtigen, dass die Bestimmung der Standards nicht an Inhalten, sondern an Bildungszielen orientiert sein sollte. Diese wurden vor dem Hintergrund der bildungstheoretischen Diskussion durch die Expertenkommission um Eckhard Klieme (2007) als persönliche Entwicklung, Bewältigung praktischer Lebenssituationen, Teilhabe am gesellschaftlichen Leben sowie Aneignung kultureller und wissenschaftlicher Traditionen bestimmt. Um die Individuen zu selbstständigen Problemlösungen durch die jeweiligen Fächer zu befähigen, sollten Kompetenzen zur Problemlösung durch den Kern des Faches fachlich konkretisiert werden. Diese Anforderungen legten es nahe, die unterschiedlichen wirtschaftsdidaktischen Konzeptionen zur Entwicklung von Bildungsstandards zusammenzuführen.

Die Konzeption der lebenssituationsorientierten ökonomischen Bildung von Dietmar Ochs und Bodo Steinmann (1978; Steinmann 1997) zielt auf die Qualifizierung für mündiges Entscheiden und Handeln in ökonomisch geprägten Lebenssituationen. Diese Lebenssituationen werden gewonnen durch die Orientierung am Wirtschaftsablauf in den großen Bereichen der Einkommensentstehung und Einkommensverwendung, die wiederum ökonomische, soziale, ökologische und internationale Entwicklungen bedingen und von diesen beeinflusst werden. Diese ökonomisch geprägten Lebenssituationen, in denen das Individuum entweder als Konsument, Freizeitgestalter, Sparer, Investor, Nutzer öffentlicher Güter oder aber als Berufswähler, Erwerbstätiger, Lohnempfänger, Steuerzahler agiert, tragen zur Bedürfnisbefriedigung bei. Die Bedürfnisbefriedigung kann aber auch behindert oder gefährdet sein, die Lebenssituationen können Handlungsspielräume enthalten, die das Individuum berücksichtigen oder vernachlässigen kann. Die Lernenden sollen eine auf Mündigkeit ausgerichtete ökonomische Handlungskompetenz erwerben als „Befähigung zu (Mitwirkung und Teilhabe an) ökonomischen Entscheidungen und Handlungen mit dem Ziel der individuellen Entfaltung, der Gestaltung toleranzbestimmter sozialer Beziehungen sowie der Schaffung einer lebenswerten Gesellschaft" (Steinmann 1995, S. 11). So lassen sich die Anwendungsbereiche ökonomischer Bildung aus der Sicht des Individuums spezifizieren und aus der Fülle der Wissenschaften das auswählen, was zur Orientierung und Bewältigung in diesen Situationen und zum Verständnis und zur Mitgestaltung der Rahmenbedingung erforderlich ist. Zu dieser Qualifizierungsabsicht trägt auch ein methodisches Vorgehen bei, das auf die Grundstruktur des planvollen Handelns bezogen ist (Albers 1995). Nach der Erfahrung eines lösungsbedürftigen Problems sind Ziele zu entwickeln, das Problem zu analysieren, Ursachen zu bestimmen, Lösungsmöglichkeiten abzuwägen und auf ihre Folgen zu beurteilen, um schließlich eine begründete Entscheidung für eine sinnvolle Lösung zu treffen. Da im Laufe der Entscheidungsfindung sich Bedingungen und Ziele verändern können, die Entscheidung beabsichtigte und unbeabsichtigte Folgen haben kann, ist auch das Ergebnis zu beurteilen.

Für Hans Kaminski (2001) stellen weder die Wirtschaftswissenschaften noch die Lebenssituationen einen adäquaten Rahmen für die Bestimmung ökonomischer Bildung dar. Auf seiner Suche nach einem "archimedischen Punkt" für ein Referenzsystem ökonomischer Bildung stößt er auf die existierende Wirtschafts- und Gesellschaftsordnung der sozialen Marktwirtschaft. Diese sei der "allgemeinste generellste Ordnungsrahmen, der sowohl die Arbeits- und Lebenssituationen eines Bürgers als auch die Koordinierung der wirtschaftlichen Aktivitäten einer Volkswirtschaft mit dem Ziel bestimmt, eine Gesellschaft mit Sachgütern und Dienstleistungen zu versorgen (Produktion, Distribution, Konsumtion)" (Kaminski 2001, S. 52). Sein Referenzsystem für die ökonomische Bildung orientiert sich allerdings weniger an der Wirtschaftsordnung, sondern baut das curriculare Gerüst an den Wirtschaftssektoren und ihren Beziehungen im Wirtschaftkreislauf.

Die Vertreter der kategorialen Wirtschaftsdidaktik, vor allem Erich Dauenhauer (1997), Hermann May (1998) und Klaus Peter Kruber (1997), extrahieren die grundlegenden und typischen Muster und Strukturen ökonomischen Denkens. Mit diesen Kategorien soll das Individuum vor allem Orientierung in der komplexen Lebenswirklichkeit erhalten, um im Besonderen das Allgemeine bzw. das Typische zu erkennen, da nicht die Gesamtheit wirtschaftswissenschaftlicher Theorien und Methoden im Unterricht erarbeitet werden kann. Während sich die so gewonnenen Kategorientableaus zwar im Einzelnen unterscheiden, existieren auch viele gemeinsame Kategorien. Dies sind Knappheit, Arbeitsteilung, Kreislauf, Interdependenz, Konflikte, Risiko, Kosten-Nutzen-Kalkül, Märkte, Wettbewerb und Macht. Unterschiede lassen sich vor allem in der Interpretation der ökonomischen Prozesse und Probleme ausmachen, ob etwa die Systemdynamik auf Gleichgewichte oder Instabilität hinausläuft, ob die Wirtschaftsordnung als gegeben oder gestaltbar angenommen wird und ob Ungleichheit eine Herausforderung staatlichen Handelns oder ein Instrument der Wohlstandssteigerung darstellt. Für Gerd-Jan Krol (2001) ist eher der ökonomische Denkansatz selbst der entscheidende Kern ökonomischer Bildung, da er die Analyse von Anreizen und Restriktionen zur Gewinnung von Steuerungsfähigkeit in modernen Gesellschaften erlaubt, so dass Handlungskonsequenzen ermittelt und Dilemmastrukturen in ihren institutionellen Bedingtheiten beurteilt werden können. Aus diesen zum Teil sich ergänzenden, in einigen Bewertungen unterschiedlichen Konzepten lässt sich der Kern ökonomischer Bildung extrahieren.

Durch die sinnvolle Verschränkung der fachdidaktischen Konzeptionen können die allgemeinen Fähigkeiten im Sinne von kognitiven Problemlösefähigkeiten an den individuellen Herausforderungen ökonomischen Orientierens, Urteilens, Entscheidens und Handelns in privaten Haushalten, Unternehmen und Staat mit den zentralen Kategorien des Faches konkretisiert werden, wobei zentrale Denkschemata Strukturierungshilfe geben sollen (s. Abb. 1). Gefördert werden sollen die Fähigkeiten,

– Entscheidungen ökonomisch zu begründen unter Berücksichtigung der Entscheidungsannahme des Kosten-Nutzen-Kalküls bei Wahlentscheidungen,

– Handlungssituationen ökonomisch zu analysieren unter Berücksichtigung der Handlungsbedingungen ökonomischer Akteure zwischen Anreizen und Restriktionen,

– ökonomische Systemzusammenhänge zu erklären, die sich durch Arbeitsteilung, Kreisläufe und Interdependenzen ergeben,

– wirtschaftliche Rahmenbedingungen zu verstehen und mitzugestalten, deren Koordination durch Unsicherheiten, Risiken, Zielkonflikte und Dilemmata beeinflusst wird,

– Konflikte perspektivisch und ethisch zu beurteilen unter Berücksichtigung unterschiedlicher Interessen sowie ökonomischer (Effizienz, Rationalität) und ethischer Kriterien (Entfaltung, Partizipation, Sicherheit, Wohlstand, Freiheit, Gerechtigkeit, Nachhaltigkeit (Degöb 2004).

Diese Kompetenzbereiche sind in der Unterrichtspraxis nicht überschneidungsfrei. So bedarf es für vernünftige Entscheidungen selbstverständlich auch der Fähigkeit, die Situationen, in denen sie erfolgen, angemessen analysieren zu können. Soll die Fähigkeit entwickelt werden, wirtschaftliche Rahmenbedingungen mitzugestalten, bedarf es auch eines Verständnisses der ökonomischen

Systemzusammenhänge. Ohne ein Bewusstsein über unterschiedliche Interessen der handelnden Akteure, etwa Anbieter und Nachfrager, Arbeitnehmer und Arbeitgeber, Konsumenten und Händler etc. lässt sich ein Verständnis des ökonomischen Systems und seiner Ordnung kaum entwickeln. Die Bewertung nach ökonomischen und ethischen Kriterien soll zudem ein zu enges Kosten-Nutzen-Kalkül bei individuellen Entscheidungen oder der Gestaltung der Rahmenbedingungen verhindern. Die Kompetenzbereiche sind aber nicht zu verstehen im Sinne formalisierter Lernzieltaxonomien, die von den Kenntnissen über deren Verständnis und Anwendung sowie über Analyse und Synthese zur Beurteilung als höchster Stufe schreiten. Vielmehr sind sie auf unterschiedliche Ebenen der ökonomischen Daseinsbewältigung, -analyse, -gestaltung und -beurteilung bezogen, deren Realisierung je nach Alter mit wachsenden und komplexer werdenden Herausforderungen einhergeht.

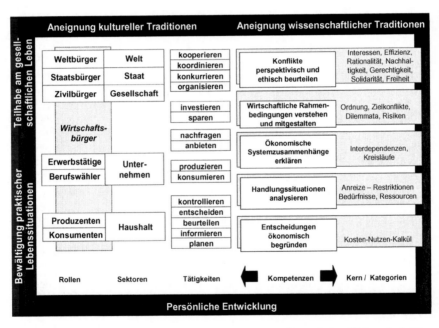

Abb.1: Komponenten für die Gewinnung von Kompetenzen ökonomischer Bildung (vgl. Weber 2005, S. 43)

5. Gemeinsame und verschiedene Herausforderungen ökonomischer Handlungskompetenz für Kinder und Jugendliche

Kinder und Jugendliche sind aktive Wirtschaftsbürger, die wirtschaftliche Entscheidungen treffen und Entscheidungen anderer beeinflussen. Deswegen sollten

28

sie befähigt werden, zum eigenen Wohl und ohne anderen zu schaden vernünftige wirtschaftliche Entscheidungen zu treffen und die Rahmenbedingungen ihrer wirtschaftlichen Entscheidungen zu verstehen. Sie sind aber auch externen ökonomischen Einflüssen ausgesetzt, etwa als Zielgruppe für Anbieter oder als Betroffene von gesamtwirtschaftlichen Problemen. Dies erfordert zudem das Verständnis für die Systemzusammenhänge und Rahmenbedingungen, aber auch die Möglichkeit diese mitzugestalten.

Die Lebenslagen von Kindern und Jugendlichen sind heute sehr unterschiedlich. Einerseits stellen sie die von Armut am häufigsten betroffene Altersgruppe dar. So erhielten 13,1 % der unter 15-Jährigen Sozialgeld (Holz 2006). Die Hälfte der in der Kinderstudie 2007 befragten 8-12-Jährigen befürchtet, dass es immer mehr arme Menschen gibt (Schneekloth/Leven 2007). Andererseits ist die heutige Kinder- und Jugendgeneration im Vergleich zu ihrer Groß- und Urgroßelterngeneration mit Geld und Gütern sehr gut ausgestattet. Laut KidsVerbraucheranalyse (KVA 2006) hatten schon die 6 Millionen 6-13-Jährigen ein Finanzpotenzial von 5,9 Mrd. Euro jährlich, die KidsVerbraucher-analyse von 2007 ermittelt 2 Millionen Kinder im Besitz eines Handys, bei den 10-13-Jährigen gar schon 62 %. Obwohl Kinderarbeit in Deutschland für Kinder unter 13 Jahren generell verboten und für die 13-16-Jährigen nur für leichte Tätigkeiten für nicht mehr als 2 Stunden täglich erlaubt ist, machen schon 40 % der 12-16-Jährigen Erfahrungen mit der Arbeitswelt, etwa als Prospektverteiler, Rasenmäher, Einkaufshelfer, Babysitter und Nachhilfelehrer (Hungerland u.a. 2005). Der Beruf ist zudem für fast zwei Drittel der Jugendlichen das begehrteste Ziel des künftigen Lebens, immerhin auch schon für ein Drittel der 10-12-Jährigen (Jugendstudie 2002). Kein Wunder also, wenn 37 % der 8-12-Jährigen Kinder Angst vor Arbeitslosigkeit der Eltern angeben, bei Kindern aus untersten Herkunftsschichten sind es gar 55 % (Hurrelmann/ Andresen 2007).

Kinder konstruieren sich aber auch selbst vielfältige Vorstellungen über ökonomische Lebensbereiche – und sie entwickeln dabei erstaunlich kreative Erklärungsmodelle für notwendigerweise vorhandene Wissenslücken. Während vielen Grundschulkindern beispielsweise bewusst ist, dass Werbung vor allem anstrebt, mehr von den angebotenen Produkten zu verkaufen, antizipieren die gleichen Kinder, dass Information über die Existenz unterschiedlicher Güter fehlen würde, wenn es keine Werbung gäbe. Einzelaussagen, die die Bedeutung der Werbung darin sehen, dass Schauspieler die Texte auswendig lernen müssen, erscheinen vor allem kreativen Erklärungsmustern über die Produktion von Filmen geschuldet, ohne dass man solche Erklärungsmuster als naiv abtun könnte. Kognitionspsychologische Studien legen nahe, dass Lernende erst im mittleren Jugendalter in der Lage sind, ein Verständnis für die Preisbildung in Abhängigkeit von Angebot und Nachfrage zu entwickeln (Claar 1996). So sehen Grundschulkinder die Setzung von Preisen oft als einen Willkürakt des Händlers an. Sie führen Preise unterschiedlicher Güter auf unterschiedliche Größen und Materialien, später auf Funktionen und Eigenschaften zurück. Nur wenige verknüpfen die Preise mit dem Produktionsaufwand oder der Güterknappheit. Sie verstehen die Preise kaum als Ergebnis des Wechselspiels von Angebot und Nachfrage. Interessant erscheinen aber Überlegungen von Kindern, wenn sie selbst eine Entscheidung über den Preis treffen müssen: beim Verkauf eigener Güter auf dem Flohmarkt setzen sie durchaus das Verhalten von Angebot und Nachfrage zueinander in Beziehung (Weber/ Heuel/ Wanasek 2002).

Nimmt man den Bildungsanspruch ernst, indem Kinder und Jugendliche sich in ihrer Lebenswelt orientieren, sie verstehen, in ihr vernünftig und verantwortlich handeln und sie auch zu ihren Gunsten und ohne anderen zu schaden mitgestalten können, ergeben sich für die ökonomische Bildung die schon genannten, hier zusammengefassten Kompetenzbereiche. Ihre gestufte Konkretisierung ergibt sich vor allem durch altersgemäße Herausforderungen der unterschiedlichen Erfahrungs- und Handlungsfelder von Kindern und Jugendlichen.

Kinder und Jugendliche sollten lernen,

– *selbstbestimmt und vernünftig eigene ökonomische Entscheidungen zu treffen*: Das erfordert die Sensibilisierung für Bedürfnisse und ihre Beeinflussung, die Kenntnis von Mitteln zu ihrer Befriedigung, der verfügbaren Mittel zu ihrer Beschaffung, des Vergleichs von Preisen und Qualitäten, die Befähigung zur Planung und Prioritätensetzung, die Beurteilung der Folgen. Sie sollen Entscheidungskompetenz durch angemessene Kosten-Nutzen-Analysen, durch unterschiedliche Bewertungskriterien und Analysekompetenz durch Untersuchung von Anreizen und Restriktionen in ökonomischen Handlungssituationen gewinnen;

– *grundlegende ökonomische Prozesse und Wechselbeziehungen zu verstehen*: Das erfordert ein Verständnis der Funktion der ökonomischen Akteure einschließlich ihrer unterschiedlichen Interessen sowie ein Verständnis für die Bedeutung von Arbeitsteilung, Tauschprozessen und Kreislaufbeziehungen. Sie sollen Orientierungs- und Urteilskompetenz erlangen in Bezug auf die Möglichkeiten und Grenzen von Markt- und Wettbewerbsprozessen;

– *ökonomische, politische, soziale und ökologische Probleme, Konflikte und Entwicklungen in ihren Ursachen zu erklären und verantwortlich mitzugestalten*: Das erfordert die Entwicklung von Sensibilität für problematische Auswirkungen, aber auch die Übernahme von Verantwortung für die Folgen von Handlungen sowie die Reflexion über die notwendige individuelle oder politische Handlungsebene. Dies fördert Urteils- und Gestaltungskompetenz durch das Denken in koordinierenden, aber auch gestaltbaren und wandelbaren Ordnungen.

Diese eher allgemeinen Zielsetzungen sind für alle Teilaufgaben ökonomischer Bildung relevant. Diese können differenziert werden als (1) konsum- und finanzorientierte, (2) arbeits- und berufsorientierte sowie als (3) politisch-ökonomisch wirtschaftsethische Grundbildung (vgl. Weber 2007b).

Konsum- und finanzorientierte Grundbildung

Kinder und Jugendliche sind im Bereich des Konsums und der Güternutzung aktiv entscheidende und handelnde Subjekte. Die dafür erforderlichen Güter und die zur Beschaffung erforderlichen Mittel werden in einer Wirtschaftsform, die nicht mehr hauptsächlich auf Selbstversorgung autonomer Wirtschaftseinheiten ausgerichtet ist, in Unternehmen hergestellt, die für einen anonymen Markt produzieren. Als bedeutendste und unverzichtbare Aufgabe ökonomischer Bildung stellt sich schon in der Grundschule die Herausforderung, selbstbestimmte und verantwortliche Entscheidungskompetenz in Konsum- und Finanzfragen zu fördern, die sie als aktive Marktteilnehmer benötigen. Während für Kinder eine solche Entscheidungskompetenz vor allem im Rahmen von Taschengeld-, Sparentscheidungen und einfachen Kaufentscheidungen relevant ist, geht es bei Jugendlichen schon eher um das Haushaltsmanagement und komplexe Vorsorgeentscheidungen. Während Kinder für die Existenz, Nutzung und Grenzen unterschiedlicher Verbraucherinformationen sensibilisiert werden, benötigen Jugendliche Urteils- und Handlungsfähigkeit für ihre kompetente Nutzung und Beurteilung im Rahmen komplexer Kauf- und Vorsorgeentscheidungen.

Arbeits- und berufsorientierte Grundbildung
Soll der Wert von zu erwerbenden Gütern abgeschätzt und die Außeneinflüsse angemessen reflektiert werden, müssen auch Kinder Urteilsfähigkeit über Güterherkunft und die Existenz unterschiedlicher Interessen erlangen. Da schon Grundschulkinder berufliche Vorstellungen entwickeln und den Weg in den Beruf, da die Herausbildung eines beruflichen Selbstkonzepts ein andauernder Prozess ist, ist die Entwicklung spezialisierter Berufe auch zur Ausweitung des Möglichkeitsspielraums interessant und bedeutsam. Eine arbeits- und berufsorientierte Grundbildung beinhaltet für Grundschüler noch weniger Entscheidungskompetenz, als vielmehr Urteilsfähigkeit über die Vielfalt beruflicher Möglichkeiten sowie ein Verständnis über die Entstehung und den Wert von Gütern, die Bedeutung der Arbeit, der Berufe und der Arbeitsteilung sowie der Wege der Menschen zu ihren Berufen. Hingegen stehen die Jugendlichen – zumindest in nichtgymnasialen Bildungsgängen – schon vor einer ersten eigenen beruflichen Entscheidung, die eine Zunahme von Entscheidungskompetenz für die eigene Berufsfindung im Abgleich eigener Interessen und Fähigkeiten und der Anforderungen unterschiedlicher beruflicher Felder mit sich bringt. Sie benötigen Urteilsfähigkeit, um ihr künftiges Arbeitsfeld als ökonomisches, soziales und ökologisches System zu verstehen und mitzugestalten.

Politisch-ökonomische und wirtschaftsethische Grundbildung
Ökonomisches Lernen hat aber nicht allein das Individuum und seine Entscheidungen im Blick, sondern gleichermaßen gesellschaftlich problematische Entwicklungen wie Umweltbelastung, Armut und Arbeitslosigkeit. Neben der Sensibilisierung für solche Probleme stellt sich schon in der Grundschule die Frage, ob deren Lösung durch dezentrale oder zentrale Entscheidungen erfolgen soll, wenn die Verantwortung nicht allein dem Einzelnen aufgebürdet oder höheren Mächten übertragen werden soll. Insofern muss sowohl die konsum- und arbeitsorientierte Grundbildung um eine breitere politisch-ökonomische und wirtschaftsethische Grundbildung ergänzt werden, die sowohl die Systembeziehungen als auch ihre Gestaltbarkeit im Blick hat. Insofern geht es auch schon im

Grundschulalter um die Anbahnung einer wirtschaftspolitischen Urteils- und Handlungskompetenz, die die Lernenden befähigt, unterschiedliche Interessen zu identifizieren, ökologische und soziale Probleme in ihren Auswirkungen ethisch zu beurteilen, einseitige Schuld- und Lösungszuschreibungen zu differenzieren, die Bedeutung gemeinsamer Regeln und öffentlicher Güter sowie ihre Voraussetzungen zu erkennen. Die wirtschaftspolitische Urteilsfähigkeit der Jugendlichen kann sich dann schon eher auf grundsätzliche Fragen der Beurteilung der Handlungsspielräume und -grenzen von Staat und Markt im nationalen und internationalen Rahmen sowie auf kontroverse Gestaltungsmöglichkeiten und ihre Auswirkungen sowie Konflikte zwischen Effizienz, Gerechtigkeit und Nachhaltigkeit beziehen.

6. Herausforderungen für die Wirtschaftsdidaktik

Da Menschen heute nicht mehr als Gefäße gelten, denen Wissen einfach „eingetrichtert" werden kann, sondern als reflexive Wesen, die sich ihr Bild von der Welt selbstständig auch ohne organisierte Lernprozesse bilden, ist es aus bildungs- und lerntheoretischer Sicht erforderlich, das selbstständig konstruierte Alltagswissen mit dem eher „systematisch-abstrakten" Schulwissen zu verknüpfen, und die so gewonnenen wissenschaftsorientierten Erkenntnisse wiederum auf ihre Alltagstauglichkeit zu testen, so dass sich das individuelle Wissen in Bezug auf wissenschaftliches Wissen erweitern, differenzieren und ggf. ändern kann. So sollten lernende Individuen befähigt werden, sich in ihrer Welt zu orientieren, sie zu verstehen, in ihr vernünftig zu handeln und sie verantwortlich mitzugestalten.

Um angemessene Stufenmodelle für ökonomisches Lernen zu entwickeln, bedarf es einer fachdidaktischen Gesamtkonzeption, die bisher getrennt erfolgende Entwicklungen normativer fachdidaktischer Konzeptionen kompetenzorientiert zusammenführt und durch empirische Lehr-Lernforschung fundiert. Zentrale Aufgaben dabei sind,

(1) die altersspezifischen subjektiven Lernvoraussetzungen auf typische Erklärungs- und Gestaltungsmuster zu untersuchen,

(2) die ökonomisch geprägten Lebenssituationen sowie die diese beeinflussenden ökonomischen Entwicklungen zu ergründen,

(3) die wissenschaftlichen Denkschemata zu ihrer Orientierung, Erklärung und Gestaltung verfügbar zu machen, aber auch in ihren Grenzen zu beurteilen,

(4) geeignete Lernwege zur Weiterentwicklung der Lernvoraussetzungen durch Aneignung, Erprobung und Überprüfung solcher Denkschemata aufzuzeigen.

Literatur

Albers, Hans-Jürgen (1995): Handlungsorientierung und ökonomische Bildung. In: Albers, Hans Jürgen (Hrsg.): Handlungsorientierung und ökonomische Bildung. Bergisch Gladbach: Hobein, S. 1-22.

Bofinger, Peter (2006[2]): Grundzüge der Volkswirtschaftslehre. Eine Einführung in die Wissenschaft von Märkten. München: Pearson.

Claar, Annette (1996): Was kostet die Welt? Wie Kinder lernen, mit Geld umzugehen. Berlin; Heidelberg: Springer.

Dauenhauer, Erich (1997): Kategoriale Wirtschaftsdidaktik. Münchweiler/Rod: Walthari.

Degoeb – Deutsche Gesellschaft für ökonomische Bildung (2004): Kompetenzen der ökonomischen Bildung für allgemein bildende Schulen und Bildungsstandards für den mittleren Schulabschluss. http://www.degoeb.de/stellung/04-BSOEB.pdf.

Degoeb – Deutsche Gesellschaft für ökonomische Bildung (2006): Kompetenzen der ökonomischen Bildung für allgemein bildende Schulen und Bildungsstandards für den Grundschulabschluss. http://www.degoeb.de/stellung/06_DEGOEB_Grundschule.pdf.

Evers, Ernst August (1807): Über die Schulbildung zur Bestialität. Aarau: Friedrich Jakob Bek.

Fehr, Ernst; Falk, Armin (2001): Psychological Foundations of Incentives: Working Paper No. 95, November 2001, http://e-collection.ethbib.ethz.ch/show?type=incoll&nr=607.

Frey, Bruno S.; Benz, Matthias (2001): Ökonomie und Psychologie: Eine Übersicht. Working Paper No. 92. Oktober. http://www.iew.uzh.ch/wp/iewwp092.pdf.

Frey, Bruno S. (1999): Was bewirkt die Volkswirtschaftslehre. Working Paper No. 24. http://www.iew.uzh.ch/wp/iewwp024.pdf; auch in: Perspektiven der Wirtschaftspolitik 1, S. 5-33.

GDSU – Gesellschaft für Didaktik des Sachunterrichts (2002): Perspektivrahmen Sachunterricht. Bad Heilbrunn: Klinkhardt.

Gutenberg, Erich (1990): Einführung in die Betriebswirtschaftslehre. Wiesbaden: Dr. Th. Gabler Verlag.

Hartwich, Hans-Hermann (2001): Politische und ökonomische Bildung gehören in der Schule zusammen. In: Sowi-Onlinejournal 1/2001; http://www.sowi-onlinejournal.de/2001-1/hartwich.htm.

Heitmeyer, Wilhelm (2007): Moralisch abwärts im Aufschwung. In: DIE ZEIT vom 13.12.2007.

Holz, Gerda (2006): Lebenslagen und Chancen von Kindern in Deutschland. In: Aus Politik und Zeitgeschichte, 26/2006, S. 3-11.

Homann, Karl; Suchanek, Andreas (2005): Ökonomik. Eine Einführung. Tübingen: Mohr Siebeck.

Humboldt, Wilhelm v. (1903): Wilhelm von Humboldts Werke, Bd. XIII, Berlin.

Hungerland, Beatrice; Liebel, Manfred; Liesecke, Anja; Wihstutz, Anne (2005): Bedeutungen der Arbeit von Kindern in Deutschland. Wege zu partizipativer Autonomie? In: Arbeit. Zeitschrift für Arbeitsforschung, Arbeitsgestaltung und Arbeitspolitik, 2/2005, S. 77-93.

Hurrelmann, Klaus; Albert, Matthias (2002): Jugend 2002. 14. Shell Jugendstudie. Frankfurt/M: Fischer.

Hurrelmann, Klaus; Andresen, Sabine (2007): Kinder in Deutschland 2007. 1. World Vision Kinderstudie. Frankfurt/M: Fischer.

Kaiser, Franz-Josef; Kaminski, Hans (1999[2]): Methodik des Ökonomie-Unterrichts. Bad Heilbrunn: Klinkhardt.

Kaminski, Hans (2001): Kerncurriculum Ökonomische Bildung. In: Kaminski u.a., (2001): Soziale Marktwirtschaft stärken. Kerncurriculum Ökonomische Bildung. Zukunftsforum Politik. Broschürenreihe herausgegeben von der Konrad-Adenauer-Stiftung e.V. Nr. 26, Sankt Augustin April, S. 8-30.

Klieme, Eckhard (2007[uv]): Zur Entwicklung nationaler Bildungsstandards – Expertise. Bonn. http://www.bmbf.de/pub/zur_entwicklung_nationaler_bildungsstandards.pdf.

KMK (2001): Wirtschaftliche Bildung an allgemein bildenden Schulen. Bericht der Kultusministerkonferenz vom 19.10.2001, Bonn.

Krol, Gerd-Jan (2001): "Ökonomische Bildung" ohne "Ökonomik"? Zur Bildungsrelevanz des ökonomischen Denkansatzes. In: Institut für ökonomische Bildung: Ökonomische Bildung in der modernen Gesellschaft. Diskussionsbeitrag Nr. 6, Münster, August, S. 1-13. In: sowi-onlinejournal 1 (2001), Nr. 1: http://www.sowi-onlinejournal.de/2001-1/krol.htm.

Kruber, Klaus-Peter (1997): Stoffstrukturen und didaktische Kategorien zur Gegenstandsbestimmung ökonomischer Bildung. In: Kruber, Klaus-Peter (Hrsg.): Konzeptionelle Ansätze ökonomischer Bildung. (Deutsche Gesellschaft für ökonomische Bildung). Bergisch Gladbach: Hobein, S. 55-74

KVA (2006): Ehapa-Verlag: KidsVerbraucherAnalyse 2006. Präsentation; http://www. ehapamedia.de/pdf_download/KVA06_Praesentation.pdf.

KVA (2007): Ehapa-Verlag: KidsVerbraucherAnalyse 2007. Pressemitteilung Berlin 7.8.2007; http://www.ehapamedia.de/pdf_download/Pressemitteilung_KVA07.pdf.

Lehrpläne: siehe http://www.lehrplaene.org ; http://db.kmk.org/lehrplan/.

Litt, Theodor (1958): Berufsbildung, Fachbildung, Menschenbildung. Bonn.

Mankiw, Nicholas Gregory (2004[3]): Grundzüge der Volkswirtschaftslehre. Stuttgart.

May, Hermann (1998): Didaktik der ökonomischen Bildung. München: Oldenbourg.

Neus, Werner (2007[5]): Einführung in die Betriebswirtschaftslehre aus institutionenökonomischer Sicht. Tübingen: Mohr Siebeck.

Niethammer, Friedrich Immanuel (1808): Der Streit des Philantropismus und Humanismus. Jena: Frommann.

Ochs, Dietmar; Steinmann, Bodo (1978): Beitrag der Ökonomie zu einem sozialwissenschaftlichen curriculum, In: Forndran, Erhard; Hummel, Hans .J.; Süssmuth, Hans (Hrsg.): Studiengang Sozialwissenschaften: Zur Definition eines Faches. Düsseldorf: Schwamm, S. 186-223.

Reinhardt, Sibylle (2000): Ökonomische Bildung für alle – aber wie? Plädoyer für ein integriertes Fach. In: Gegenwartskunde 4/2000, S. 505-512. Wiederabgedruckt: http://www. sowi-online.de/reader/oekonomie/reinhoeko.htm.

Reuel, Günther (1998): Zur Situation des Partikularfaches Wirtschaft im Kontext der Arbeitslehre. In: ders.: Arbeitslehre. Eine Integrationsidee ohne Integrationswillige. Berlin. Wiederabgedruckt: http://www.sowi-online.de/reader/integration/reuel-wirtschaft.htm.

Richter, Rudolf; Furubotn, Eirik, G (2003[3]): Neue Institutionenökonomik. Eine Einführung und kritische Würdigung. Tübingen: Mohr Siebeck.

Schneekloth, Ulrich; Leven, Ingo (2007): Wünsche, Ängste und erste politische Interessen. In: Hurrelmann, Klaus; Andresen, Sabine: Kinder in Deutschland 2007. 1. World Vision Kinderstudie. Frankfurt/M: Fischer.

Spranger, Eduard (1951): Pädagogische Perspektiven. Beiträge zu Erziehungsfragen der Gegenwart. Heidelberg: Quelle und Meyer.

Steinmann, Bodo (1995): Verankerung von Methoden in einem auf ökonomische Handlungskompetenz ausgerichteten Curriculum. In: Steinmann, Bodo; Weber, Birgit (Hrsg.): Handlungsorientierte Methoden in der Ökonomie. Neusäß: Kieser, S. 10-16.

Steinmann, Bodo (1997): Das Konzept 'Qualifizierung für Lebenssituationen im Rahmen der ökonomischen Bildung heute. In: Kruber, Klaus-Peter (Hrsg.): Konzeptionelle Ansätze ökonomischer Bildung. (Deutsche Gesellschaft für ökonomische Bildung). Bergisch Gladbach: Hobein, S. 1-22.

Stiglitz, Joseph (1999[2]): Volkswirtschaftslehre. München: Oldenbourg.

Ulrich, Hans (2001): Systemorientiertes Management. Das Werk von Hans Ulrich. (Herausgegeben von der Stiftung zur Förderung der systemorientierten Managementlehre St.Gallen), Bern.

Weber, Birgit (1997): Handlungsorientierte ökonomische Bildung. Nachhaltige Entwicklung und Weltwirtschaftsordnung. Neusäß: Kieser.

Weber, Birgit (2005): Bildungsstandards, Qualifikationserwartungen und Kerncurricula: Stand und Entwicklungsperspektiven der ökonomischen Bildung. In: Weitz, Bernd (Hrsg.): Standards in der ökonomischen Bildung, (Deutsche Gesellschaft für ökonomische Bildung). Bergisch Gladbach: Hobein, S. 17-49.

Weber, Birgit (2007): Die curriculare Situation der ökonomischen Bildung. In: Unterricht Wirtschaft, Heft 29, 1/2007, S. 57-61.

Weber, Birgit (2007): Kinder, Knete und Co. Ökonomische Grundbildung für Kinder. Stuttgart.

Weber, Birgit; Heuel, Andrea; Wanasek, Thorsten (2002): Unternehmerbilder in den Köpfen von Grundschulkindern – Ergebnisse einer Befragung. In: Weber, Birgit (Hrsg.): Eine Kultur der Selbstständigkeit in der Lehrerausbildung. Bergisch Gladbach: Hobein. S. 247-263.

Woll, Artur (2007[15]): Volkswirtschaftslehre. München: Vahlen.

Die Entwicklung gesellschaftlichen Denkens

Carlos Kölbl

Bulldozer, der jetzt begriff, worauf die Verteidigung hinauswollte, beeilte sich, einzugreifen: „Rebecka", erklärte er und lächelte über das ganze Gesicht. „Es gibt Dinge, die ich einfach nicht begreife. Wie kann man bei dem umfassenden Angebot der Medien heutzutage vermeiden, sich die einfachsten Kenntnisse über die Gesellschaft anzueignen?" „Ihre Gesellschaft ist nicht meine." „Das ist falsch, Rebecka. Wir leben alle zusammen in diesem Land, und wir sind dafür verantwortlich, ob es gut oder schlecht geht. Aber ich will fragen, wie man daran vorbeigehen kann, was im Radio oder Fernsehen gesagt wird, oder völlig übersehen kann, was in den Zeitungen geschrieben wird?" „Ich habe weder Radio noch Fernsehen, und das einzige, das ich in der Zeitung lese, ist das Horoskop." „Aber Sie sind doch trotz alledem neun Jahre zur Schule gegangen, nicht wahr?" „Da haben sie nur versucht, uns eine Menge Unsinn beizubringen. Ich habe nicht zugehört" (Sjöwall/Wahlöö 1977, S. 50 f.).

1. Von Kaufmannsläden, anderen Dingen und dem Anliegen dieses Beitrags

Ökonomische Tatbestände begegnen Kindern längst, bevor sie sie als solche klar erkennen oder benennen können. Der tägliche Umgang mit den sie umgebenden Dingen vermittelt ihnen über elterliche Ge- und Verbote etwas über den Wert dieser Objekte. Dieser Wert speist sich dort, wo es sich nicht um Erinnerungsstücke oder dergleichen handelt, aus dem Betrag, der für sie zu zahlen ist, also aus ihrem Charakter als Ware. Mit manchen Dingen muss man vorsichtig, mit anderen kann man eher nachlässig umgehen, sobald etwas kaputt ist, ist sein Gebrauchs- und damit auch sein Tauschwert dahin.

Die Vorstellungen der Erwachsenen über den Gebrauchs- und Tauschwert von Objekten decken sich bekanntlich oftmals nicht mit denen von Kindern. Das wird in ihrem Spiel, etwa mit einem Kaufmannsladen, deutlich. Dort kann ein bunter Holzlolli deutlich teurer sein als ein Sack Kartoffeln – dessen Inhalt auch schon mal stückweise feilgeboten wird. Auch anderes kann aus Erwachsenensicht bei diesem Spiel kurios anmuten: Mitunter sind Verkäufer und Käufer identisch, wird das Geld des Käufers dankend entgegengenommen, ohne dass es zur Aushändigung der Ware käme, oder gilt der Einkauf als doppelter Gewinn, weil man außer einem Bonbon ja auch noch zusätzliches Geld bekommt (das Wechselgeld). Interessant ist auch, wie variabel Besitzverhältnisse noch sind: was vor wenigen Minuten Deins war, ist nun Meins und umgekehrt.

Im Folgenden sollen ausgewählte entwicklungspsychologische Überlegungen und Befunde zur Entwicklung des ökonomischen Denkens knapp vorgestellt werden, die bloße Alltagsbeobachtungen wie die obigen überschreiten und die für alle Bemühungen um eine ökonomische Bildung von Kindern und Jugendlichen von Interesse sein dürften. Die Entwicklung dieses Denkens stellt allerdings lediglich einen speziellen Teilaspekt der allgemeinen Entwicklung gesellschaftlichen Denkens überhaupt dar. Daher werden auch andere bereichsspezifische Entwicklungslinien des gesellschaftlichen Denkens – moralisches, rechtliches, politisches und historisches Denken – selektiv erörtert. Dabei verlaufen die jeweiligen Entwicklungspfade aber nicht isoliert voneinander, vielmehr werden Bezüge zwischen ihnen sowie zum ökonomischen Denken immer wieder deutlich. Deutlich wird freilich auch – soviel kann schon an dieser Stelle gesagt werden –, wie stark es noch weiterer Forschungsbemühungen bedarf, um ein tieferes und umfassenderes Verständnis der komplexen Verflechtungen in der Entwicklung gesellschaftlichen Denkens zu erhalten. Insofern wird im Folgenden nicht so etwas wie ein Gesamtbild vorgestellt werden können, sondern vielmehr Mosaiksteine zu einem solchen Bild.

2. Bereichsspezifische Entwicklungslinien im gesellschaftlichen Denken

Das Gesellschaftsverständnis bzw. gesellschaftliches Denken und dessen Entwicklung ist ein facettenreiches Phänomen und gewiss kein monolithischer Block (Wacker 1976; Barrett/Buchanan-Barrow 2005). Dieses Denken richtet sich auf unterschiedliche Subsysteme unserer Gesellschaft. Die Ökonomie stellt in Gesellschaften wie der unseren sicher ein sehr wichtiges Subsystem dar. Ihr Verständnis ist daher für eine aktive Teilhabe an der Gesellschaft unumgänglich. Daher ist es auch nicht verwunderlich, dass erste Ansätze ökonomischen Denkens bereits zu einem frühen Zeitpunkt bei Kindern zu beobachten sind. Ein solches Denken genügt sich nun nicht selbst, sondern ist in vielfacher Hinsicht auf andere Domänen des gesellschaftlichen Denkens bezogen, ohne dass solche Bezüge allerdings schon hinreichend theoretisch bedacht oder empirisch untersucht wären – die Entwicklungspsychologie gesellschaftlichen Denkens ist alles andere als ein konsolidiertes Forschungsfeld:

1. Fragen der Ökonomie sind bisweilen moralisch prekär. Insofern gibt es in der Entwicklung des ökonomischen Denkens Berührungspunkte zur Moralentwicklung.

2. Ökonomisches Handeln und ökonomische Strukturen werden durch rechtliche und politische Vorgaben ermöglicht, aber auch begrenzt. Die rechtliche Sanktionierung von Verletzungen von Eigentumsverhältnissen ist hierfür ein deutliches Beispiel. Darüber hinaus hat ökonomisches Handeln seinerseits Folgen für Recht und Politik. Insofern gibt es in der Entwicklung des ökonomischen Denkens Berührungspunkte zur Entwicklung des Rechts- und Politikverständnisses.

3. Ökonomische Tatbestände sind historisch geworden und historisch mitbedingt. Kapitalistische wie planwirtschaftliche Verhältnisse etwa sind das Resultat langwieriger Prozesse und in historischer Perspektive besser zu begreifen. Insofern gibt es in der Entwicklung des ökonomischen Denkens Berührungspunkte zur Entwicklung des Geschichtsbewusstseins bzw. historischer Sinnbildungsprozesse.

2.1 Ökonomie

Die Analyse des ökonomischen Verständnisses von Kindern erfolgt in zweierlei Hinsichten (Webley 2005): zum einen als Rekonstruktion des kindlichen Verständnisses ökonomischer Konzepte (zumeist in einer mehr oder weniger engen Anbindung an die Piaget'sche Tradition), zum anderen als Analyse von Kindern als ökonomischen Akteuren. Die erste Perspektive ist die ältere und beschäftigt sich insbesondere mit dem kindlichen Verständnis des Geldes und seiner Ursprünge, der Konzepte der Bank, des Preises, des Angebots und der Nachfrage sowie des Profits. In der zweiten, rezenteren Perspektive gilt das Interesse der Forschung dem Umgang von Kindern mit Taschengeld, kindlichen Sparaktivitäten und der Eigenständigkeit der kindlichen Ökonomie, die sich beispielsweise im Tauschen und Sammeln von Murmeln, Bildern und anderen Objekten manifestiert.

Hier seien zunächst Befunde zur Rekonstruktion des kindlichen Verständnisses der Ursprünge des Geldes referiert (vgl. ebd., S. 44 ff.). Berti & Bombi (1981) kommen zu einem empirisch fundierten Modell, das vier Stufen umfasst: Auf der ersten Stufe haben Kinder (etwa vier bis fünf Jahre alt) keine Vorstellung von den Ursprüngen des Geldes. Auf der zweiten Stufe meinen die Kinder, der Ursprung des Geldes sei unabhängig von Arbeit; das zeigt sich etwa darin, dass diese Kinder glauben, die Bank gebe jedem Geld, der darum bitten würde. Auf der dritten Stufe denken die Kinder, dass das Wechselgeld, das die Verkäufer einem beim Kauf einer Ware geben, der Ursprung des Geldes ist. Auf der vierten Stufe (etwa sieben bis acht Jahre) assoziieren Kinder Geld mit Arbeit und sind der Überzeugung, dass Geldbesitz ausschließlich durch Arbeit entstünde.

Neuere Studien liefern Hinweise auf Variationen, die unterschiedlichen soziokulturellen Kontexten geschuldet sind. So können Bonn & Webley (2000) an einer südafrikanischen Stichprobe zeigen, dass die Antworten der Kinder auf die Frage, woher Geld komme, folgenden Kategorien zugeordnet werden können: die Weißen, Gott, Leute im Allgemeinen, die Regierung, die Fabrik oder die Mine. Die Autoren untersuchten Kinder aus ländlichen, halbländlichen und städtischen Umgebungen. Dabei ergab sich, dass die Kinder aus ländlichen Umgebungen tendenziell häufiger auf die Mine als den Ursprung von Geld hinwiesen, in der Art: die Menschen graben nach Gold und Steinen und daraus machen sie dann Geld. Die Kinder aus der Stadt gaben insgesamt weniger sophistizierte Antworten und verwiesen vor allem auf die Bank oder auf Gott und am wenigsten auf die Regierung. Als ein Entwicklungstrend zeigte sich ein Abfall von Hinweisen auf Gott und Leute im Allgemeinen und eine Zunahme von Antworten, die auf eine Gemachtheit des Geldes durch Menschen hinwiesen (in der Fabrik oder der Mine).

Studien, in denen Kinder als ökonomische Akteure untersucht werden – als dem zweiten Strang in der Analyse des ökonomischen Verständnisses von Kindern – betreffen etwa die folgenden Phänomene: Durch Taschengeld oder Geldgeschenke zu Geburts- und Feiertagen wird den Kindern die Teilhabe am ökonomischen Geschehen einer Gesellschaft ermöglicht. Neben experimentellen Arbeiten, die das kindliche ökonomische Verhalten und Denken unter die Lupe nehmen – wie etwa dem Sparen (s. etwa Furnham 1999) –, verdient die Aufhellung der Ökonomie des Spielplatzes besondere Aufmerksamkeit. Webley (1996) arbeitet am Beispiel kindlicher Murmelspiele die erstaunliche Komplexität solcher Spielplatzökonomien heraus. Da gibt es ausgefeilte Methoden zur Wertbestimmung von Murmeln in Abhängigkeit von Aussehen und Vorkommen im Kinderkollektiv, da können Murmeln im Spiel gewonnen und verloren sowie in quasi geschäftlichen Transaktionen getauscht werden. Darüber hinaus können auch „Arbeiter" und „Kapitalisten" identifiziert werden. Erstere sind fähige Murmelspieler, besitzen aber keine Murmeln, letztere verfügen zwar über eine stattliche Anzahl an Murmeln, spielen aber nicht besonders gut. In individuellen Aushandlungen wird dem „Arbeiter" eine bestimmte Menge an Murmeln überlassen, mit denen er Gewinne erspielen soll. Je nach Verhandlungsgeschick erhält dann der „Kapitalist" einen mehr oder weniger großen Anteil des Gewinns.

Womit hängen Zugewinne in der Entwicklung des ökonomischen Verständnisses zusammen? Webley (2005, S. 62 f.) macht auf drei Faktoren aufmerksam: 1. Die allgemeine Entwicklung kognitiver Strukturen; 2. die aktive Teilhabe an ökonomischen Geschehnissen; 3. gezielte Instruktion. Am Ende seines Überblicksartikels kommt der Autor zu einer Schlussfolgerung, die auch die Intention des vorliegenden Beitrags noch einmal prägnant umreißt: „So a child who is thinking about this kind of issue [Preise und Ungleichheiten in der Bezahlung zwischen Männern und Frauen, C.K.] needs to use concepts like power, take into account institutional arrangements, and place the current situation in historical context. [...] In other words, in order to make sense of children's understanding of economics, it needs to be placed in the broader context of children's understanding of society" (ebd., S. 64).

2.2 Moral

Die Entwicklung der Moral bzw. die Entwicklung des moralischen Urteils ist untrennbar mit den Arbeiten Piagets (1983), Kohlbergs (1996) und Gilligans (1984) verknüpft. Das methodische Procedere Kohlbergs besteht darin, den Probanden ein Dilemma aus zwei miteinander konfligierenden Werten vorzulegen, um dann das moralische Urteilsniveau der Befragten mittels eines elaborierten Interview- und daran anschließenden Auswertungsverfahrens zu eruieren. In der bekanntesten Dilemma-Geschichte, dem Heinz-Dilemma, geht es um einen Mann namens Heinz, dessen Frau schwer erkrankt ist. Es gibt einen Apotheker in der Stadt, der ein Medikament entwickelt hat, mit dessen Hilfe die Frau von Heinz genesen könnte. Dieses Medikament ist allerdings sehr teuer, so dass Heinz es nicht kaufen kann. Der Apotheker ist auch nicht bereit, vom Preis abzuweichen. Heinz überlegt nun, das Medikament zu stehlen. Soll er das tun, so die Frage an die Probanden, und wenn ja, warum, und wenn nein, warum nicht. Mit Interviews zu diesem und anderen Dilemmata gelangten Kohlberg und Mitarbeiter zu einer Abfolge von sechs Entwicklungsstufen, von denen je zwei einem Niveau zugeordnet sind, mithin drei Niveaus differenziert werden. Diese Niveaus sind das präkonventionelle, das konventionelle und das postkonventionelle Niveau. Im präkonventionellen Niveau findet sich in den Antworten der Interviewpartner in der ersten Stufe eine Orientierung an Strafe und Gehorsam, in der nächst höheren Stufe eine Austauschorientierung. Im konventionellen Niveau ist die erste Stufe durch eine starke Orientierung am Wohl naher sozialer Bezugsgruppen gekennzeichnet, die zweite durch eine Orientierung an Gesetz und Ordnung. Im postkonventionellen Niveau findet in der ersten Stufe eine Orientierung am Gesellschaftsvertrag statt, in der zweiten Stufe eine Orientierung an universellen Maximen. Im Heinz-Dilemma würde etwa jemand im präkonventionellen Niveau dafür argumentieren, nicht zu stehlen, da Heinz gefasst und ins Gefängnis gesteckt werden könnte. Im konventionellen Niveau könnte jemand ebenfalls dafür plädieren, nicht zu stehlen, nun aber etwa mit folgender Begründung: Wenn Heinz stiehlt, bricht er ein Gesetz und wenn das jeder täte, würde unsere Gesellschaftsordnung zusammenbrechen. Im postkonventionellen Niveau schließlich wäre eine mögliche Antwort: Heinz solle stehlen. Zwar würde er gesetzeswidrig handeln, aber in diesem besonderen Falle, müsse man sich über ein bestehendes Gesetz hinwegsetzen, schließlich seien die Gesetze für die Menschen und nicht die Menschen für die Gesetze da, weshalb man auch bestehende Gesetze modifizieren können müsse (für eine ausführliche Darstellung und Diskussion Kohlbergs vgl. Garz 1996).

Zumindest ein Aspekt der Kritik Gilligans (1984) am Modell von Kohlberg sei erwähnt. Diese Kritik besteht unter anderem in dem Vorwurf der Künstlichkeit der Kohlberg'schen Erhebungssituation. Gilligan befragt Frauen, die realiter in einer dilemmatischen Situation stecken – die Frauen, die ihre Interviewpartnerinnen sind, stehen vor der Frage, ob sie abtreiben sollen oder nicht. In ihrer Auswertung kommt Gilligan dann nicht allein auf die Entwicklung kognitiver Strukturen, sondern auch auf die Entwicklung einer moralischen Identität.

Für den vorliegenden Zusammenhang sei schließlich auf zwei Dinge aufmerksam gemacht, deren gemeinsame Ausgangsbasis die Überzeugung darstellt, die Entwicklung des moralischen Urteils bzw. allgemeiner der Moral überhaupt sei gerade auch für die Entwicklung des ökonomischen Denkens bzw. für Bemühungen zur ökonomischen Bildung von grundsätzlicher Bedeutung. Das zeigt sich bereits an der Ausgangssituation des Heinz-Dilemmas, steht dort doch ein Wert, der für unsere ökonomische Ordnung einen zentralen Stellenwert beansprucht, nämlich das Privateigentum, mit einem anderen Wert, dem Leben der Frau, in Konflikt. Darüber hinaus sei auf den Übergang vom konventionellen zum postkonventionellen Niveau hingewiesen: die Einsicht in die Kontingenz, Veränderbar- und Aushandelbarkeit von Gesetzen, Regeln und Normen, die die erste Stufe des postkonventionellen Niveaus ausmacht, ist auch für die ökonomische Bildung bedeutsam. Es liegt ja auf der Hand, dass es einen großen Unterschied macht, ob jemand davon ausgeht, dass auch ökonomische Ordnungen veränderbar sind oder nicht.

2.3 Recht

Kinder und Jugendliche stellen für das Rechtssystem in mancherlei Hinsicht eine große Herausforderung dar. Vielfach untersucht wurde bislang beispielsweise die Rolle von Kindern als (oftmals unzuverlässigen) Augenzeugen oder die besondere Gefährdung männlicher Jugendlicher bezüglich delinquenter Verhaltensweisen. Welches Verständnis von Recht und Unrecht bilden Kinder und Jugendliche im Laufe ihrer Entwicklung aus? Es seien zumindest zu den folgenden Konzepten einige wenige empirische Befunde und Erklärungsversuche diskutiert: Die Rolle des Anwalts, Rechte, Zeugenschaft, Strafe und Lüge (Ceci/Markle/Chae 2005, S. 106-112; für dezidiert strukturgenetisch ausgerichtete Überlegungen und Befunde vgl. Weyers/Sujbert/Eckensberger 2007).

Die Rolle des Anwalts: Kinder zu Beginn der Grundschulzeit glauben oftmals noch, dass die Rolle des Anwalts darin bestehe, Informationen zu sammeln oder andere mit Informationen zu versorgen (Peterson-Badali/ Abramovitch/ Duda 1997). Zu dieser Zeit ist auch noch der Glaube weit verbreitet, dass der Anwalt, dem die Angeklagten alles erzählen sollen, vertrauliche Informationen an die Polizei, den Richter oder die Eltern weiterleiten kann.

Rechte: Vor der Adoleszenz gibt es noch eine starke Tendenz zu meinen, Rechte und Gesetze würden von Autoritäten gemacht und könnten jederzeit wieder zurückgenommen werden (Grisso 2000). In einer Untersuchung an jugendlichen Delinquenten wurde ebenfalls ein irriges Rechtsverständnis gefunden (Grisso 1981): Zwei Drittel der Probanden der Stichprobe glaubte, man könnte bestraft werden, wenn man seine Rechte wahrnimmt, etwa das Recht, die Aussage zu verweigern.

Zeugenschaft: Kindern zwischen fünf und neun Jahren wurden in einer Studie zwei Versionen eines Films gezeigt (Durkin/Howarth 1997). In der einen Version sahen die Kinder, wie ein Zeuge einen Diebstahl beobachtete. In der zweiten Version sahen die Kinder denselben Film mit dem Unterschied, dass der Zeuge vor oder nach dem Diebstahl die Szenerie betrat und somit nicht beobachten konnte, wer den Diebstahl begangen hatte. Selbst ein Teil der Kinder, die sich am Ende der Grundschulzeit befanden, gab auch im Falle des zweiten Films an, dass der Zeuge wissen müsse, wer den Diebstahl begangen habe – im Unterschied zu den jüngsten Kindern der Stichprobe waren dies allerdings nur noch relativ wenige Probanden.

Strafe: Kleinkinder sind der Auffassung, eine Strafe richte sich nach den Konsequenzen eines Verhaltens, Intentionen spielen bei der Bewertung des Verhaltens noch keine Rolle. Warren-Leubecker, Tate, Hinton & Ozbek (1989) stellten Kindern zwischen drei und dreizehn Jahren folgende Fragen: „Was würde Dir passieren, wenn Du etwas Schlechtes *absichtlich* machen würdest? Was würde Dir passieren, wenn Du *zufällig* etwas Schlechtes machen würdest?" Mit zunehmendem Alter der Kinder nahmen Antworten zu, in denen sie sich dafür aussprachen, bei Zufall weniger zu bestrafen.

Lüge: In der obigen Studie fanden die Autoren ebenfalls, dass Kinder Erwachsenen Allwissenheit zusprechen, die es ihnen etwa ermögliche, Kindern gewissermaßen an der Nasenspitze anzusehen, ob diese lügen oder nicht. Andererseits galten den Kindern Erwachsene zumeist als Menschen, die nicht lügen oder täuschen. Beides Befunde, die für die Rolle von Kindern als Zeugen unmittelbar von praktischer Bedeutung sind.

Wie kommt es zu den obigen Befunden (Ceci/Markle/Chae 2005, S. 108 ff.)? Zunächst einmal kann man festhalten, dass Kinder und Jugendliche eher selten direkte Erfahrungen mit dem Rechtssystem machen. Darüber hinaus spielt rechtliches Denken im engeren Sinne auch in der familiären Sozialisation und der Schule eine vergleichsweise geringe Rolle. Auch vermitteln Darstellungen rechtlicher Sachverhalte in den Massenmedien eher unzutreffende oder zumindest unzureichende Informationen. Schließlich erschweren gewisse Begrenzungen der allgemeinen kognitiven Kompetenzen von Kindern, in geringerem Ausmaß auch von Jugendlichen, ein angemessenes Rechtsverständnis.

2.4 Politik

Zwar legte bereits Piaget (zusammen mit Weil) eine Studie zur „Entwicklung der kindlichen Heimatvorstellungen und der Urteile über andere Länder" (Piaget/Weil 1977) vor, eine ausgesprochene Entwicklungspsychologie des politischen Bewusstseins oder des politischen Denkens gibt es allerdings bis heute genauso wenig wie Entwicklungspsychologien der anderen hier besprochenen gesellschaftlichen Denkformen mit Ausnahme des moralischen Denkens bzw. Bewusstseins. Dennoch sind in den letzten Jahren und Jahrzehnten einige empirische Befunde gesammelt und systematisiert worden, die erste Einblicke in die Entwicklung des politischen Denkens ermöglichen. Ich beschränke mich auf das Verständnis politischer Institutionen. Die Herausbildung dieses Verständnisses kann grob folgendermaßen sequenziert werden (vgl. Berti 2005, S. 75-88):

1. Frühe Kindheit: Antezedentien des politischen Verständnisses;
2. Sechs bis sieben Jahre: Das Verständnis sozialer Rollen und ökonomischer Austauschprozesse;
3. Sieben bis neun Jahre: Das Konzept der politischen Rolle;
4. Zehn bis zwölf Jahre: Die Emergenz einer genuin politischen Domäne;
5. Adoleszenz: Die Elaboration der politischen Domäne.

Zu 1) *Antezendentien des politischen Verständnisses*: Im unmittelbaren Vorschulalter erkennen Kinder zwar, dass politischen Tatbeständen *irgendwie* Wichtigkeit zukommt, sie können aber noch nicht angeben, was speziell den politischen Bereich von anderen Bereichen unterscheidet und ausmacht, vor allem können sie nicht zwischen persönlicher und gesellschaftlicher Rolle differenzieren. Allerdings verfügen die Kinder bereits über wichtige fundamentale Konzepte für den Aufbau eines im engeren Sinne politischen Denkens. Dazu gehören die Konzepte der Regel, der Autorität und der persönlichen Angelegenheiten.

Zu 2) *Das Verständnis sozialer Rollen und ökonomischer Austauschprozesse*: Erst zu Beginn des Grundschulalters erkennen Kinder, dass Personen bisweilen Dinge nicht aus persönlicher Neigung tun, sondern weil ihre gesellschaftliche Rolle dies erfordert. Das ist auch eine wichtige Voraussetzung für ein rudimentäres Verständnis ökonomischer Austauschprozesse, das nicht zuletzt der Differenzierung der Rolle des Käufers oder Verkäufers bedarf. Politische Rollen werden hier aber noch nicht von anderen Rollen unterschieden.

Zu 3) *Das Konzept der politischen Rolle*: Etwa im Alter von sieben bis neun Jahren erwerben Kinder das Konzept einer elementaren Hierarchie, die zwei Personen miteinander verbindet, wobei die eine Befehle gibt und die andere gehorcht. Wie eine Person ihre Macht ausübt ist, in dieser Phase noch sehr konkret. Außerdem wird nun stärker zwischen einer politischen Welt und anderen Bereichen des Lebens unterschieden. Obwohl die Einsicht in hierarchische Strukturen eine wichtige Leistung für das politische Denken (aber auch für andere Bereiche des gesellschaftlichen Denkens) ist, stellt die Fokussierung auf zwei Personen oder allenfalls auf überschaubare Entitäten wie ein Dorf noch eine starke Begrenzung dar. Begrenzend wirkt in diesem Alter auch noch die gering ausgeprägte Unterscheidungsfähigkeit von Regeln und Gesetzen.

Zu 4) *Die Emergenz einer genuin politischen Domäne*: Gegen Ende der Grundschulzeit und zu Beginn der Sekundarstufe haben Kinder das Konzept des Nationalstaates erworben und unterscheiden zwischen zentralen und lokalen politischen Ämtern nebst variierenden Graden der politischen Macht. Von Gesetzen wissen sie nun, dass sie im Parlament verabschiedet werden.

Zu 5) *Die Elaboration der politischen Domäne*: In der Adoleszenz findet eine detailreiche Ausgestaltung der politischen Domäne statt: beispielsweise differenziert sich das Verständnis politischer Parteien aus, und die Kenntnis konkreter politischer Akteure, der Bürgerrechte sowie der Funktionsweise des Parlaments nimmt zu. Jenseits bloßer Wissenszuwächse ist in der Adoleszenz die Fähigkeit zur abstrakten Konzeptualisierung politischer Tatbestände wesentlich, statt eines konkreten und bisweilen konkretistischen Verständnisses wie es noch für die Kindheit charakteristisch ist. Schließlich – und für den vorliegenden Zusammenhang besonders interessant – gibt es empirische Hinweise auf eine Zunahme im Verständnis des Einflusses ökonomischer Organisationen auf die Politik.

Neben der Entwicklung allgemeiner kognitiver Fähigkeiten, der Teilhabe an vielfältigen gesellschaftlichen Institutionen und Möglichkeiten zur Rollenübernahme, weist Berti (2005, S. 97) ausdrücklich auf die – ihrer Ansicht nach oft unterschätzte – Bedeutung gezielter Instruktion für die Herausbildung des politischen Denkens. Die Bedeutung gezielter Instruktion sieht sie nicht zuletzt durch eigene Interventionsstudien bestätigt.

2.5 Geschichte

Historische Sinnbildungsprozesse beziehen sich auf die kollektiv bedeutsame Vergangenheit, Gegenwart und Zukunft. Sie können die Repräsentation aller hier schon angesprochenen Bereiche gesellschaftlichen Denkens betreffen, also Ökonomie, Moral, Recht und Politik. Das Spezifikum des Geschichtsbewusstseins besteht in dem Aspekt der Zeitlichkeit. Es gibt verschiedene Studien und Konzeptualisierungen zu einer Entwicklungspsychologie des Geschichtsbewusstseins (vgl. Kölbl 2004a, S. 51-90). Auch hier kann man – wie etwa im Bereich der Moralentwicklung – zwei Stränge der empirisch fundierten Theoriebildung zumindest akzentuierend unterscheiden: der eine befasst sich mit der Entwicklung historischer Konzepte, der andere mit der Entwicklung dessen, was man als eine historisch vermittelte oder auf Geschichte bezogene Identitätsbildung bezeichnen könnte (s. a. Carretero/Rosa/González 2006). Exemplarisch werden zunächst Arbeiten von Peter Lee und Mitarbeitern, anschließend eigene Forschungen vorgestellt.

Lee und Mitarbeiter interessieren sich für die Entwicklung historischen Erklärens bei Kindern und Jugendlichen. Auf der Grundlage einer Reihe von empirischen Untersuchungen, in denen die Probanden Texte über geschichtliche Sachverhalte lesen sollten, zu denen sie anschließend in Form eines Leitfadeninterviews befragt wurden, gelangten sie – grob gesprochen – zur folgenden Entwicklungssequenz (vgl. etwa Ashby/Lee 1987; 2001; Lee/Dickinson/Ashby 1996): Zunächst finden die Kinder vergangene Handlungen, Praktiken und Institutionen schlicht unverständlich. Die nächste Ebene ist dadurch bestimmt, dass vergangene Praktiken als dumm angesehen werden. Die Kinder fühlen sich den Menschen der Vergangenheit gegenüber überlegen. Auf einer dritten Ebene interpretieren die Befragten zunächst unverständliche vergangene Handlungen mit Hilfe allgemeiner Stereotype. Auf die Frage, weshalb Claudius sich etwa entschloss, Großbritannien zu überfallen, wird beispielsweise geantwortet, weil es einfach üblich für die Kaiser war, andere Länder zu erobern. Die anschließenden Ebenen zeichnen sich dadurch aus, dass vergangene Handlungen immer stärker unter Rückgriff auf spezifische Umstände erklärt werden, in denen sich die (individuellen oder kollektiven) Akteure befunden haben. Allerdings findet dieser Rückgriff zunächst noch häufig unter einer präsentistischen und egozentrischen Perspektive statt, in der gegenwärtige und eigene Werte, Normen und Regeln mehr oder weniger umstandslos zur historischen Erklärung herangezogen werden. Am Ende sind die Befragten in der Lage, eigenständige Gründe für vergangene Handlungen und Praktiken anzugeben, auch und gerade dann, wenn sie von den Überzeugungen der Gegenwart abweichen. Auf der höchsten Stufe dieser Entwicklungssequenz erfolgen solche Erklärungen dann auch unter Hinweis auf übergeordnete historische Kontexte.

In eigenen Untersuchungen zu historischen Sinnbildungsprozessen von Kindern und Jugendlichen (Kölbl 2004a; 2004b; 2005) konnten spezifisch moderne Aspekte ihres Geschichtsbewusstseins herausgearbeitet werden. Das lässt sich insbesondere an den folgenden sechs Themen zeigen: Differenzierungen des Zeit- und Geschichtsbegriffs; Kategorien zur Ordnung der Geschichte; Konzepte zur Ordnung der Geschichte; Konzepte historischer Entwicklung; Formen und Grundlagen der Geltungsbegründung historischer Aussagen; Modi historischen Verstehens und Erklärens. Die Durcharbeitung empirischen Materials aus Gruppendiskussionen und Interviews hinsichtlich dieser Themen liefert Hinweise auf eine sich entwickelnde „Geschichtstheorie" im Kindes- und Jugendalter, die etwa durch eine Komplizierung der Trias Vergangenheit, Gegenwart und Zukunft, der Öffnung von Zeithorizonten, der Spezifizierung des genuin geschichtlichen Gegenstandes oder eine zunehmende Verwissenschaftlichung historischer Belege gekennzeichnet ist. Für den vorliegenden Zusammenhang besonders wichtig scheint mir der Hinweis auf die Einsicht in die Kontingenz geschichtlicher Entwicklungen zu sein – etwas ist so und so verlaufen, hätte aber auch anders verlaufen können –, die ihren vollen Ausdruck in der Adoleszenz erfährt. Im Hinblick auf historisch vermittelte Identitätsbildungsprozesse sei ebenfalls lediglich auf einen Befund aufmerksam gemacht (Kölbl 2004a, S. 266 ff.): Für die Entwicklung einer historisch vermittelten Identität ist das Empfinden von Zugehörigkeit zu historisch bedeutsamen Kollektiven – Nation, Geschlecht, Klasse – von Bedeutung. Interessanterweise verhält es sich so, dass die männlichen Teilnehmer an meinen Untersuchungen ebenso wenig historisch vermittelte Identitätsbildungsprozesse über ihre Zugehörigkeit zum männlichen Geschlecht erkennen lassen, wie Teilnehmer aus eher privilegierten Verhältnissen das über ihre soziale Herkunft tun. Wenn die eigene Zugehörigkeit zu einer bestimmten sozialen Schicht oder Klasse, zu einer gesellschaftlichen Gruppe qua sozioökonomischem Status thematisch wird, dann bei denjenigen, die sich selbst als aus nicht so begüterten Verhältnissen stammend wahrnehmen. So macht eine Interviewpartnerin, die sich an unterschiedlichen Stellen des Interviews als in finanzieller sowie bildungsmäßiger Hinsicht und was ihre künftigen Arbeitschancen anbelangt als unterprivilegiert präsentiert, eine überhistorische Invarianz aus: „Die Reichen" stehen immer oben und „die Armen" immer unten, wobei letztere von ersteren stets unterdrückt werden. Deshalb war und ist es nach wie vor nötig, dass die Armen – ihnen rechnet sie sich zu – sich zur Wehr setzen; früher ihrer Meinung nach eher in Form gewalttätiger Auseinandersetzungen, heute in Form geregelter Demonstrationen, Streikandrohungen und tatsächlich stattfindender Streikmaßnahmen.

3. Bereichsübergreifende Aspekte in der Entwicklung des gesellschaftlichen Denkens

Betrachtet man die oben vorgestellten bereichsspezifischen Entwicklungslinien des gesellschaftlichen Denkens, so lassen sich in jedem Fall fünf zumindest implizit wiederkehrende Aspekte herausstreichen:

1. Die Kategorie der Kontingenz spielt sicher nicht allein für die Entstehung eines modernen Geschichtsbewusstseins eine bedeutsame Rolle. Vielmehr ist die Einsicht in die Kontingenz von Ordnungen gerade auch für die Entwicklung des moralischen Urteils zentral und zwar dann, wenn es über das konventionelle Niveau hinausreichen soll (s. a. Kölbl 2005). Das wesentliche Kennzeichen des postkonventionellen Niveaus ist ja gerade ein Verständnis von Gesetzen als verhandel- und veränderbar und eben nicht als etwas Fixiertes und gewissermaßen Gott Gegebenes.

2. Die Einsicht in Kontingenz, das Denken in Möglichkeiten, ist ein allgemeines Kennzeichen adoleszenten Denkens überhaupt (Piaget/Inhelder 1977) und eng verknüpft mit einer Entwicklung weg von Heteronomie hin zu Autonomie. Dieser Entwicklungstrend manifestiert sich im gesellschaftlichen Denken in der zunehmenden Infragestellung von Autoritäten und ist nicht zuletzt durch variierende Grade eigener gesellschaftlicher Teilhabe bedingt.

3. Gesellschaftliche Teilhabe im weitesten Sinne ist überhaupt ein wesentlicher Motor für die Herausbildung eines elaborierten gesellschaftlichen Denkens.

4. Entwicklung im Bereich des gesellschaftlichen Denkens kann nicht scharf von Lern-, Unterrichtungs- und Erziehungsprozessen getrennt werden.

5. Im gesellschaftlichen Denken haben wir es – anders als im mathematischen oder naturwissenschaftlichem Denken – „mit uns selbst" zu tun, sind wir Subjekt und Objekt der Erkenntnis zugleich. Das führt dazu, dass Untersuchungen zur Entwicklung gesellschaftlichen Denkens bisweilen sowohl als Analysen zur Entwicklung von Konzepten oder Begründungsmustern als auch als Analysen zur Rekonstruktion von Identitätsbildungsprozessen angelegt werden können.

4. Rebecka Linds gesellschaftliches Denken und die Gesellschaft, die der Gegenstand ihres Denkens ist

In Maj Sjöwalls und Per Wahlöös Kriminalroman „Die Terroristen" (1977), der ihre „Roman eines Verbrechens" untertitelte Dekalogie beendet, erschießt die achtzehnjährige Rebecka Lind gegen Ende des Buches den Regierungschef des Landes. Rebeckas Gesellschaftsverständnis ist alles andere als umfassend: ziemlich zu Beginn des Romans weiß sie noch nicht einmal, wie der Regierungschef heißt, den sie töten wird, noch kennt sie den Namen des schwedischen Königs. Auch ist ihr unbekannt, dass eine Bank nicht ohne weiteres Geld verleiht – sie betritt mit achtzehn Jahren zum ersten Mal in ihrem Leben ein Kreditinstitut. Die Gründe für dieses rudimentäre Gesellschaftsverständnis werden in dem diesem Beitrag vorangestellten Zitat angedeutet, in dem der Staatsanwalt erfährt, dass Rebecka weder Radio hört noch fernsieht, in der Zeitung nur das Horoskop liest und in der Schule nicht zugehört hat, weil man dort nur versucht habe, ihnen Unsinn beizubringen. Dieses Bild bliebe aber unvollständig, erwähnte man nicht auch, dass Rebecka ein starkes Verantwortungsgefühl für ihre kleine Tochter sowie deren Vater an den Tag legt, sich mit gesunden Nahrungsmitteln auskennt, überhaupt ausgesprochen interessiert an Ökologie ist. Von der Gesellschaft, in der sie lebt, erwartet sie insgesamt wenig Gutes und hat von ihr bislang auch kaum Gutes erfahren. Diese Gesellschaft wird von den beiden Autoren im Laufe der zehn Bände zunehmend düster gezeichnet, nämlich als eine Gesellschaft, die hinter einer demokratischen und rechtsstaatlichen Fassade mit ihren Wohlfahrtsprogrammen, die nur der Stillstellung sozialer Konflikte dienen, brutal kapitalistisch strukturiert ist und die Gesundheit, die Entfaltungs- und Glücksmöglichkeiten ihrer Mitglieder ruiniert. Vor einem solchen Hintergrund – so wird im Roman suggeriert – ist das undifferenzierte Gesellschaftsverständnis

Rebeckas, das Politiker umstandslos als Verbrecher identifiziert, nicht mehr so unangemessen, zumal dann nicht, wenn die Gesellschaft ihr Integrationspotential verloren hat – Rebecka liegt ja nicht ganz falsch, wenn sie dem Staatsanwalt entgegnet, seine Gesellschaft sei nicht die ihre. Man muss die Gesellschaftsdiagnosen von Sjöwall und Wahlöö nicht unbedingt teilen, um zu sehen, dass die Geschichte Rebeckas – durchaus im Einklang mit den oben erörterten entwicklungspsychologischen Überlegungen und empirischen Befunden – eine Grenze markiert: Bemühungen, die sich auf die ökonomische Grundbildung von Kindern und Jugendlichen – allgemeiner auf die Förderung ihres gesellschaftlichen Denkens – richten, müssen Sorge dafür tragen, dass das Wissen, das durch sie vermittelt wird, eines ist, das ihren Adressaten eine aktive Teilhabe an ihrer Gesellschaft ermöglicht. Ob aber die Gesellschaft, auf die sich diese Bildungsbemühungen richten, tatsächlich diejenige der Adressaten solcher Bemühungen ist und ob und inwiefern ihnen aktive Teilhabe ermöglicht wird, ist freilich alles andere als eine bloße Bildungsangelegenheit.

Literatur

Ashby, Rosalyn; Lee, Peter (1987): Children's concepts of empathy and understanding in history. In: Portal, Christopher (Hrsg.): The history curriculum for teachers. London: Falmer Press, S. 62-88.

Barrett, Martyn; Buchanan-Barrow, Eithne (Hrsg.) (2005): Children's understanding of society. Hove, New York: Psychology Press.

Berti, Anna Emilia (2005): Children's understanding of politics. In: Barrett, Martyn; Buchanan-Barrow, Eithne (Hrsg.): Children's understanding of society. Hove, New York: Psychology Press, S. 69-103.

Berti, Anna Emilia; Bombi, Anna Silvia (1981): The development of the concept of money and its value: A longitudinal study. In: Child Development, 52, S. 1179-1182.

Bonn, Marta; Webley, Paul (2000): South African children's understanding of money and banking. In: British Journal of Developmental Psychology, 18, S. 269-278.

Carretero, Mario; Rosa, Alberto; González, María Fernanda (2006): Introducción. Enseñar historia en tiempos de memoria. In: Carretero, Mario; Rosa, Alberto; González, María Fernanda (Hrsg.): Enseñanza de la historia y memoria colectiva. Buenos Aires, Barcelona, México: Paidós educador, S. 13-38.

Ceci, Stephen J.; Markle, Faith A.; Chae, Yoo Jin (2005): Children's understanding of the law and legal processes. In: Barrett, Martyn; Buchanan-Barrow, Eithne (Hrsg.): Children's understanding of society. Hove, New York: Psychology Press, S. 105-134.

Durkin, Kevin; Howarth, Natalie R. (1997): Mugged by the facts? Children's ability to distinguish their own and witnesses' perspectives on televised crime events. Journal of Applied Developmental Psychology, 18, S. 245-256.

Furnham, Adrian F. (1999): The saving and spending habits of young people. In: Journal of Economic Psychology, 20, S. 677-697.

Garz, Detlef (1996): Lawrence Kohlberg zur Einführung. Hamburg: Junius.

Gilligan, Carol (1984): Die andere Stimme. Lebenskonflikte und Moral der Frau. München: Piper (Original 1982).

Grisso, Thomas (1981): Juveniles' waiver of rights: Legal and psychological competence. New York: Plenum.

Grisso, Thomas (2000): What we know about youths' capacities as trial defendants. In: Thomas Grisso; Robert G. Schwartz (Hrsg.): Youth on trial. Chicago: The University of Chicago Press, S. 139-172.

Kohlberg, Lawrence (1996): Die Psychologie der Moralentwicklung. Frankfurt/M.: Suhrkamp.

Kölbl, Carlos (2004a): Geschichtsbewußtsein im Jugendalter. Grundzüge einer Entwicklungspsychologie historischer Sinnbildung. Bielefeld: transcript.

Kölbl, Carlos (2004b): Zum Aufbau der historischen Welt bei Kindern. In: Journal für Psychologie, 12, S. 25-49.

Kölbl, Carlos (2005): Moral im Geschichtsbewusstsein. Theoretische Überlegungen und empirische Befunde als mögliche Anknüpfungspunkte für den Geschichtsunterricht in der Sekundarstufe I. In: Horster, Detlef; Oelkers, Jürgen (Hrsg.): Pädagogik und Ethik. Wiesbaden: VS, S. 235-257.

Lee, Peter; Ashby, Rosalyn (2001): Empathy, perspective taking, and rational understanding. In: Davis, O. L. jr.; Foster, Stuart J.; Yaeger, Elizabeth A. (Hrsg.): Historical empathy and perspective taking in the social studies. Boulder: Rowman and Littlefield, S. 21-50.

Lee, Peter; Dickinson, Alaric K.; Ashby, Rosalyn (1996): „There were no facts in those days": Children's ideas about historical explanation. In: Hughes, Martin (Hrsg.): Teaching and learning in changing times. Cambridge: Blackwell, S. 169-192.

Peterson-Badali, Michele; Abramovitch, Rona; Duda, Juliane (1997): Young children's legal knowledge and reasoning ability. In: Canadian Journal of Criminology, 39, S. 145-170.

Piaget, Jean (1983): Das moralische Urteil beim Kinde. Stuttgart: Klett-Cotta (Original 1932).

Piaget, Jean; Inhelder, Bärbel (1977): Von der Logik des Kindes zur Logik des Heranwachsenden. Bern: Olten (Original 1955).

Piaget, Jean; Weil, Anne-Marie (1977): Die Entwicklung der kindlichen Heimatvorstellungen und der Urteile über andere Länder. In: Wacker, Ali (Hrsg.): Die Entwicklung des Gesellschaftsverständnisses bei Kindern. Frankfurt/M.: Campus, S. 127-148 (Original 1951).

Sjöwall, Maj; Wahlöö, Per (1977): Die Terroristen. Reinbek: Rowohlt (Original 1975).

Wacker, Ali (Hrsg.) (1976): Die Entwicklung des Gesellschaftsverständnisses bei Kindern. Frankfurt/M.: Campus.

Warren-Leubecker, Amye R.; Tate, Carol S.; Hinton, Ivora D.; Ozbek, Nicky I. (1989): What do children know about the legal system and when do they know it? First steps down a less travelled path in child witness research. In: Stephen J. Ceci; D. F. Ross; Michael P. Toglia (Hrsg.): Perspectives on children's testimony. New York: Springer, S. 158-183.

Webley, Paul (1996): Playing the market: The autonomous economic world of children. In: Lunt, Peter; Furnham, Adrian F. (Hrsg.): The economic beliefs and behaviours of young children. Cheltenham, UK: Edward Elgar, S. 149-161.

Webley, Paul (2005): Children's understanding of economonics. In: Barrett, Martyn; Buchanan-Barrow, Eithne (Hrsg.): Children's understanding of society. Hove, New York: Psychology Press, S. 43-67.

Weyers, Stefan; Sujbert, Monika; Eckensberger, Lutz H. (2007): Recht und Unrecht aus kindlicher Sicht. Die Entwicklung rechtsanaloger Strukturen im kindlichen Denken. Münster: Waxmann.

Jugend und Wirtschaft – Soziologische Perspektiven

Hartmut Griese

Einleitung

Die Soziologie im engeren Sinne entstand in Mitteleuropa (Frankreich, England, Deutschland) etwa in der Mitte des 19. Jahrhunderts, in einer Zeit brisanter und rapider gesellschaftlicher Veränderungen, die mit Begriffen wie „Aufklärung", „Industrialisierung", „Urbanisierung", „Aufkommen und Durchsetzung der bürgerlichen Gesellschaft" und des „Kapitalismus" umschrieben werden kann. Die Soziologie verstand sich als neue Wissenschaft, als „soziale Physik" (Auguste Comte), die nach dem Vorbild der Naturwissenschaften den Anspruch erhob, diese gesellschaftlichen, vor allem technischen, sozialen und ökonomischen Veränderungen mit ihren Folgen für die handelnden Menschen empirisch untersuchen, theoretisch analysieren, verstehen und prognostizieren zu wollen und zu können, um die Gesetzmäßigkeiten der gesellschaftlichen Entwicklungen zu erkennen, damit bei Bedarf, z.B. in Krisensituationen, in diese Prozesse und Entwicklung eingegriffen werden kann – Soziologie als technokratische „Krisenwissenschaft" einer Gesellschaft im Umbruch. Daneben entwickelte sich ein zweiter Zweig, der die Soziologie als „kritische Wissenschaft" (Karl Marx) interpretierte, die, in der Tradition der Aufklärung im Sinne von (mehr) Freiheit, Gerechtigkeit, Solidarität und Gleichheit, sich zum Ziel setzte, theoretisch und praktisch zur Emanzipation der Gattung Mensch beizutragen und welche die Soziologie immer auch als Politik, als Einheit von Theorie und Praxis, verstand.

1. Zum Verhältnis von Soziologie und Ökonomie – die Klassiker

Karl Marx (1818-1883)

Die Ursprünge beider Soziologien waren zum einen die Philosophie, zum anderen die Nationalökonomie (Volkswirtschaft). Im Werk von Karl Marx trafen beide Disziplinen beispielhaft aufeinander, wobei die Frühwerke aus der Mitte des 19. Jahrhunderts („Pariser Manuskripte" und „Die Deutsche Ideologie") stärker philosophisch (anthropologisch), das Spätwerk („Das Kapital") eher ökonomisch ausgerichtet war. Das Gesamtwerk ist heute eher als „soziologisch" anzusehen. Dies will ich beispielhaft und einleitend kurz erklären:

Marx stellte ursprünglich die philosophisch-anthropologische Frage nach dem Wesen des Menschen („*Was ist der Mensch*" als erste Frage der Philosophie im Sinne von Kant – vgl. die 6. Feuerbach-These von Marx: „*Das menschliche Wesen ist kein dem einzelnen Individuum innewohnendes Abstraktum; in seiner Wirklichkeit ist es das Ensemble der gesellschaftlichen Verhältnisse*"). Die damalige menschliche Existenz unter den Bedingungen der Frühindustrialisierung und kapitalistischen Ausbeutung der Arbeitskraft des Menschen durch den Menschen (sog. *Widerspruch von Kapital und Arbeit*") sah Marx als entfremdet an, wodurch die Möglichkeit der freien Entfaltung der menschlichen

Wesenskräfte in Richtung Emanzipation (Befreiung aus Fremdherrschaft) verhindert wird.

Aus dem Philosophen und Aufklärer Marx (Frage nach dem Wesen des Menschen und den Bedingungen seiner Emanzipation – vgl. die 10. Feuerbachthese: *„Die Philosophen haben die Welt nur verschieden interpretiert; es kommt darauf an, die Welt zu verändern"*) wurde der Soziologe, der das Wesen des Menschen in den gesellschaftlichen Verhältnissen zu erkennen glaubte. Logischerweise müssen diese gesellschaftlichen Verhältnisse dann wissenschaftlich (soziologisch) analysiert werden, um das Wesen des Menschen zu erkennen. Die gesellschaftlichen Verhältnisse sah Marx als ökonomisch bestimmt an – vgl. das *„Basis-Überbau-Theorem"* von Marx, seine These vom Verhältnis von *„Sein und Bewusstsein"* bzw. von der determinierenden Kraft der „ökonomischen Basis" (Produktionsweise) gegenüber dem „ideologischen Überbau" (Institutionen, Politik, Werte) – und wandte sich so in seinem Spätwerk der Ökonomie zu. Da Marx (als Philosoph und Anthropologe) vom Postulat ausging, dass sich der Mensch vor allem durch *„Arbeit"*, durch seine Arbeitsfähigkeit und gesellschaftlichen Tätigkeiten, vom Tier unterscheidet und sich in und durch die Arbeit verwirklicht, erst verwirklichen kann, musste sein Blick auf die realen Bedingungen der Arbeit, d.h. der Produktionsweise (Entwicklungsstand der Produktivkräfte, d.h. von Technik, Maschinen, Wissenschaft, menschlichen Kompetenzen) und der Produktionsverhältnisse (Besitz, Eigentum) gerichtet sein. So wurde „Arbeit" zur zentralen Kategorie seiner philosophischen Überlegungen („Arbeit ist dem Menschen wesentlich"), seiner soziologischen Analysen (zum gesellschaftlichen Grundwiderspruch zwischen Kapital und Arbeit) und seiner These vom *„Primat der Ökonomie"* (Basis-Überbau-Relation). An diesem Beispiel des Lebenswerkes eines der Begründer der Soziologie wird also das enge Verhältnis von Philosophie, Ökonomie und Soziologie deutlich.

Max Weber (1864-1929)

Auch beim zweiten großen deutschen „Klassiker der Soziologie", Max Weber, spielt Ökonomie bzw. „Wirtschaft" eine zentrale Rolle, was nicht zuletzt im Titel seines Hauptwerkes, der Textsammlung *„Wirtschaft und Gesellschaft"*, zum Ausdruck kommt, in dem die *„Wirtschaftssoziologie"* einen zentralen Stellenwert zugewiesen bekommt. Im Kapitel über „Soziologische Grundkategorien des Wirtschaftens" geht er z.B. der Frage nach, welcher „Typus des sozialen Handelns" und welcher „Ordnungstypus" man dem Bereich der Wirtschaft zuordnen kann. Weber entwickelte vier Idealtypen des sozialen Handelns: „zweckrationales", „wertrationales", „affektives" und „traditionales" Handeln und vier Typen der Ordnung: Ordnung kraft „Tradition", mittels „affektuellen Glaubens", durch „wertrationalen Glauben" und kraft „Legalität" – welche, auch gerade im Bereich der Wirtschaft, alle wirksamer sind als eine Ordnung im Sinne einer Befolgung „zweckrationaler Motive" als fünfte Ordnungskategorie.

Neben dem „unvollendeten Fragment" „Wirtschaft und Gesellschaft", das allerdings zum soziologischen Klassiker schlechthin avancierte, vor allem international, spielt Max Webers bekannte Studie über „*Die protestantische Ethik und der Geist des Kapitalismus*" für unsere Frage nach dem Verhältnis von Soziologie und Ökonomie eine bedeutende Rolle. Weber geht es dabei um den Nachweis, dass eine „innere Verwandtschaft" zwischen (Welt)Religionen und Wirtschaftsweisen, hier zwischen Protestantismus und Kapitalismus, vorliegt. Die moderne kapitalistische Kultur, konkretisiert in der „Berufspflicht" und in der gesellschaftlichen Verantwortung des Unternehmers, sei letztlich eine Folge protestantischer Ordnungsvorstellungen und Ideen („innerweltliche Askese" genannt), die auf das Jenseits zielen, aber im Diesseits durch eine verzichtende Lebensweise quasi „erwirtschaftet" bzw. „verdient" werden müssen.

In seinem Hauptwerk entwickelt Weber auch eine „*Wirtschaftsethik*", die im Schnittfeld von Philosophie, Ökonomie und Soziologie anzusiedeln ist. Es ging ihm darum zu beschreiben (und zu verstehen! – Max Weber gilt auch als Begründer einer „verstehenden Soziologie"), wie sich das Aufkommen und Durchsetzen der Sonderstellung der Wirtschaftsform des Kapitalismus in Europa und Nordamerika plausibel erklären lässt.

2. Wirtschaftssoziologie und Politische Ökonomie

Die sich vor allem am Werk von Marx und Weber entwickelnde „*Wirtschaftssoziologie*" ist heute etabliert und versucht, mittels allgemeiner soziologischer Begriffe speziell die Wirtschaft und das ökonomische Handeln zu beschreiben, zu erklären und verstehend nachvollziehbar zu machen. Es sind z.B. die gesellschaftlichen Bereiche und Aktivitäten, die als Produktion (Herstellung), Distribution (Verteilung), Austausch (Handel) und Konsum (Verbrauch) von Waren und Dienstleistungen bezeichnet werden. Ferner befasst sich die Wirtschaftssoziologie mit den Auswirkungen des Wandels der Ökonomie auf kulturelle und gesellschaftliche Veränderungen (z.B. Strukturwandel, sozialer Wandel, Wertewandel) und auf das Verhältnis von Politik und Ökonomie.

Die „*Politische Ökonomie*" geht davon aus, dass Politik und Wirtschaft als zentrale Subsysteme der Gesellschaft in einem interdependenten Verhältnis (wechselseitig abhängig voneinander und sich gegenseitig beeinflussend) zu sehen sind und dass man in der Soziologie als Gesellschaftstheorie beide Bereiche nur im Zusammenhang analysieren (und gegebenenfalls kritisieren) kann.
Die Politische Ökonomie (im engeren Sinne) will

a) die Zusammenhänge zwischen politischer *Ordnung*, politischen Herrschaftsverhältnissen und den historisch bestimmten Organisationsformen der wirtschaftlichen *Produktivkräfte* und der gesellschaftlichen *Arbeit* aufzeigen;

b) sie untersucht die Beziehungen zwischen den verschiedenen wirtschaftlichen *Interessenlagen* und den staatlich-ordnungspolitischen *Machtverhältnissen* und

c) analysiert die Prozesse *politischer* Machtentfaltung und -ausübung als Ergebnis *ökonomischer* Machtpositionen" (Hartfiel 1972, S. 516 – eigene Hervorhebung).

Theoretisch umstritten ist dabei bis heute, welchen Stellenwert der Ökonomie gesellschaftstheoretisch eingeräumt wird bzw. in welcher Relation das System Wirtschaft zum Gesamtsystem (Welt-)Gesellschaft zu sehen ist – was z.b. enorme Folgen für Ziel und Zweck einer „ökonomische Bildung" (s.u.) hat. Die Meinungen reichen von einem

a) „*ökonomischen Determinismus*" (die ökonomische Basis bestimmt den gesellschaftlich-ideologischen Überbau – vgl. Marxismus) über

b) eine Auffassung, dass die Wirtschaft lediglich als ein (gleichwirksames) Subsystem unter anderen anzusehen ist (z.b. in der soziologisch sehr einflussreichen „*strukturell-funktionalen Systemtheorie*") oder dass

c) die Ökonomie als das Konflikte, Ungerechtigkeiten und Widersprüche hervorrufende Subsystem betrachtet werden muss, das hauptverantwortlich für soziale Dynamiken und Veränderungen ist (so in einer „*konflikttheoretischen Soziologie*") bis hin zu

d) Webers Konzeption einer Bestimmung des Ökonomischen (der „Geist des Kapitalismus") durch religiös-metaphysische Ideen (die „protestantische Ethik").

Wenn man das gegenwärtige Verhältnis von Soziologie und Ökonomie betrachtet, kann man zu dem Fazit gelangen: „Nur wenn Wirtschaft als soziales *Subsystem* angesehen und ihre Beziehung zu anderen gesellschaftlichen Daseinsbereichen und der Gesellschaft als ganzer einbezogen wird, kann es gelingen, Themen (...) wie ökonomische Macht, wirtschaftliches Wachstum, technologischer Wandel, Inflation und Theorien moderner Wirtschaftsgesellschaften, erfolgversprechend zu bearbeiten. Damit verschwimmen die Abgrenzung zwischen beiden Disziplinen" (Heinemann 2002, S. 696).

Zudem sei auch auf den Grundsatzartikel zur „Wirtschaftssoziologie" von Weber & Wegge (2003, S. 547 ff.) hingewiesen, der die Überschrift „*Wirtschaft und Soziologie*" hat bzw. mit einem Zitat von Berger beginnt: „Die Wirtschaft ist – neben der Politik, dem Recht, der Wissenschaft, dem Erziehungswesen etc. – eines der großen ‚Subsysteme' (Parsons), Teilbereiche oder ‚Ordnungen und Mächte' (Weber) der modernen Gesellschaft. Marx hat dieses System für die ‚reale Basis' gehalten, auf der sich, ein juristischer und politischer Überbau erhebt'. In der modernen Soziologie ist diese hierarchische Auffassung des Verhältnisses der Teilsysteme zueinander jedoch durch die Vorstellung des Nebeneinanders zwar ungleichartiger aber gleichrangiger Subsysteme ersetzt worden". In anderen Worten: Gegenwärtig herrscht in der Soziologie (als Folge der Herrschaft der Systemtheorie), im Gegensatz zu klassischen konflikttheoretischen Analysen, eine harmonische Auffassung des gesellschaftlichen Neben- und weniger des Übereinanders vor. Dies spiegelt sich auch darin wieder, dass im soziologischen Mainstream nicht mehr von einer Klassengesellschaft (wie bei Marx und Weber) ausgegangen wird, sondern von einer „funktional ausdifferenzierten Gesellschaft" (Luhmann) mit unterschiedlichen soziokulturellen Milieus, die sich nicht mehr antagonistisch gegenüber stehen – was man jedoch auch anders, konfliktreicher und kritischer, sehen kann.

Auf der anderen Seite werden Gesellschaften nicht mehr primär mit ökonomischen Begriffen als „Agrar-, Industrie-, Arbeits- oder Dienstleistungsgesellschaft" oder gar „(spät-)kapitalistische Gesellschaft" bezeichnet, sondern eher als „Wissens-, Informations-, Medien-, Multioptions-, Risiko-, Erlebnis-, multikulturelle oder postmoderne Gesellschaft" etc. tituliert (vgl. dazu Pongs 1999/ 2004/2007). Noch 1968 gab sich der Soziologenkongress in Frankfurt das Thema „Spätkapitalismus oder Industriegesellschaft?", welches Adorno im Einleitungsreferat diskutierte.

In all diesen, hier verkürzt wiedergegebenen Ausführungen wird überdeutlich: „'Die Soziologie ist eine in ihrem innersten Wesen kontroverse Wissenschaft' (Giddens 1992)" (Weber/Wegge 2003, S. 548). Über den Stellenwert und die Bedeutung der Wirtschaft innerhalb der Gesellschaft gibt es – und wird es – keine einheitliche Auffassung geben, zumal derlei Frage- und Problemstellungen sich empirisch einer Überprüfung entziehen. Erfahrungswissenschaftlich zugänglich wäre nur, was Menschen (z.B. unterschiedlicher Bildung, Herkunft, Geschlechts- oder Milieuzugehörigkeit) darüber denken bzw. welches Gesellschaftsbild sie konstruiert haben und welche Gesellschaftskonstrukte jeweils, d.h. in Gruppen oder Systemen der Gesellschaft, dominant sind.

Exkurs I: „homo oeconomicus"

Eine nicht uninteressante Sonderstellung innerhalb der Diskussionen über das Verhältnis von Soziologie und Ökonomie spielt die Figur bzw. das (philosophisch-anthropologische) Konstrukt und Menschenbild des „homo oeconomicus", des „Wirtschaftsmenschen", das zur Erklärung und zum Verstehen wirtschaftlichen Handelns, des Entscheidens in wirtschaftlichen Situationen, herangezogen wird. Homo oeconomicus handelt zum einen mit der Absicht der Nutzenmaximierung und zum anderen rational abwägend, was seine Produktions-, Verkaufs- und Konsumentscheidungen betrifft. Homo oeconomicus ist also der zweckrationale Kosten-Nutzen-Abwäger.

Erkenntnistheoretisch zu fragen und zu diskutieren wäre dann z.B.: Ist homo oeconomicus nur ein wissenschaftliches Modell oder eine anthropologische Realität? Ist er (nur) ein historisches Phänomen oder eine universelle Erscheinung? Taugt das Menschenbild des homo oeconomicus allgemein zur Beschreibung, Analyse und Erklärung menschlichen Handelns oder nur für ökonomisch motiviertes Handeln?

Exkurs II: „Geld"

Eine allseits vertraute, scheinbar problemlose, doch oftmals problematisierte und Probleme erzeugende Erscheinung des Alltags in modernen Gesellschaften ist „Geld" als allgemeines Tauschmittel, ohne das Arbeitsteilung, Produktion und Handel, Konsum und Freizeit, aber auch Macht und Einfluss, Herrschaft und Abhängigkeiten von Menschen untereinander nicht mehr denkbar sind. „Ohne Moos nichts los", sagt die Volksmeinung. Geld ist, ökonomisch betrachtet, Tausch- bzw. Zahlungsmittel, Wertmaßstab und Recheneinheit sowie Besitz

(Eigentum bzw. Kapital). In der „Form des Geldes" drückt sich – marxistisch argumentierend – der Widerspruch jeder Ware aus zwischen ihrem Nutzen zur Befriedigung bestimmter Bedürfnisse (sog. *Gebrauchswert*) und ihrer Eigenschaft als wirtschaftlicher Preis (sog. *Tauschwert*). „Diese doppelte Eigenschaft erhalten Güter, sobald sie auf dem Markt ausgetauscht werden" (Müller 1984, S. 180). Waren werden in Geld verwandelt, und Geld verwandet sich wieder in Waren („einfache Warenzirkulation"). Daneben erfolgt das wirtschaftliche Handeln zweiter Art so, dass man (billig) kauft, um (teurer) zu verkaufen. Es werden Waren verkauft, um aus Geld Kapital zu machen. Am Ende des (Ver-)Kaufprozesses steht das Geld, nicht die Ware. Der Sinn des wirtschaftlichen Handelns besteht darin, dass man am Ende mehr Geld (in Form von Kapital) als zu Anfang hat (Gewinnmaximierung). Moderne, d.h. kapitalistische Gesellschaften funktionieren – im Gegensatz zu vormodernen – nach dem Prinzip des wirtschaftlichen Handelns der zweiten Art, basieren also auf dem homo oeconomicus bzw. bringen ihn so erst hervor.

Neben Marx hat ein weiterer Klassiker der Soziologie, Georg Simmel (1858-1918), eine einflussreiche Soziologie bzw. „*Philosophie des Geldes*" (1900) vorgelegt, die soziologisches Denken stark beeinflusst hat. Geld kann strukturell als symptomatisch und zentral für die moderne (kapitalistische Produktions-, Handels-, Tausch- und Konsum-) Gesellschaft angesehen werden. Wie Marx, wenn auch ideologisch ihm nicht nahestehend, sieht Simmel, dass aus dem „Mittel" Geld im ökonomischen Handeln reiner „Zweck" wird. Geld dient dann nicht mehr dem Tausch von Naturalien zur Bedürfnisbefriedigung (Essen, Trinken, Kleidung usw.); Geld entemotionalisiert Beziehungen zu abstrakten Käufer-Verkäufer-Kontakten; erst durch Geld werden Sparen und langfristiges Planen möglich, d.h., Geld verändert das Zeitgefühl und ermöglicht Bedürfnisaufschub. Geld wird letztlich zum Selbstzweck des wirtschaftlichen Handelns in modernen (kapitalistisch strukturierten) Gesellschaften. „Das Tauschmittel Geld wird ab einem bestimmten Punkt so dominant, dass es die ursprünglichen Zwecke der Bedürfnisbefriedigung völlig verdrängt" (Schimank 1996, S. 74). „Simmel treibt diese Sichtweise noch weiter, indem er dem Geld in der modernen Gesellschaft jenen Platz zuspricht, den Gott im Mittelalter innehatte" (ebd.). Während Marx als Folge dieser Entwicklung u.a. die „Entfremdung" des Menschen (vom Mit-Menschen, vom Prozess und Produkt der Arbeit) sieht, steigert das Geld nach Simmel die Unabhängigkeit, Selbstbestimmung sowie „Individualisierung" – vorausgesetzt, man hat es.

Simmel sieht das Aufkommen der Geldwirtschaft und damit der Bedeutung des Geldes für das Alltagsleben parallel zum Wachstum der Großstädte (Simmel lebte um die Jahrhundertwende in Berlin, der damals aufstrebenden Metropole). Ähnlich wie Weber, der den Terminus „*Zweckrationalität*" als Kennzeichen der Moderne herausarbeitet, betont Simmel die Ausweitung der, wie er es nennt, „*Verstandesherrschaft*" durch das Geld, die reine Sachlichkeit, die den „Stil des Lebens" und sein „Tempo" bestimmt. Die „Philosophie des Geldes" kann man heute als eine Kulturtheorie der Moderne interpretieren. Die Abgrenzung zu

Marx und dessen Theorie kommt in der Vorrede zur „Philosophie des Geldes" zum Ausdruck, wenn er sagt, es gehe darum, „dem historischen Materialismus ein Stockwerk unterzubauen, derart, dass der Einbeziehung des wirtschaftlichen Lebens in die Ursachen der geistigen Kultur ihr Erklärungswert gewahrt wird, aber jene wirtschaftlichen Folgen selbst als das Ergebnis tieferer Wertungen und Strömungen, psychologischer, ja, metaphysischer Voraussetzungen erkannt werden" (Simmel, zitiert nach Jung 1990, S. 59). Das Marxsche „Basis-Überbau-Theorem" (s.o.) wird scheinbar umgekehrt bzw. relativiert. Das Dilemma der Moderne sieht Simmel darin, dass die Errungenschaften der Moderne, u.a. die Geldwirtschaft und ihre Durchsetzung als „Versachlichung des Lebens", das Individuum „zwar aus alten Bedingungen gelöst hat, dass es sich aber der neu gewonnenen Freiheit nicht recht zu erfreuen weiß" (ebd., S. 61).

3. Jugend(forschung) und Wirtschaft – kaum Berührungen

In einschlägigen Abhandlungen zur Jugendsoziologie bzw. zu einer „Soziologie des Jugendalters" (vgl. exemplarisch Schäfers 1998) oder in voluminösen Handbüchern (vgl. z.B. Krüger 1988/1993; Markefka/Nave-Herz 1989) fehlen im Sachregister die Termini „Wirtschaft" bzw. „Ökonomie" und bei den „Jugend und ..."-Kapiteln findet man nur „Jugend, Ausbildung und Beruf" oder „Ökonomische Ressourcen und Konsumverhalten", wobei es in der Regel um Kaufverhalten oder „berufliche Sozialisation" geht. Ökonomisches Wissen, Einstellungen oder wirtschaftliche Kompetenz junger Menschen sind kein Thema. Auch im „Handbuch der Sozialisationsforschung" (Hurrelmann/Ulich 1980/1989), immerhin 864 Seiten stark mit über 15 Seiten „Sachregister", sucht man vergeblich nach den Termini „Wirtschaft" oder „Ökonomie", während es z.B. für „Ökologie" ein Dutzend Hinweise in mehreren Beiträgen gibt. Kurzum: Wirtschaft oder Ökonomie sind kein expliziter Gegenstand der Jugendforschung.

Die Jugendsoziologie folgt m.E. nur der allgemeinen Entwicklung der Soziologie, die sich vom klassischen Blick auf „Wirtschaft und Gesellschaft" bzw. strukturelle Ungleichheiten tendenziell abgewendet hat und sich immer mehr „postmodern" und harmonisierend auf diffus im sozialen Raum schwebende „Lebensstile" und „Milieus" und vor allem „Kultur(en)" konzentriert. Anders formuliert: Aus Struktur wurde Kultur, aus Klasse wurde Milieu, aus vertikalen Ungleichheiten wurden horizontale Unterschiede (Lebensstile). Symptomatisch dafür ist, dass die bekannten Shell-Jugendstudien in früheren Jahren noch Themen hatten wie: „Die Einstellung der jungen Generation zum Unternehmer in seinem wirtschafts- und gesellschaftspolitischen Umfeld" (1974) oder „Die Einstellung der jungen Generation zur Arbeitswelt und Wirtschaftsordnung 1979" (1980), während später – bei Zunahme der (Jugend-)Arbeitslosigkeit und der Abnahme der Ausbildungs- und Berufschancen – sowie gegenwärtig wirtschaftszentrierte Fragen keine Rolle mehr spielen. Damit wird eine Irrelevanz von Industrie und Wirtschaft(sordnung) bzw. von Themen und Problemen wie Arbeit, Berufsausbildung, Unternehmertum, Arbeitslosigkeit oder auch Migration, (Des-)Integration für Jugendliche suggeriert.

Die von der Soziologie stark beeinflusste oder gar abhängige Erziehungswissenschaft folgt diesem „Paradigmenwechsel" und gibt ihrem 21. Kongress im Frühjahr 2008 z.b. den Titel und damit die Marschroute vor: „Kulturen der Bildung". Keine Rede mehr von einer „Politischen Ökonomie des Bildungssystems" oder den Widersprüchen zwischen Bildungs- und Beschäftigungssystem.

Die Jugendsoziologie befasst sich wohl mit den Phänomenen „Arbeitslosigkeit", (geringe) „Zukunftsperspektiven", mit Problemen des Übergangs vom Bildungs- ins Beschäftigungssystem, mit ungleichen Bildungschancen (vgl. PISA und die Folgen) oder dem Konsumverhalten junger Menschen – in der Regel aber im Kontext einer mikrosoziologischen Sozialisationstheorie mit Blick auf die Identitätsprobleme der Heranwachsenden (was bedeutet Gesellschaft und Zukunft für die Jugendlichen?) und durchaus differenziert nach familiärer Herkunft, Geschlecht, Region, ethnischer Zugehörigkeit, Religion usw. Makrotheoretische Aspekte mit dem Focus Gesamtgesellschaft (was bedeutet Jugend für die Gesellschaft und deren Zukunft?) sind dagegen selten (vgl. zur Differenz dieser beiden Perspektiven einer Jugendsoziologie meine Wiedergabe der Jugendtheorien der Klassiker Karl Mannheim und Helmut Schelsky in Griese 2007, S. 77-101).

4. Ökonomische Bildung – voller Widersprüche

In jüngster Zeit wird, auch in Reaktion auf die hohe Jugendarbeitslosigkeit sowie als Folge des PISA-Schocks, auf die Notwendigkeit einer *„ökonomischen Bildung"*, meist verstanden als Teil einer Allgemeinbildung, nicht nur von Arbeitgeberseite, sondern auch von Gewerkschaften hingewiesen. Im Fokus der Betrachtung stehen vor allem sog. „bildungsferne Jugendliche" bzw. das meist von „Bildungsarmut" betroffene sog. „Prekariat" (von morgen) (vgl. hierzu Loerwald 2007). Ökonomische Bildung wird als Voraussetzung zur Teilhabe (soziale Partizipation) in Wirtschaft, Gesellschaft und Politik gesehen und ist mehr als die Beherrschung der „Kulturtechniken". Ausgangspunkt ist die Feststellung: „In Deutschland existiert eine sozial abgehängte Unterschicht. In dieser auch als ‚Prekariat' bezeichneten Schicht ist der Großteil der bildungsfernen Haushalte zu verorten (...) Das Interesse an wirtschaftlichen und politischen Fragestellungen ist äußerst gering" (ebd., S. 29). Grundproblem dieser Gruppen ist die Diskrepanz zwischen (hohen) Konsumbedürfnissen und (hedonistischem) Konsumverhalten auf der einen Seite gegenüber dem (knappen) finanziellen Budget auf der anderen Seite. Um diese Diskrepanz zu minimieren oder gar zu beseitigen, um – wie es so schön bei Loerwald heißt – „ein selbstbestimmtes Leben in sozialer Verantwortung ermöglichen zu können", ist (auch) – „das ist meine zentrale These – ein Mindestmaß an ökonomischer Bildung notwendig" (ebd., S. 29).

Auf diese Weise werden strukturelle, im engeren Sinne ökonomische Probleme der Gesellschaft, tendenziell „pädagogisiert" oder in anderen Worten: Wenn die Gesellschaft, d.h. Politik und Wirtschaft, versagen (Arbeitslosigkeit, Armut, Ungleichheit der Bildungschancen, Ausgrenzung usw.), erfolgt der Ruf nach Pädagogik und Bildung/Erziehung. Die „Pädagogisierung gesellschaftlicher Probleme" ist ein inhärentes Reaktionsprinzip moderner Gesellschaften, das gesamtgesellschaftliche Probleme an Subsysteme delegiert. In unserem Fall wird dieses Phänomen „pädagogische Herausforderung" genannt – und es entstehen in der Folge Spezialpädagogiken (z.B. Medien-, Friedens-, Umwelt-, Verkehrs- oder interkulturelle Pädagogik, zuletzt „Europa-Pädagogik" oder aktuell „ökonomische Bildung"), die sich an die Heranwachsenden, zumeist im Kontext Schule, richten. Ökonomische Bildung schafft aber keine Ausbildungsplätze oder gar sichere Arbeitsplätze, in denen junge Menschen sinnvoll und verantwortlich einer dem Allgemeinwohl zukommenden Tätigkeit nachgehen können.

Da aber m.E. „Bildung" einen „Wert an sich" darstellt, auch wenn „Allgemeinbildung" heute kaum mehr realisierbar ist (vgl. Griese 1999), ist gegen „ökonomische Bildung" an sich nichts einzuwenden – außer wenn dadurch die Notwendigkeit politisch-ökonomischer, d.h. gesellschaftlicher Veränderungen verschleiert wird. Ökonomische Bildung dieser Provenienz verspricht mehr, als sie halten kann („Ausweg aus ihrer prekären Lage", „Bewältigung zukünftiger Lebenssituationen" etc.) – und kann dadurch kontraproduktiv, d.h. desintegrierend wirken. Die Forderung nach einer Vermittlung „fundierten und in gewissem Maße zeitüberdauernden Wissens über ökonomische Struktur- und Funktionsprinzipien" (Loerwald 2007, S. 30) ist angesichts der Widersprüche und Ungereimtheiten der Wirtschaftstheorie oder des Verhältnisses von Wirtschaft und Politik (s.o.) eine pädagogisch unverantwortliche „Leerformel". Wie die „neoliberale Marktwirtschaft" oder der „Spätkapitalismus" (oder wie unser Wirtschaftssystem auch immer bezeichnet wird – da „liegt ja der Hase im Pfeffer") wirklich funktionieren, welche Gesetzmäßigkeiten unser Wirtschaftssystem leiten, welche Funktion es hat und welche Probleme es mit sich bringt, zeigt doch gerade die aktuelle und kontroverse Diskussion über z.B. Privatisierung, Deregulierung, Managergehälter, garantiertes Mindesteinkommen und die Folgen der Globalisierung. Gehört z.B. das Wissen um den Ursprung und die Ziele von Attac als „globalisierungskritische Bewegung" (vgl. exemplarisch dazu das ABC der Globalisierung 2005) zur „ökonomischen Bildung"? Oder: Was sollen „bildungsferne" Jugendliche, die aus dem „Prekariat" kommen, die bereits in jungen Jahren hochgradig verschuldet und ohne berufliche und privat befriedigende Zukunftsperspektive sind, mit folgenden aktuellen Nachrichten- oder Zeitungsmeldungen mit eindeutig ökonomisch(-politischen) Inhalten anfangen oder wie sollen sie diese für sich „ökonomisch bildend" verarbeiten?

- „Deutschland 2007 wieder Exportweltmeister ... In den ersten elf Monaten addiert sich der Saldo auf 188 Milliarden";

- „Minijobs. Geringfügig entlohnte Beschäftigte in Deutschland ... (bei) 6,87 Millionen";

- „In Deutschland arbeiten rund fünf Millionen Beschäftigte für Löhne unter der Armutsgrenze";

- „Spenden von Flugreisenden für den Klimaschutz werden zum Millionenge-
schäft ... Geschäft mit dem schlechten Gewissen ... ‚Klimaspende' als ‚moderner Ablasshandel'" wird zum „boomenden Wirtschaftszweig";

- „Gasprom ... wird zum einflussreichsten Konzern der Welt ... Gewinn im Jahr
2006: 9,6 Milliarden Euro ... (aber) ohne Gasprom wird es kalt in Europa";

- „Ungleichheit in Deutschland wächst ... Die Armen werden ärmer, die Reichen
werden reicher";

- „Allianz auf Rekordkurs ... Reingewinn 2007 bei 5,38 Milliarden Euro";

- „Weltweit gibt es immer mehr Millionäre ... Die Zahl der Multimillionäre
wuchs sogar um mehr als zehn Prozent auf 85 400 Menschen. In Deutschland
wurden 767 000 Dollarmillionäre gezählt";

- „Jedes siebte der 17 Millionen Kinder in Deutschland ... lebt in Armut";

- „Im vergangenen Jahr haben 76 249 Jugendliche ihre Schule ohne Hauptschulabschluss verlassen. Das sind 7,9 Prozent des Altersjahrgangs";

- „Alles deutet darauf hin, dass 2008 wiederum ein Rekordjahr für die deutsche
Chemieindustrie wird";

- „Dafür, dass er nicht bei der Konkurrenz anheuerte, kassierte er (Klaus Klein-
feld, H.G.) von Siemens 5,75 Millionen Euro, sein neuer Arbeitgeber, der US-
Aluminiumkonzern Alcoa, zahlte ihm zum Amtsantritt 8,7 Millionen Dollar";

- „Die Lohnquote − der Anteil der Löhne am Volkseinkommen − ist auf einen
historischen Tiefstand gesunken";

- „Korruption juckt Manager kaum. Deutsche Führungskräfte halten Bestechung
im globalen Wettbewerb für unerlässlich" (Ergebnis einer Studie);

- „Die Schuldenfalle schnappt zu. 7,3 Millionen Menschen (in Deutschland) heil-
los in den Miesen - Auch Mittelschicht betroffen";

- „Die meisten Leute haben trotz des Wirtschaftswachstums nicht mehr Geld in
der Tasche";

- Während sich die Zahl der Geburten seit 1965 halbiert hat, stieg die Zahl der
Kinder, die von staatlichen Leistungen leben müssen, um das Sechzehnfache".

- „Wieso zählt ein reiches Land 2,5 Millionen arme Kinder?"

Welches ökonomisch-politische (Allgemein-)Wissen benötigt man, um diese
Phänomene der Ungleichheit und Ungerechtigkeit, diese Prozesse der Zuspit-
zung der ökonomischen Probleme und Widersprüche unserer Gesellschaft zu
„verstehen"? Heißt „ökonomische Bildung" das Verstehen ökonomischer Phänomene oder das Aushalten von ökonomisch-politischen Widersprüchen oder
etwa das Protestieren gegenüber ökonomisch verursachten Ungleichheiten und
Ungerechtigkeiten? Zu fragen ist weiter: Wie ist das Verhältnis von ökonomischer zu politischer Bildung? Was ist das „allgemeine" (politische?) an der öko-

nomischen Bildung? Welche Richtungen/Schulen gibt es in der ökonomischen Bildung und welche Funktion erfüllen sie jeweils?

Schauen wir uns die „ökonomische Bildung", wie sie aktuell propagiert wird, sowie einige ökonomische Fakten näher an. Die ökonomische Bildung reduziert Menschen auf „Konsumenten", „Käufer", „Anbieter" und „Nachfrager" und spricht daher z.b. von „Verbraucherbildung". „Prekäre Einkommenssituationen" (vgl. den Begriff „Einkommensarmut" für die wachsende Zahl der Geringverdienenden oder Ein-Euro-Jobber) führen zu Ver- und Überschuldungen, zu privaten Insolvenzen. Schätzungen gehen von ca. 3 Millionen hochverschuldeter Haushalte aus, wobei vor allem junge Familien mit Kindern, d.h. junge Menschen, betroffen sind. Ökonomische und Bildungsarmut hängen zusammen und werden quasi „sozial vererbt".

Ökonomische Bildung will diesen Teufelskreis durchbrechen – PISA zeigt, dass dies in unserem (Bildungs- und Wirtschafts-)System durch Pädagogik nicht möglich ist. Das im idealtypischen Sinne bildungsbenachteiligte „katholische Arbeitermädchen vom Lande" mutierte zum „Islamischen Arbeiterjungen aus der Großstadt" – geblieben ist „Arbeiter", d.h. bildungsferne Unterschicht bzw. „Prekariat".

5. Ausblick

Was fehlt, ist eine ökonomische Bildung, welche die herrschende Ökonomie und damit die gesellschaftlichen Verhältnisse kritisch hinterfragt oder gar in Frage stellt. Junge Menschen zu bilden, damit sie unseriösen Anbietern „nicht auf den Leim gehen" (Loerwald), ist sicher richtig und wichtig. Wichtiger ist eine ökonomische Bildung als „politische Bildung", als kritische Aufklärung, die auch Alternativen zur herrschenden Wirtschaft(slehre) zur Sprache kommen lässt.

Die Forderungen der Wirtschaft und auch der Gewerkschaften, nunmehr auch der Pädagogen, nach „mehr ökonomische Bildung in der Schule" (so der Titel des Memorandums von 1998) oder die Feststellung „Wirtschaft – notwendig für schulische Allgemeinbildung", sind sicher sinnvoll und nicht von der Hand zu weisen. Zu fragen ist nur, welchem Gesellschaftskonstrukt und damit, welcher Wirtschaft(stheorie) diese ökonomische Bildung sich verpflichtet sieht (oder verpflichtet wird) bzw. wie sie das Verhältnis der gesellschaftlichen Subsysteme zueinander (Politik und Ökonomie) und der Subsysteme zum Gesamtsystem der „Welt(risiko)gesellschaft" sieht. Und was bedeutet in letzter Instanz das Ziel „mündiger Wirtschaftsbürger"? Ist das der „Konsumverweigerer", der „Globalisierungskritiker", der „Sparer und Häuslebauer", der „Konsumfetischist" (Sozialisationsziel „born to shop") oder der zweckrationale „homo oeconomicus"?

Solange die Wirtschaftswissenschaften und auch die Wirtschaftssoziologie widersprüchliche Positionen vertreten und sich gegenwärtig – und wohl auch in Zukunft – eher als Ideologien mit interessenabhängigen Botschaften denn als Wissenschaft mit exakten Erkenntnissen präsentieren, so lange kann es keine vernunftgeleitete und der Aufklärung verpflichtete ökonomische Bildung, verstanden als Kern einer politischen Allgemeinbildung, geben.

Und zuletzt muss dann auch wieder „Die Systemfrage" gestellt werden, wie es Dietrich (2008) in seinem Leitartikel in der sicher unverdächtigen Frankfurter Allgemeinen Zeitung (FAZ) getan hat und sich dabei auf Bundespräsident Köhler bezog, der formulierte: „Vergleichsweise wenige erfreuen sich enormer Einkommenszuwächse, während die Einkommen der breiten Mittelschicht in Deutschland stagnieren oder real teilweise sogar sinken" und daraus schlussfolgert (ebd.):

> *„Manchem wird erst jetzt bewusst, wie sehr die Konkurrenz*
> *des Kommunismus, solange sie bestand, auch den Kapitalismus*
> *gebändigt hat. Aus sich heraus sind Demokratie und Marktwirtschaft*
> *ebenso wenig gegen Selbstzerstörung gefeit wie totalitäre Systeme*
> *... Wie viel Ungleichheit (ist) unserer Gesellschaft zuträglich,*
> *um ihre Vitalität zu erhalten?*
> *Bevor andere die Systemfrage stellen, sollten es die Eliten tun"*

Literatur

ABC der Globalisierung. Von ‚Alterssicherheit' bis ‚Zivilgesellschaft' (2005). Hrsg. vom Wissenschaftlichen Beirat von Attac. Hamburg: VSA-Verlag.

Dietrich, Stefan (2008): Die Systemfrage. In: FAZ vom 02.01.2008.

Griese, Hartmut M. (2007): Aktuelle Jugendforschung und klassische Jugendtheorien. Ein Modul für erziehungs- und sozialwissenschaftliche Studiengänge. Münster: LIT-Verlag.

Griese, Hartmut M. (1999): Über die Unmöglichkeit, in einer pluralistischen Gesellschaft und einer globalisierten Welt zu einem allgemeinen Bildungsbegriff zu gelangen. In: Bönsch, Manfred; Vahedi, Massoud (Hrsg.): Zukunft der Bildungsfragen. Hannover: Reihe Theorie und Praxis.

Hartfiel, Günter (1972): Wörterbuch der Soziologie. Stuttgart: Krömer.

Heinemann, Klaus (2002): Wirtschaftssoziologie. In: Endruweit, Günter; Trommsdorff, Gisela (Hrsg.): Wörterbuch der Soziologie. Stuttgart: Lucius & Lucius, 2. Aufl., S. 694-699.

Hurrelmann, Klaus; Ulich, Dieter (Hrsg.) (1980/1991): Handbuch der Sozialisationsforschung. Weinheim; Basel: Beltz.

Jugendwerk der Deutschen Shell (Hrsg.) (1974): Die Einstellung der jungen Generation zum Unternehmer in seinen wirtschafts- und gesellschaftspolitischen Umfeld. Hamburg: Shell.

Jugendwerk der Deutschen Shell (Hrsg.) (1980): Die Einstellung der jungen Generation zur Arbeitswelt und Wirtschaftsordnung 1979. Hamburg: Shell.

Jung, Werner (1990): Georg Simmel zur Einführung. Hamburg: Junius.

Kaesler, Dirk; Voogt, Ludgeras (Hrsg.) (2007): Hauptwerke der Soziologie. Stuttgart: Kröner.

Krüger, Hans-Herrmann (Hrsg.) (1988/1993): Handbuch der Jugendforschung. Opladen: Leske + Budrich.

Loerwald, Dirk (2007): Ökonomische Bildung für bildungsferne Milieus. In: Aus Politik und Zeitgeschehen, 32-33/2007: Themenheft Politische Bildung.

Markefka, Manfred; Nave-Herz, Rosemarie (Hrsg.) (1989): Handbuch der Familien- und Jugendforschung. Bd. 2: Jugendforschung. Neuwied: Luchterhand.

Müller, Rudolf Wolfgang (1984): Geld. In: Kerber, Harald und Schmieder, Arnold (Hrsg.) (1984): Handbuch Soziologie. Zur Theorie und Praxis sozialer Beziehungen. Reinbek: Rowohlt.

Pongs, Armin (1999/2004/2007): In welcher Gesellschaft leben wir eigentlich? Band I. München: Dilemma Verlag.

Pongs, Armin (Hrsg.) (2000): In welcher Gesellschaft leben wir eigentlich? Bd. 2. München: Dilemma Verlag.

Schäfers, Bernhard (1998): Soziologie des Jugendalters. Opladen: Leske + Budrich.

Schimank, Uwe (1996): Theorien gesellschaftlicher Differenzierung. Opladen: Leske + Budrich.

Weber, Hajo; Wegge, Martina: Zur Soziologie der Wirtschaft der Gesellschaft - Theorie, Forschung und Perspektiven der Wirtschaftssoziologie. In: Orth, Barbara; Schwietring, Thomas; Weiß, Johannes (Hrsg.): Soziologische Forschung. Stand und Perspektiven. Opladen: Leske + Budrich, S. 547-562.

Die Verankerung des Umweltverhaltens in Lebensstilen

Hartmut Lüdtke

1. Elemente und Aggregate des Umweltverhaltens

- Weniger Fleisch essen (fördert die Gesundheit und spart CO2)
- Wärmedämmung im Haus verbessern, Heiz- und Energiekosten sparen
- Weniger Kleider kaufen (dient der Bodenerhaltung)
- Fair produzierte Textilien und Nahrungsmittel kaufen
- Öffentlichen Verkehrsmitteln und dem Fahrrad Vorrang einräumen
- Langlebige und recyclingfähige Produkte benutzen
- Wasser sparen
- Unbelastete, Bio- bzw. Öko-Nahrungsmittel bevorzugen
- Mehrwegflaschen benutzen, Müll trennen
- Übermäßigen Lärm vermeiden
- Slow gegenüber Fast Food bevorzugen
- Den Lebensrhythmus entschleunigen, dem Zeitwohlstand mehr Gewicht im Verhältnis zum materiellen Wohlstand einräumen

Diese und andere Praktiken gelten, kaum noch kontrovers, als typische Elemente nachhaltigen oder ökologisch verantwortungsvollen Handelns [1], in der Forschung wie in der öffentlichen Diskussion, wo sie längst als Marker eines nachhaltigen Lebensstils propagiert werden (u.a. Hunecke 2000; Holzinger 2002). Wenn es gelingt, die Häufigkeiten ihrer Ausübung in Umfragen zuverlässig zu registrieren und diese Werte über alle Tätigkeiten zu kumulieren, dann gewinnt man entsprechende Einzelskalen bzw. eine Gesamtskala zwischen den Polen eines sehr starken versus sehr schwachen individuellen Umweltverhaltens. Da Menschen an einer nachhaltigen Entwicklung auch durch übergreifende Lebensäußerungen wie Gesundheitsplanung, Netzwerkkommunikation und Vereinsmitgliedschaften (soziales Kapital), Bildungsaktivitäten, Kindererziehung, politische Partizipation usw. beteiligt sein können, repräsentiert der hier verwendete Begriff des Umweltverhaltens einen relativ engen Ausschnitt überschaubarer alltäglicher Nachhaltigkeit.

Trotzdem erweist sich „Umweltverhalten" als ein mehrdimensionales Konstrukt, mit Bezügen zu Ernährung, Mobilität, Haushaltstechnik, Kleidung usw. aus sehr verschiedenen Bereichen der Lebensorganisation. Die sympathische Vorstellung, möglichst viele Menschen sollten und könnten in allen oder auch nur den meisten Bereichen ausgeprägt „nachhaltig" handeln, erscheint daher un-

---

[1] Da sich der Begriff „Umweltverhalten" stärker als „Umwelthandeln" durchgesetzt hat, wird ihm hier meist der Vorzug gegeben. Gemeint ist aber jeweils die Bedeutung des Letzteren: „Handeln" als sinnhafte, zielgerichtete, motivierte Form von „Verhalten": der Bewegung eines Systems in seiner Umwelt bzw. eines biologischen Stoffwechselwesens. Vgl. auch Hauenschild & Bolscho (2005, S. 101) mit Rekurs auf Fröhlich.

realistisch. Sie wären nicht nur psychisch, zeitlich und sozial überfordert, sondern kaum in der Lage, die Wechselwirkungen und unbeabsichtigten Nebenwirkungen dieser Praktiken langfristig vorauszusehen und zu kontrollieren, das allgemeine Recht auf ein halbwegs komfortables Alltagsleben vorausgesetzt. Darüber hinaus können manche der genannten, in Umfragen herangezogenen Elemente des Umweltverhaltens als „ideologieträchtig" gelten, weil viele Befragte sie für umweltschonend halten, ohne eine Ahnung von der tatsächlichen Ökobilanz der damit verbundenen Ressourcen- und Güternutzung zu haben (Huber 2001, S. 396 ff). Obwohl die Rationalität der Verbraucher diesbezüglich hier nicht genauer geprüft werden kann, resultieren daraus folgende Fragen, denen in diesem Beitrag näher nachgegangen werden soll:

(1) Lassen sich allgemeine Lebensstile empirisch identifizieren, in deren Kontexten Umweltverhalten als spezielles, aber komplexes Handlungsmuster deutlich gedeiht bzw. unterdrückt wird? Es ist dies auch die Frage nach der allgemeinen ökologischen Erklärungskraft von Lebensstilen.

(2) Oder: lassen sich allgemeine Lebensstile finden, mit denen nur wenige Elemente des Umweltverhaltens verbunden sind? Diese Frage zielt auf bereichsspezifische „Ökostile" ab, also auf die Identifikation von allgemeinen Lebensstilen, die nur Technik-, Ernährungs-, Mobilitätsstile usw. zu erklären vermögen.

(3) Einen Teilaspekt dieser Fragen betrifft die Erfahrung, dass die meisten Menschen, angesichts des unkoordinierbaren Nebeneinanders von Teilsystemen und Lebensbereichen in der modernen Gesellschaft, kaum noch in der Lage sind, kohärente, d.h. sinn- und zielabgestimmte, Lebensstile zu realisieren, so dass „unterschiedliche Lebensstiltypen Elemente eines umweltorientierten und nicht-umweltorientierten Verhaltens einigermaßen kunterbunt amalgamieren. Zum Beispiel kann jemand in puncto Lebensmittel und Ernährung ein ausgeprägter Öko-Konsument sein, der aber zugleich viele Reisen unternimmt oder vor der Stadt im alleinstehenden Einfamilienhaus lebt – was nach gängigen Kriterien schwere Fälle von ‚Umweltsünden' darstellt, zumal diese auch noch Autobenutzung induzieren" (Huber 2001, S. 397 ff). So wird seit längerem auch anschaulich gesprochen von „Werte-, Lebensstil- und auch Konsum-Patchworks" (Reusswig 1995, S. 205, 208), sozusagen dem Normalfall einer „Stilbildung" unter Inkaufnahme inkohärenter Handlungsmuster.

2. Umweltwissen, Umweltbewusstsein, Umweltverhalten

Auch wenn Umweltverhalten teilweise „blind", unreflektiert oder bloß als Nachahmung anderer Menschen in Erscheinung tritt, müssen wir – gemäß dem Postulat halbwegs rationaler Akteure in sozialwissenschaftlicher Perspektive – von der Vorstellung ausgehen, dass Umweltverhalten von zwei latenten Dispositionen abhängig sind:

a) dem *Umweltwissen* als kognitivem Speicher erlernter oder erfahrener Wissensgehalte, die in theoretischer Zusammenhängen und empirischen Präsentationen erworben und gebündelt wurden. Nach Gräsel (1999) lässt sich dieses Wissen nicht allein von außen, d.h. „objektiv" verstehen. Vielmehr müssen dabei auch individuelle Konzepte und subjektive Modelle berücksichtigt werden, die Akteure mit dem Objekt des Wissens verbinden und es als relevant erscheinen lassen. Außerdem kann Umweltwissen nur als „Domänenwissen" bzw. bereichsspezifisch sinnvoll erfasst werden (siehe die eingangs angesprochenen Verhaltensbereiche), was die Konstruktion einer allgemeinen mehrdimensionalen Wissensskala stark erschwert. Schließlich basiert das Wissen auf spezifischen Alltagssituationen, deren Erfahrung ergänzt werden muss durch Einsichten in den jeweiligen Kontext, „der andere Personen und Gegenstände umfasst", und in die jeweiligen Konsequenzen (Gräsel 1999, S. 193).

b) Dem *Umweltbewusstsein*[2], einem affektiv-moralischen Syndrom von allgemeinen Überzeugungen, Wertorientierungen, Zielen und Einstellungen gegenüber dem „ökologischen Komplex", die in konkreten Handlungssituationen vom Akteur spezifiziert und auf die Steuerung des Umweltverhaltens selektiv angewendet werden. Dieses Bewusstsein kann nach Huber (2001, S. 229) durch zwei divergente weltanschaulichen Orientierungen begründet sein: a) einer „promodalen" (verbunden mit einem anthropozentrischen, utilitaristischen, possessionistischen Naturbild und einem eutop-fortschrittsoptimistischen Technikbild) und b) einer "anamodalen" Orientierung (verbunden mit einem bio- und kosmozentrischen, sympathetischen Naturbild und einem dystop-fortschrittsskeptischen Technikbild). Verkürzt gesprochen, handelt es sich um den Gegensatz von „rationalistischer" und „romantischer" Weltanschauung. In der empirischen Forschung lassen sich diese Glaubenshintergründe wohl nur selten spezifizieren, man sollte dabei auch im Auge behalten, dass manche Zeitgenossen in ihrem Umweltbewusstsein den Konflikt zwischen beiden Orientierungen ertragen und offen lassen müssen, wie weit der eine oder andere weltanschauliche Begründungszusammenhang am Transfer vom Bewusstsein auf das Handeln beteiligt ist.

In einer idealen Welt mit wohlinformierten, langfristig und komplex planenden und sinnvoll handelnden Individuen, können zwischen folgenden Größen enge Beziehungen der „Kausalität" wie auch der Rückkopplung angenommen werden[3]:

---

[2] Hauenschild & Bolscho (2005, S. 96) wählen – freilich orientiert an ihrer besonderen pädagogisch-didaktischen Argumentationslinie – einen „weit gefassten" Begriff des Umweltbewusstseins, der sogar „Umweltwissen" und „Umweltrelevantes manifestes Verhalten" einschließt. So weit kann ich in diesem Beitrag nicht gehen: „Umweltbewusstsein" bedeutet hier, in den Kategorien von Hauenschild & Bolscho: Umwelterleben und -betroffenheit, Umweltbezogene Wertorientierungen und Umweltrelevante Verhaltensintentionen.

[3] Dieses Modell scheint gut vereinbar mit der „Theory of Planned Bevavior" von Ajzen & Fishbein, die als empirisch relativ gut bewährt gilt (vgl. die Darstellung bei Hauenschild & Bolscho 2005, S. 100 f.). „Verhalten" wird dort als direkt abhängig von „Intention" postuliert, diese als abhängig von „Einstellung gegenüber dem Verhalten" (vergleichbar mit dem Umweltbewusstsein), von „Subjektiver Norm" (ausgehend von den Erwartungen sozialer Bezugsgruppen, die oben nur implizit im Umweltbewusstsein mitgedacht sind) und von

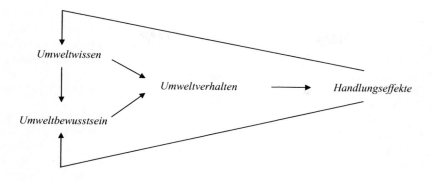

a) Je ausgeprägter das Umweltwissen ist, desto stärker (sensibler) das Umweltbewusstsein und das Umweltverhalten (kognitive Komponente).

b) Je stärker das Umweltbewusstsein ist, desto ausgeprägter das Umweltverhalten (affektiv-moralische Komponente).

c) Je stärker (nach Häufigkeit und Komplexität) das Umweltverhalten ausgeprägt ist, desto häufiger und differenzierter werden seine Folgen erfahren und desto stärker wirken diese (kognitiv) auf das Umweltwissen und (verstärkend bzw. revidierend) auf das Umweltbewusstsein zurück.

Da die Handlungswelt der Nachhaltigkeit, wie auch die Methodologie und Empirie der Sozialwissenschaften, aber nun mal nicht ideal sind, ergeben sich zahlreiche Restriktionen für die Rationalität der Akteure sowie Erhebungs- und Messfehler in den relevanten Forschungen, so dass die empirisch aufgefundenen Beziehungen in Gestalt von Korrelations- oder Regressionsmaßen sich als nur relativ schwach ausgeprägt erweisen. Die Erklärungs- bzw. Vorhersagekraft von Umweltbewusstsein und Umweltwissen für das Umweltverhalten ist[4] daher sogar teilweise irrelevant, ohne dass jedoch das obige 4-Variablen-Modell obsolet ist. Hierzu muss ich mich im Folgenden auf wenige ausgewählte Befunde anhand der Literatur beschränken[5].

Die herangezogenen Inhalte von *Umweltwissen* scheinen bisher fast beliebig zu sein, ihre sozialwissenschaftliche „Kodifizierung" steht noch aus, und entsprechende Studien zu ihrem Zusammenhang mit Umweltbewusstsein und -

---

„Wahrgenommener Verhaltenskontrolle" im Sinne von „Selbstwirksamkeits-erwartungen" (die man auch als Bestandteil des Umweltwissens deuten kann).

[4] Zu den insgesamt nur schwachen bis mäßigen statistischen Zusammenhängen zwischen Umweltwissen, -bewusstsein und -verhalten in deutschen Umfragedaten von 1998 siehe Preisendörfer (1999, S. 174).

[5] Auf die vielfältigen Probleme der Operationalisierung und Vergleichbarkeit der in den verschiedenen Studien gewählten Indizes und Skalen zur Messung dieser Konstrukte kann ich nicht eingehen. Ich habe mich jedoch bemüht, im Folgenden „minimal vergleichbare" Literatur heranzuziehen. Ein hervorragender Überblick über die relevanten Methoden-probleme findet sich bei Neugebauer (2004).

verhalten sind noch Mangelware. Man darf aber davon ausgehen, dass die steigenden Trends der Wahrnehmung und kritischen Einschätzung von Umweltrisiken, der Gesundheitsbelastung durch Umweltprobleme, der Kritik an mangelnder Berichterstattung über Umweltprobleme durch die Medien, der Beachtung des Energieverbrauchs als Kriterium von Kaufentscheidungen usw. in der deutschen Bevölkerung ein Ausfluss insgesamt erweiterten Umweltwissens ist (Kuckartz & Rheingans-Heintze 2004; 2006).

Eine interessante Studie zum Zusammenhang von Umweltwahrnehmung, Umweltbewusstsein und Umweltverhalten unternahmen die Psychologen Tanner & Foppa (1996). Ihre Probanden konnten eigene Konstrukte aus der Einschätzung verschiedener Umweltprobleme gemäß subjektivem Wissen, Bewertung, existenzieller Auswirkungen und Handlungskonsequenzen bilden. Die Autoren kamen zu dem Ergebnis, dass „aus subjektiver Sicht (...) eindeutig emotionale Belastungs- und Bedrohungselemente in der Beschäftigung mit Umweltproblemen (dominieren) (...) Dieses Ergebnis deutet auf ein Defizit von Handlungswissen hin und macht auf die Notwendigkeit des Aufzeigens und Einübens von Möglichkeiten umweltrelevanter Verhaltensweisen aufmerksam" (Tanner & Foppa 1996, S. 255). Die Forscher betonen die Auswirkung „persönlicher Deutungs- und Bewertungsmuster auf das Verhalten", welche die „Aufmerksamkeit und Sensibilität gegenüber ökologischen Themen, die Akzeptanz technologischer und umweltpolitischer Maßnahmen" beeinflussen (S. 259). Persönliche Relevanz und Erwerb von Umweltwissen scheinen also abhängig von Betroffenheitsgefühlen und können daher höchstens analytisch vom Umweltbewusstsein getrennt werden. Zugleich resümieren sie, „dass die Determination des Umweltverhaltens nicht allein von personalen Faktoren her begriffen werden darf" (S. 263).

Neben den genannten bundesdeutschen Umfragen (Kuckartz & Rheingans-Heintze 2004; 2006) gelangen auch Preisendörfer & Franzen (1996) zu hohen Ausprägungen des Umweltbewusstseins in Ost- wie Westdeutschland sowie der Schweiz in den 90er Jahren: mit deutlich mehr als 50 % wurde in Umfragen folgenden Aussagen zugestimmt: „Wenn wir so weiter machen wie bisher, steuern wir auf eine Umweltkatastrophe hin", „Es ist noch immer so, dass die Politiker viel zu wenig für den Umweltschutz tun", „Zugunsten der Umwelt sollten wir alle bereit sein, unseren derzeitigen Lebensstandard einzuschränken" (Preisendörfer & Franzen 1996, S. 221). Und in einem Vergleich von 7 multivariaten Analysen anhand von Daten, die zwischen 1986 und 1996 erhoben wurden, stellen sie in den meisten Analysen einen positiven Zusammenhang zwischen Umweltbewusstsein und Umweltverhalten fest (neben anderen Korrelaten wie Alter und vor allem Bildung), während das Umweltwissen nur in den beiden eigenen Studien der Autoren nennenswert auf das Verhalten wirkt (S. 233). Auch ihr Resümee läuft darauf hinaus, neben intrinsische verstärkt auch extrinsische Faktoren bei der Erklärung des Umweltverhaltens zu berücksichtigen, dabei aber die Möglichkeiten einer „Untergrabung von Moral durch Ökonomie" nicht zu unterschlagen (S. 237).

Einige Indizien für die relative Begrenztheit der handlungssteuernden Wirkung des Umweltbewusstseins, das „in Konflikt" mit den ökonomischen Kosten-Nutzen-Kalkülen der Akteure gerät, liefern Forschungen zur sog. „Low-Cost-Hypothese". Nach ihr vermindert sich der positive Zusammenhang zwischen Umweltbewusstsein und Umweltverhalten in dem Grad, in dem die Kosten (Geld, Zeit, Mehrarbeit usw.) ökologischen Handelns steigen. „Betrachtet man einzelne Verhaltensweisen wie Recycling- oder Energiesparbemühungen, das Konsumverhalten oder die Verkehrsmittelwahl, so sind bei einigen umweltbezogenen Handlungen signifikante Einflüsse des Umweltbewusstseins erkennbar. Dies gilt etwa für Recyclingbemühungen oder unter bestimmten Bedingungen für das Konsumverhalten. Bei anderen Handlungen aber, insbesondere bei der Wahl von Verkehrsmitteln oder Maßnahmen zum Energiesparen, spielt das Umweltbewusstsein kaum eine Rolle" (Diekmann 1996, S. 108; vgl. auch Huber 2001, S. 395 f; Preisendörfer 1999, S. 79 ff.). Auf den Punkt gebracht: Beim Mülltrennen und Einkauf von Bioprodukten (Niedrigkostensituation) z.B. spürt der Akteur kaum das Überzeugungskorsett des Umweltbewusstseins, bei der Wahl des Autos versus der ÖPNV im Alltag, Wochenendausflügen ohne Auto oder beim Einbau von Energiesparlampen im Haushalt (Hochkostensituation) hingegen wirkt es beengend. Huber (2001, S. 396) bietet auch eine interessante normtheoretische Deutung der Low-Cost-Hypothese an, wobei er einen bezugsgruppentheoretischen Aspekt betont: Akteure erwarten in der Regel von ihrer sozialen Umwelt die Befolgung des Mehrheitsverhaltens als „Normalverhalten", woraus sich ergibt: „Umweltgerechtes Verhalten, das vom Normalverhalten abweicht, wird umso eher übernommen, je weniger es vom Normalverhalten abweicht; umweltgerechtes Verhalten wird desto mehr abgelehnt, je mehr es vom Normalverhalten der betreffenden Akteure und ihrer Bezugsgruppen abweicht (Huber 2001, S. 396). Ähnliche Befunde entstammen Untersuchungen über Schwellenwerte der Bereitschaft zur Übernahme umweltfreundlicher Praktiken: Erst wenn z.B. die Nachbarn diese zu einem erheblichen Prozentanteil ausüben würden, wären Befragte bereit, dies ebenfalls zu tun.

Typologisch besonders anschaulich wird der Zusammenhang bzw. das relative Auseinanderfallen von Umweltbewusstsein und -verhalten in einer Analyse von Preisendörfer (1999, S. 98 f.): Anhand der Daten der 2029 Befragten aus der im Auftrag des Umweltbundesamtes durchgeführten Erhebung von 1998 konstruierte er 4 „Umwelttypen". Zunächst wurden die Anteile berechnet, mit denen die Personen sich positiv zu fünf Bereichen beider Dimensionen[6] äußerten, danach die Profile beider Dimensionen verglichen und daraus schließlich folgende Typen abgeleitet:

- *Umweltignoranten* mit den niedrigsten Werten von Umweltbewusstsein und Umweltverhalten,

---

[6] Allgemein/zusammengefasst, müllbezogen, konsumbezogen, energiebezogen und verkehrsbezogen.

- *Umweltrhetoriker* mit durchschnittlichen Werten bei Bewusstsein und niedrigen bei Verhalten,

- *Einstellungsungebundene Umweltschützer*: überdurchschnittliche Werte bei Verhalten und mittleren bei Bewusstsein,

- *Konsequente Umweltschützer* mit den höchsten Werten in beiden Dimensionen, d.h. die einzige Gruppe (mit einem Anteil von 30 %), in der starkes Umweltengagement mit starkem Umweltverhalten zusammenfallen.

Die Konsequenzen solcher Befunde liegen auf der Hand:

- Umweltprobleme scheinen Akteuren derart komplex, dass ihre kognitive Aneignung als verfügbares Wissen und reflektiertes Bewusstsein, schließlich deren Umsetzung in konkretes Handeln nur über den Filter persönlicher Wertung und Betroffenheit möglich ist.

- Effektives Umweltverhalten ist auch ohne ausgeprägte Umweltmentalität möglich, sozusagen als kulturell selbstverständliches und gewohnheitsmäßiges Handeln.

- Die praktische Umsetzung von Umweltbewusstsein steigt mit den ökologischen Innovationsprozessen in der Gesellschaft und damit mit der „Normalisierung" umweltfreundlicher Erwartungen und Praktiken. Ökonomische Anreize können, je nach Situation und Zielrichtung, Umweltverhalten befördern oder lähmen. Staatliche Regulierung des Umweltverhaltens (von Verboten bis zu Geboten und der Subventionierung von ökonomischen Anreizen) erscheinen als unverzichtbar, wo individuelles Umweltwissen, Umweltbewusstsein und Marktmechanismen nicht ausreichen, um ein Minimum an umweltfreundlichen Verhaltensweisen zu garantieren.

- Erziehung und Schule kommt die Aufgabe zu, insbesondere bei der Förderung des Umweltwissens und des Umweltbewusstseins anzusetzen sowie ihre Wechselwirkungen in praktischen Projekten für die Schüler/Studenten erfahrbar zu machen.

3. Die Bedeutung der Lebensstile[7]

„Da Umweltverhalten einen starken Bewusstseins- und Wertebezug besitzt, und das Verbraucherverhalten einen erheblichen Teil des Alltagshandelns überhaupt ausmacht, lag es an einem bestimmten Punkt der sozialwissenschaftlichen Umweltforschung nahe, Umwelthandeln und Lebensstile aufeinander zu beziehen, ebenso wie ja auch Umweltbewusstsein und Milieu/Lebensstile sich aufeinander beziehen lassen (...). Denn Lebensstile sind ein Konstrukt aus eben solchen Komponenten: soziale Schicht (Einkommen, Bildung, Beruf), Wertorientierungen, Konsumstruktur, sowie Habitus und andere expressive Stilelemente" (Huber 2001, S. 396 f). Prägnanter lässt sich die Brücke zwischen dem bisher Ge-

---

[7] Dieser Abschnitt folgt weitgehend dem Text in Lüdtke 2007 (S. 84 ff). Vgl. auch Lüdtke (1989, 2000). Ein kritischer Überblick über die Lebensstilforschung findet sich bei Hartmann (1999).

sagten und dem Lebensstilkonzept kaum schließen, und ich skizziere daher zunächst meinen eigenen Lebensstilansatz.

Seit etwa einem Vierteljahrhundert sind die Lebensstile verstärkt in den Fokus der Sozialwissenschaften geraten: als bedeutsame Ebene der Sozialstruktur und sozialen Ungleichheit, weil die früher vorherrschenden Kategorien „Klassen" und „Schichten" nicht mehr gehaltvoll zur Erklärung der Unterschiede in der Lebensgestaltung und des Verhaltens (nicht unbedingt auch der Arbeitsmarkt- und Aufstiegschancen) beitragen. Die Gründe dafür, dass parallel oder quer zu der vertikalen sozioökonomischen Achse gesellschaftlicher Ungleichheit eine Ebene der Milieus und Lebensstile wieder „entdeckt" wurde, sind vielfältig, und hier müssen wenige Stichworte genügen:

- Mit der Auflösung traditioneller Sozialmilieus (z.B. des Facharbeitermilieus des „Kohlenpotts") sowie der Flexibilisierung der Arbeitsmärkte verflüchtigten sich einheitlich Normen der Gestaltung von Biografie und Wahl des Lebensschwerpunkts.

- Mit der Anhebung des materiellen Wohlstands und der Verkürzung der Arbeitszeiten geht einher die zunehmende Differenzierung der Konsumgütermärkte und des Freizeitsektors.

- Mit der allgemeinen Anhebung des Bildungsniveaus steigen Kompetenz und Ansprüche in Bezug auf verfeinerte Standards des Geschmacks und Erlebens.

- Damit verstärkt sich die Vielfalt der Felder und Mittel, in bzw. mit denen Menschen sich von anderen sozial abheben und, umgekehrt, mit anderen zu Gruppen sozialer Ähnlichkeit verbinden können.

- Insgesamt findet ein Schub steigender „Individualisierung" statt, verbunden mit einer „Pluralisierung" der Lebensstile: die Menschen werden nicht nur mit mehr Optionen der Lebensgestaltung als früher konfrontiert, sondern auch mit mehr privaten Freiheiten und Zwängen der Wahlentscheidung zwischen ihnen. Jedenfalls gilt dies für die oberen Etagen und die breite Mitte der Ungleichheitsstruktur. Die Folge sind mehr Chancen der Entfaltung von Subjektivität und Individualität, zugleich aber wachsen die Risiken, mit der Nutzung gewonnener Freiheit bei der „Stilisierung" des Lebens zu scheitern.

Unter diesen Bedingungen bedeutet ein Lebensstil eine unverwechselbare, relativ stabile Form der „bewährten" Lebensführung. Er umfasst Muster des Alltagsverhaltens, der beteiligten Netzwerke und der Nutzung von Artefakten (Sachen, Geräten, Ausstattungen, Texten, Kunstwerken usw.). Ein solcher Stil wird über Prozesse von Versuch und Irrtum durch das Individuum bzw. seine Partner im Haushalt erworben, in biografischen Zeiträumen stabilisiert, revidiert und angepasst. Er ist dem Einzelmenschen auf zweierlei Weise verfügbar: a) als subjektives Repertoire von Erinnerungen, Gewohnheiten, Routinen und Kompetenzen. Aus ihnen werden, je nach Art der Situation, einzelne Elemente abgerufen und zur Problemlösung sowie Selbstdarstellung angewendet. b) Er ist symbolisch, d.h. in den Zeichen- und Textsystemen seiner Umgebung präsent: in Verhaltensäußerungen (z.B. dem Code des Sprechens), Dingen und Artefakten, kulturellen und Gebrauchsgütern, Speiseplänen, aufgesuchten Orten, ähnlich „programmierten" Partnern usw., die für die Lebensführung typisch und wichtig sind. Die individuelle Lebensstilpraxis lässt sich daher theoretisch verstehen als Kommunikationszirkel zwischen verinnerlichtem *Speicher*, den vertrauten äußeren Umweltmerkmalen als *Handlungsmitteln* und den Herausforderungen einer aktuellen *Situation*. Dabei wird der erworbene Lebensstil ständig aktualisiert, bestätigt oder ggf. verändert, angepasst. Die starke Pluralität und strukturelle Trennung der verschiedenen Lebensbereiche (Beruf, Freizeit, Familie, Konsumgütermärkte, kulturelle Szenen usw.) führt zwangsläufig zu starker innerer Heterogenität der modernen Lebensstile, man spricht auch von ihrem „patchworkartigen" Charakter. Nur in seltenen Ausnahmen sind Menschen überhaupt noch in der Lage, ihre Teilstile je Lebensbereich zu einer ästhetisch abgestimmten Gesamtform zusammenzufügen. Vielmehr herrscht in ihnen stilistischer Zufall und, oft gewollt, Kontrast vor. Für viele Designer und Ästhetiktheoretiker ist der Verzicht auf eindeutige, einheitliche Gestaltungskriterien oder die Kühnheit der Verbindung scheinbar unvereinbarer Stilelemente zu einem Ensemble selbst schon zum Kriterium einer kreativen Stilgestaltung geworden. Im Übrigen bedeutet „Stil" im Begriff des Lebensstils längst nicht mehr nur eine Qualität der Präsentation einer unverwechselbaren, ästhetisch klassifizierbaren Gestalt, sondern allgemeiner: eine Form der Lebensführung, insoweit als ihre Elemente auf den Bühnen des sozialen Austauschs symbolisch kommunizierbar sind.

Individuelle Lebensstile können zwar relativ exklusiv oder „authentisch" sein, ihre gesellschaftliche Bedeutung, sozusagen ihr Andocken an andere individuelle Stile, gewinnen sie erst in ihrer kollektiven Verallgemeinerungsfähigkeit. Das heißt: sie müssen übergreifenden Stilen assimiliert werden, in denen sich viele Mitmenschen wiedererkennen. Das begrenzt zwar ihre Originalität, führt aber zur Formierung von Lebensstilgruppen, in denen sich „Wahlverwandte" der Lebensführung als sozial ähnlich wahrnehmen und von anderen Gruppen abgrenzen. Unsere Gesellschaft stellt sehr verschiedene Orte oder „Bühnen" bereit, wo die Prozesse des Vergleichs, der Angleichung und Verdichtung individueller zu kollektiven Lebensstilen stattfindet: Kollokalität (gemeinsame Wohnumwelt), Kollegialität (gemeinsames Berufsmilieu), Kommensalität (Geselligkeit), Konnubium und Partnerschaft, privater Verkehrskreis, Konsumgütermärkte, Freizeit- und Feriengebiete sowie rituell bedeutsame Ereignisse (Feste, „Events").

Ich habe drei theoretische Funktionen des Lebensstils für den Einzelnen, die sich aus den bisherigen Ausführungen ableiten lassen, unterschieden: 1. Er sichert Alltagsroutinen, d.h. ermöglicht im Handeln den Rückgriff auf Gewohnheit, bewährte Praxis und erworbene Kompetenz, soweit nicht neues Lernen gefordert ist und sich dadurch das Repertoire u.U. erweitert. 2. Er umschließt den Kern einer mehr oder minder bewussten „Strategie", einer Rahmung der Lebensführung durch Ziele, Wertüberzeugungen und ein Selbstbild, und fördert dadurch die persönliche Identität. 3. Er symbolisiert nach außen soziale Ähnlichkeit mit anderen bzw. Distinktion gegenüber anderen und verknüpft so personale und soziale Identität.

Für die Konkretisierung dieses Lebensstilkonzepts hat es sich als sinnvoll erwiesen, drei theoretische Dimensionen, und damit auch Datenbereiche der empirischen Forschung, zu unterscheiden: 1. Performanz als die Ebene der äußeren Präsentation des Stils im Verhalten, 2. Mentalität als die Ebene der inneren, subjektiven Wahrnehmungen, Wertungen und Reflexion, 3. Soziale Lage als die Ebene der objektiven Ressourcen bzw. Restriktionen, sozusagen die sozioökonomische und kulturelle Basis des Lebensstils (unter Einbeziehung der Lagemerkmale des ökonomischen und kulturellen Kapitals sowie von Alter und Geschlecht).[8]

4. Lebensstile empirisch betrachtet

Kann man Lebensstile „messen"? Man kann es, wenn auch in den üblichen Grenzen und mit den nicht gänzlich vermeidbaren Fehlerquellen der Umfrageforschung. Gegeben sei eine große, möglichst repräsentative Bevölkerungsstichprobe, die mit standardisierten Techniken befragt wird. Zur Erhebung der Performanz dienen Fragen zu einer Vielzahl von Tätigkeiten, Präferenzen und Ausstattungen der Befragten nach Art und Häufigkeit, die sich auf „stilisierungsfähige", d.h. im sozialen Austausch symbolisch bedeutsame Bereiche beziehen: Ästhetik der Wohnungsausstattung, der Kleidung und des Outfit, Güter des gehobenen Konsums, Freizeit- und Urlaubsverhalten, Nutzung von Medien und Kulturbetrieb (wie Fernsehinteressen, Musikgeschmack und Lektüregewohnheiten), Ernährungsmuster. Die Angaben zu diesen Fragen werden dann auf eine kleinere Zahl gemeinsamer Dimensionen reduziert, und nach den individuellen Messwerten in diesen Dimensionen werden Gruppen, meist in der Form von Clustern gebildet. Jeder Befragte ist dann einem Cluster zugeordnet, dessen Mitglieder nach innen einander maximal ähnlich sind und das sich nach außen von den anderen Clustern maximal unterscheidet. Auf diese Weise erhält man eine Klassifikation von *Performanztypen*, die nun noch detaillierter zu interpretieren sind. Dazu werden ihnen einmal die hervorstechenden *Lagemerkmale* zugeordnet, als objektive Verankerung des Typus in der Sozialstruktur. Schließlich werden die verfügbaren Daten der *Mentalität* für jeden Typ herangezogen, als subjektive, kognitive und evaluative Spiegelung des Stils in den Köpfen seiner Träger. Damit sind die Elemente des Dreiecks der Trennung und Interpretation von Lebensstilen beschrieben, und man kann nun weiter untersuchen, wie stark die Stile vom System objektiver sozialer Ungleichheit (das ja *nicht direkt* in die Klassifikation eingegangen ist) abhängig sind. Oder, die entgegengesetzte Richtung, man untersucht, wie Unterschiede in Einstellungen und Verhaltensweisen, die selbst nicht zur Performanzmessung herangezogen wurden, durch die Unter-

---

[8] Hradil (1996) hat, theoretisch plausibel, vier Ebenen sozialer Ungleichheit unterschieden: soziale Lagen (Handlungsbedingungen), Milieus (Handlungsmittel), Subkulturen (Handlungsziele) und Lebensstile (Handlungsmuster), und sie als Rangreihe zunehmender subjektiver Verfügbarkeit und Bewusstheit für die Handelnden bestimmt.

schiede der Lebensstile erklärt werden (z. B. politische Orientierungen, Markenwahl, Wertmuster und Praktiken der Nachhaltigkeit).

Anhand eines Beispiels der empirischen Lebensstilforschung, das wahrscheinlich als in theoretischer wie empirischer Hinsicht besonders gelungen und häufig zitiert gelten kann, soll hier die Typologie von Spellerberg (1996) kurz skizziert werden. Diese Autorin bezog in ihre Analyse zahlreiche (performativ-konsumtive, expressive, ästhetisch-kulturelle) Indikatoren des Lebensstils aus dem Datensatz des Wohlfahrtssurveys 1993 mit über 2.300 Befragten im Alter von 18 bis 61 Jahre ein und ordnete ihren Typen9 anschließend die jeweiligen Ausprägungen der Lagemerkmale (Alter, Geschlecht, Bildung, Einkommen) zu. In Tabelle 1 finden sich unkommentiert die Bezeichnungen der mittels Cluster-analyse getrennten 9 Lebensstiltypen und ihre Kurzcharakterisierung.

			Anteil in Prozent
1	*Ganzheitlich kulturell Interessierte*:	kreativ, sozial, naturverbunden, engagiert, informiert, interessiert an Selbsterfahrung	10
2	*Etablierte beruflich Engagierte*:	strebt Führung an, arbeitsorientiert, informiert, qualitätsbewusst	13
3	*Postmaterielle, aktiv Vielseitige*:	postmateriell orientiert, hoher Lebensstandard, auch erlebnisorientiert, informiert	10
4	*Häusliche Unterhaltungs-suchende*:	strebt nach Attraktivität, bevorzugt Pop/leichte Unterhaltung, jugendliche Kleidung	14
5	*Pragmatisch Berufs-orientierte*:	arbeits-, sport-, genussorientiert, weiterbildend, informiert, kaum kulturelle Interessen, legere Kleidung	15
6	*Expressiv Vielseitige*:	expressiv, stilisierend, Pop	4
7	*Freizeitorientierte Gesellige*:	Abwechslung, Freunde, gesellig, Infos unwichtig, figurbetonte Kleidung	13
8	*Traditionelle, zurückge-zogen Lebende*:	bescheidenes Leben, kaum kulturelle Interessen, sicherheitsorientiert	11
9	*Traditionelle freizeitakti-ve Ortsverbundene*:	freizeitaktiv, Hobbys und Garten, sachorientiert, volkstümlicher Geschmack	11
			100

Tab. 1: Spellerbergs Typologie von Lebensstilen in Westdeutschland 1993

Nach dem hier gewählten Ansatz werden performative, d.h. sich weitgehend auf sozial sichtbares und ausgetauschtes offenes Verhalten beziehende Gemeinsamkeiten in den Lebensstilgruppen als Indikatoren gewählt, denen erst nach erfolgter Trennung der Typen Mentalitäts- und Lagemerkmale zugeordnet werden, so dass auch ihre subjektiven Sinnstrukturen und ihre sozialstrukturelle

---

9 Wiedergegeben werden hier nur die westdeutschen Typen, die sich teilweise von den ostdeutschen nach inhaltlicher Bedeutung und Gewicht unterscheiden.

Verankerung zu ihrer Interpretation herangezogen werden können. Damit befinden wir uns im Übergang zur *Erklärung des Umweltverhaltens durch Lebensstile*: Lebensstile als allgemeine Handlungsmuster werden darauf hin untersucht, in welchem Ausmaß sich in ihnen Kategorien des Umweltverhaltens häufen oder über- bzw. unterdurchschnittliche Ausprägungen einer Skala des Umweltverhaltens finden. Auf diese Weise lassen sich ausgeprägt „ökologische", „umweltfreundliche" bzw. „nachhaltige" Lebensstile (bzw. deren Gegensätze) identifizieren. Mangels geeigneten, hinreichend differenzierten Datenmaterials kann dies allerdings nur unvollkommen geschehen: Die im Folgenden dargestellten Typen bilden Lebensstile nur rudimentär ab oder sie repräsentieren bereichsspezifische Ökostile – entsprechend der bereits erwähnten „patchworkartigen" Realität der Lebens- und Ökostile. Immerhin wird damit ein Einstieg in die Beseitigung der von Rheingans (1999) mit Recht beklagten Mängel an theoretisch fundierten und spezifizierten Konzepten wie Methoden der Erforschung des Umweltverhaltens als Explanandum von Lebensstilen möglich.

5. Allgemeine Lebensstile der Nachhaltigkeit

Ich selbst (Lüdtke 2007) habe den Versuch unternommen, anhand von Daten der repräsentativen ALLBUS-Umfrage von 2004 mit annähernd 2500 Befragten neun Lebensstile zu klassifizieren. Da der Fragebogen dazu für den Bereich der Performanz ausschließlich die Häufigkeiten von 24 Freizeitaktivitäten einschloss, bildet das Ergebnis eher „Freizeitstile" ab. Freizeitaktivitäten einschließlich der mit ihnen assoziierten Konsumbereiche (wie Sport, Kultur, Medien, Gaststätten usw.) gehören aber zum Kern der Lebensstilpraxis und verweisen daher auf einen weiteren Bedeutungshorizont. Tab. 2 enthält eine Kurzbeschreibung dieser Stile und ihre jeweiligen Anteile in Ost- und Westdeutschland. Kursiv gedruckt sind diejenigen Anteile, bei denen sich Ost und West deutlich unterscheiden. Die typischen Soziallagen der Gruppen wurden bestimmt durch unter-, überdurchschnittliche und mittlere Ausprägungen des Ausbildungs- und des Einkommensranges. Außerdem wird jeweils ein über- oder unterdurchschnittliches Lebensalter angegeben. Auf eine ausführliche Interpretation der Typen muss ich hier verzichten.

		% OST	% WEST
1	*PC-, Netz-, Video- und Hör-Aktive* in gehobenen Soziallagen (Einkommen, Bildung), mit eher risikoreicher Ernährung[10] und Betonung von Glück und Zufall als Weg zum Erfolg[11]	7,2	6,5
2	*Politisch-ehrenamtlich Engagierte* mit hochkulturellen und sportlichen Aktivitäten in gehobenen Soziallagen (Einkommen, Bil-	9,6	11,8

[10] Drei Indizes aus den Angaben zum Konsum von Nahrungsmitteln und Alkohol (Wein, Bier, Spirituosen): Risikoreiche, Gesunde Ernährung, Alkoholkonsum.
[11] Vier Indizes aus den Angaben zum besten Weg zum Erfolg: Korruption, Eigene Leistung, Macht und Herkunft, Glück und Zufall.

	dung), mit niedrigem Alkoholkonsum, eher postmaterialistischer Orientierung hoher Lebenszufriedenheit[12] und sozialstaatlicher Orientierung[13]		
3	*Ältere Passiv-Zurückgezogene* in unteren Soziallagen (Einkommen, Bildung) mit überdurchschnittlichem Alkoholkonsum, eher materialistischer Orientierung, niedriger Lebenszufriedenheit und geringer linkskritischer oder sozialstaatlicher Orientierung	10,8	8,9
4	*Jüngere, gesellige PC- und Internet-Aktive* mit ausgeprägten Kontakten zu Freunden und Bekannten, in mittleren Soziallagen, mit eher geringer sozialstaatlicher Orientierung	10,8	9,7
5	*Ältere Kneipen- und Spaziergänger* mit eher niedriger Qualifikation	*14,8*	10,8
6	*Faulenzer und Spaziergänger* in mittleren Soziallagen	13,8	11,3
7	*Ältere, musisch, kirchlich und Geselligkeits-Aktive* (häufiger Lokal-besuch und Buchlektüre) in mittleren Soziallagen, mit überdurch-schn. Alkoholkonsum, eher materialistischer Orientierung und geringer Systemkonformität in der sozialpolitischer Orientierung	4,9	*14,1*
8	*Jüngere Hochkultur- und Sportaktive* (Leseratten) in mittleren Soziallagen	*17,8*	11,9
9	*Jüngere musisch, kirchlich, sportlich Aktive und Spaziergänger* in gehobenen Soziallagen, mit eher postmaterialistischer Orientierung, hoher Lebenszufriedenheit, eher linkskritischer oder sozialstaatlicher Einstellung zur Sozialpolitik	10,2	*14,9*
	insgesamt	100,0	100,0
	N	832	1633

Tab. 2: 9 Lebens(Freizeit)stile in Deutschland 2004[14]

Die Kurzbeschreibung dieser Typen lässt Unterschiede der „Nachhaltigkeit" erkennen: Als weniger „nachhaltig" erscheinen die Typen 1 (bezüglich Ernährung) und 7 (bezüglich Alkoholkonsum und materialistischer Orientierung), als stärker „nachhaltig" die Typen 2 (geringer Alkoholkonsum, postmaterialistische Orientierung) und 9 (postmaterialistische Orientierung). Außerdem gedeiht Nachhaltigkeit – als Wirkung von höherem Umweltwissen und der Verfügbarkeit über mehr Handlungsoptionen und Kontrollkapazitäten – offenbar eher in gehobenen Soziallagen.

Ein zweites Beispiel aus eigenen Forschungen ist inhaltlich enger formatiert: die Ergebnisse einer Sekundäranalyse der Daten von 4426 Führern von Einkaufstagebüchern des GfK-Panels aus dem ganzen Jahr 1995 (Lüdtke & Schneider 1999). Neben den demographischen Variablen der sowie zwei Skalenbatte-

---

[12] Index aus den Angaben zu: gerechter eigener Anteil am Lebensstandard?, Kinder in die Welt setzen angesichts ungewisser Zukunft?, In der BRD kann man sehr gut leben?, Realisierung persönlicher Vorstellungen im Leben?

[13] Drei Indizes aus den Angaben zur sozialpolitischen Orientierung (Bedingungen für den Lebenserfolg): Systemkonformität, „Linke" Kritik, Setzen auf Sozialstaat und Wirtschaftswachstum.

[14] Datenquelle: Allgemeine Bevölkerungsumfrage der Sozialwissenschaften 2004, organisiert vom Zentrum für Umfragen, Methoden und Analysen, Mannheim.

rien über Einstellungen zur Ernährung und zum Umweltschutz standen für den Konsumbereich nur die Daten von "fast-moving-goods" nach Art, Menge, Preis und Typ der Einkaufsstätte zur Verfügung. Aufgrund der begrenzten Indikatorenauswahl können wir hier nur von „Konsumstilen" auf trivialen Märkten sprechen: Sie sind theoretisch in komplexe Lebensstile eingebettet, auch wenn sie nur eine Shopping-Teildimension von diesen repräsentieren. Die von uns getrennten Konsumstile wurden zusammenfassend folgendermaßen benannt:

		Anteil in Prozent
1	Single- oder Paarhaushalte mit breiter Konsumpalette	5,5
2	Junge Familien mit berufstätigen Eltern und Tendenz zu Fertignahrung	8,4
3	Verbraucher alkoholischer Getränke	7,0
4	Große, junge Familien mit komplexer Ausstattung mit Haushaltsgeräten und Garten	5,9
5	Sehr geringes Ausmaß des Shoppings	13,4
6	Ältere, gesundheitsbewusste Singles oder Paare mit begrenztem Warenkorb	5,7
7	Junge Verbraucher mit unkritischer Konsumhaltung und Nutzung von Sonderangeboten	2,6
8	Verbraucher von Instant-Waren und Konserven im ländlichen Raum mit Sinn für Regionalprodukte	4,9
9	Ältere Verbraucher mit eingeschränkter Mobilität und ausgewähltem Geschmack	7,3
10	Ältere, alleinstehende Kaffeetrinker mit niedrigem Bildungsgrad	6,5
11	Verbraucher stillen Mineralwassers	6,4
12	Urbane Verbraucher von Getränken in Einwegverpackung	6,7
13	Senioren mit hohem Konsumstandard und Neigung zu Traditionalismus	4,0
14	Junge Berufstätige mit mäßigem Ausmaß des Shoppings	10,5
15	Ältere, gesundheitsbewusste Singles oder Paare mit reichem Warenkorb	5,2
		100,0

Tab. 3: Typologie von Konsumstilen aufgrund des Verbrauchs von fast moving goods[15] (Lüdtke & Schneider 1999)

Mittels multidimensionaler Skalierung der Ähnlichkeiten zwischen den 15 Konsumstilen erfolgte ihre Reduktion auf drei Dimensionen: a) Menge und Breite des Konsums, assoziiert mit dem sozioökonomischen Status (hoch: Cluster 1, 8, niedrig: Cluster 9, 14), b) Qualität und Modernität des Geschmacks und der Formen von Produkten und Verpackung, assoziiert mit Alter (convenient, unkritisch, Jüngere: Cluster 2, 7, 12; frisch, naturnah, gesund, hohe Qualität, Ältere: Cluster 6, 13, 15); c) Umweltbewusstsein (indifferent, ablehnend, naiv: Cluster 3, 7, 10; zustimmend, reflexiv, aktiv: Cluster 4, 6, 11). Unschwer ist zu erkennen, dass die Gruppen der Dimension b) Unterschiede in Ausschnitten des *Umweltverhaltens* und diejenigen der Dimension c) Unterschiede des *Umweltbe-*

---

[15] Eigene Rückübersetzung. Das 5. Cluster lässt sich inhaltlich kaum sinnvoll interpretieren: Es vereint die Personen mit sehr wenigen Kaufakten und stellt insofern ein methodisches Artefakt dar.

wusstseins abbilden. Beide Konstrukte prägen relativ unverbunden die Konsumstile – wiederum ein Hinweis auf ihr kontingentes Verhältnis.

Ein weiteres Beispiel entstammt einer eigenen Studie, in der 386 Personen
im ländlichen und mittelstädtischen Raum Mittelhessens zum Umgang mit All-
tagstechnik im Zusammenhang mit ihrer Lebensstilpraxis befragt wurden (Lüdt-
ke/ Matthäi/Ulbrich-Herrmann 1994). Wir trennten 8 Lebensstilcluster in enger
Anlehnung an unser theoretisches Modell. Für eine spezielle Analyse definierten
wir die Gruppe der *Ökopioniere*: 48 Befragte (12,4 % der Stichprobe), die sich
durch folgende Kriterien auszeichneten: a) Sie übten mindestens 11 von 14 um-
weltschonenden Praktiken aus (wie Energiesparen im Haushalt, keine aufwendi-
ge Verpackung benutzen, umweltfreundliche Produkte kaufen, Benzinverbrauch
drosseln, Mehrwegflaschen benutzen usw.), b) sie äußerten sich als mit der Öko-
technik (sehr) zufrieden, c) sie gaben für sie sehr oder mäßig viel Geld aus und
d) sie beurteilten sie als sehr oder mäßig wichtig: ein Syndrom von Merkmalen
des Umweltverhaltens wie des Umweltbewusstseins.

An dieser Stelle interessieren nur diejenigen Lebensstile, in denen sich die
Ökopioniere häufen bzw. sie selten sind. Wir fanden eine Gruppe mit mehr als
dem doppelten des nach dem Zufall zu erwartenden Auftreten von Ökopionieren: „Nostalgischer Wohnstil von Älteren mit eher niedrigem Ausbildungssta-
tus" mit der Zielorientierung „Sicherheit" und einem Selbstbild der „Stetigkeit":
typisch für Rentnerhaushalte.

Einen deutlich unterdurchschnittlichen Anteil von Ökopionieren wies dagegen die Lebensstilgruppe „Konventionalität und Trivialschema der Freizeit von
Familienhaushalten der unteren ökonomischen Mittelschicht im ländlichen Milieu", mit ausgeprägter Zielorientierung „Sicherheit" und höherer subjektiver
Bedeutung von Auto und Mode, auf.

Die Stilgruppe „Unkonventionalität der Kleidung, des Wohnens und der Ernährung bei jüngeren mit hohem Ausbildungs- und Berufsstatus" erwies sich,
mit einem nur leicht überdurchschnittlichen Anteil von Ökopionieren, als ambi-
valent: betont wurden zwar eine gesundheitsbewusste Ernährung und eine geringe subjektive Bedeutung von Auto und Mode, aber auch eine geringe Bedeutung von Familie (altersspezifisch verständlich), Natur und Gesundheit.

6. Bereichsspezifische Ökostile

Eine der wohl differenziertesten Studien zur Konstruktion von Lebensstilen,
verbunden mit der Analyse ihres Zusammenhangs mit Umweltbewusstsein und -
verhalten, stammt von Prose und Wortmann (1991, 2008; vgl. auch Huber 2001,
S. 394). Sie befragten 781 Kieler Bürger[16], die mittels Clusteranalyse 7 Lebensstiltypen[17] zugeordnet wurden, konstruiert auf der Basis zahlreicher Indika-

---

[16] In der Stichprobe sind Angestellte, 25-44jährige und höhere Bildungsabschlüsse leicht ü-
berrepräsentiert.

[17] Die Autoren bezeichnen sie als „Haushaltstypen", deren Konstruktion aber z.B. Lüdtkes
und Spellerbergs Ansätzen sehr nahe kommen.

toren, darunter solcher des „Lebensstils" (kulturelle, gesellige, Freizeit-Aktivitäten), des Konsums sowie der Wertorientierungen. Die Gruppen vereinen daher spezielle Gemeinsamkeiten der Performanz und der Mentalität. Ihnen wurden dann die üblichen Daten der Lage sowie ausgewählter Aspekte des Umweltbewusstseins und -verhaltens zugeordnet, bezogen insbesondere auf das Energiesparen, so dass sie als bereichsspezifische Umweltstile gelesen werden müssen. Sie wurden folgendermaßen bezeichnet:

(1) Die Sparsam-Bescheidenen

(2) Die aufgeschlossenen Wertepluralisten

(3) Die Lustbetonten

(4) Die Konservativ-Umweltbewussten

(5) Die Alternativ-Umweltbewussten

(6) Die uninteressierten Materialisten

(7) Die Umwelt-Aktivierbaren

Die drei „umweltfreundlichsten" Lebensstile 4, 5 und 7 umfassen 41 % der Stichprobe, die „am wenigsten umweltfreundlichsten" Stile 3 und 6 machen 26 % aus, die übrigen erscheinen als eher umweltindifferent. Wohlgemerkt: man darf von diesen Gruppen zwar nicht auf ein sehr breites Spektrum von Ökopraktiken schließen, dennoch spiegeln sie die Tendenz in unserer Gesellschaft, nach der eine nachhaltige Lebensführung längst zu einem mehrheitsfähigen Leitbild geworden ist. Exemplarisch greife ich drei dieser Gruppen für eine detailliertere Illustration heraus:

(3) Die Lustbetonten: die zweitjüngste Gruppe, vorwiegend Männer mit gehobener Bildung, aber niedrigem Einkommen: Sie präferieren stark Spaßkonsum, Geselligkeit und Genussorientierung und leisten sich ein großes Reisebudget. Zu fast allen umweltbezogenen Fragen äußerten sie sich indifferent bzw. zeigen ein niedriges Niveau von Umweltbewusstsein und Ökopraktiken.

(6) Die uninteressierten Materialisten, überwiegend Männer mit unteren Bildungsabschlüssen, Arbeiter und Angestellte mit mittlerem Einkommen: ein ganz ähnliches „Ökoprofil" wie Gruppe 3, mehr als diese befürworten sie aber zusätzliche AKW als Mittel gegen eine Klimakatastrophe.

(4) Konservativ-Umweltbewusste: die älteste Gruppe mit hohem Rentneranteil, eher niedriger oder mittlerer Bildung, mittlerem bis hohem Einkommen. Sie weisen in folgenden Aspekten deutlich ausgeprägte positive Tendenzen auf: fühlen sich durch Umweltprobleme persönlich bedroht, ihr Umweltbewusstsein ist gefühlsmäßig verankert, sie fühlen sich zum Energiesparen selbstverpflichtet, sind optimistisch hinsichtlich der künftigen Energieversorgung, äußern eigenes Energiesparverhalten, finden Stromsparen leicht und regulieren bewusst die Raumtemperatur. – Unschwer ist die Ähnlichkeit mit den „Ökopionieren" unserer eigenen Studie von 1994 zu erkennen.

In der Studie von Hunecke (2000) schließlich wurde mit einem noch stärker verfeinerten theoretischen und empirischen Instrumentarium der Lebensstilanalyse, psychologischer Verhaltensmodelle und der Erklärung des Verkehrsverhaltens 7 Mobilitätsstile konstruiert:

- *Funktionale ÖPNV-Nutzer*: starke Bevorzugung dieser Verkehrsmittel, verbunden mit ausgeprägter Gesundheitsprävention;

- *Zwangsmobile*: geringe ÖPNV-Nutzung, verbunden mit dem Gefühl, in der modernen Gesellschaft zu Mobilität gezwungen zu sein, sowie niedriger Gesundheitsprävention;

- *Erlebnismobile* mit unterdurchschnittlicher Gesundheitsprävention und ÖPVN-Nutzung;

- *Nein-Sager* mit niedrigen Werten bei allen 4 Indikatoren;

- *Erlebnisorientierte ÖPNV-Nutzer* mit geringer Gesundheitsprävention;

- *Gesundheitsorientierte* mit überdurchschnittlicher ÖPNV-Nutzung;

- *Aktive* mit hohen Werten bei Gesundheitsprävention, Mobilität als Zwang und leicht überdurchschnittlicher ÖPNV-Nutzung.

Einem Resümee von Hunecke (2000, S. 218) kann ich mich unkommentiert anschließen: „Auf der Grundlage der mangelnden Zusammenhänge zwischen den allgemeinen Lebensstil-Merkmalen und den umweltbezogenen Einstellungs- und Verhaltensmustern ist ein bereichsspezifischer Lebensstil-Ansatz zu entwickeln. (Von ihm), der sich nur auf Stilisierungen in einem spezifischen Verhaltensbereich (z. B. Mobilität) bezieht, ist ein höherer Zusammenhang zu Umwelteinstellungen und zum Umweltverhalten zu erwarten".

7. Zusammenfassung und Ausblick

Freilich wird dadurch die Stringenz von Erklärungen des Umweltverhaltens durch allgemeine Muster der Lebensführung, die offenbar weniger gehaltvoll sind als z.b. psychologische Verhaltensmodelle, begrenzt, aber: „Lebensstilanalysen liefern zusätzliche Informationen über mögliche Zielgruppen von umweltbezogenen Interventionsmaßnahmen (...) (Sie) eignen sich am besten dazu, die kulturell vermittelten Einstellungs- und Bewertungsmuster zu erfassen, die in allgemeinen Handlungsmodellen nicht berücksichtigt werden" (Hunecke 2000, S. 294).

Im Rückblick auf die eingangs formulierten Fragen lassen sich diese nunmehr zusammenfassend so beantworten: (1) Die *allgemeine* ökologische Erklärungskraft von Lebensstilen scheint in der Tat sehr begrenzt. (2) Bereichsspezifische Ökostile leisten deutlich mehr bei der Erklärung von Unterschieden des Umweltbewusstseins und -verhaltens. (3) Der Patchwork-Charakter von Lebensstilen setzt sich im Umweltverhalten fort.

Drei weitere Gründe für die umweltbezogene „Erklärungsschwäche" der Lebensstile wurden bereits weiter oben genannt: a) Nachhaltigkeitsleitbilder und gezielte Ökopraktiken sind in unserer Gesellschaft bereits so weit verbreitet und akzeptiert, dass sich Ausschnitte davon mit verschiedenen Lebensstilen „vertragen". b) Die meisten Zeitgenossen wären damit überfordert, ein breites Umweltwissen zu aktivieren sowie dabei komplexe Ökobilanzen, ökologische Fingerabdrücke, langfristige Folgen und Nebenfolgen der Güter-, Energie- und Verkehrsmittelnutzung rational abzuschätzen und an ihre weiteren Handlungspläne rückzumelden. c) Affekte, Emotionen, „Bewusstsein" in Bezug auf den Umweltschutz können sich vom Wissen und Handeln so weit entfernen (nicht nur bei Fundamentalisten und reinen Gesinnungsethikern), dass rationales Handeln eher erschwert als kontrolliert wird. Umgekehrt kann wirksames Umweltverhalten, gesteuert durch Gewohnheit, Nachahmung, „Instinkt" oder Brauch sehr wohl funktionieren.

Damit rücken die Möglichkeiten einer Veränderung der Lebensführung, speziell der externen Steuerung des Umwelthandelns in den Blick. Im Unterschied zu den Privatgütern sind unsere natürlichen Ressourcen, im weiteren Sinn: Trinkwasser, saubere Luft, unbelastete Nahrungsmittel, Anschluss an die kommunale Infrastruktur, gezielte Müllbeseitigung usw. *öffentliche Güter*: niemand kann von ihrer Nutzung ausgeschlossen werden, sie sind unteilbar, und sie rivalisieren nicht untereinander (Esser 2000, S. 176 ff). Da ihre Verschwendung in der Regel nicht direkt und spürbar bestraft wird, muss niemand (bisher?) hohe Kosten für ihre Sicherung aufwenden. Als Objekte individueller Versuchung unterliegen öffentliche Güter daher der bekannten „Allmendeklemme": Wenn die Bauern eines Dorfes jeweils möglichst viel Vieh auf der Gemeindewiese (Allmende) weiden lassen, dann ist diese bald wegen Übernutzung zerstört. Es sei denn, der Einzelne zähmt sein Streben nach maximalem Eigennutz aufgrund von Gesetz, Vertrag oder moralisch geforderter Selbstbeschränkung, also durch äußere Regulierung, wenn die innere nicht ausreicht. „Heile Umwelt" bedeutet nun einen besonders abstrakten Komplex von öffentlichen (auch: Kollektiv-) Gütern, bei deren Nutzung die Diskrepanz zwischen individueller Rationalität (so viel für mich wie möglich) und kollektiver Rationalität (so viel Erhaltung und Erneuerung für alle wie möglich) besonders gravierend ist. Nirgendwo sonst[18] tummeln sich daher auch so viele Trittbrettfahrer (free riders) bzw. Drückeberger, deren Handlungsrationalität Coleman (1991, S. 355) so skizziert hat: *Wenn die Interessen vieler durch ein Gut befriedigt werden und wenn der Gewinn, den jeder durch seinen Beitrag zur Bereitstellung erfährt, geringer ist als die Kosten des Beitrags, dann leistet er* (der Trittbrettfahrer) *keinen. Wenn andere einen Beitrag leisten, dann wird er auch ohne eigene Kosten von deren Gewinnen profitieren. Wenn andere keinen Beitrag leisten, werden seine Kosten die Gewinne übersteigen.* Wenn ökologische Verantwortung die (auch freiwillige) Übernahme von Kosten der Leistungen zur Erhaltung einer „heilen Umwelt" impliziert (z.B. Anstrengungen bei der Vermeidung von „Vermüllung" oder beim Wassersparen im Austausch gegen ein „gutes Gefühl"), dann kann die pädagogische Sensibilisierung zu mehr Verantwortung in dieser Hinsicht eigentlich nur in diese Richtung gehen: breite und faire Verteilung dieser Kosten (bei

---

[18] Außer vielleicht in einem Steuersystem der vielen Schlupflöcher, der lückenhaften behördlichen Kontrolle und Fahndung – auch „Steuerehrlichkeit" ist ein öffentliches Gut, die Existenz der Schwester „Steuergerechtigkeit" vorausgesetzt.

Beteiligung vieler), verbunden mit einer Neubewertung der Gewinne (für mehr Beteiligte als bisher, mit einer stärkeren Gewichtung von Nachhaltigkeit als Leistung für künftige Generationen). Und wie ist das scheinbare Paradoxon in folgender Frage aufzulösen: Welchen Gewinn bringt mir eigentlich ein Aufwand ein, der mir entsteht, damit Spätere davon einen Nutzen haben? Oder einfacher: Warum sollte ich meinen Lebensstil verändern, wenn dies nur anderen (oder auch mir?) später nützt?

Lebensstile, als komplexe lage- und mentalitätsabhängige Performanzmuster, „rahmen" das Handeln in Alltagssituationen und damit indirekt – mehr oder minder stark, wie gezeigt wurde – auch das Umwelthandeln. „Rahmung" (auch „Framing")[19] bedeutet, dass sie jeweils vorgeben, welche Optionen dem Handelnden für die Verfolgung eines Oberziels in Bezug auf Ressourcen, Restriktionen, soziale Erwartungen, Gewohnheiten, Erfahrungen usw. zur Wahl stehen, damit für sein Tun (bzw. Unterlassen) ein zumindest befriedigendes Ergebnis in Aussicht steht. Lebensstile sind zählebig, sie wandeln sich langfristig durch „Lernen am Erfolg", abrupt höchstens in Lebenskrisen wie schwerer Krankheit, Tod von Angehörigen, Katastrophen, sozialem Auf- und Abstieg, religiöser Konversion. Wenn die Förderung der Nachhaltigkeit individueller Lebensführung erst mit einem Lebensstilwandel gelingen dürfte, so kann schon partieller, segmentärer Wandel als realistische Möglichkeit genügen, da ein „ganzer" Wandel utopisch wäre.

Für einen gezielt extern induzierten Wandel von Lebensstilen müssen sich drei Modalitäten der Handlungssteuerung sinnvoll ergänzen; sie sind gleichsam an „Gummifäden" miteinander verbunden, die je nach Art der Situation gedehnt oder verkürzt werden können: *Zwang* (in Form staatlich-gesetzlicher Vorgaben wie Ge- und Verboten bzw. Strafandrohung), *Anreize* (als Angebote mit ökonomischem Nutzen über Märkte) und *Ethik/Werte* (mittels Erziehung). Ihre Trennung ist als eine analytische zu verstehen; in der Realität wirken sie in Überschneidung und wechselseitiger Ergänzung, und sie zielen auch auf alle drei Komponenten: Umweltwissen, Umweltbewusstsein und Umweltverhalten. Anreize wirken in der Regel kurzfristig, Zwang mittelfristig, Erziehung langfristig. Als Erläuterung diene das Beispiel der Reduzierung des Energieverbrauchs im Wohnen: Das Umweltwissen (aufgrund von Erziehung, Erfahrung und Mediengebrauch) erzeugt eine Relevanz des Zusammenhangs von Energieverbrauch und CO_2-Ausstoß; Gesetze schreiben bei Neu-, später auch Altbauten, den Einbau energiesparender Heizsysteme einschließlich Solarnutzung und neuartiger Isolierung vor (Zwang); der Staat fördert die Anschubfinanzierung durch Subventionen, und zugleich versprechen die Investitionen spätere Energiekostensenkungen (Anreize); und die notwendige Sensibilisierung des Umweltbewusstseins wird durch flankierende Aufklärung und bestätigende Erfahrungen gefördert. Die drei Steuerungsmodi richten sich in den Formen der Außen- und Innenlenkung jeweils an verschiedene Dimensionen des Lebensstils: die Lage

---

[19] Näher dazu, in Anlehnung an Hartmut Esser, Lüdtke 2004.

(verfügbare Ressourcen und Opportunitäten), die Mentalität (rahmende Wertorientierungen und Ziele) sowie die Performanz (Muster des kulturellen und Konsum-Verhaltens). Pädagogisch-strategisch kommt es daher, angesichts der relativ unbestimmten Formen dieser Koppelung, schließlich darauf an, Ziele der Nachhaltigkeit in Unterricht, Projekten und Praktika jeweils so auf die Lebensstilwelt der Schüler abzustellen, dass für sie die Einsicht in die Wechselwirkung von Umweltwissen, Umweltbewusstsein und Umweltverhalten gefördert wird und sie besser verstehen können, dass die Lücke zwischen individueller und kollektiver Umweltrationalität immer wieder ein Ärgernis ist, an deren Schließung sich Individuen und Gemeinschaften abzuarbeiten haben.

Literatur

Coleman, James S. (1991): Grundlagen der Sozialtheorie. Bd. 1: Handlungen und Handlungssysteme. München: Oldenbourg.

Diekmann, Andreas (1996): Homo ÖKOnomicus. In: Diekmann, Andreas; Jaeger, Carlo C. (Hrsg.): Umweltsoziologie. Sonderheft 36 der Kölner Zeitschrift für Soziologie und Sozialpsychologie. Opladen: Westdeutscher Verlag, S. 89-118.

Esser, Hartmut (2000): Soziologie. Spezielle Grundlagen. Bd. 3: Soziales Handeln. Frankfurt a.M./New York: Campus.

Gräsel, Cornelia (1999): Wissen in der Umweltbildungsforschung – Desiderate und Perspektiven. In: Bolscho, Dietmar; Michelsen, Gerd (Hrsg.): Methoden der Umweltbildungsforschung. Opladen: Lese + Budrich, S. 183-196.

Hartmann, Peter (1999): Lebensstilforschung. Darstellung, Kritik und Weiterentwicklung. Opladen: Leske + Budrich.

Hauenschild, Katrin; Bolscho, Dietmar (2005): Bildung für Nachhaltige Entwicklung in der Schule. Ein Studienbuch. Frankfurt a.M.: Peter Lang.

Holzinger, Hans (2002): Nachhaltig leben – 25 Vorschläge für einen verantwortlichen Lebensstil. Salzburg: JBZ Verlag.

Hradil, Stefan (1996): Sozialstruktur und Kultur. Fragen und Antworten zu einem schwierigen Verhältnis. In: Schwenk, Otto G. (Hrsg.): Lebensstil zwischen Sozialstrukturanalyse und Kulturwissenschaft. Opladen: Leske + Budrich, S. 13-30.

Huber, Josef (2001): Allgemeine Umweltsoziologie. Wiesbaden: Westdeutscher Verlag.

Hunecke, Marcel (2000): Ökologische Verantwortung, Lebensstile und Umweltverhalten. Heidelberg/Kröning: Asanger.

Kuckartz, Udo; Rheingans-Heintze, Anke (2004): Umweltbewusstsein in Deutschland 2004. Ergebnisse einer repräsentativen Bevölkerungsumfrage. Hrsg. vom BMU. Berlin.

Kuckartz, Udo; Rheingans-Heintze, Anke (2006): Umweltbewusstsein in Deutschland 2006. Ergebnisse einer repräsentativen Bevölkerungsumfrage. Hrsg. vom BMU. Dessau-Roßlau.

Lantermann, Ernst-D. (1999): Von den Schwierigkeiten, umweltschützendes Handeln auszubilden. In: Bolscho Dietmar; Michelsen, Gerd (Hrsg.): Methoden der Umweltbildungsforschung. Opladen: Leske + Budrich, S. 121-133.

Lüdtke, Hartmut (1989): Expressive Ungleichheit. Zur Soziologie der Lebensstile. Opladen: Leske + Budrich.

Lüdtke, Hartmut (1999): Methoden der Lebensstilforschung. In: Bolscho, Dietmar; Michelsen, Gerd (Hrsg.): Methoden der Umweltbildungsforschung. Opladen: Leske + Budrich, S. 143-161.

Lüdtke, Hartmut (2000): Zeitverwendung und Lebensstile. Empirische Analysen zu Freizeit-verhalten, expressiver Ungleichheit und Lebensqualität in Westdeutschland. Müns-ter/Hamburg/London: LIT Verlag, 2. Aufl.

Lüdtke, Hartmut (2004): Lebensstile als Rahmen von Konsum – Eine generalisierte Form des demonstrativen Verbrauchs. In: Hellmann, Kai-Uwe; Schrage, Dominik (Hrsg.): Konsum der Werbung. Zur Produktion und Rezeption von Sinn in der kommerziellen Kultur. Wiesbaden: VS Verlag, S. 103-124.

Lüdtke, Hartmut (2007): Geld und Lebensstile – ein Verhältnis relativer (Un-) Abhängigkeit? In: Bergsdorf, Wolfgang; Ettrich, Frank; Kill, Heinrich H.; Lochthofen, Sergej (Hrsg.): Am Gelde hängt, zum Gelde drängt ... Weimar: Verlag der Bauhaus-Universität, S. 81-100.

Lüdtke, Hartmut; Matthäi, Ingrid; Ulbrich-Herrmann, Matthias (1994): Technik im Alltags-stil. Eine empirische Studie zum Zusammenhang von technischem Verhalten, Lebensstilen und Lebensqualität privater Haushalte. Marburg: Marburger Beiträge zur sozialwissen-schaftlichen Forschung, Bd. 4.

Lüdtke, Hartmut; Schneider, Jörg (1999): Can Patterns of Everyday Consumption Indicate Lifestyles? A secondary analysis of expenditures for fast moving goods and their social contexts. In: Papastefanou, Georgios; Schmidt, Peter; Börsch-Supan; Lüdtke, Hartmut; Oltersdorf, Ulrich (Eds.): Social an Economic Research with Consumer Panel Data. ZU-MA Nachrichten, Spezial Band 7. Mannheim: Zentrum für Umfragen, Methoden und Analysen.

Neugebauer, Birgit (2004): Die Erfassung von Umweltbewusstsein und Umweltverhalten. ZUMA-Methodenbericht Nr. 2004/07. Mannheim: Zentrum für Umfragen, Methoden und Analysen.

Preisendörfer, Peter (1999): Umwelteinstellungen und Umweltverhalten in Deutschland. Em-pirische Befunde und Analysen auf der Grundlage der Bevölkerungsumfragen „Umwelt-bewusstsein in Deutschland 1991-1998", hrsg. Vom Umweltbundesamt. Opladen: Leske + Budrich.

Preisendörfer, Peter; Franzen, Axel (1996): Der schöne Schein des Umweltbewusstseins. Zu den Ursachen und Konsequenzen von Umwelteinstellungen in der Bevölkerung. In: Diekmann, Andreas; Jaeger, Carlo C. (Hrsg.): Umweltsoziologie. Sonderheft 36 der Köl-ner Zeitschrift für Soziologie und Sozialpsychologie. Opladen: Westdeutscher Verlag, S. 219-244.

Prose, Friedemann; Wortmann, Klaus (1991): Energiesparen: Verbraucheranalyse und Markt-segmentierung der Kieler Haushalte (Endbericht). Kiel: Stadtwerke Kiel. Auch in:

Prose, Friedemann; Wortmann, Klaus (2008): www.psychologie.uni-kiel.de/nordlicht/sw1b, /sw1c und /sw2a.htm.

Reusswig, Fritz (1995): Lebensstile und Ökologie. Arbeitspapier Nr. 43 des Instituts für sozi-al-ökologische Forschung. Frankfurt a.M.: Verlag für interkulturelle Kommunikation.

Rheingans, Anke (1999): Lebensstile und Umwelt. Einige Überlegungen zur Analyse (ökolo-gischer) Lebensstile. In: Bolscho, Dietmar; Michelsen, Gerd (Hrsg.): Methoden der Um-weltbildungsforschung. Opladen: Leske + Budrich, S. 135-142.

Spellerberg, Annette (1996): Soziale Differenzierung durch Lebensstile. Eine empirische Un-tersuchung zur Lebensqualität in West- und Ostdeutschland. Berlin: edition sigma.

Tanner, Carmen; Foppa, Klaus (1996): Umweltwahrnehmung, Umweltbewusstsein und Um-weltverhalten. In: Diekmann, Andreas; Jaeger, Carlo C. (Hrsg.): Umweltsoziologie. Son-derheft 36 der Kölner Zeitschrift für Soziologie und Sozialpsychologie. Opladen: West-deutscher Verlag, S. 245-271.

Globalisierung und Armut

Asit Datta

Vorbemerkungen

An dem Tag, an dem der Sachverständigenrat das Herbstgutachten der Kanzlerin einreichte und eindringlich ermahnte, an dem ‚Reformkurs' festzuhalten, veröffentlichte das DIW (das Deutsche Institut für Wirtschaftsforschung) eine Studie, nach der die soziale Kluft in Deutschland wächst (SZ vom 07.11.2007). Mit dem Festhalten am Reformkurs sind gemeint, Einschnitte im sozialen Netz wie Beschränkung der Dauer für die Zahlung des Arbeitslosengeldes, Zusammenlegung von Arbeitslosen- und Sozialhilfe, Einfrieren der Altersrente u.ä. Aus der Sicht des Sachverständigenrates lassen sich die Erfolge einer solchen Politik gut aufzählen: das Bruttosozialprodukt (BSP) steigt, im Export ist Deutschland Weltmeister, das Staatsdefizit sinkt, die Arbeitslosenquote geht zurück.

Die Kehrseite der Medaille: Millionen (Mio.) von Menschen müssen zwei bis drei bezahlten Tätigkeiten nachgehen oder trotz eines ‚Fulltime-Jobs' staatliche Hilfe in Anspruch nehmen, um überleben zu können. Nach der o.e. DIW-Studie besitzen 10% der deutschen Bevölkerung zwei Drittel des Volksvermögens, hingegen hat die Hälfte der Bevölkerung so gut wie nichts. 33% der Bevölkerung sind entweder ver- oder überschuldet (ebd.). Auch die Kinderarmut wächst rapide. Nach dem neuesten Bericht des Kinderhilfswerks hat sich die Zahl der auf Sozialhilfe angewiesenen Kinder in den letzten drei Jahren auf mehr als 2.5 Mio. verdoppelt. Während 1965 nur jedes 75. unter sieben Jahren auf Sozialhilfe angewiesen war, ist es heute jedes sechste (SZ vom 16.11.2007 und HAZ vom 16.11.2007). Bezeichnenderweise bringen die Medien die zwei Berichte – das Gutachten des Sachverständigenrates und die DIW-Studie – nicht in Zusammenhang. Die Kanzlerin Frau Merkel hat das Gutachten mit dem Versprechen an dem Reformkurs festhalten zu wollen entgegengenommen.

Deutschland ist nur ein Beispiel. Auch jene Länder, die bei der Globalisierung eine Vorreiterrolle gespielt haben und oft in den Medien als Vorbild dargestellt werden – nämlich Großbritannien (GB) und die USA –, stehen bei der Kluft Arm-Reich und Kinderarmut noch schlechter da (vgl. SZ vom 16.11.2007).

Damit behaupte ich nicht, dass die Globalisierung per se schlecht sei. Schon vor einem Jahrzehnt hat das UNDP gemeint, dass Globalisierung nur dann eine große Chance bietet, wenn sie sorgfältig gesteuert und wenn auf globalen Ausgleich geachtet wird (UNDP 1997, S. 9). Joseph Stiglitz, Nobelpreisträger für Ökonomie, Berater der Clinton-Regierung und Ex-Chefökonom der Weltbank (WB) formuliert es deutlicher: Man kann den Technokraten (gemeint sind Ökonomen wie die des Sachverständigenrates, oder auf internationaler Ebene Ökonomen der WB, des Internationalen Währungsfonds – IWF – oder der Welthandelsorganisation – WTO) überlassen, die ökonomischen Spielregeln zu bestimmen. Dies ist Aufgabe des politischen Systems, das dafür sorgen muss, ‚das globale Demokratiedefizit' zu beheben (Stiglitz 2006, S. 347). Bevor ich darauf eingehe, versuche ich, einige Begriffe kurz zu klären.

1. Globalisierung

Es lässt sich nicht leicht festmachen, wann genau dieser Begriff zum ersten Mal auftauchte. Manche meinen mit den Wahlsiegen von Margaret Thatcher (1979) und von Ronald Reagan (1980), die die ‚neoliberale' Wirtschaftspolitik von Friedrich August von Hayek und Milton Friedman (Martin/Schumann 1996, S. 18 f.) einleiteten. Manche setzen den Beginn Ende der 1980-er Jahre mit dem ‚Washington-Consensus', andere fixieren den Startpunkt 1995 mit der Gründung der Welthandelsorganisation (WTO), die GATT ablöste (Pieterse 2006, S. 91 f.; Sklair 2006, S. 293). Im deutschsprachigen Raum hat der Begriff erst in den 1990-er Jahren Eingang gefunden und ist bald populär geworden (EKDB 2002, S. 49).

Offenbar ist es schwierig, einen so komplexen Begriff zu definieren. Barry K. Gills meint, das Problem ist nicht, eine Definition zu finden, sondern Definitionen für verschiedene Formen der Globalisierungen (Gills 2006, S. 13 f.). Auch Pieterse spricht von Globalisierung in Plural (Pieterse 1998, S. 87 ff.): „Globalisierung meint das erfahrbare grenzenlos Werden alltäglichen Handelns in den verschiedenen Dimensionen der Wirtschaft, der Information, der Ökologie, der Technik, der transkulturellen Konflikte in der Zivilgesellschaft". Grenzüberschreitung in jeder Hinsicht. Aufhebung von Raum und Zeitdimension. Bei einer zweiten Definition schränkt Beck diese Vieldimensionalität ein, indem er zwischen Globalismus (die Ideologie des Weltmarktes, des Neoliberalismus), Globalität (das Leben in einer Weltgesellschaft, in dem die Vorstellung geschlossener Räume fiktiv wird) und Globalisierung (Prozesse, in deren Folge Nationalstaaten und ihre Souveränität durch transnationale Akteure (…) unterlaufen und quer verbunden werden – Beck 1997a, S. 28 f., S. 44 f.). Albrow wiederum subsumiert vier Kernbereiche unter den Begriff der Globalisierung: Globalismus, Globalität, Zeit-Raum-Verdichtung und Entwurzelung von Menschen (Albrow 1997b, S. 297 f.). Es gibt verschiedene (gegensätzliche) Formen der Globalisierung, meint Gills: Globalisierung der Unternehmer vs. die der Bürger, Globalisierung von oben gegenüber Globalisierung von unten (Gills 2006, S. 13 f.). Ulrich Beck macht auf das Paradoxon aufmerksam: „Widerstand gerade gegen Globalisierung, erzeugt politische Globalisierung" (Beck 2004, S. 8). In diesem Sinne wehrt sich vehement Naomi Klein gegen den Begriff Anti-Globalisierung: „I am part of a network of movements that is fighting not against globalization but for deeper and more responsive democracies locally, nationally and internationally" (Klein 2002, S. 77). Martin & Schumann gehen bei dem Begriff von einer ökonomischen Globalisierung aus, was wiederum den Beck'schen Globalismus und Globalität umfasst. In diesem Sinne wird der Begriff auch hier gebraucht. Begründung: Weil die ökonomische Globalisierung auch alle anderen Bereiche des Lebens dermaßen beeinflusst, dass kein Entrinnen mehr möglich ist. Mit dem Verweis auf vier Bücher, die beschreiben, wie es den Konzernen gelungen ist, die Macht von den Regierungen zu übernehmen und die ökonomischen Spielregeln selbst zu bestimmen (Bakan 2005, Beder 2006, Perkins 2007 und Stiglitz 2002) gehe ich zu dem Begriff der Armut über.

2. Armut

Armut ist nicht gleich Armut. Es gibt relative und absolute Armut. Die Armut in den Industriestaaten (I-Staaten) ist meistens eine relative Armut. Die Messkriterien sind in beiden Fällen – sowohl bei der relativen als auch bei der absoluten Armut – nicht unumstritten. Nach der EU-Definition (international nicht einheitlich) ist ein Haushalt dann (relativ) arm, wenn er über <50% des nationalen Einkommensmedians verfügt. Kirchliche und soziale NGOs betrachten die Grenze bei <60%. Schon vor gut einem Jahrzehnt hat Axel Honneth diesen monetären Ansatz als weniger anspruchsvoll bezeichnet, weil er die Unterversorgung mit nicht materiellen Gütern außer acht lässt. Der zweite Ansatz – das Konzept der Lebenslage – berücksichtigt bei der Berechnung des sozialen Existenzminimums alle Güter, deren Besitz die Voraussetzung für ein durchschnittliches Leben auf einem gegebenen Entwicklungsniveau bildet. Honneth gibt allerdings zu, dass das Messen der Lebenslage erheblich schwieriger ist (als mit dem monetären Ansatz) (Honneth 1995, S. 101 ff.).

Ähnlich umstritten ist die Grenze der absoluten Armut. Das Einkommen oder das verfügbare Geld ist nur ein Aspekt. Nach Meinung von John Clark zählen zu den wichtigeren Faktoren Verwundbarkeit/Anfälligkeit, Mangel an Chancen, Diskriminierung, Opfer von Gewalt, und Machtlosigkeit (Clark 2003, S. 49). Da diese Kriterien wenig quantifizierbar sind, orientiert man sich lieber am verfügbaren Einkommen, meistens an der von der Weltbank (WB) festgesetzten Grenze von 1 US$ (neuerdings kaufkraftbereinigt) pro Tag und Kopf. Obgleich diese Grenze allgemein akzeptiert worden zu sein scheint, ist der Maßstab nicht unproblematisch. Das UNDP bezeichnet die Grenze als „unsauber, aber nötig" (UNDP 2003a, S. 52). Begründung für diese These: Der fiktive Warenkorb, der für das Existenzminimum in den Entwicklungsländern angenommen wird, ist a) nicht transparent, b) von Land zu Land und innerhalb eines Landes (Stadt-Land) unterschiedlich, c) die Preise beziehen sich auf Güter, die die Armen gar nicht konsumieren, und d) die Armen müssen häufig für viele Güter und Dienstleistungen höhere Preise zahlen, weil sie es sich nicht leisten können, größere Menge aufzukaufen (ebd.). Bei meiner Sammelrezension von Jahrbüchern habe ich auch regelmäßig darauf hingewiesen, wie unsinnig diese Grenze ist (vgl. ZEP/01 – ZEP 1/07). Das UNDP wies damals darauf hin, dass die WB an neuen Kriterien arbeitet und diese würden 2005 vorliegen. Der Bericht liegt mittlerweile vor. Es gibt zwar einige Differenzierungen – wie der Anteil der Bevölkerung, der unter der nationalen Armutsgrenze liegt, das Verhältnis Arm-Reich, der Anteil des untersten Fünftel der Bevölkerung am nationalen Konsum –, aber als erster Indikator bleibt der 1 US$ pro Tag und Kopf bestehen (WB 2005, S. 20). Zur Ehrenrettung der WB sei noch erwähnt, dass die WB schon einmal die Armen in 60 Ländern befragt hat, was sie selbst unter Wohl- und Schlechtergehen verstehen. Demnach gehen die Ansichten der Armen sehr weit auseinander. Länderübergreifende Gemeinsamkeit über Armut gab es bei folgenden Kriterien: Mangel an Lebensmitteln, Obdach und Kleidung; anhaltende Krankheit. Wohlergehen wurde gleichgesetzt mit Entscheidungs- und Handlungsfreiheit und mit der Macht, sein Leben selbst in die Hand zu nehmen (WB 2000/1, S. 20).

John Clark meint, dass der Status der Ernährung und Gesundheit, Entfernung von den Schulen und Kliniken in einer Wohngegend, Bildungsstand, Zufriedenheit mit den öffentlichen Dienstleistungen mehr über den Zustand der Armut verraten als die 1 US$-Grenze (Clark 2003, S. 48). Wie die Armut gemessen wird, verrät mehr über die Absichten derer, die diese messen, als über den tatsächlichen Zustand der Armut. The World Guide veröffentlicht alle zwei Jahre auf einer Seite den Zustand der Welt aus Sicht der Weltbank, des UNDPs und des UNICEFs: Drei Karten, drei unterschiedliche Bewertungen. Die Karte der WB zeigt BSP/Kopf, GNI; das UNDP bewertet nach HDI (Human Development Index) und UNICEF nach der Sterblichkeitsrate der Kinder unter fünf Jahren als Maßstab (ITM/ni 2007, S. 60).

3. Die positiven Auswirkungen der Globalisierung

Bevor ich auf die ungleiche Verteilung und auf Gewinner und Verlierer des Globalisierungsprozesses eingehe, noch eine Anmerkung zum Ergebnis der Armutsbekämpfung (das ein Versprechen der Globalisierung ist, dass die Globalisierung, der freie Markt, allen zu Gute kommt, also hilft auch die Armut zu bekämpfen). John Clark teilt das Ergebnis in >good and bad news< ein. Zur positiven Seite auf seiner Liste stehen, z.B. dass

- der prozentuale Anteil der Hungernden von 37 auf 17 zurückgegangen ist (in absoluten Zahlen bleibt sie aber konstant bis steigend),

- die Kindersterblichkeit in den letzten 40 Jahren zur Hälfte reduziert worden ist,

- die Einschulungsrate in den letzten 20 Jahren auf 80% gestiegen ist und

- sich die Lebenserwartung im Süden in den letzten 50 Jahren um 21 Jahre erhöht hat (Clark 2003, S. 47).

Jeffrey Sachs sieht die Entwicklung optimistisch und meint, das Ende der Armut ist – unter bestimmten Bedingungen – in absehbarer Zeit erreichbar. Er verweist auf positive Entwicklungen in Ländern wie Ghana, Indien, China, Kenia usw. und sieht Bangladesch z.B. auf der Entwicklungsleiter. Ein Indiz für ihn ist die Beschäftigung der Frauen in der Textilindustrie in Bangladesch. In einem islamischen Land erwerben Frauen durch selbst verdientes Geld mehr Freiheit in der Familie und Anerkennung in der Gesellschaft. Er verschweigt nicht, dass die Arbeitsbedingungen inhuman sind, meint aber, es war nirgendwo anders zu Beginn der Industrialisierung (Sachs 2005, S. 22 ff.).

4. Die Kehrseite

Bei dieser Feststellung mag Sachs Recht haben, es gab aber zu Beginn der Industrialisierung keine Konkurrenz um Arbeitsplätze über die Landesgrenze hinaus. In einem Vorort von Dhaka, Hauptstadt von Bangladesch, starben Hunderte
von Frauen, Arbeiterinnen einer Textilfabrik, weil aus unerklärlichen Gründen
Feuer ausgebrochen war. Die Frauen konnten den Flammen nicht entkommen,
weil die Räume von außen verriegelt waren.

Was die Arbeitsbedingungen – damit auch Herstellungskosten eines Produkts – angeht, hat ein erbitterter Kampf um Niedriglohn begonnen. Pietra Rivoli bezeichnet den Kampf als den ‚Wettlauf nach unten' (Rivoli 2005, S. 119 ff.).
Der Gigant im Export von Textilprodukten ist nicht Bangladesch, sondern China. Rivoli schildert, unter welchen inhumanen Bedingungen die Frauen dort beschäftigt sind. Besonders ausgebeutet werden die sogenannten Wanderarbeite-
rinnen, die vom Land in die Stadt kommen. Sie arbeiten 25% mehr pro Woche
und erhalten 40% weniger Lohn (ebd., S. 140). Um eine Chance im Wettbewerb
mit China zu haben, muss verständlicherweise Bangladesch noch härtere Bedingungen einführen. Besonders hart von der Ausbeutung betroffen sind illegale
Einwanderer. So arbeiten 200.000 burmesische Flüchtlinge in 2.600 Fabriken in
Thailand für 50 Cent Stundenlohn, 240 Stunden im Monat, 7 Tage die Woche,
52 Wochen im Jahr. Da sie illegale Flüchtlinge sind, haben sie keine Rechte
(Der Spiegel 46/2007, S. 148). Ähnlich verfährt man in Spanien mit den ‚Illegalen' aus Afrika und die USA mit ‚Illegalen' aus Mexiko.

Von diesem Wettlauf nach unten sind nicht allein die Entwicklungsländer
betroffen. Nicht nur durch den Einsatz von Computern, durch Steigerung der
Produktivität, sondern durch die Drohung, Arbeitsplätze in Billiglohnländer zu
verlagern, werden Löhne niedrig gehalten, auch in Deutschland. Dies ist übrigens eine Erklärung für den Rückgang des Netto-Einkommens in Deutschland
(Der Spiegel 23/2007, S. 56). Wie erwähnt, die Kluft wächst. Einerseits nimmt
die Zahl der Milliardäre weltweit zu (von 230 1998 auf 946 in 2007 – ebd., S.
44), andererseits verarmen immer mehr Menschen. Ein Drittel der Bevölkerung
in Deutschland ist ver- oder überschuldet (SZ vom 07.11.07).

5. Gewinner und Verlierer

Der große Gewinner im Kommunikations- und Computerzeitalter soll Indien
sein. Ein Drittel aller Computerservices läuft über Bangalore, Chennai, Hydera-
bad oder neuerdings über Kolkata. Die New York Times (NYT) berichtet, dass
eine 32-jährige Managerin, die eine 80-Stunden-Woche hat, ihre privaten Ter-
mine – Restaurant-Reservierung, Kauf von Theaterkarten, Termin beim Friseur
– über Bangalore buchen lässt (NYT-Supplement in SZ vom 19.11.07, S. 1 und
4). Angeblich profitieren die beiden Seiten von dieser ‚Outsourcing' – die ge-
plagte Managerin und die jungen Frauen und Männer, die für Call- und Service-
centres in Indien arbeiten. Diese jungen Menschen, meistens zwischen 20 und
30 Jahre alt, verdienen nach indischem Verhältnis viel Geld, aber einen Bruch-

teil von dem, was ein vergleichbarer Job im Westen einbringt. Ansonsten könnten die Vermittler in den USA nicht solche billigen Angebote machen (30 Dienstleistungen im Monat für 29 US$ bzw. 50 für 49 US$ – ebd. S. 4). Für die Beschäftigten in Indien ist es aber ein lukrativer Job. Auch hier gibt es eine Kehrseite: Nach Berichten von indischen Medien leiden diese ‚Twens' häufig unter Motivationsproblemen, weil sie mit Universitätsdiplom nicht entsprechend geistig gefordert werden. Zudem haben sie Gesundheitsprobleme (Magen, Darm, Schlaflosigkeit), weil sie – wegen der Zeitverschiebung – nachts arbeiten. Aus demselben Grund sind sie sozial isoliert (sie können mit Freunden nicht abends ausgehen) und haben Schwierigkeiten, Lebenspartner zu finden.

Die Kluft zwischen Arm und Reich wächst innerhalb eines Staates und zwischen den Staaten. Während die Einnahmen von Vermögenden und Unternehmen steigen, ist der Anteil der Löhne am Gesamteinkommen aller Bundesbürger in Deutschland weiter zurückgegangen, stell eine Studie der Hans-Böckler-Stiftung fest. Selbst der Bundespräsident, der Ex-Chef vom IWF, rüffelt Millionengehälter von Managern (HAZ vom 30.11.07). Weltweit gesehen besitzen die reichsten 10% 85% des Gesamtvermögens, 2% besitzen sogar 51%. Die Hälfte der Weltbevölkerung besitzt nur 1% des Vermögens (Der Spiegel 23/07, S. 53). Darauf verweist schon seit Jahren das UNDP: Die reichsten 5% der Weltbevölkerung beziehen 114-mal höheres Einkommen als die ärmsten 5%. Die reichsten 1% beziehen soviel Einkommen wie die ärmsten 57%. Alarmierend ist auch der weltweite Rückgang der mittleren Einkommensgruppe (UNDP 2003a, S. 49).

6. Der Markt löst nicht alle Probleme

Die Grundthese der Globalisierung lautet: Der Markt ist gut, und staatliche Eingriffe sind schlecht (Martin/Schumann 1996, S. 18). Dies ist auch der Grundsatz der drei Institute – WB, IWF und WTO. Auf das Problem der Privatisierung werde ich noch eingehen. Der Markt reguliert die Preise zum Wohle der Konsumenten – diese These geht auf das Konto von David Ricardo. Sowohl Lang & Hines als auch die Autoren des Buches Global Trade weisen zu Recht darauf hin, dass Ricardos Theorie des vergleichbaren Vorteils (>comparative advantage<) schon damals (1815) nicht gestimmt hat, weil er von vermeintlich zwei gleichwertigen und -mächtigen Partnern ausging. Schon damals waren seine Beispielländer – England und Portugal – nicht gleich gewesen (Lang/Hines 1993, S. 20 ff.; UNDP 2003b, S. 25). Beim Handel unter ungleichen Partnern ist der schwächere immer im Nachteil.

Welche Auswirkung solche Macht des Stärkeren hat, kann man am Beispiel der Landwirtschaft verdeutlichen. Während die USA und EU täglich mit einer Milliarde (Mrd.) € ihre Bauern subventionieren dürfen, müssen die Entwicklungsländer (E-Länder) nach Bestimmung der WTO Importzölle auf Landwirtschaftserzeugnisse abschaffen. Zudem dürfen die E-Länder, wenn sie überschuldet sind, ihre Bauern nicht subventionieren (dies schreibt der IWF vor). Mit diesem Preisvorteil überschwemmen die Industriestaaten (I-Staaten) die E-Länder mit Dumpingpreisen so, dass die Bauern dort hoffnungslos verloren sind. Beispiel Indien: Durch die Billigprodukte aus dem Ausland – z.B. billige Baumwolle aus den USA – sind die Bauern so überschuldet, dass sie massenweise Selbstmord begehen (1.000 bis 1.500 pro Monat.). Allein im Bundesstaat Maharashtra (einer von 29 Bundesstaaten und sieben Territorien) gab es im Jahre 2006 1520 solcher Selbstmorde (Outlook vom 26.11.2007, S. 10). Die WTO fordert, Handelshemmnisse abzubauen, die I-Staaten dürfen aber Quotierungen für Textilien, Zucker u.a. Produkte beibehalten. Wenn die I-Staaten solche Hemmnisse aufheben würden, hätten die E-Länder ein zusätzliches Einkommen von 43 Mrd. € (VENRO, 2003, S.23 ff.). So beklagt sich Peter Eigen, Gründer der Transparency International, dass westliche Firmen die Schwäche der E-Länder ausnutzen und die Menschen trotz des Booms bitterarm sind (SZ vom 30.11.2007).

Wie konnte sich das Verhältnis so entwickeln? Bevor ich zu dem Würgegriff der drei Institute – WB, IWF, WTO – komme, zwei Anmerkungen:

- Durch die Kolonialgeschichte ist die Mehrzahl der E-Länder schon genug geschädigt gewesen (für die Geschichte des Welthandels in der Vor- und Kolonialzeit s. Datta 1994).

- In der Zeit nach 1945 bauten die I-Staaten systematisch Abhängigkeitsverhältnisse auf. Wie das System des Machtmissbrauchs funktioniert und mit welchen kriminellen Mitteln wie Bestechung, Erpressung, Drohung, Korruption die E-Länder gefügig gemacht wurden, schildert sehr anschaulich ein Insider, ein Hitman: John Perkins (2007). Und wie die Wirtschaft allmählich die Macht über die Politik übernahm, beschreiben Joel Bakan und Sharon Beder sehr eindrücklich (Bakan 2004; Beder 2006). Den Rest erledigten die drei Institute.

7. Die Rolle der drei Institute

Lange bevor Globalisierung ein Begriff war, hat der IWF für Schuldnerländer (= E-Länder, die in Zahlungsschwierigkeiten gerieten, meistens weil die Hitmänner diese dazu brachten) ein sogenanntes SAP (Structural Adjustment Programme) ersonnen. Wenn ein Land Kredite brauchte, um die Zinsen für Schulden bezahlen zu können, musste das Land das SAP akzeptieren. Die Bedingungen des SAPs sind immer gleich und gelten für alle Länder – unabhängig von der politischen Situation oder der sozialen Lage. Diese lauten: Löhne und Gehälter einfrieren (was faktisch eine Kürzung bedeutet wegen der Inflationsrate und der Abwertung der Währung), Sozialabgabe kürzen (= weniger Geld für Bildung, Gesundheit, öffentliche Verkehrsmittel etc.), Subventionen (auch für Nahrungsmittel) streichen (Arme müssen mehr hungern), Währung abwerten (Importpreise steigen, Exportpreise sinken), ausländischen Konzernen zulassen, mehr zu investieren und Gewinne abzuziehen (vgl. Datta 1994, S. 166).

Im Prinzip ist der Grundsatz der Globalisierung in dieser Ideologie enthalten. Es ist ein uneingeschränktes Vertrauen an die Privatwirtschaft. Wenn man der Privatwirtschaft freie Hand lässt – so der Glaube –, können sie alles besser und effizienter (als der Staat) organisieren und zum Wohle aller gestalten. Nach diesem Motto werden jetzt weltweit Wasser, Bildung, Transport und selbst teilweise Gefängnisse (in den USA) privatisiert. Nur bewiesen ist die These nicht. Die Entwicklung läuft entgegengesetzt. Deshalb werden Stimmen laut – nicht nur des UNDPs oder von Stiglitz –, die diese ungehemmte Privatisierung regulieren möchten (von Weizsäcker 2006; Liedtke 2007).

Das Erstaunliche an dem Globalisierungsprozess ist nicht, dass sich die E-Länder notgedrungen der Ideologie unterordnen mussten, sondern dass sich die europäischen Staaten, die ihren wirtschaftlichen Aufstieg der sozialen Marktwirtschaft zu verdanken haben, ohne Not dem >Turbo<-Kapitalismus à la USA ausliefern (Afheldt 2003, S. 13 ff., S. 119 ff.). Damit steuern wir auf die 20:80-Gesellschaft zu, wie Martin & Schumann prophezeien (Martin/Schumann 1996, S. 12).

Ohne hier auf Details wie WTO mit TRIPS und TRIMs, Liberalisierung der Dienstleistungen und des Banken- und Versicherungswesens näher einzugehen, seien hier zwei Hauptursachen für die Misere der E-Länder erwähnt:

- Die totale Liberalisierung des Marktes und weltweite Fusionen der Giganten (TNCs = Transnationale Konzerne) haben Arbeitsplätze vernichtet. Ohne soziale Sicherungsnetze geraten die Arbeitslosen weltweit in Not (Stiglitz 2002, S. 32). In den E-Ländern verursacht der Prozess zudem noch eine Lohndumping-Spirale nach unten.

- Die Aufhebung jeglicher Beschränkung des Kapitalverkehrs macht die Armen noch ärmer (sowohl Individuen als auch Staaten). Obgleich es keinerlei Anhaltspunkte gibt, dass dadurch wirtschaftliches Wachstum angekurbelt wird (ebd., S. 30 ff.), wird diese Aufhebung als eine große Errungenschaft gefeiert.

Für Gründerväter der Kapitalismustheorie – Adam Smith oder David Ricardo – war ein grenzüberschreitender Kapitalverkehr übrigens undenkbar (Hines 2000, S. 12). Diese Aufhebung hat nur Spekulanten und Kriminelle begünstigt. Mit Spekulationen an der Börse werden täglich Billionen verspielt. Mit solchen Spekulationen werden Preise hochgetrieben (Beispiel Öl: Es wird geschätzt, dass mindestens ein Drittel des gegenwärtigen Ölpreises auf solche Spekulation zurückzuführen ist), worunter alle Bürger leiden. Stiglitz stellt lapidar fest, spekulative Finanzströme richten schweren wirtschaftlichen Schaden an (Stiglitz 2002, S. 32).

8. Fazit

Die drei Institute, die 1944 in Bretton Woods gegründet wurden (die WB, der IWF und GATT – General Agreement on Treaty and Trade, die 1995 in WTO umgewandelt wurde) sind zwar nicht Initiatoren der Globalisierung, sicher aber deren Wegbereiter. Aber inhaltlich haben die drei Institute die ‚falsche Theorie' (Stiglitz, ebd.) mit allen Mitteln vertreten und zumindest gegenüber den E-Ländern auch durchgesetzt. Und die vertreten das Interesse der I-Staaten. Da die I-Staaten die Mehrheit in WB und IWF besitzen (die USA haben sogar ein Quasi-Vetorecht), kann kein Beschluss gegen das Interesse der I-Staaten gefasst werden. Wir haben ein System, meint Stiglitz, dass man globale Politikgestaltung ohne globale Regierung nennen könnte, in dem wenige Institute und einige Akteure das Sagen haben, während viele Menschen, die von ihren Entscheidungen betroffen sind, praktisch kein Mitspracherecht haben (S. 36). Oder noch deutlicher: „In diesem Sinne hat die Globalisierung die Demokratie untergraben" (Stiglitz 2006, S. 28).

Das Wachstum ist notwendig für die menschliche Entwicklung, stellt eine Studie des UNDPs fest. Es zählt aber die Qualität, nicht die Quantität. Ein Wachstum kann ohne Arbeit, ohne Erbarmen, ohne Partizipation, ohne Perspektiven, ohne kulturelle Wurzel stattfinden. Solch ein Wachstum steht der menschlichen Entwicklung entgegen (UNDP 2003b, S. 23).

‚Die Globalisierung mag einigen Ländern geholfen haben, ihr BIP zu erhöhen, aber trotzdem haben die meisten Menschen davon nicht profitiert. Die Globalisierung drohte reiche Länder mit armen Menschen hervorzubringen', meint Stiglitz (2006, S. 27f.) und fasst seine Kritik in fünf Punkten zusammen:

- Die Spielregeln sind unfair, diese sind auf das Interesse der I-Staaten zugeschnitten. Die Globalisierung
- stellt materielle Werte über alle anderen Werte (z.B. über Umweltschutz),
- untergräbt die Demokratie,
- hat trotz gegenteiliger Behauptung weltweit mehr Verlierer als Gewinner hervorgebracht,
- wird mit der Amerikanisierung der Wirtschaft und Kultur gleichgesetzt.

9. Was tun?

Es gibt weltweit, im Norden und im Süden, Millionen von nicht staatlichen Organisationen (Non-Governmental Organizations –NGOs), die versuchen, Armen zu helfen, die negativen Auswirkungen der Globalisierung zu mildern (siehe Beispiele in Datta 1994, S. 247 ff.). Darüber hinaus gibt es eine Reihe von Vorschlägen, die umgesetzt werden können – einige sofort, einige mittelfristig, manche nur langfristig. So schlagen Afheldt und Stiglitz vor, die drei Institute zu demokratisieren und rechenschaftspflichtig zu machen (Afheldt 2003, 209 ff.; Stiglitz 2002, S. 264 ff. und 2006, S. 335 ff.). Grefe u.a. plädieren für eine Einführung der Tobin-Steuer (2002, S. 73 ff.), um die Spekulation in Börsen über Währungen und Warentermine einzudämmen. David Bornstein zeigt, wie mit individuellen Initiativen gesellschaftliche Veränderungen eingeleitet werden können, Prahalad meint, dass Unternehmen mit maßgerechten Produkten für Menschen der untersten Stufe der Einkommenspyramide (2/3 der Weltbevölkerung) innerhalb des Systems, ohne auf Profite zu verzichten, helfen können (Bornstein 2004, S. 35 ff., S. 97 ff., S. 245 ff.; Prahalad 2006, S. 47 ff.). Liedtke und von Weizsäcker plädieren für einen Stopp der ungehemmten Privatisierung (Liedtke 2007; von Weizsäcker 2006). Ohne hier auf einzelne Vorschläge näher einzugehen, scheint mir wichtig zu sein, auf die Grundvoraussetzung für das Verringern der Kluft Arm-Reich hinzuweisen, wie das UNDP schon vor einem

Jahrzehnt feststellte. Globalisierung ist nur dann gut, wenn sie reguliert wird und wenn stärker auf globalen Ausgleich geachtet wird (UNDP – Bericht 1997, S. 9). Dies bedeutet, dass die Politik es nicht den Technokraten überlässt, Spielregeln zu bestimmen, sondern sie selbst bestimmt (Stiglitz 2006, 346 f.). Dies bedeutet eine Umkehrung der bisherigen Politik, nicht Deregulierung, sondern mehr Regulierung, nicht mehr Privatisierung, sondern mehr staatliche und internationale Kontrolle, mehr Transparenz, mehr Rechenschaftspflicht und mehr Partizipation der Bürger bei den Entscheidungen, die sie betreffen.

Literatur

‚A personal Assistant from a very long distance'. In: New York Times Supplement der Süddeutsche Zeitung (SZ) vom 19.11.2007.

Afheldt, Horst (2003): Wirtschaft, die arm macht. Vom Sozialstatt zur gespaltenen Gesellschaft. München: Kunstmann.

Albrow, Martin (1997): Auf Reisen jenseits der Heimat. Sozialen Landschaften in einer globalen Stadt: In: Beck, Ulrich, 1997b.

Bakan, Joel (2004): Das Ende der Konzerne. Die selbstzerstörerische Kraft der Unternehmen. Hamburg: Europa.

Beder, Sharon (2006): Suiting themselves. How Corporations Drive the Global Agenda. London: Earthscan.

Beck, Ulrich (1997a): Was ist Globalisierung? Frankfurt/M.: Suhrkamp.

Beck, Ulrich (Hrsg.) (1997b): Kinder der Freiheit. Frankfurt/M.: Suhrkamp.

Beck, Ulrich (Hrsg.) (1998): Perspektiven der Weltgesellschaft. Frankfurt/M.: Suhrkamp.

Beck, Ulrich (2004): Das kosmopolitische Blick oder: Krieg ist Frieden. Frankfurt/M.: Suhrkamp.

Bornstein, David (2005): Die Welt verändern. Social Entrepreneurs und die Kraft neuer Iden. Stuttgart: Klett-Cotta.

‚Bundespräsident rüffelt Millionengehälter'. In: Hannoversche Allgemeine Zeitung (HAZ) vom 30.11.2007.

Clark, John (2003): Worlds Apart. Civil Society and the Battle of for Ethical Globalization. London: Earthscan.

Dasgupta, Samir; Kiely, Ray (Hrsg.) (2006): Globalization and After, New Delhi/Thousand Oak/London: Sage.

Datta, Asit (1994): Welthandel und Welthunger. München:dtv, 6. Aufl.

Datta, Asit (1998): Folgen der Globalisierung für den Süden. In: Brücke, 6/1998, S. 60-66.

Datta, Asit (2004): Armutsbekämpfung im Zeitalter der Globalisierung. In: Hantel-Quitmann, Wolfgang; Kastner, Peter (Hrsg.) (2004): Der globalisierte Mensch. Gießen: Psychosozial.

‚Die Menschen sind trotz des Booms bitter arm'. In: SZ vom 30.11.2007.

Enquete Kommission des Deutschen Bundestages (EKDB) (Hrsg.) (2002): Globalisierung der Weltwirtschaft. Opladen: Verlag für Sozialwissenschaften.

Gills, Barry K. (2006): The Turning of the Tide. In: Dasgupta/Kiely 2006, S. 13- 20.

Grefe, Christiane; Greffrath, Mathias; Schumann, Harald (2002): attac. Was wollen die Globalisierungskritiker. Reinbek: Rowohlt.

‚Globalisierung: Gewinner –Verlierer'. In: Der Spiegel, 23/2007, S. 18-80.

‚Herr Htun protestiert'. In: Der Spiegel, 46/2007, S. 148.

Hines, Colin (2000): Localization. A global Manifesto, London: Earthscan.

Honneth, Axel (1995): Desintegration. Bruchstücke einer soziologischen Zeitdiagnose. Frankfurt/M.: Fischer, 2. Aufl.

‚Immer mehr Kinder in Deutschland leben in Armut'. In: HAZ vom 16.11.2007.

‚In Deutschland leben 2,5 Millionen Kinder in Armut'. In. SZ vom 16.11.2007.

Instituto del Tercer Mundo; New Internationalist (Hrsg.) (2007): The World Guide. Montevideo/Oxford: ITM/ni.

Klein, Naomi (2002): Fences and Windows. New Delhi: Leftword.

Liedtke, Rüdiger (2007): Wir privatisieren uns zu Tode. Wie uns der Staat an die Wirtschaft verkauft. Frankfurt/M.: Eichborn.

Martin, Hans-Peter; Schumann, Harald (1996): Die Globalisierungsfalle. Der Angriff auf Demokratie und Wohlstand. Reinbek: Rowohlt, 3. Aufl.

Perkins, John (2007): Weltmacht ohne Skrupel. Die dunkle Seite der Globalisierung. Wie die USA systematisch Entwicklungsländer ausbeuten. Heidelberg: Redline.

Pieterse, Jan Nederveen (1998): Der Melange Effekt. In Beck 1998, S. 87-124.

Pieterse, Jan Nederveen (2006): Neoliberale Globalization. In: Dasgupta/Kiely 2006, S. 84-96.

Prahalad, Croimbatore Krishna (2006): The Fortune of the Pyramid. Eradicating Poverty through Profits, University of Pennsylvania: Pearson Education.

Rivoli, Pietra (2006): Reisebericht eines T-Shirts. Ein Alltagsprodukt erklärt die Weltwirtschaft. Berlin: Econ/Ullstein.

Sachs, Jeffrey D. (2005): Das Ende der Armut. Ein ökonomisches Programm für eine gerechte Welt. München: Siedler.

Sklair, Leslie (2006): Capitalist Globalization and the Anti-Globalization Movement. In: Dasgupta/Kiely 2006, S. 293-319.

UNDP (Hrsg.) (1997, 2003a, - 2007/8): Bericht über die menschliche Entwicklung. Bonn (bis 2002), Berlin (2003-): DGVN.

UNDP; Heinrich Böll Stiftung; Rockefeller Brothers Foundation; Wallace Global Fund (2003 - als UNDP 2003b): Making Global Trade work for People. London: Earthscan.

VENRO (Hrsg.) (2003): Handel – ein Motor für Armutsbekämpfung? Bonn/Berlin.

Weizsäcker, Ernst Ulrich von (Hrsg.) (2006): Grenzen der Privatisierung. Wann ist des Guten zu viel? Bericht an den Club of Rom. Stuttgart: Hirzel.

WB (The World Bank – Hrsg.) (2000/2001): Weltenwicklungsbericht: Bekämpfung der Armut. Bonn: UNO.

WB (Hrsg.) (2005): World Development Indicators. Washington: The World Bank.

'Zero act Furrow'. In: Outlook/New Delhi vom 26.11.2007, S. 10-12.

Geld und Gott – ökonomische Alphabetisierung in religiöser Bildung

Harry Noormann

Vorbemerkungen

Geld und Ökonomie spielen in Theologie und Religionspädagogik eine ganz randständige Rolle. Diese lapidar vorgetragene Feststellung leitet gemeinhin Beiträge ein, die sich anschicken, das zu ändern (Rickers 2002, S. 112; Biehl 2002, S.32). Doch ein genauerer Blick lohnt. Die globale Ersetzung der ‚Omnipotenz Gottes durch die Omnipotenz des Geldes' (N. Luhmann) fordert zunehmend auch die theologische Reflexion heraus (Gestrich 2004; Ebner 2007; Bedford-Strohm 2007). Praktisch-theologisch besitzen wirtschaftsethische Probleme eine hohe Priorität in beiden Kirchen dort, wo sich christliche Selbstverständigung in einem globalen Horizont vollzieht – auf der Ebene der römischen Weltkirche und des Ökumenischen Rates seit mehr als vier Jahrzehnten.[1] Ihre entwicklungspolitischen Einrichtungen haben die innovative Kraft ihrer Beiträge für den allgemeinen Diskurs über Nachhaltige Entwicklung und Gerechtigkeit immer wieder bekräftigt (am bekanntesten „Brot für die Welt" und „Misereor"). Und es erübrigt sich der Hinweis auf die mit sozial- und wirtschaftswissenschaftlicher Expertise vorgetragenen kirchlichen Stimmen zur gesellschaftlichen Entwicklung wie zuletzt in der „Armutsdenkschrift" der Evangelischen Kirche in Deutschland (EKD) (Gerechte Teilhabe, 2006). Ihre didaktische Resonanz in religionspädagogischen Handlungsfeldern korrespondiert mit den jeweiligen konzeptionellen Konjunkturen. Zurzeit liegt die Aufmerksamkeit für wirtschaftliche Zusammenhänge eher im Lichtschatten einer elementaren, ästhetisch fokussierten religiösen Bildung. Doch müssen sich deren Protagonisten keineswegs in einem Konkurrenzverhältnis zur etablierten Gemeinde der Ökumeniker sehen, die unter dem Label „Ökumenisches Lernen" oder „Eine-Welt-Religionspädagogik" religiöse Bildung vom „Wirtschaften im Dienst des Lebens" nicht trennen können und wollen (Titel einer EKD-Denkschrift von 2005, vgl. Becker 2007; Groß/ König 2000).

Hier hat die Forderung nach einer „ökonomischen Alphabetisierung" der Christen ihren Ort (Duchrow u.a. 2006). Missverstanden wäre sie als eine mehr oder weniger nützliche Zutat des Glaubens, die in Bezug auf dessen „eigentliche" Mitte unerheblich wäre (ein sog. „Adiaphoron"). Peter Biehl platziert das Kapitel über „Gott oder Geld" überraschend an den Anfang einer „Einführung in die Glaubenslehre" für Religionspädagogen (Biehl 2002). Mit diesem Fokus „Gott oder Geld" möchte der folgende Beitrag auf den grundlegenden Zusam-

---

[1] Das Epochendatum ist einerseits Vaticanum II mit seiner Inspirationskraft u.a. für die weltweite Theologie der Befreiung, andererseits die Ökumenische „Weltkonferenz für Kirche und Gesellschaft" des Ökumenischen Rates der Kirchen in Genf 1966.

menhang zwischen „Glauben" und „Ökonomie" aufmerksam machen, um ihn von dorther in den Handlungsfeldern religiöser Bildung zu verorten.

1. Geld und Gott – ein religionsgeschichtliches Streiflicht

Geld umgibt eine Aura des Geheimnisvollen, ja Göttlichen. Das ist keineswegs neu, wie ein Blick in die Kultur- und Religionsgeschichte zeigen kann. Neu ist die Unterwerfung aller Lebensbereiche unter die hegemoniale Macht des Geldes. Geblieben sind die frappanten semantischen Analogien und Doppeldeutigkeiten zwischen der „Welt der Religion" und der „Welt des Geldes":

Sprachliche Vexierbilder zwischen monetärer und göttlicher Sphäre

Sphäre der Religion	Sphäre des Geldes
Pecus (Opfervieh)	Pecunia (Geld)
Obolus (Fleischspieß für das Opfer)	Obolus
Glauben, Gläubiger	Gläubiger
Schuld, Schuldner	Schulden, Schuldner
Credo	Kredit
Offenbarung	Offenbarungseid
Erlösen, Erlösung, Lösegeld	Erlösen, Erlös
Messe	Messe
Moneta (römische Göttin der Geburt und Münzprägung)	Münze, Moneten, money
Lobpreis	Preis
Testament	Testament
„Gott vergelt`s"	Geld (das, was zählt), Geltung
Sakrament	sakramentum (im – antiken – Tempel hinterlegtes Prozessgeld)

Im Erlös aus Arbeit, Glücksspiel, Kapital, Vermögen und Spekulation steckt die Verheißung auf Erlösung aus den Beschwerlichkeiten des Lebens. Ohne festen Glauben läuft nichts in Sachen Geld. Menschen müssen an den Wert des Geldes „glauben" – diese Sorge raubte den Währungshütern bei der Einführung des Euro den Schlaf. Sobald an der Wertstabilität und -beständigkeit des Geldes Zweifel aufkommen, droht dem Geldsystem die Katastrophe. So war es am Schwarzen Freitag 1929 oder beim Börsenkrach 1987. Nicht von ungefähr „beteuern" die Hüter der „Währung", die Wertbeständigkeit des Geldes sei ihr „heiligstes Gebot".

Was hat es auf sich mit der eigentümlichen Verwandtschaft von Sprachspielen um Geld und Gott, profan und heilig, Geldmagie und Religion?

Der lange Weg des Geldes von seiner Erfindung 650 Jahre vor unserer Zeitrechnung führt geradewegs in die antiken Tempel. „Die Götter waren die ersten Kapitalisten in Griechenland, und die Tempel die ersten Geldinstitute" (E. Curtius, 1859). Die Wohnstätten der Gottheiten verbürgten die Sicherheit des Geldwerts gegen Diebstahl, Raub und Verfall. „Heilig" wie der Dienst an der Gottheit galt der Dienst der Priesterschaft an der treuhänderischen Obhut über die staatlichen Wertschätze. Geld war schon damals Glaubenssache, die Verbindung von Kult und Geld im Heiligtum stand unter staatlichem Schutz, so in den Schatzhäusern von Delphi oder im Tempel der altitalischen Ehegöttin Juno, einer zentralen Münzstätte und Bank. Ihrem Beinamen „Moneta" verdanken sich die geläufigen Bezeichnungen „Moneten", „Münzen" und „money, money".

Ganz selbstverständlich beherbergte auch der Tempel im biblischen Jerusalem das Allerheiligste des Jahwekults und das Nächstheilige der Aristokratie – den Tempelschatz. In den Nebengassen der nationalen Kultstätte florierten Handel und Geldverkehr, erstanden die Pilger Tiere und Früchte von den Tempelhändlern, welche sie anschließend als Opfer darbrachten und der priesterlichen Tempelverwaltung als Geschenk überließen.

Auf dem Wechseltisch (der „Bank") mussten die Juden ihre Münzen in den einzig zulässigen tyrischen Silberhalbschekel eintauschen, um ihre Tempelsteuer und Abgaben zu entrichten. Der handgreifliche Protest Jesu gegen das Bankhaus im Bethaus (Mk 11, 15-17 parr) dürfte von nicht weniger Sympathien begleitet gewesen sein als Jahrzehnte später die erste Symbolhandlung der Zeloten zu Beginn des Aufstandes gegen die Römer und die einheimische Elite (66 n. Chr.) – zum Zeichen der alleinigen Herrschaft Jahwes verbrannten sie die verhassten (im Tempel verwahrten!) Schuldscheine der Gläubiger. Als nach der Plünderung und Zerstörung des Tempels im Jahre 70 die Sieger mit ihrer Beute den Markt überschwemmten, stürzte der Goldpreis im Vorderen Orient um 50%, was einen handfesten Eindruck vermittelt von der ökonomischen Macht der Allianz aus Königtum, Kult und Kapital (Pauly 1995, S. 198 f.).

Die Verbindung von Gott und Geld diente mithin neben der göttlich verbürgten Geldwertgarantie auch dem damit verbundenen profanen Zweck, wirtschaftliche und politische Macht sinnfällig mit einer sakralen Aura zu umgeben.

Der historische Erklärungsansatz muss um den systematischen Gedanken ergänzt werden, dass die Beziehung zwischen Gott und Geld strukturell oszilliert zwischen Antagonismus und Entsprechung: Wenn wir unterstellen, der Dank für das unverdiente *Geschenk* des Lebens sei der Urlaut der Religion, der *Tausch* durch Vergleichbarkeit von Wert und Leistung dagegen der Urknall des Geldes, dann haben Geld und Religion nichts gemein. Sie gehören zwei grundverschiedenen, wenngleich vielfach verquickten Interaktionssphären an, zwischen denen die meisten Menschen alltäglich zu pendeln gelernt haben:

Interaktionsmodi:

Schenken	Tausch
Freundschaft	Anonymität
Vertrauen	Äquivalent , Gegenleistung
Anteil nehmen	Vorteilsuche
Teilen	dazu gewinnen
Gemeinschaft	Eigennutz
Fülle	Mangel
Gratifikatorische Ethik	*meritorische Ethik*

Die Religion bringt gegenüber dem Tauschmodell eine prinzipiell und qualitativ andere Beziehungsfigur ins Spiel. Das Tauschmodell scheitert am Unverfügbaren – „indisponibel" wie das Leben selbst sind seine Voraussetzungen, Licht und Wärme, Raum und Zeit, Freundschaft und Liebe, die Hoffnung auf unabgegoltene (!) Lebensfülle. „Das Beglückende des Glücks besteht darin, sich nicht erklären zu können, weswegen und womit man es eigentlich ‚verdient' hat" (Höhn, 2007, S. 107). Freundschaft und Liebe haftet die eigentümliche Natur an, sich zu vermehren, indem sie verteilt und verschenkt werden.

Zugleich aber hat der religiöse Akt des Dankes, des Lobes und der Klage eine gleichsam offene Flanke hin zum Tauschprinzip. Beide Beziehungsfiguren, die des Tausches und der Gabe, können sich durchmischen, im sozialen Leben gleichermaßen wie in der Beziehung der Menschen zur Gottheit. Freundschaft und Liebe übersteigen das Tauschmodell und benutzen doch gelegentlich käufliche Symbole, um sich Ausdruck zu geben. Religiöse Handlungen können beide Beziehungsdimensionen enthalten, die dankende Annahme und das Motiv, in einer tauschförmigen Weise Gott günstig zu stimmen durch symbolischen „Ersatz", durch „Erstattung" („Opfer", „gute Werke", „Ablass").

In der Ambivalenz von Tauschakt und Geschenkakt gründet die bis heute vertretene These vom sakralen Ursprung des Geldes in der frühen Religionsgeschichte (erstmals Laum 1924; vgl. Lanczkowski 1984; Zauner 1995; Deutschmann 1999; Höhn 2007).

Opfer sollten die Gottheiten günstig stimmen, als Dank für Lebensgaben wie als Entschuldungs- und Sühnegesten für Verfehlungen. Die Grundform der Beziehung von Mensch und Gott bildet ein ungleicher, heiliger Tausch. Menschen „ersetzen", „erstatten" in Form einer „Gegenleistung" einen Teil der ihnen zuteil gewordenen Güter den Göttern in der Opferhandlung.

In der Geschichte der Opferpraxis ist dann an die Stelle des Realopfers das metallische Prägebild getreten. An die Stelle des „pecus" (das Opfervieh) trat das Geld, lateinisch „pecunia", von den Römern als Gottheit verehrt, der „obolus", der Fleischspieß für das Opfer, wurde ersetzt durch den „Obolus" in barer Münze. Sie war das Symbol des Opfertieres und wurde geziert vom Bild der Gottheit. Die Sprache des Geldes machte fortan Anleihen bei der Sprache des Kultes.

Vorgreifend sei angemerkt: Das Axiom „do ut des" („ich gebe, damit du gibst") war ein der inflationären Vielfalt von Kulten und Religionen in der römischen Antike gemeinsames Prinzip. Erst die Deutung der Hinrichtung Jesu als definitiv endgültiges Opfer im frühen Christentum vollzog einen „gewaltigen Bruch in der Religionsgeschichte". Christen war geboten, dem Geschenk der Vergebung durch Christi „Loskauf" (1 Kor 6,20; 7,23; Gal 3,13; 4,5) ein für allemal zu vertrauen und den „heiligen Tausch" mit der Gottheit zu beenden – „eine Revolution in der Religionsgeschichte" (Theißen 2000, S. 195 ff.).

2. Geschenkte Kreditwürdigkeit – Geld und Gott in der Jesusbewegung

Der Begriff „Erlösung" (hebr. padâ, ga'al) entstammt ursprünglich dem israelitischen Sozialrecht, wo es darum ging, einen Menschen aus Unfreiheit und Unterdrückung „auszulösen" und „loszukaufen" (padâ ist der Hauptbegriff in der Geschichte der Befreiung aus ägyptischer Knechtschaft). Der „Löser" hatte nach Lev. 25,23 das Recht, einem Sippenangehörigen zu helfen, dessen wirtschaftliche Not ihn in den sozialen und existenziellen Ruin zu führen drohte (Kessler 1992, S. 40 ff.). So löst der Gutsbesitzer Boas im Buch Rut ein Grundstück seines Verwandten ein, das dessen Witwe Noomi sonst hätte verkaufen müssen. Das Land bleibt der Sippe erhalten, Boas „erlöst" die Witwe Noomi aus einem lebensbedrohlich mittel- und rechtlosen Randdasein und schenkt – dank weiblichen Geschicks – der vom Aussterben bedrohten Familie durch seine Heirat mit der Moabiterin Rut Zukunft und neues Leben.

„Erlösung" verbindet die oben erwähnten, gegensätzlichen Interaktionssysteme – das System der „gnadenlosen", auf sächlich-geldförmige Werte reduzierten Tauschbeziehungen mit dem System der schenkenden Zuwendung, die menschliche Würde bewahrt und wiederherstellt, weil sie den Mitmenschen von seiner Bedürftigkeit statt von seiner Nützlichkeit her wahrnimmt. Der Erlösungsvorgang macht sich das Tauschsystem zu Nutze, um es zugleich zu überbieten in einer Gabe ohne Gegenleistung.

Das Geschenk der Erlösung hat von seinem Ursprung her demnach eine materielle und eine spirituelle Seite: Landbesitz und Heirat sichern zugleich das leibliche Wohlergehen und die Vorsorge für nachfolgende Generationen sowie die Zugehörigkeit (der Ausländerin Rut) zu einer Sippe und Glaubensgemeinschaft.[2]

Der Begriff kommt in der Jesusbewegung selbst kaum vor, ist aber der Sache nach im angedeuteten hebräischen Wortsinn allgegenwärtig. Wer die Evangelientexte unter sozialgeschichtlichem Blickwinkel durchsieht, wird die Polarität von Tausch (Nehmen) und Geschenk (Geben, teilen) auf nahezu jeder Seite wieder entdecken. ‚Jesus hat mehr über das Geld gepredigt als über das Beten', behauptet der englische Religionspädagoge John Hull.

Vom Schuldturm ist dort die Rede (Mt 5,25f), Schulden sind u.a. das Thema im Gleichnis vom Schalksknecht (Mt 18, 23-35), es geht um Schuldenerlass (Lk 7,41), Pfändung (Mt 5,40), Schuldgefängnis (Lk 12,57ff), den erzwungenen Verkauf von Frau und Kindern (Mt 18,25), um die Folterung von Schuldnern (Mt 18,34). Loskauf, Erlösung von Schuld/en bildeten einen explosiven sozialpolitischen Zündstoff jener Zeit, für die eine säuberliche Trennung von „religiöser" Schuld und „profanen" Schulden nicht nachvollziehbar war („Vergib uns

---

[2] Das „System der Schenkung" als bibelhermeneutische Kategorie hat im Anschluss Fernando Belo Michel Clévenot eingeführt (So kennen wir die Bibel nicht. Anleitung zu einer materialistischen Lektüre biblischer Texte, München 1978).

unsere Schulden", lautet die 5. Vater-unser-Bitte im griechischen Text, Mt 6,12).

Auffällig häufig benutzt Jesus Begriffe, Metaphern und Geschichten „rund ums Geld", um für die „andere", aus verrechtlicht-machtförmigen Tauschbeziehungen gelöste Gerechtigkeit zu werben. Er lebt sie, indem er sich vornehmlich Personen zuwendet, die zwar die Kopfsteuer zu entrichten haben (männlich ab 14, weiblich ab 13 Jahren), im Übrigen aber gesellschaftlich ausgeschlossen und stigmatisiert sind. Sie haben es nicht besser „verdient", sie haben es nicht in der Hand, niemandem „etwas schuldig zu bleiben" oder sich „jemanden zu kaufen" – die Mehrzahl Leute, die ihr letztes Hemd auf dem Leibe tragen (Lk 3,11) und von der Hand in den Mund leben müssen (Mt 6,25) oder als Tagelöhner selbst in der Hochsaison nicht mit einem Job für den täglichen Lebensunterhalt rechnen können. Die Parabel von den Arbeitern im Weinberg (Mt 20, 1-15) ist ein zu Recht viel zitiertes Beispiel. Die Kurzzeitarbeiter erhalten den Denar, den sie zum (Über-) Leben brauchen. Unter Iustitia, der Göttin mit der ausbalancierten Waage von Leistung und Gegenleistung, Schuld und Vergleich, deren Gesetz auch auf palästinischen Gütern gilt, gehen sie „vor die Hunde".

Anders als die Essener, die rigoristisch jeden Umgang mit Geld als verwerflich betrachteten, anerkennen die Jesusleute recht selbstverständlich die wirtschaftliche Funktion des Geldverkehrs. Sie führen eine Gemeinschaftskasse, deren Bestand sogar ausreicht, um andere mitzuversorgen (Mk 6,37). Jesus entrichtet die Tempelsteuer, obwohl er als Galiläer rechtlich dazu nicht verpflichtet war (Mt 17, 24-27, vgl. Gubler, 1995, S. 84). Jesus provoziert seine Zuhörer mit dem Gleichnis von den anvertrauten Talenten, in dem er die Schläue eines betrügerischen Vermögensverwalters zum Vorbild erhebt (Lk 16, 1-8). Von Entlassung bedroht, sucht dieser die Schuldner auf und halbiert ihre Zahlungsverpflichtungen, nach bürgerlichem Recht handelt es sich um Urkundenfälschung und Unterschlagung. In Jesu Lesart „kauft" er sich „Freunde mit dem ungerechten Mammon", indem er mit gewitzter Klugheit seine Prokura nutzt, um Schuldner aus ihrer Abhängigkeit vom Geldverleiher teilweise zu „lösen" und ihnen Luft verschafft zum Leben. Entscheidend ist, ob Geld Menschen zum Menschsein befreit oder sie gefangen nimmt, ob es dem Beziehungssystem des Tausches zum Zweck des Nehmens, Mehrens und An-sich-Reißens aufkosten anderer oder jenem des Schenkens und Teilens dient, aus dem die neue Gemeinschaft Gottes erwächst.

Die radikale, kompromisslose Kritik am Mammon, welche die Jesusüberlieferung durchzieht, bedeutet nicht, Jesus habe Geld prinzipiell dämonisiert. Mammon meint hier wie allgemein im zeitgenössischen Judentum nicht das Medium Geld in seiner *Realfunktion*, sondern das geldbestimmte wirtschaftliche, politische, kulturelle und religiöse *Symbolsystem*, welche viele das Leben „kostet". Dafür spricht auch die interessante Beobachtung, dass von Jesu Auseinandersetzung mit Geld und Wirtschaft umso häufiger und intensiver berichtet wird, je näher er sich der Metropole Jerusalem, dem Zentrum von Kult und Kapital, nähert (Pauly, 1995, S. 198).

Der Begriff Mammon erfasst den „Mehrwert" des Geldes, seine symbolische Verheißung, das „Leben zu gewinnen" und zu „versichern". Weil jener „reiche Jüngling" (Mk 10, 17-31), der ernsthaft das wahre Leben sucht, seiner Vermögenssicherheit letztlich mehr Kredit einräumt als einem „entsicherten" Dasein für andere, geht er traurig davon. „Eher geht ein Kamel durch ein Nadelöhr, als dass ein Reicher in das Reich Gottes gelangt" (Mk 10,25). Selig die Armen und weh den Reichen (Lk 6,24ff), die „Witwen um ihre Häuser bringen und lange Gebete verrichten" (Mk 12, 40). „Ihr könnt nicht beiden dienen, Gott und dem Mammon" (Mt 6,24). Es heißt in „einer vom System des Mammon beherrschten Welt nicht, Gott dienen *ohne* Mammon, sondern sehr viel schwieriger und anstrengender: wie kann man mit dem Instrument des 'Mammons der Ungerechtigkeit' Gott dienen und nicht dem Mammon"? (Pauly, 1995, S. 200). Die Evangelien berichten, Jesu Angriff auf die Allianz von Geld und Gott im Tempel habe den letzten Anstoß gegeben, nach Wegen zu suchen, ihn umzubringen (Mk 11,18 parr). Und nicht von ungefähr ist wiederum Geld im Spiel, um ihn den Mächtigen auszuliefern (Mk 14,11parr) und seine Sache zum Schweigen zu bringen.

Die kleinen Grüppchen der Christen im ersten Jahrhundert etablierten in ihren Reihen Lebensformen dieses messianischen Geistes, des Schenkens und Teilens, sie blieben dennoch zugleich Zeitgenossen der übermächtigen Herrschaft des Kosten-Nutzen-Systems, die mit den Folgen ihres Tun und Unterlassens „rechnen" mussten (Steuer zahlen? Handel und Wandel treiben? Prozesse führen?). Und wie war das Verhältnis zwischen dem „kategorischen Indikativ" des Glaubens, nach dem sich der Mensch den Wert seines Daseins nicht länger zu verdienen braucht, sondern völlig unverdient und unverdienbar, völlig unbezahlt und unbezahlbar immer schon erwünscht zu sein (...)[3] ‚zu dem ethischen Imperativ, jemanden für Verfehlungen zur Rechenschaft zu ziehen? Wie war der Gott der Liebe zusammenzudenken mit dem richterlichen Gott der Gerechtigkeit, damit nicht letztlich die Mörder und Folterknechte triumphieren und der Stärkere das letzte Wort behält? So konnte in der Theologie- und Kirchengeschichte die Frohbotschaft vom bedingungslos entgegenkommenden Gott überlagert werden von der Drohbotschaft eines strafenden Richters und Buchhalters, der Lohn auszahlt oder verweigert, Anteilsscheine für Himmel und Hölle ausstellt und dessen „Heils-Ökonomie" mit dem blutigen Opfer seines Sohnes das Menschengeschlecht freikauft.

3. Das Geld – der einzig universelle Gott der globalisierten Ökonomie und die Religionspädagogik

3.1 Die Verwandlung des Geldes zum universalen Heil(s)mittel

„Die kulturelle Leitgröße der Moderne ist nicht mehr die Vernunft, sondern das Geld. An die Stelle religiöser Weltanschauung ist die profane Geldanschauung

---

[3] Fuchs 1998, S. 160.

getreten" (Höhn 2007, S. 105). Die Rede vom Kapitalismus als Religion[4] bzw. von der globalen Vergötterung des Geldes (Becker 2003; Deutschmann 2001 u.a.) gewinnt neuerdings ihre Evidenz aus den Thesen,

- dass die Marktdoktrin totalitäre Zügen mit einem „allein selig machenden Anspruch" angenommen hat, die sich alternativlos versteht, sich damit „absolut" setzt und selbst Menschenopfer als Tribut ökonomischer Rationalität fordern kann (vgl. Segbers, 1996, S. 82 f.): ‚Geld ist geronnene Gewalt' (Tolstoi);

- dass die Herrschaft des Geldes universelle, unsichtbar-entstofflichte Züge angenommen hat, die bis in letzten Lebensprovinzen vordringt und letztlich über Leben und Tod entscheidet – „sich alles leisten können, ist die neue Definition von ‚Allmacht'" (Höhn 2007, S. 102);

- der Warenmarkt den Charakter eines profanen Kultes aufweist (mit positivem Vorzeichen Bolz & Bossart 1995).

Erst der globale Pantheismus des Geldes „offenbart" dessen magische Kräfte.

Geld vermag etwas, was eigentlich nur Menschen selbst vermögen: Es gibt uns ein Versprechen der Sicherheit und unbegrenzten Freiheit. „Was ist eine Banknote, die doch ein Papier ist", heißt es bei Bert Brecht, „/ Ohne Gewicht und doch / Das ist Gesundheit und Wärme, Liebe und Sicherheit. / Hat sie nicht ein geistiges Wesen?/ Das ist etwas Göttliches ..."[5]

„Die ganze Magie des Geldes liegt darin, dass es Sicherheit verspricht, und zwar reale, für jedermann sichtbare Sicherheit. Nichts scheint dieser Daseinssicherung durch Geld überlegen. Eben deswegen steigen in unseren Tagen, neben den Banken, die Versicherungen mit ihren Glashochhäusern in den Himmel. Und wirklich, was sie verheißen, ist fabelhaft, eine ‚Allianz fürs Leben' in allen Notlagen." (Drewermann 1996, S. 446).

Geld ist ‚geprägte Freiheit' (Dostojewski). Sie hat zunächst eine handfest ökonomische Seite: „Mehr Geld, mehr Freiheit, mehr Unabhängigkeit" hieß vor einigen Jahren ein BMW-Slogan – für Jugendliche ein ungemein faszinierendes Versprechen mit höchster Evidenz. Der Clou steckt in dem komparativen Wörtchen „mehr". Mehr Geld haben, bedeutet, den Führerschein machen zu können, ein Auto oder eine „Karre" zu kaufen, frei und unabhängig ein Kino, ein Konzert oder Freunde zu besuchen. Mehr Geld *haben,* heißt freier und unabhängiger *sein.* Das ist die gängige Verknüpfung von „Haben" und „Sein" in der modernen Marktgesellschaft. Und diese schreibt das Leben selbst den Jugendlichen ins Stammbuch: Mit der materiellen Ausstattung, mit dem „*Haben*", wachsen die *Optionen*, freier und unabhängiger zu *sein*, das Leben „in die eigene Hand zu nehmen." Hinzu kommt, dass mit den durch Geldverkehr erworbenen Lebens-Mitteln zunehmend Erwartungen verbunden sind, die auf Lebensziele und - zwecke gerichtet sind. Die Entgrenzung der Wahlmöglichkeit käuflicher Güter,

---

[4] Erstmalig in dem berühmten Textfragment von Walter Benjamin aus dem Jahr 1921, in dem er behauptet, dass der Kapitalismus „essentiell der Befriedigung derselben Sorgen, Qualen, Unruhen" diene wie vormals die Religionen (vgl. 1984, S. 100-103).

[5] Bert Brecht: Über den bürgerlichen Gottesglauben. In: ders.: GW, Bd. 10, Frankfurt/M. 1964, S. 865, zit. nach Falk Wagner: Der irdische Gott des Geldes, rh 1/1991, 32-37, S. 32.

Lebensweisen und Lebenswünsche verlagert den Wert der Dinge von ihrem Gebrauchswert zu ihrem Wert für das Heil von Leib *und* Seele.

Mit dem relativen Schwund des rein instrumentellen Nutzens von Dingen nimmt im Überfluss der Dinge ihre „symbolische Macht" zu – und mit ihnen der Symbolwert des Geldes (BUND/MISEREOR 1996, 209f.) Ich „bespiegele" mich gleichsam selbst in einem an sich toten Ding, imaginiere Zeichen und Symbole, die von diesem Ding ausgesendet werden in Richtung meiner Person und nach außen. Die Werbeindustrie nutzt die gewachsene symbolische Macht der Waren mittels ihrer Ästhetisierung für umsatzsteigernde Strategien. Deren Nutzwert wird zwar nach wie vor gepriesen. Mehr und mehr aber tritt in Werbespots der Gebrauchswert von Produkten zurück hinter ihren Symbolwert. Kaum zu glauben, sogar Strom kann sexy sein.

Moderne Werbung gibt Antworten darauf, wie und was wir *sein* können, wenn wir bestimmte Dinge *haben*, auf Fragen wie: Werde ich mich gut fühlen? Wird es mein Lebensgefühl steigern? Will ich so sein? Der Käufer soll seine Wünsche und Sehnsüchte in einem Produkt „identifizieren", das heißt übersetzt, „sich selbst", seine Lebenswünsche in ihm „wieder erkennen".

Erich Fromm (1979, S. 115) hätte gesagt: Der Konsument erliegt der Selbsttäuschung, seine Identität, das Sein, im Modus des Habens bestimmen zu wollen. Ein wichtiges Merkmal des Habens ist die „Verfügbarkeit", die des Seins die Unverfügbarkeit. Sein hat zu tun mit „inter-esse", dazwischensein, es ist im Fluss, nicht dingfest und „griffig" zu machen. Wer der Mensch ist oder sein kann, ergibt sich aus immer wieder neu vollzogenen Akten der Selbst-Reflexion in Beziehungen. Kennzeichnende Merkmale der Existenzweise des Seins sind nach Fromm das Lieben, die Solidarität, das produktive Tätigsein, das Teilen und Mitteilen in der „Liebe zum Leben". Das Dasein im Modus des Habens macht aus dem „Sein" eine dingliche Angelegenheit, eine handhabbare „Sache", der Konsumismus gaukelt vor, prinzipiell unverfügbare Lebensinhalte und -zwecke – Liebe, Vertrauen, Sicherheit, Freude, Glück – „in den Griff zu bekommen", „machen", herstellen zu können.

Zu dieser ersten Illusion vom guten Leben durch mehr Haben kommt eine zweite: Die Selbstfindung im Modus des Habens hat eine unersättliche Struktur. Der Zugewinn an Befriedigung und Freude, die das neue Auto erhoffen lässt, ist flüchtig. Die ökologisch effizienteren und sichereren laufen bereits über die Produktionsstraßen. Das „Leben im Angebot" (EKD) gibt immer dieselbe Antwort: Genug ist *nicht* genug. Es geht schneller, besser, weiter. Mit Gerhard Schulze: „Wie Süchtige greifen sie nach immer mehr und haben immer weniger davon. Erlebnisorientierung kann zum habitualisierten Hunger werden, der keine Befriedigung mehr zulässt (...) Man unternimmt weite Reisen, um sich am Ziel zu fragen, was man denn jetzt machen soll." (Schulze 1993, S. 413).

„Mehr Sein durch mehr Haben" unterliegt demnach einem dreifachen Selbst-Missverständnis:

- es bindet den Selbst-Wert an den Wert von toten Dingen,
- es hat eine unersättliche, unendliche Natur und
- es verwechselt die Mittel zum Leben mit seinem Sinn und Zweck.

Biehl setzt diese von Fromm entfaltete anthropologische Alternative von „Haben oder Sein" in Analogie zur theologischen Alternative „Gott oder Geld" – mit Luther in der Erklärung zum ersten Gebot: „Worauf du ... dein Herz hängst und verlässt, das ist eigentlich dein Gott" (Biehl 2002, S. 34).

3.2 Ökonomische Alphabetisierung und religiöse Bildung

Religionspädagogen wird das Thema „Geld und Gott" von drei Seiten zugespielt:

- Nicht nur die 2,6 Mio. Kinder und Jugendliche in „prekären" Lebenslagen erfahren hautnah schon in frühen Jahren, dass Geld die kleinen Dinge des Alltags ebenso beherrscht, wie sie umgarnt sind von „geldwerten" Verheißungen auf Teilhabe und Glück – die „Skippies" (school kids with income and purchasing power) sind fest im Visier der Werbestrategen.

- Wie angedeutet, verhalten sich „Geld" und „Religion" wie feindliche Geschwister, pflegen geschichtlich und strukturell ein spannungsvolles Verhältnis von Nähe und unüberwindlicher Distanz. Die biblischen Überlieferungen, die eine „ganze Welt von Vorgängen der Geldverwendung (...) und seinen Risiken, Chancen und Problemen" wie deren „faktische und symbolische Macht auf das religiöse Leben und Denken" facettenreich erzählen und reflektieren (Ebner u.a. 2007, VII), eröffnen schon in der Primarstufe narrative Zugänge zum Thema.

- Der „Vorsprung der Kirchen", im Horizont globaler, ökumenischer Konflikte und Herausforderungen zu denken, hat deutliche Spuren einer spirituellen Sensibilisierung für soziale Gerechtigkeit und Bildung für Nachhaltige Entwicklung unter Religionspädagog/-innen hinterlassen (vgl. Groß/König 2000).

Allerdings: auf der religionspädagogischen Agenda scheint die Zurückhaltung gegenüber dem „kalten", „schnöden" und zumal komplizierten Gegenstand von Geld und Wirtschaft ungebrochen. Die Praxis ist weit davon entfernt, „Arbeit – Geld – Konsum" als „religionspädagogische Grundbegriffe" rezipiert zu haben (vgl. Ruster 2002).

Eine genauere Analyse der dünn gesäten Praxisbeispiele könnte folgende Beobachtungen überprüfen:

Die vergleichsweise größte Aufmerksamkeit erfährt das Thema „Geld" im Religionsunterricht an Berufsbildenden Schulen – aus nahe liegenden Gründen (Schneider 2004). Die Sorge um eine materielle Sicherung vor drohendem sozialen Abstieg wie der Traum einer sorgenfreien finanziellen Sicherheit sind hier existenziell unmittelbar gegenwärtig. Die Lehrer/-innen verfolgen entsprechend lebensweltlich-problembezogene Zugänge – Freizeit- und Konsumverhalten,

Sofortkredite und Verschuldung, Verbraucherinsolvenz. Konkret-lebens-praktische Aspekte werden verknüpft mit kritischer Aufklärung über die Realfunktionen des Geldes und ihrer ethischen Implikationen (Leistung und Einkommen, Zins und Verschuldung, Bereicherung und Verarmung). Biblische Bezüge bieten zusätzliche Impulse – als Materialbausteine neben anderen.

Auch Sek.I-Entwürfe rücken thematisch-problemorientiert die ethische Seite des Umgangs mit Geld in den Vordergrund, jedoch bevorzugt im Kontext gesellschaftlicher Entwicklungen und Gefährdungen, z.b. als Anfrage an weltweite Gerechtigkeit und Solidarität, kritischen Konsum und fairen Handel, als Frage an christliche Glaubwürdigkeit (Das Geld und die Kirchen) oder im Nachdenken über die wachsende Zahl von Suppenküchen, Kleiderdepots und Tafeln in den Hinterhöfen der Glitzerfassaden. Die religiöse Symbolik (und Diabolik) des Geldes und ihr Menschenbild scheinen auf, wo ihre Glücksverheißungen kritisch beleuchtet und hinterfragt werden: Welches Glück stellt der Lottogewinn in Aussicht, welches Glück ist vom Geld unabhängig? Wem sollen wir vertrauen, wenn das Kaufhaus verspricht, uns durch Geld glücklich zu machen, wenn die Werbung es auf eben unser Geld abgesehen hat? (Spaeth 2006, S. 37 f. [6]).

Geld und Wirtschaft kommen religionspädagogisch vornehmlich als subsidiäre Problemaspekte ethischer Verantwortung für Gerechtigkeit, Frieden und Verantwortung in den Blick denn als Anfrage an den christlichen Glauben selbst in seiner Haltung, wie die Schöpfung und der Mensch in ihr gemeint ist. Demgegenüber gipfeln die jüngeren geldkritischen Überlegungen von Höhn, Biehl, Duchrow u.a. darin, eine Verabsolutierung des freien Marktes und eine scheinbar schicksalhafte Geldherrschaft, die „alles und jeden zur Handelware macht" (AGAPE 2005, S. 8), als eine Form der Vergötzung zurückzuweisen, die in dieser Gestalt erstmalig den Charakter eines globalen Geldpantheismus mit universellem Machtanspruch angenommen hat („TINA" = There is no Alternative). „Die Haben-Sein-Alternative bzw. theologisch zugespitzt die Gott-Geld-Alternative stellen eine umfassende Bestimmung der menschlichen Wirklichkeit dar" (Biehl 2002, S. 37).

Nun wären religionspädagogisch gesinnungsethische Frontalangriffe und pausbäckige Fundamentalkritik an Warenkult und „Geldanschauung" gewiss wohlfeil und wenig hilfreich, müssen doch Kinder und Jugendliche ihre Lebenstüchtigkeit und Widerständigkeit *mit, in* und *gegenüber* der „geldbestimmten Wirklichkeit" erlernen. Thomas Ruster empfiehlt daher, „die Unterscheidung von biblischem und geldbestimmtem Wirklichkeitsverständnis *jederzeit* und *bei allen Themen*" im Religionsunterricht zu artikulieren, um das kritische Potenzial des Glaubens zu erschließen (Ruster 2002, S. 157, Hervorh. H.N.). Biehl setzt bei der Entzauberung und Entmythologisierung der vermeintlichen Schicksalhaftigkeit geldbestimmter Wirklichkeit an, angesichts derer er eine Verständigung darüber anregt, welche Zukunft *wünschbar* ist. „Religionspädagogisches Handeln antizipiert eine Welt, wie sie sein *könnte* – im Sinne *einer schrittweisen*

---

[6] Siehe auch die weiteren Beiträge in: entwurf 3/2006.

„Minimierung der ‚Geldbestimmtheit', Minimierung von Ungerechtigkeit, Armut und Naturzerstörung" (Biehl 2002, S. 38 f.). Das AGAPE-Team beim Ökumenischen Rat der Kirchen in Genf hat diese „Realutopie" mit Merkmalen einer „Wirtschaft im Dienst des Lebens" konkretisiert:

- Sie lässt alle „auf Dauer und in Fülle" an den Gaben Gottes teilhaben.
- Sie geht mit der Fülle des Lebens gerecht, teilhabend und nachhaltig um.
- Sie fördert das Teilen, die weltweite Solidarität, die Menschwürde sowie die Liebe und die Integrität der Schöpfung.
- Sie ist eine Wirtschaft für die gesamte oikoumene – die gesamte Erdengemeinschaft.
- Sie ist der Gerechtigkeit Gottes mit ihrer vorrangigen Option für die Armen verpflichtet (AGAPE 2005, S. 7).

Umklammert sind diese Merkmale von der Erkenntnis: „Wirtschaftsfragen sind Glaubensfragen." Von deren religionspädagogischer Konsensfähigkeit wird abhängen, ob ökonomische Alphabetisierung als eine wichtige Aufgabe *religiöser* Bildung erkannt wird.

Literatur

AGAPE-Hintergrunddokument (Alternative Globalisation Adressing People and Earth, Alternative Globalisierung im Dienst von Menschen und Erde) (2005). Genf.

Baecker, Dirk (2003) (Hrsg.): Kapitalismus als Religion. Berlin: Kadmos.

Becker, Ulrich (2007): Konturen einer ökumenisch-konziliaren Didaktik. In: Noormann, Harry; Becker, Ulrich; Trocholepczy, Bernd (Hrsg.): Ökumenisches Arbeitsbuch Religionspädagogik. Stuttgart: Kohlhammer, 3. Aufl., S. 165-182.

Bedford-Strohm, Heinrich u.a. (Hrsg.) (2007): Kontinuität und Umbruch im deutschen Wirtschafts- und Sozialmodell. (Jahrbuch Sozialer Protestantismus 1). Gütersloh: Gütersloher Verlagshaus.

Benjamin, Walter (1985): Gesammelte Schriften, Bd. IV. Frankfurt.

Biehl, Peter (2002): Gott oder Geld. In: Biehl, Peter; Johannsen, Friedrich: Einführung in die Glaubenslehre. Neukirchen-Vluyn: Neukirchener, S. 25-60.

Bolz, Norbert; Bosshart, David (1995): KULT-Marketing. Die neuen Götter des Marktes. Düsseldorf: Econ.

BUND/MISEREOR (Hrsg.) (1996): Zukunftsfähiges Deutschland. Ein Beitrag zu einer global nachhaltigen Entwicklung. Studie des Wuppertal Instituts für Klima, Umwelt, Energie. Basel u.a.: Birkhäuser.

Clévenot, Fernando Belo Michel (1978): So kennen wir die Bibel nicht. Anleitung zu einer materialistischen Lektüre biblischer Texte. München: Ökumenischer Verlag.

Deutschmann, Christoph (2001): Die Verheißung des absoluten Reichtums. Zur religiösen Natur des Kapitalismus. Frankfurt/New York: Campus, 2. Aufl.

Drewermann, Eugen (1996): Jesus von Nazareth. Befreiung zum Frieden. Zürich/Düsseldorf: Walter-Verlag, 4. Aufl.

Durchrow, Ulrich u.a. (2006): Solidarisch Mensch werden. Psychische und soziale Destruktion im Liberalismus – Wege ihrer Überwindung. Hamburg: Vsa.

Ebner, Martin; Fischer, Irmtraut u.a. (Hrsg.) (2007): Gott und Geld. (Jahrbuch Biblische Theologie, Bd. 21). Neukirchen-Vluyn: Neukirchener.

Fromm, Erich (1979): Haben oder Sein. München: dtv.

Fuchs, Gotthard (1998): Geistliches Leben im „stahlharten Gehäuse". In: KBl 123, S. 153-164.

Gerechte Teilhabe (2006). Befähigung zu Eigenverantwortung und Solidarität. Eine Denkschrift der EKD, hrsg. vom Kirchenamt der EKD. Gütersloh.

Gestrich, Christoph (Hrsg.) (2004): Gott, Geld und Gabe. Zur Geldförmigkeit des Denkens in Religion und Gesellschaft. Berlin: Wichern.

Groß, Engelbert; König, Klaus (Hrsg.) (2000): Religiöses Lernen der Kirchen im globalen Dialog. Weltweit akute Herausforderungen und Praxis einer Weggemeinschaft für Eine-Welt-Religionspädagogik. Münster: Lit-Verlag.

Gubler, Marie-Luise (1995): Jesus und das Geld. Diakonia, 26, Heft 2, S. 79-89.

Höhn, Hans-Joachim (2007): Postsäkular. Gesellschaft um Umbruch – Religion im Wandel. Paderborn: Schöningh.

Kessler, Rainer (1992): Zur israelitischen Löserinstitution. In: Crüsemann, Marlene; Schottroff, Willy (Hrsg.): Schuld und Schulden. München: Kaiser, S. 40-53.

Lanczkowski, Günter (1993): Geld, religionsgeschichtlich. In: TRE, Studienausgabe, Bd. XII. Berlin/New York, S. 276-278.

Laum, Bernhard (2006): Heiliges Geld. Eine historische Untersuchung über den sakralen Ursprung des Geldes (1924). Berlin: Semele.

Pauly, Dieter (1995): „Ihr könnt nicht beiden dienen, Gott und dem Mammon" (Lk 16,13). In: Füssel, Kuno; Segbers, Franz (Hrsg.): „(...) so lernen die Völker des Erdkreises Gerechtigkeit. Ein Arbeitsbuch zu Bibel und Ökonomie. Luzern; Salzburg: Pustet Anton, S. 187-204.

Rickers, Folkert (2002): Die Macht des Geldes. Anstöße zu interreligiösem Lernen. In: Gottwald, Eckart; Rickers, Folkert (Hrsg.): www.geld-himmeloderhölle.de; Neukirchen-Vluyn: Neukirchener, S. 111-132.

Ruster, Thomas (2002): Arbeit – Geld – Konsum. In: Bitter, Gottfried u.a. (Hrsg.): Neues Handbuch religionspädagogischer Grundbegriffe. München: Kösel, 2. Aufl., S. 154-157.

Schneider, Evelyn (Hrsg.): Money, Macht und Mammon (Arbeitshilfe BBS 24). Loccum.

Schulze, Gerhard (1993): Entgrenzung und Innenorientierung. Eine Einführung in die Theorie der Erlebnisgesellschaft. In: Gegenwartskunde, Jg. 42, Nr. 4.

Segbers, Franz (1996): Wider den Götzen Markt – Athen und Jerusalem im Erbe. In: Jacob, Willibald u.a. (Hrsg.): Die Religion des Kapitalismus. Die gesellschaftlichen Auswirkungen des totalen Marktes. Lucern: Ed. Exodus, S. 70-85.

Spaeth, Frieder (2006): Geld und Glück. Unterrichtsvorschlag für die Unterstufe. In: entwurf, 3, S. 36-41.

Theißen, Gerd (2000): Die Religion der ersten Christen. Eine Theorie des Urchristentums. Gütersloh: Gütersloher Verlagshaus.

Zauner, Wilhelm (1995): Religion und Geld. Diakonia, 26, H. 2, S. 73-78.

Zur Verankerung ökonomischer Bildung in der Schule

Ökonomische Bildung im Sachunterricht der Grundschule

Bernd Feige

1. Einleitung

Auf der Ebene didaktischer Entwürfe ist ökonomische Bildung schon seit der Entstehung des Sachunterrichts in den späten 1960er Jahren Bestandteil dieses seinerzeit neuen Grundschulfaches. Selbst das noch mit „Der Heimatkundeunterricht" betitelte Buch von Hartwig Fiege (1901-1997) nannte bereits die „wirtschaftskundliche Komponente" (1967, S. 84 ff.) neben 6 anderen Komponenten als unverrückbaren Bestandteil der späten Heimatkunde. Fiege behält diesen Zuschnitt auch bei, als sein Buch in der dritten und vierten Auflage in „Sachunterricht in der Grundschule" umbenannt wird (vgl. 1972; 1976), wobei es inhaltlich kaum zu Veränderungen kam. Auch frühere, spätere und aktuelle didaktische Entwürfe nennen den ökonomischen Bereich als wesentlichen Bestandteil des Sachunterrichts bzw. der Heimatkunde. Mit der Entfaltung des vielperspektivischen Sachunterrichts (vgl. Feige 2007, S. 110-132) entwickelte Köhnlein sein Dimensionenmodell vom Sachunterricht, das ausdrücklich auch die ökonomische Dimension enthält (vgl. z.B. 1996, S. 50). Ebenso findet sich bei Kahlert, der auch dem vielperspektivischen Sachunterricht zugeordnet werden kann, die ökonomische Perspektive als wichtiger Bestandteil des Sachunterrichts (vgl. 2005, S. 238). Dieser Einmütigkeit steht jedoch ein anderer Befund gegenüber, der auf die tatsächliche Bedeutung der ökonomischen Dimension in der Didaktik des Sachunterrichts und ihrer Diskussion verweist. Vergleicht man einmal die beiden in Buchform vorliegenden Bibliographien zum Sachunterricht von Gärtner (1976) und Rauterberg (2005) unter der Fragestellung, wie viele der dort aufgeführten Beiträge sich der Bearbeitung wirtschaftlicher Themen im Rahmen des Sachunterrichts widmen, fällt sofort auf, dass die Anzahl einschlägiger Publikationen jäh abgenommen hat. Unter dem Bezugsfeld „Wirtschaft- und Arbeitslehre" (Gärtner 1976, S. 196) tauchen in der älteren Bibliographie noch 48 Titel auf, während Rauterberg unter dem vergleichbaren Bezugsfeld „Bezugsfach Arbeitslehre: Didaktik und Methodik" (2005, S. 144) ganze vier einschlägige Beiträge aufführt. Selbst wenn die Suche auf verwandte Gebiete erweitert wird, steigt die Zahl kaum, bzw. es werden Beiträge aus den späten 1970er Jahre gefunden (vgl. ebd., S. 90). Natürlich ist dabei in Rechnung zu stellen, dass beide Bibliographien unterschiedlichen Zuschnitts sind und daher ein Vergleich nicht so umstandslos möglich ist. Dennoch wird zumindest signalartig deutlich, dass es um die Diskussion und Entwicklung der ökonomischen Bildung im Sachunterricht nicht sonderlich gut bestellt zu sein scheint. Dieser Eindruck wird noch verstärkt, wenn bedacht wird, dass Gärtners Bibliographie nur 10 Jahre dokumentiert (1965-1975), Rauterbergs Beitrag jedoch immerhin 27 Jahre (1976-2003) erfasst. Es ist schon erstaunlich, dass in einer Gesellschaft, die wie selten zuvor von wirtschaftlichen Zusammenhängen durchdrungen ist, dieser Themenbereich im Sachunterricht der Grundschule offenkundig nur ein Schattendasein fristet.

2. Begrifflichkeiten

Wie schon bei der obigen Recherche angedeutet, sind verschiedene Ausdrucksweisen in Gebrauch, die versuchen, ökonomische Bildung in der Grundschule zu erfassen. In älteren Schriften findet sich durchaus noch der Begriff „wirtschaftliche Erziehung" (Abraham 1966). Hierbei geht es darum, Wirtschaft in der Tradition der geisteswissenschaftlichen Pädagogik als Bildungswert zu begründen und wirtschaftsfreundliche Verhaltensweisen, Haltungen und Einstellungen zu entwickeln. In der Grundschule wurde dabei innerhalb der Heimatkunde nicht selten eine Art Berufs- und Wirtschaftskunde betrieben. In einem frühen Beitrag bezog Hauptmeier „Wirtschaftserziehung" ausdrücklich auf die Grundschule. Auch darin wurde die Frage nach ihrem Bildungswert gestellt und sehr defensiv beantwortet, denn die Vermittlung der sogenannten Kulturtechniken hätte absoluten Vorrang (vgl. 1968, S. 613). Andererseits machte Hauptmeier schon den Vorschlag, sich fachbezogen an US-amerikanischen Vorbildern zu orientieren, womit er sich von der zeitgenössischen Heimatkunde abzuwenden begann (vgl. ebd., S. 623).

Heute hat sich für die Grundschule im Allgemeinen die Begrifflichkeit „ökonomisches Lernen" durchgesetzt, wobei sie einmal stärker zur Herausstellung eines selbstständigen Lernbereichs gebraucht wird (vgl. Kiper 1996, S. 107 f.), zum anderen auch oftmals synonym mit „ökonomischer Bildung" (vgl. Gläser 2007, S. 159) benutzt wird. Vorwiegend für den Sekundarbereich findet sich mit den Bezeichnungen „Verbrauchererziehung" oder auch „Konsumentenerziehung" eine systematisch und auch inhaltlich verwandte Begrifflichkeit (vgl. Lackmann 2004, S. 503 f.), die mit dem Blick auf ältere Schülerinnen und Schüler besonders verbraucherschutzrechtliche Gesichtspunkte betont.

Für den vorliegenden Zusammenhang wird jedoch ausdrücklich für die Bezeichnung „ökonomische Bildung" plädiert. Dies soll auch gelten, wenn diese Begrifflichkeit im vorliegenden Kontext als Oberbegriff gebraucht wird, der sowohl historische als auch systematische Vergleiche und Zuordnungen ermöglicht. Dies sei im Folgenden kurz begründet: Das Adjektiv „ökonomisch" wird deshalb gewählt, um den wissenschaftsorientierten Sachanspruch dieses Lernbereichs auch in der Grundschule zu verdeutlichen. Zwar spräche grundsätzlich nichts gegen das Adjektiv „wirtschaftlich", aber angesichts der Gefahr unangemessener didaktischer Reduzierungen auf nur alltagswirtschaftliche Gegebenheiten im realen Sachunterricht (etwa Taschengeld, Einkaufen und Wochenmarkt) soll die Betonung des „Ökonomischen" ein deutliches Zeichen für eine angemessene Sachorientierung setzen, gerade weil die zu bearbeitenden Zusammenhänge eine nicht geringe Vielschichtigkeit aufweisen.

Der Begriff „Bildung" wird hier im Sinne von Klafkis neuerer bildungstheoretischer Grundlegung, die er erstmals 1985 vorlegte, verstanden (vgl. 1985, S.

12-17). Bildung wird somit in der Tradition bürgerlicher Emanzipationsbestrebungen aufgefasst, denen es vor allem um die individuelle Freisetzung ging. Neben dem eben verdeutlichten Sachanspruch tritt damit – mindestens gleichberechtigt – der individuelle Freiheitsanspruch hinzu. Darüber hinaus wird auf diese Weise auch die Forderung formuliert, dass ein mit „Bildung" bezeichneter Gegenstand notwendiger Bestandteil einer für alle als verbindlich zu haltenden Allgemeinbildung sein soll. Dieses Verständnis von Allgemeinbildung hat Klafki auch dem Sachunterricht ins Stammbuch geschrieben (vgl. 1992, bes. S. 12 ff.). Anders formuliert: Sachunterricht, der Kindern ökonomische Bildung vorenthält, erfüllt seinen Bildungsauftrag im Sinne der Anbahnung einer grundsätzlich gleichen Allgemeinbildung für alle nicht! Da die Grundschule die Basis für die Allgemeinbildung zu legen hat, wird dieser spezielle Beitrag auch mit dem Begriff der „grundlegenden Bildung" (Glöckel 1988, S. 16 f.) erfasst, so dass mit Blick auf die ökonomische Bildung für den Primarbereich auch von „grundlegender ökonomischer Bildung" gesprochen wird (vgl. Hauenschild/Bolscho 2007, S. 66).

Nun soll hier nicht so getan werden, als sei die Verbindung von Ökonomie und Bildung so etwas wie eine nicht zu diskutierende Selbstverständlichkeit; denn ein kurzer Blick in die Pädagogikgeschichte zeigt, dass es sich um etwas Errungenes oder um etwas zu Erringendes handelt.

3. Historische Aspekte

Mit dem Aufkommen des Bildungsbegriffs im letzten Drittel des 18. Jahrhunderts (vgl. Lichtenstein 1989, S. 168) einher geht die Aufnahme und Verarbeitung der Pädagogik von Jean Jacques Rousseau (1712-1778) im deutschen Sprachraum. Oftmals wird die Rezeption der Pädagogik Rousseaus damit in Verbindung gebracht, dass wirtschaftliche Themen Eingang in die schulische Erziehung erhalten (vgl. Gläser 2007, S. 159; Kiper 1996, S. 99). Dabei gerät jedoch die Tatsache etwas aus dem Blick, dass Rousseau selbst in seinem Erziehungsdenken noch klar zwischen dem wirtschaftlichen Zwängen ausgelieferten bürgerlichen Menschen und dem freien natürlichen Menschen unterschied. Woraufhin seine Erziehungsvorstellungen abzielten ist klar: „Der natürliche Mensch ist sich selbst alles. Er ist die ungebrochene Einheit, das absolute Ganze, das nur zu sich selbst oder seinesgleichen eine Beziehung hat. Der bürgerliche Mensch ist nur eine Bruchzahl, die von ihrem Nenner abhängig ist und deren Wert in ihrer Beziehung zum Ganzen besteht, das heißt dem gesellschaftlichen Ganzen" (Rousseau 1970, S. 112). Nur freie Menschen könnten demnach wiederum eine politische und dann auch wirtschaftende Gesellschaft bilden und zwar auf Grundlage eines entsprechenden Vertrages. Ausschließlich zur Bürgerlichkeit im Sinne wirtschaftlicher Tauglichkeit erzogene Menschen können dies nicht. Es ist kein Zufall, dass Rousseaus Hauptwerke „Emile" und „Contrat social" 1762 und damit im selben Jahr erschienen. Die nun einsetzende Verarbeitung der Pädagogik Rousseaus durch die deutschen Pädagogen der Aufklärungszeit – den Philanthropen – verkürzt diese Zusammenhänge erheblich und es kommt zu einer unpolitischen und damit recht platten Gleichsetzung von persönlicher und gesellschaftlicher Erfüllung (vgl. Blankertz 1982, S. 80).

Die gesellschaftliche Indienstnahme des Individuums durch die Philanthropen führte zur Herausbildung eines wirtschaftlich ausgerichteten Nützlichkeitspostulats, das für die unteren Stände in der Erziehung zur „Industriosität", im Sinne der Erzeugung von Sparsamkeit, Arbeitsamkeit, Ordnungsliebe, Zeitökonomie und eines nie enden wollenden Fleißes einmündete (vgl. Feige 1997, S. 194). Für die oberen Stände wurde der Homo oeconomicus das Ideal, der selbstlos, fleißig und tugendsam im Dienste der Gesellschaft stehende Bürger (vgl. Ruppert 1989, S. 66). Diese Verzweckung von Bildung rief zum Anfang des 19. Jahrhunderts bildungstheoretische Gegner auf den Plan, die Bildung von dem philanthropischen Utilitarismusvorbehalt befreien wollten. Allen voran sind hier Friedrich Immanuel Niethammer (1766-1848) und Wilhelm von Humboldt (1767-1835) zu nennen, die eine reine, zweckfreie Bildung forderten und im gymnasialen und universitären Bereich auch durchsetzten. Das neuhumanistische Bildungsideal war geboren und Bildung war seitdem hierzulande ein fast wirtschaftsfreier Raum gewesen. Bildung in wirtschaftlichen Verwertungszusammenhängen zu denken galt vielen Generationen von Gymnasiallehrern und Universitätspädagogen seitdem als geradezu verwerflich. Bildung wurde streng von Ausbildung im Beruf und volkstümlicher Bildung mit Zurichtung auf den Beruf für die breite Masse unterschieden (vgl. Borsche 1990, S. 60). Mit den gesellschaftlichen Veränderungen im Zuge der 1968er-Ereignisse erfolgte im Zeichen von politischer Emanzipation und Demokratisierung zwar wieder eine deutlichere Beachtung wirtschaftlicher Themen bis hinein in die Grundschule (vgl. CIEL-Arbeitsgruppe 1975), allerdings geschah dies meist im Zeichen einer massiven Kapitalismus- und Wirtschaftskritik. Wirtschaftsfreundliche Tendenzen sind in der Pädagogik erst in unseren Tagen zu beobachten. Die Zeichen stehen eigentlich so günstig wie nie dafür, dass ökonomische Bildung von Anfang an ihren Platz in der Schule erhält.

4. Konzeptionen ökonomischer Bildung in der Grundschule

4.1 Ökonomische Bildung als wirtschaftskundliche Heimatkunde

Ökonomische Bildung in der Grundschule ist heute Gegenstand des Sachunterrichts. Vormals war sie ein Lernbereich in der Heimatkunde. Die 1950er und die 1960er Jahre stellten eine Periode des wirtschaftlichen Aufstiegs in der jungen Bundesrepublik Deutschland dar, der vor allem auf dem Fleiß der arbeitenden Menschen zurückzuführen war. Die Bundesrepublik jener Jahre ist vor allem mit dem Begriff „Arbeitsgesellschaft" (Schildt 1997, S. 4) zutreffend gekennzeichnet. Dieser Umstand spiegelt sich in der Bearbeitung wirtschaftlicher Themen fortschrittlicher Heimatkundedidaktiker aus dieser Zeit wider. Allerdings bleibt der Horizont der Unterrichtsvorschläge oftmals trotz aller Modernität dieses Didaktikerkreises kleingewerblich und handwerklich zugeschnitten. Bei Ilse Rother (1917-1991), die bereits 1954 durchgängig von Sachunterricht sprach, werden im Sachunterricht u.a. der „Kaufmann Vocke", die „Gärtnerei Zimmermann" und der „Töpfer Beheim" aufgesucht (vgl. Rother 1964[4] (1954), S. 110 f., S. 127 ff.). Die Zeit des Wiederaufbaus nach dem 2. Weltkrieg findet sich in der ausführlichen Bearbeitung des Themas „Der Hausbau" (vgl. ebd. S. 135 ff.) wieder, wo der Handlungsaspekt so weit getrieben wird, dass die Kinder sogar eine richtige Mauer bauen. Außerschulisches Lernen und Handlungsorientierung stehen bei Rother in Bezug auf ökonomische Bildung im Sachunterricht ganz oben auf der pädagogischen Tagesordnung. Ziel ist es, dass die Kinder ihnen fassliche Arbeitsvorgänge nachvollziehen können, damit sie für sie durchschaubar werden (vgl. ebd., S. 127). Ökonomische Bildung wird hier als Arbeitskunde vorstellig, wobei berücksichtigt werden muss, dass sich Rothers Entwurf auf den Anfangsunterricht (1. und 2. Schuljahr) richtete.

Andere Reformheimatkundler, die auch die späteren Grundschuljahrgänge im Blick haben, erweitern diesen arbeitskundlichen Ansatz um wirtschafts- und betriebskundliche Gesichtspunkte. Bei Rudolf Karnick (1901-1994) etwa wird am Beispiel der Meierei (vgl. 1964b, S. 750 ff.) der Weg vom Roh- zum Endprodukt verdeutlicht. In diesem Zusammenhang werden immerhin Aspekte wie menschliche und maschinelle Arbeit, Eintönigkeit von Arbeitsprozessen, Arbeitsteilung und Vertriebswege bearbeitet. Ebenso wie bei Rother ist das außerschulische Lernen in Form von Unterrichtsgängen die bevorzugte Unterrichtsform. Ziel dieses Unterrichts ist es, dass die Kinder einen „für sie ‚durchsichtigen' Ausschnitt aus der Volkswirtschaft, in die sie ja selbst als Verbraucher vieler Güter einbezogen werden, erhalten" (Karnick 1964b, S. 749). Das von den Heimatkundedidaktikern so sehr hochgehaltene Prinzip der unmittelbaren Anschauung führt dazu, dass das Bearbeiten wirtschaftlicher Themen streng lokal gebunden bleibt. Im Fall Karnick (Flensburg) kommt es so dazu, dass mit einer Werft immerhin auch ein Großbetrieb in den Mittelpunkt der Aufmerksamkeit gerät (1964a, S. 448 ff.). Darüber hinaus werden bei dem Thema „Markt" auch Preis-Leistungsvergleiche angestellt (vgl. Karnick 1964b, S. 586). Nach eigener Terminologie ordnet Karnick seine wirtschaftlichen Themen den Stoffgebieten der sozialkundlichen Heimatkunde zu (vgl. 1964b, S. V). In systematischer Hinsicht lassen sich die hier genannten Ansätze ökonomischer Bildung in der Heimatkunde mit der Bezeichnung wirtschaftskundliche Heimatkunde zusammenfassen. Wenn allerdings konsequent bedacht wird, dass Rother durchgängig von Sachunterricht spricht und dass hier vornehmlich Arbeitsplätze aufgesucht werden, könnte die Ausprägung in ihrem Ansatz auch als arbeitskundlicher Sachunterricht bezeichnet werden. Einigendes konzeptionelles Band war der noch aus den Anfängen der Grundschule stammende Gesamtunterricht (vgl. Feige 2004). Dieser war in der Regel so angelegt, dass er von einem Sachverhalt ausgehend Sprach-, Schreib- und Recheninhalte und -übungen diesem anlagerte, ebenso suchte man nach musischen Anschlussstoffen. Gesamtunterricht war demnach fächerintegrativ ausgerichtet bzw. streng genommen vorfachlich-ganzheitlich angelegt. Dabei folgte er der entwicklungspsychologischen Vorstellung einer allmählich von innen heraus sich entfaltenden Reife des Kindes, die es pädagogisch vorsichtig zu begleiten galt.

4.2 Ökonomische Bildung als fachpropädeutische Wirtschaftslehre

Mit der Abschaffung der Heimatkunde wurde die reformpädagogische Konzeption des Gesamtunterrichts über Bord geworfen. Gleichsam als Gegenreaktion auf diesen Fächergrenzen weitgehend ausblendenden Ansatz wurde die neue Grundschule betont an Fachlichkeit ausgerichtet, oftmals im Sinne einer fachlich rückgebundenen Wissenschaftsorientierung. So wurde der Deutschunterricht um linguistische Elemente angereichert, aus dem Rechenunterricht wurde Mathematik unter Einbezug einer wissenschaftslogisch aufgebauten Mengenlehre und die musischen Fächer wurden kommunikationstheoretisch umgedeutet, so dass aus Kunst und Musik visuelle und auditive Kommunikation wurden. Für das neue Fach Sachunterricht hatte diese Entwicklung zur Folge, dass es mit seinen vielfältigen internen Bezügen in zahlreiche kleine Minifächer zu zerfallen drohte. So hatten die Kinder innerhalb des Sachunterrichts nun etwa Physik, Geographie, Biologie und Sozialkunde.

Die Fachorientierung ging von drei Voraussetzungen aus: Erstens wurde die reifungstheoretische Sicht der kindlichen Entwicklung und der damit verbundene statische Begabungsbegriff überwunden. An ihre Stelle trat eine stärker sozialisations- und lerntheoretische Sicht der kindlichen Entwicklung, verbunden mit dem dynamischen Begabungsbegriff. Ein Kind war nicht begabt, es wurde begabt (vgl. Schwartz 1969). Herrschte ehedem die Sorge vor Überforderung vor, sollte nun Unterforderung um jeden Preis vermieden werden. Daraus konnte – zweitens – gefolgert werden, dass das Grundschulkind belastbarer war, als bisher angenommen. Demzufolge wären stärker fachwissenschaftlich ausgerichtete Inhalte und Methoden auch schon in der Grundschule zu bewältigen. Es kam zu einem Herunterziehen – einem Pushing-down – von Inhalten aus dem Sekundarbereich in die Grundschule, auch in der Hoffnung, die Grundschule könne auf diese Weise das Lernen in den Sekundarstufen entlasten. Durch diese Vorverlagerung wurden zudem die vorbereitenden Aufgaben der Grundschule für späteres Lernen betont, so dass Grundschule nunmehr – drittens – vor allem in Hinblick auf ihre propädeutische Funktion ausgestaltet wurde (vgl. Feige 2007, S. 28 ff.). Zur Durchsetzung dieser neuen Ausrichtung des Grundschulunterrichts wurden zwei Wege beschritten. Zunächst wurden bundesweit auf breiter Front die Lehrpläne bzw. Richtlinien entsprechend geändert (vgl. Gärtner 1976, S. 52 ff.). Im Zuge dieser Entwicklung wurden sodann entsprechende Unterrichtsmaterialien entwickelt und in den Unterricht eingeführt. Den Anfang machte Nordrhein-Westfalen 1969, es folgten aber bald andere Länder wie Berlin 1970 und Bayern 1971. In dem jetzt stärker in Fachbezügen zergliederten Sachunterricht wurde die ökonomische Bildung oftmals dem sozialkundlichen Aspekt zugerechnet, dort aber als ein selbstständiger Bereich ausgewiesen. In Bayern etwa als „Sozial- und Wirtschaftslehre" (vgl. Siller 1981, S. 28), in Nordrhein-Westfalen z.B. an erster Stelle im Bereich der Sozialen Studien: „Die erste Kategorie des Bereichs ist die des M e n s c h e n a l s K o n s u m e n t und P r o d u z e n t(gesperrt wie im Original, Anm. B.F.). Hier besteht die Aufgabe, erste Begegnungen mit der Welt der Wirtschaft herbeizuführen. Zwar gehörten der Bedarf an Gütern und ihre Herstellung, die Verteilung der Güter und schließlich die Bezahlung der Güter bereits immer zum Programm der Grundschule, doch wird man in mehr fachbezogener Weise „Idyllen" vermeiden müssen. Auch im Handwerksbetrieb und auf dem Bauernhof sind heute betriebswirtschaftliche Grundsätze maßgeblich" (Richtlinien 1969, S. 250). Die Lehrplanentwicklung schritt dabei der didaktischen Theoriebildung voran. Neukum publizierte 1972 einen Aufsatz, der eine fachlich-wissenschaftsorientierte, lehrgangsbezogene und verhältnismäßig selbstständige Wirtschaftslehre für die Grundschule forderte (vgl. 1972, S. 122 ff.). Leitbild war der in mündiger Lebensführung wirtschaftende Bürger (vgl. ebd., S. 126). Dies sollte im Sachunterricht durch die Vermittlung fundamentaler Ideen, die dem wirtschaftlichen Handeln innewohnen, angebahnt werden. Als solche wurden u.a. festgestellt: Bedürfnisse der Menschen und Knappheit der Ressourcen, mit vorhandenen Mitteln planvoll wirtschaften, Angebot und Nachfrage, Markt, Arbeitsteilung, öffentliches und privates Wirtschaften (vgl. ebd., S. 127 f.). Ähnlich wie seinerzeit im naturwissenschaftlichen Sachunterricht üblich, dienten US-amerikanische Unterrichtsvorschläge auch für die Wirtschaftslehre in der Grundschule als Vorbild, namentlich das von dem Sozialwissenschaftler Lawrence Senesh (1910-2003) im Jahre 1964 vorgelegte Curriculum „Our Working World. Families at Work".

In Zeiten politischer Emanzipation blieb damit der Ansatz ökonomischer Bildung als fachlich betonte Wirtschaftslehre im Sachunterricht insgesamt affirmativ und unkritisch.

4.3 Ökonomische Bildung als Aufklärung über gesellschaftliche Verhältnisse

4.3.1 Ökonomische Bildung als politische Bildung

Wesentlich kritischer gingen fast zeitgleich die Autoren Gertrud Beck, Siegfried Aust und Wolfgang Hilligen zu Werke. Mit ihrem „Arbeitsbuch zur politischen Bildung in der Grundschule" und dem dazu gehörenden Lehrerband legten sie ein Unterrichtswerk vor, das dem Demokratisierungswille der Zeit folgte und einen bildungsoptimistischen und kritischen Aufklärungsbeitrag über gesellschaftliche Zusammenhänge leisten wollte (vgl. 1972). Politische Bildung für die Grundschule ist seitdem in Anspruch und Umfang in einem Unterrichtswerk in dieser Form nicht mehr formuliert worden. Selbstredend werden auch wirtschaftliche Fragestellungen bearbeitet. Drei von den insgesamt neun Themenbereichen sind ausdrücklich der ökonomischen Bildung zuzuordnen, wobei auch bei den anderen Themen wirtschaftliche Aspekte mitschwingen. Mit „Werbung, Reklame, Propaganda" (S. 31), „Wünsche, Wünsche, Wünsche – Bedürfnisse?" (S. 39) und „Herstellung, Verteilung, Verbrauch" (S. 57) werden handfeste wirtschaftliche Zusammenhänge bearbeitet. Schon die jeweiligen Untertitel machen den gesellschafts- und kapitalismuskritischen Grundton deutlich: „Wie man die Leute dazu bringt, sich etwas zu wünschen, etwas zu denken, etwas zu kaufen, etwas zu tun" (S. 31), „Was man braucht und was man haben möchte" (S. 39) und „Wie aufgeteilt wird, was alle erarbeiten" (S. 57). Der gesellschaftskritische Tenor wird in diesem Abschnitt besonders deutlich. In dem Schülerarbeitsbuch werden marxistisch anklingende Begrifflichkeiten wie Arbeitskraft, Profit und Produktionsmittel eingeführt und es wird gefragt, wie denn wohl die gemeinsam erarbeiteten Gewinne verteilt werden. Dabei wird festgestellt, dass dies nicht gleichmäßig geschieht und dass es sogar Menschen gibt, die ohne zu arbeiten viel Geld besitzen, während andere trotz Arbeit nur schwer mit dem Geld auskommen (vgl. 1975, S. 36-51). An anderer Stelle wird das im bürgerlichen Lager jener Jahre ungeliebte Kürzel BRD gebraucht (ebd., S. 20), das vor allen Dingen von DDR-Offiziellen gerne benutzt wurde.

Aus heutiger Sicht staunt man mitunter, was seinerzeit Grundschulkindern zugetraut wurde. Trotz zahlreicher bildlicher und schematischer Darstellungen enthält das Buch eine große Textmenge über teilweise doch sehr abstrakte Zusammenhänge. Selten wird der Bruch zwischen Heimatkunde und Sachunterricht so deutlich wie hier: Besuchten die Kinder eben noch Kaufmann Vocke in der Nachbarschaft (vgl. Rother 1969, S. 170), geht es nun um Kredit und Zinsen, um Waren und Güter oder um Preis- und Lohnsteigerungen (vgl. Beck/ Aust/ Hilligen 1975, S. 38 f., S. 51). Da es sich bei dem Beitrag von Beck und ihren Mitstreitern um ein Schulbuch handelt, das 1972 das erste Mal erschien und in rascher Folge mehrere Auflagen erlebte, kann mit einigem Recht davon ausgegangen werden, dass davon auch tatsächlich etwas in der Schulpraxis angekommen ist. Abschließend sei der gesellschaftskritische Grundton nochmals verdeutlicht. Im Lehrerband heißt es in den Zielstellungen, die den Kindern vermittelt werden sollen, u.a.: „Erkenntnis von wirtschaftlichen Zusammenhängen und sozialen Ungleichheiten, die aus der Wirtschaftsordnung resultieren" (S. 50). Und wenig später wird als Erkenntnisziel genannt: „Aus Geld kann mehr Geld werden, wenn man Geld genug hat, um Dinge zu bauen oder zu kaufen, die Profit erbringen (Mietshaus, Fabrik, Maschinen, Boden, ...)" (S. 51).

4.3.2 Ökonomische Bildung im Rahmen des integrativmehrperspektivischen Unterrichts (MPU)

Der gesellschaftskritischen Sicht des eben vorgestellten Lehrwerks stand der MPU in nichts nach. Im Gegenteil: die systemkritische Sichtweise von Arbeit wurde entschieden thematisiert. Beispielsweise wurden der Mehrwert von Arbeit und die Ausbeutung der Arbeitskraft ausdrücklich im Teilcurriculum Sprudelfabrik Produktion, das fast ausschließlich Gerhard Wohler verfasste, sachanalytisch behandelt. Dem wurde die Forderung der Humanisierung von Arbeit in den westeuropäischen Gesellschaften entgegengestellt. Dies galt es bereits im Unterricht der Grundschule zu bearbeiten (vgl. CIEL-Arbeitsgruppe 1975, S. 39). Als Beispiel wird hier die monotone und belastende Fließbandarbeit in einer

Sprudelfabrik gewählt. Zweckrationalität, Arbeit und Kalkulation sind hier die Schlüsselbegriffe, die es vielfältig mit den Kindern zu erarbeiten gilt. Sachinformationen, Spiele und Planspiele, Interviews, Poster u.a. kommen zum Einsatz (vgl. ebd. S. 71-142). Dabei werden gesellschaftliche Einrichtungen nach Lesart des MPU im Wesentlichen unter vier Perspektiven rekonstruiert. Wirtschaftliche Kontexte werden demnach unter scientischer (wissenschaftlicher), erlebnis-erfahrungsbezogener, politisch-öffentlicher und szenischer (agierende Personen werden als Rollenträger im soziologischen Sinne aufgefasst) rekonstruiert. Dies geschieht mit dem Ziel, komplexe gesellschaftliche Handlungsfelder, wozu ohne Zweifel auch wirtschaftliche Vorgänge zu zählen sind, für Kinder durchschaubar zu machen und zwar nicht im Sinne einer bloßen Abbildung von Wirklichkeit, sondern durch modellhafte Rekonstruktion.

Ziel dieser unterrichtlichen Bemühungen war das Erreichen einer allgemeinen Handlungsfähigkeit bei den Grundschülerinnen und -schülern, die vor allem darin gesehen wurde, ihnen Kritik- und Teilhabefähigkeit zu vermitteln. Bedeutung und Ausgestaltung des MPU in Bezug auf den Sachunterricht sind bereits an anderer Stelle ausführlich dargelegt worden, so dass weiterführend darauf verwiesen werden darf (vgl. Feige 2007, S. 74-87). Die hochfliegende Konzeption des MPU konnte sich außer bei den seinerzeit an der Entwicklung beteiligten Grundschulen in der Praxis kaum durchsetzen, woran sicher auch seine Überforderungstendenz nicht ganz schuldlos war. Nach diesem konzeptionellen Höhenflug ökonomischer Bildung im Sachunterricht kam es zu einer massiven Rückentwicklung. Diese lässt sich beispielsweise an den Lehrwerken für den Sachunterricht in den Folgejahren ablesen. Ökonomische Themen kommen gar nicht (vgl. z.B. Bausteine Sachunterricht, 3. Schuljahr, 1992) oder nur noch randständig vor und dann nicht selten unter buchhalterisch-umsichtiger Ausrichtung; denn „Landwirt Hoppe muß rechnen" (Sachunterricht, Jahrgangsband, 3. Schuljahr 1983, S. 36 f.).

4.4 Ökonomische Bildung als wirtschaftliches Lernen

Diese Rückentwicklung stellen auch Hanna Kiper und Annegret Paul fest, die Mitte der 1990er Jahre ihr Buch „Kinder in der Konsum- und Arbeitswelt" vorlegen (vgl. 1995, S. 11). Sie entwerfen insgesamt 10 Bausteine zum wirtschaftlichen Lernen in der Grundschule, wobei sich der thematische Bogen von Träume und Utopien (S. 54) über Geld (S. 96-119), Arbeit und Arbeitslosigkeit (S. 120-123) bis hin zu handwerklichen und industriellen Arbeitsprozessen (S. 142-151) spannt, wobei auch hier – ähnlich wie bei der CIEL-Arbeitsgruppe rund 20 Jahre zuvor – die Produktionsabläufe in einer Getränkefabrik im Mittelpunkt stehen (S. 143-150). Entgegen den von den Autorinnen zunächst angestellten Überlegungen zum wirtschaftlichen Lernen, die streckenweise auf eine bloße Verbalisierung ökonomischer Zusammenhänge abzielen, die vornehmlich durch lesen, sprechen, fragen und erörtern geschehen soll, kommen in den Bausteinen auch tätigkeitsbezogene, handlungsorientierte und außerschulische Aktivitäten zum

Einsatz (vgl. ebd., S. 50 f. und passim), wodurch eine kind- und sachgemäße Erschließung gelingen sollte. Über die tatsächliche Wirksamkeit der von Kiper & Paul veröffentlichten Unterrichtsvorschläge lässt sich nur wenig sagen. Immerhin wurden in der ersten Auflage 3000 Bücher gedruckt. Wie viele davon verkauft wurden, konnte allerdings nicht mehr festgestellt werden. Weitere Auflagen gab es jedoch nicht (lt. Auskunft von Sonja Ritter, Programmleiterin Pädagogik beim Beltz-Verlag, Feb. 2008). Grundlegende Gesellschaftskritik, wie sie noch in der ökonomischen Bildung als Bestandteil der politischen Bildung oder nach Lesart des MPU erfolgte, lässt sich beim wirtschaftlichen Lernen nicht erkennen, gleichwohl werden jedoch rollentheoretische und ökologische Fragestellungen bearbeitet (vgl. z.B. S. 157 und S. 51). Der letzte Gesichtspunkt verweist auf den Zusammenhang von Ökonomie und Ökologie, dem sich die ökonomische Grundbildung im Rahmen einer Bildung für Nachhaltige Entwicklung besonders verpflichtet sieht.

4.5 Ökonomische Bildung als Bestandteil einer Bildung für Nachhaltige Entwicklung (BNE)

Im Zuge der Weiterentwicklung umwelterzieherischer Ansätze zur BNE im Zeichen von Globalität und Vernetztheit (Retinität) werden vor allem die ökologische, soziokulturelle und ökonomische Dimension betont. Letztere wird somit unverrückbarer Bestandteil des Curriculum im Sinne einer ökonomischen Bildung unter besonderer Berücksichtigung der Nachhaltigkeit, die nicht nur auf dem Sekundarbereich beschränkt sein darf. Für die Grundschule wird daher eine ökonomische Grundbildung gefordert, die „Kinder zum Verständnis wirtschaftlicher Zusammenhänge und Probleme sowie zur Bewältigung von ökonomisch geprägten Lebenssituationen" (Hauenschild/Bolscho 2007, S. 77) befähigt. Kritischer Umgang mit Geld und sinnvolles Konsumverhalten können Grundschulkinder besonders im handlungsorientierten Vollzug entwickeln. Im Sekundarbereich haben sich in diesem Kontext Schülerfirmen besonders bewährt. Gegenwärtig laufen verschiedene Projekte zur Einrichtung selbstorganisierter Schülerläden bzw. -firmen auch in der Grundschule (vgl. Wulfmeyer/Hauenschild 2006). Ökonomische Bildung wird hier entschieden mit umwelterzieherischen Aufgaben verknüpft, womit die Überwindung einer nur okzidentalen Sicht von Ökonomie zugunsten einer globalen Nachhaltigkeitsorientierung auch im wirtschaftlichen Bereich bereits in der Grundschule angebahnt werden soll.

Der vorliegende Zusammenhang wird an anderer Stelle dieses Bandes noch ausführlicher dargestellt. Die folgende Synopse fasst die Konzeptionen zur ökonomischen Bildung gleichsam auf einen Blick zusammen.

Konzeptionen ökonomischer Bildung im Sachunterricht

Ansätze	Wirtschaftskundliche Heimatkunde	Fachpropädeutische Wirtschaftslehre	Politische Bildung	Mehrperspektivischer Unterricht (MPU)	Wirtschaftliches Lernen	Bildung für Nachhaltige Entwicklung (BNE)
Vertreter Namen	Ilse Rother, Rudolf Karnick, Hartwig Fiege	Josef Neukum, Lehrpläne und Richtlinien	Gertrud Beck, Siegfried Aust, Wolfgang Hilligen	CIEL-Arbeitsgruppe unter Leitung von Klaus Giel	Hanna Kiper, Annegret Paul	Dietmar Bolscho, Katrin Hauenschild
Entstehungs-zusammenhang	Interne Reform der Heimatkunde durch Versachlichung in den 1950er und 1960er Jahren	Fachorientierter Sachunterricht in den frühen 1970er Jahren; Bildungsreformdebatte	Demokratisierung und Politisierung der bundesdeutschen Gesellschaft in den 1970er Jahren; Bildungsreform	Demokratisierung und Politisierung der bundesdeutschen Gesellschaft in den 1970er Jahren; Bildungsreform	Wiederbelebung des wirtschaftlichen Lernens Mitte der 1990er Jahre nach einer massiven Rückentwicklung	Ökonomische Bildung als unverzichtbarer Bestandteil der BNE von der Grundschule an; 2005/2007
Ziele Prinzipien	Wirtschaftliche Gegebenheiten aus der unmittelbaren Lebenswelt der Kinder klären	Anbahnung einer mündigen Lebensführung als wirtschaftender Bürger	Wirtschaftliche Verhältnisse sollen durchschaubar und kritisierbar werden.	Allgemeine Handlungsfähigkeit i.S. einer umfassenden Teilhabekompetenz auf ökonomischem Gebiet	Kind- und sachgemäße Erschließung wirtschaftlicher Themen im Sachunterricht	Kinder sollen fachlich angemessen, sozial rückgebunden und methodenorientiert wirtschaftlich handeln
Inhalte	Kleingewerblich-handwerkliche Betrachtungsweisen überwiegen noch; im großstädtischen Bereich kommen jedoch auch Aspekte wie Arbeitsteilung, Vertriebswege und Belastung durch Arbeit durch fabrikmäßige Produktion hinzu.	Erarbeitung fundamentaler Ideen wirtschaftlichen Handelns: z.B. Bedürfnisse des Menschen und Knappheit der Ressourcen, Angebot und Nachfrage, Markt, Arbeitsteilung (nach einem Curriculum von Senesh, USA).	Themen aus den Bereichen Werbung, Manipulation, Wünschen und Brauchen und die ungleiche Verteilung wirtschaftlicher Güter werden bearbeitet, dabei kommt es zu einer deutlich gesellschaftskritischen Sicht mit marxistischen Anklängen.	Wirtschaft wird als gesellschaftliches Handlungsgebiet bearbeitet; dabei sollen wirtschaftliche Strukturen mit wirtschaftskritischem Anklang bearbeitet werden; konkrete Themen sind u.a.: Supermarkt, Sprudelfabrik und Post als Dienstleister.	10 Bausteine wirtschaftlichen Lernens werden vorgestellt, die neben Werbung, Konsum, Arbeit und Produktion bearbeitet werden auch Berufswünsche der Kinder, historische, ökologische und alternative Aspekte bearbeiten.	Grundgedanke ist z.B. die selbstorganisierte Schülerfirma, die im Zeichen von Nachhaltigkeit real wirtschaftlich handelt und mit außerschulischen Partnern kooperiert, wodurch auch ein Beitrag zur Öffnung von Schule geleistet wird
Verfahren Methoden usw.	Außerschulisches Lernen, tätigkeits- und handlungsorientierter Unterricht im Rahmen von Gesamtunterricht; der Begriff Sachunterricht beginnt sich einzubürgern.	Kognitiv und propädeutisch ausgerichteter Unterricht, der begriffs- und lehrgangsbezogen verfährt; Fachbezug löst den Gesamtunterricht ab.	Wort-, begriffs- und theoriegeprägter Unterricht, der vor allem kognitiv ausgerichtet ist.	Begriffs- und theorieorientierte unterrichtliche Rekonstruktion von Wirklichkeit; Kurs-, Projekt- und Metaunterricht, Spiel.	Praktische, handlungsorientierte und projektbezogene Vorschläge, daneben auch deutlich verbalisierender Unterricht.	In Nachhaltigen Schülerfirmen entwickeln Kinder durch konkretes Handeln Sozial- (z.B. Kooperation) und Methodenkompetenz. (z.B. Zeitmanagement)

5. Fazit

Ökonomische Bildung ist bis heute oftmals eine Fehlmarke im Sachunterricht der Grundschule, sowohl in der Praxis als auch in der didaktischen Diskussion. Letztere hat in den zurückliegenden Jahren durchaus beachtliche Konzeptionen zur ökonomischen Bildung in der Grundschule hervorgebracht, die jedoch oft vereinzelt blieben und über eine programmatische Wirksamkeit selten hinaus kamen. Gegenwärtig wird ökonomische Bildung im Rahmen von BNE in konkreten Projekten an Grundschulen durchgeführt, daneben spielen wirtschaftliche Themen auch im Zuge des vielperspektivischen Sachunterrichts eine gewisse Rolle, die es gleichwohl deutlich zu stärken gilt.

Die konzeptionelle Aufarbeitung der Entwicklung der ökonomischen Bildung in der Grundschule geschah ohne die Beachtung ihrer Ausprägungen in der DDR. Eine vollständige Bearbeitung müsste diese mit in den Blick nehmen. Dazu lässt sich feststellen, dass die Bearbeitung der DDR-Pädagogikgeschichte heute noch weitgehend ein Desiderat darstellt. Zur ökonomischen Bildung in der Unterstufe und der 4. Klasse der Polytechnischen Oberschule der DDR lässt sich kurz Folgendes sagen: Generell wurden viele Themen der Heimatkunde unter dem Nützlichkeitsaspekt erschlossen. Wurden etwa Tiere und Pflanzen im Heimatkundeunterricht bearbeitet, erfolgte dies auch meist unter der Fragestellung nach ihrer wirtschaftlichen Nützlichkeit für den Menschen und die sozialistische Produktion. Arbeit wurde geradezu hymnisch verklärt und allgemeines Ziel der polytechnischen Erziehung war die Einführung der nachwachsenden Generationen in sozialistische Produktionsweisen, wozu in den ersten vier Jahrgängen besonders die Schulgartenarbeit diente, die mit einer Wochenstunde ausdrücklich in der Stundentafel aufgeführt war (vgl. Das Bildungswesen in der DDR 1987; Braunschweig 2006, S. 42 f.; Funke 2007, S. 114 f.).

Lange Zeit herrschte zwischen Pädagogik und Wirtschaft ein Unverhältnis. Dies hat sich in den letzten Jahren massiv geändert. Wirtschaftliche Verflechtungen bestimmen immer mehr das Alltagsleben der Menschen. Auch im pädagogischen Bereich ist es zu einer Ökonomisierung gekommen. Schulen haben heute Vorstände wie Unternehmen. Kinder machen Portfolioarbeit und Präsentationen, womit im kommerziell-ökonomischen Kontext entstandene Formen und Begriffe auf Schule übertragen werden. Das gilt auch für den Begriff der Kompetenz, dessen Entstehungszusammenhang ebenfalls ökonomische Wurzeln aufweist. Auch angesichts dieser mitunter wenig reflektierten Ökonomisierung des Pädagogischen ist eine verantwortete Pädagogisierung des Ökonomischen ein unverzichtbarer Aufklärungs- und Bildungsbeitrag im Sachunterricht der Grundschule.

Literatur

Sachs, Jeffrey D. (2005): Das Ende der Armut. Ein ökonomisches Programm für eine gerechte Welt. München: Siedler.

Abraham, Karl (1966): Wirtschaftspädagogik. Grundfragen der wirtschaftlichen Erziehung. Heidelberg: Quelle + Meyer, 2. Aufl.

Bausteine Sachunterricht. 3. Schuljahr. Frankfurt/M.: Diesterweg 1992.

Beck, Gertrud; Aust, Siegfried; Hilligen, Wolfgang (1972): Politische Sozialisation und politische Bildung in der Grundschule. Frankfurt/M.: Hirschgraben.

Beck, Gertrud; Aust, Siegfried; Hilligen, Wolfgang (1974): Arbeitsbuch zur politischen Bildung in der Grundschule. Frankfurt: Hirschgraben, 4. Aufl. (1. Auflage 1972).

Blankertz, Herwig (1982): Die Geschichte der Pädagogik. Von der Aufklärung bis zur Gegenwart. Wetzlar: Büchse der Pandora.

Borsche, Tilmann (1990): Wilhelm v. Humboldt. München: Beck.

Braunschweig, Claudia (2006): Der Heimatkundeunterricht der DDR der 1970er und 1980er Jahre im Spiegel zeitgenössischer Pädagogischer Literatur. Unveröffentlichte Hausarbeit. Hildesheim, Institut für Grundschuldidaktik und Sachunterricht.

CIEL-Arbeitsgruppe (1975): Stücke zu einem mehrperspektivischen Unterricht. Teilcurriculum Sprudelfabrik Produktion. Stuttgart: Klett.

Das Bildungswesen in der DDR (1987). Informationen über Ziele, Inhalte, Ergebnisse. Redaktion „Aus erster Hand". Berlin; Dresden.

Feige, Bernd (2007): Der Sachunterricht und seine Konzeptionen. Historische, aktuelle und internationale Entwicklungen. Bad Heilbrunn: Klikhardt, 2. Aufl.

Feige, Bernd (2004): Gesamtunterricht. In: Keck, Rudolf W.; Sandfuchs, Uwe; Feige, Bernd (Hrsg.): Wörterbuch Schulpädagogik. Ein Nachschlagewerk für Studium und Schulpraxis. Bad Heilbrunn: Klinkhardt, 2. Aufl., S. 173 f.

Feige, Bernd (1997): Philanthropische Reformpraxis in Niedersachsen. Johann Peter Hundeikers pädagogisches Wirken um 1800. Köln; Weimar; Wien: Böhlau.

Fiege, Hartwig (1969): Der Heimatkundeunterricht. Bad Heilbrunn: Klinkhardt.

Fiege; Hartwig (1972): Sachunterricht in der Grundschule. Bad Heilbrunn: Klinkhardt.

Funke, Mandy (2007): Sachunterricht/Heimatkunde in der Bundesrepublik Deutschland und der DDR in den 1970er Jahren: Schulbuchvergleich und ein autobiographisches Zeugnis. Unveröffentlichte Hausarbeit. Hildesheim, Institut für Grundschuldidaktik und Sachunterricht.

Gärtner, Hans (1976): Bibliographie Sachunterricht in der Primarstufe. Paderborn: UTB.

Gläser, Eva (2007): Ökonomische Bildung. In: Kahlert, Joachim u.a. (Hrsg.): Handbuch Didaktik des Sachunterrichts. Bad Heilbrunn: Klinkhardt, S. 159-163.

Glöckel; Hans (1988): Was ist grundlegende Bildung? In: Schorch, Günther (Hrsg.): Grundlegende Bildung. Erziehung und Unterricht in der Grundschule. Bad Heilbrunn: Klinkhardt, S. 11-33.

Hauenschild, Katrin; Bolscho, Dietmar (2007): Bildung für Nachhaltige Entwicklung in der Schule. Frankfurt/M. u.a.; Peter Lang, 2. Aufl.

Hauptmeier, Gerhard (1968): Wirtschaftserziehung in der Grundschule. In: Die Deutsche Schule IX, S. 613-624.

Kahlert, Joachim (2005): Der Sachunterricht und seine Didaktik. Bad Heilbrunn: Klinkhardt, 2. Aufl.

Karnick, Rudolf (1964a): Mein Heimatort I. Weinheim; Berlin: Beltz.

Karnick, Rudolf (1964a): Mein Heimatort II. Weinheim; Berlin: Beltz.

Kiper, Hanna; Paul, Annegret (1996): Kinder in der Konsum- und Arbeitswelt. Bausteine zum wirtschaftlichen Lernen. Weinheim; Basel: Beltz.

Kiper, Hanna (1996): Konzeptionen ökonomischen Lernens. In: George, Siegfried; Prote, Ingrid (Hrsg.): Handbuch zur politischen Bildung in der Grundschule. Schwalbach/Ts.: Wochenschau Verlag, S. 99-120.

Klafki, Wolfgang (1992): Allgemeinbildung in der Grundschule und der Bildungsauftrag des Sachunterrichts. In: Lauterbach, Roland; Köhnlein, Walter; Spreckelsen, Kay; Klewitz, Elard (Hrsg.): Brennpunkte des Sachunterrichts. Kiel: IPN, S. 11-31.

Klafki, Wolfgang (1985): Neue Studien zur Bildungstheorie und Didaktik. Beiträge zur kritisch-konstruktiven Didaktik. Weinheim; Basel: Beltz.

Köhnlein, Walter (1996): Leitende Prinzipien und Curriculum des Sachunterrichts. In: Glumpler, Edith; Wittkowske, Steffen (Hrsg.): Sachunterricht heute. Zwischen interdisziplinärem Anspruch und traditionellem Fachbezug. Bad Heilbrunn: Klinkhardt, S. 46-76.

Lackmann, Jürgen (2004): Verbrauchererziehung. In: Keck, Rudolf W.; Sandfuchs, Uwe; Feige, Bernd (Hrsg.): Wörterbuch Schulpädagogik. Ein Nachschlagewerk für Studium und Schulpraxis. Bad Heilbrunn:Klinkhardt, 2. Aufl., S. 503 f.

Lichtenstein, Ernst (1989): Die Entwicklung des Bildungsbegriffs im 18. Jahrhundert. In: Herrmann, Ulrich (Hrsg.): Die Bildung des Bürgers. Die Formierung der bürgerlichen Gesellschaft und die Gebildeten des 18. Jahrhunderts. Weinheim; Basel: Beltz, 2. Auf., S. 165-177.

Neukum, Josef (1972): Wirtschaftslehre. In: Katzenberger, Lothar F. (Hrsg.): Der Sachunterricht der Grundschule in Theorie und Praxis. Teil I. Ansbach: Prögel, S. 119-131.

Rauterberg, Marcus (2005): Bibliographie Sachunterricht – eine kommentierte Auswahl 1976-2003. Baltmannsweiler: Schneider.

Richtlinien und Lehrpläne für die Grundschule – Schulversuch Nordrhein-Westfalen (1969). Wuppertal; Ratingen; Düsseldorf.

Rother, Ilse (1964): Schulanfang. Ein Beitrag zur Arbeit in den ersten beiden Schuljahren. Frankfurt am Main. Berlin; Bonn: Diesterweg, 4. Aufl. (1. Auflage 1954).

Rother, Ilse (1969): Schulanfang. Pädagogik und Didaktik der ersten beiden Schuljahre. In Zusammenarbeit mit Liselotte Nerlich. Frankfurt/M.; Berlin; Bonn; München: Diesterweg, 7. Aufl.

Rousseau, Jean-Jacques: Emile oder über die Erziehung (1762). Herausgegeben und eingeleitet von Martin Rang. Stuttgart 1970.

Ruppert, Wolfgang (1989): Der Bürger als Kaufmann: Erziehung und Lebensformen, Weltbild und Kultur. In: Herrmann, Ulrich (Hrsg.): Die Bildung des Bürgers. Die Formierung der bürgerlichen Gesellschaft und die Gebildeten des 18. Jahrhunderts. Weinheim; Basel: Beltz, 2. Aufl., S. 285-305.

Sachunterricht, Jahrgangsband 3. Schuljahr. Neubearbeitung. Braunschweig 1983.

Schildt, Axel (1997): Gesellschaftliche Entwicklung. In: Informationen zur politischen Bildung 256. Deutschland in den fünfziger Jahren. München, S. 3-10.

Schwartz, Erwin (Hrsg.) (1969): Begabung und Lernen im Kindesalter. Bericht des Grundschulkongresses 1969. Frankfurt/M.

Siller, Rolf (1981): Sachunterricht in der Grundschule. Donauwörth: Auer.

Wulfmeyer, Meike; Hauenschild, Katrin (2006): Der selbstorganisierte Schülerladen – ein Projekt zur ökonomischen Bildung im Sachunterricht. In: Cech, Diethard u.a. (Hrsg.): Bildungswert des Sachunterrichts. Bad Heilbrunn: Klinkhardt, S. 67-76.

Ökonomische Bildung in den Rahmenrichtlinien und Kerncurricula des Sachunterrichts der Bundesrepublik Deutschland

Volker Lampe

Grundschulkinder sind innerhalb des Wirtschaftssystems ein bedeutender Faktor und wirtschaftliche Zusammenhänge prägen auch ihre Lebenswirklichkeit. Daraus ergibt sich die Notwendigkeit, Ökonomische Bildung in die Schule zu integrieren, gerade im Sachunterricht ist Ökonomische Bildung ein wichtiges Themenfeld.

1. Ökonomische Bildung im Sachunterricht

Das Ziel ist, ökonomische Kompetenz zu vermitteln und Kindern somit ein Verständnis für wirtschaftliche Zusammenhänge und Probleme zu geben. Dadurch sollen sie befähigt werden, ökonomisch geprägte Lebenssituationen zu bewältigen (vgl. Hauenschild/Bolscho 2005, S. 77; Albers 1995, S. 2). Ein kurzer historischer Rückblick auf die Entwicklung der Ökonomischen Bildung zeigt, dass sich die Komplexität, mit der sie im Sachunterricht behandelt wird, gewandelt hat: In den siebziger Jahren des letzten Jahrhunderts, herrschten noch „ländlich-vorindustrielle Inhalte" (Gläser 2004, S. 178) vor, welche von „fachpropädeutisch ökonomischem Sachunterricht" (ebd.; Kiper 1996, S. 102 ff.) abgelöst wurde und als zentrales Ziel die Vermittlung ökonomischen Grundwissens vertrat. Eine rein harmonische und unkritische Sichtweise auf Gesellschaft sollte vermieden werden (vgl. Gläser 2001, S. 2; 2004, S. 178). Kritik an dieser Ausrichtung Ökonomischer Bildung besteht vor allem darin, dass die aus der Fachwissenschaft abgeleiteten Lernziele aus heutiger Sicht als defizitär zu betrachten sind, denn Themen ökologischer Art oder über strukturelle und personale Ungleichheit blieben unberücksichtigt (vgl. ebd.). Die Komplexität Ökonomischer Bildung als Perspektive für den Sachunterricht wird erst in neueren Konzeptionen aufgegriffen (vgl. Hauenschild/Bolscho 2005, S. 77).

Ökonomische Bildung ist jedoch auch Teil der Dimensionen von Bildung für Nachhaltige Entwicklung (BNE) und stellt unter diesem Gesichtspunkt eine bedeutende Herausforderung für den Sachunterricht der Grundschule dar (vgl. Hauenschild/Bolscho 2005). Die ökonomische Dimension wird in Vernetzung mit der ökologischen und soziokulturellenalso in einer integrativen Perspektive (vgl. Fischer 2002, S. 59) gesehen.

Da Nachhaltige Entwicklung in ihrer Definition speziell auf die Bedürfnisse der Menschen eingeht, ist sie auch für die Ökonomik relevant, welche als zentrales Anliegen die Befriedigung dieser Bedürfnisse untersucht (vgl. Pfister 2002, S. 46). Als eine Möglichkeit der Bedürfnisbefriedigung wird dabei die der Erhalt der Umwelt für zukünftige Generationen gesehen. Um dieses Ziel zu erreichen nennt Pfister (2002, S. 48) zwei wichtige Bedingungen, die in einer Wirtschaft erfüllt werden müssen:

- lediglich erneuerbare Ressourcen dürfen genutzt werden,
- bei der Nutzung darf die Regenerationsfähigkeit von Ressourcen nicht überschritten werden.

Dabei muss sich das Konzept der Nachhaltigen Entwicklung gegen das Konzept „Economy First! – Erst die Wirtschaft!", welches für ungehinderte Ökonomisierung und Monetarisierung der Gesellschaft steht und mit der Globalisierung weiter an Zugkraft gewinnt, durchsetzen (Leitschuh-Fecht 2002, S. 34), um natürliche Ressourcen zu erhalten. Auf der anderen Seite weist Pfister auf die Möglichkeit hin, künstliche Ressourcen zu schaffen (2002, S. 48 f.). Als eine solche Ressource, die unendlich nutzbar ist, bezeichnet er das von Menschen produzierte „Wissen". Um dieses Wissen zu schaffen ist, eine grundlegende Bildung und Ausbildung unabdingbar, somit also auch eine Ökonomische Bildung (vgl. ebd., S. 50 f.), die den verantwortungsvollen Umgang mit den Ressourcen zum Ziel hat. Sowohl Konsum als auch Produktion sind davon besonders betroffen.

Auf Grund dieser Komplexität muss Ökonomischer Bildung ein Rahmen gegeben wird. Dies geschieht auf der einen Seite durch die Einordnung in die Konzeption von BNE, auf der anderen Seite durch die Verankerung in Rahmenrichtlinien, Bildungsplänen und Kerncurricula des Sachunterrichts (im Folgenden „SU-Richtlinien"). Wenn nun die SU-Richtlinien ein wichtiger Teil dieses Rahmens sind, ergibt sich daraus folgende Leitfrage: Wie wird die Forderung nach Ökonomischer Bildung im Sachunterricht in den SU-Richtlinien umgesetzt und welcher Bezug besteht dabei zu BNE? Dieser Frage wurde im Rahmen einer Staatsexamensarbeit an der Universität Hannover nachgegangen.

2. Dokumentenanalyse

Zur Beantwortung der Leitfrage wurden die SU-Richtlinien aus dem gesamten Bundesgebiet analysiert. Untersucht wurde ländervergleichend, welche Lernziele sich Ökonomischer Bildung zuordnen lassen und inwieweit diese Lernziele für BNE relevant sind.

Auf Grund der unterschiedlichen Inhalte und Strukturen der Richtlinien des Sachunterrichts in den einzelnen Bundesländern ist eine direkte Gegenüberstellung erst dann möglich, wenn die angestrebten Lernziele und Kompetenzen vergleichbaren Kategorien zugeordnet werden können. Diese Zuordnung erfolgt anhand der vier Lernfelder Geld, Konsum/Werbung, Arbeit/Berufe und Armut/Reichtum (vgl. Kiper 1996, S. 111). Diese Gebiete erscheinen sinnvoll, da sich die meisten wirtschaftlichen Vorgänge und Abläufe einem dieser vier Lernfelder zuordnen lassen und sie eine strukturierte Darstellung gewährleisten. Darüber hinaus sind diese Lernfelder in der Lebenswirklichkeit der Kinder relevant und mit Bildung für Nachhaltige Entwicklung kompatibel.

Die für Ökonomische Bildung relevanten Lernziele wurden herausgearbeitet und anschließend den vier Lernfeldern zugeordnet, dabei war teilweise eine Zuordnung zu mehreren Lernfeldern möglich und notwendig. Es folgte eine Beurteilung der einzelnen Lernfelder vor dem Hintergrund ihres Stellenwertes innerhalb der SU-Richtlinien und ihres Bezugs zu BNE. Für den Ländervergleich wurde der Anteil der Lernziele mit Bezug zu Ökonomischer Bildung zur Gesamtzahl der vorhandenen Lernziele in Beziehung gesetzt. Auf diesen Ländervergleich soll nun eingegangen werden, bevor die Ergebnisse aus der Bewertung der einzelnen Lernfelder folgen.

2.1 Ökonomische Bildung im Ländervergleich

Im Ländervergleich ist der Anteil der Lernziele in den Ländern Bremen, Nordrhein-Westfalen, Niedersachsen und Hamburg am höchsten (20-28%), der Bundesdurchschnitt beträgt 14%. Alle vier SU-Richtlinien wurden erst in den letzten Jahren (2002-2006) eingeführt. Kann man nun davon ableiten, dass die SU-Richtlinien neueren Datums die Lernziele Ökonomischer Bildung in größerem Maße aufgenommen haben als die Richtlinien aus den 1980er und 1990er Jahren? Die Untersuchung bestätigt dies nicht. So können in einigen der neuesten SU-Richtlinien Deutschlands, nämlich denen aus Berlin/ Brandenburg/ Mecklenburg-Vorpommern (2004), Sachsen-Anhalt (2005[1]) und Sachsen (2004), nur geringe Anteile der Lernziele der Ökonomischen Bildung zugeordnet werden (5-11%). Die Untersuchung zeigt jedoch, dass bei den Richtlinien aus den neuen Ländern noch Nachholbedarf besteht. Nur die SU-Richtlinie aus Thüringen, welche interessanter Weise auch die älteste der sieben ist, liegt mit 16% über dem Bundesdurchschnitt von 14%. Alle anderen Richtlinien der neuen Bundesländer liegen, trotz ihrer jungen Fassungen, deutlich unter diesem Schnitt. In der Fassung Sachsens betreffen gerade mal 5% der Lernziele Themen Ökonomischer Bildung.

Auffällig ist, dass es neun Bundesländer gibt, die zum Bereich Geld keine Lernziele in ihren SU-Richtlinien haben. Bei Armut/Reichtum sind es drei. Gerade die Lernfelder Geld und Armut/Reichtum sind ein Teil der Lebenswirklichkeit von Kindern und eine Vernachlässigung dieser Bereiche kann unter dieser Prämisse kaum akzeptabel sein (vgl. KidsVerbraucherAnalayse 2003; Haupt/ Müller-Michaelis 2001, S. 34 f.; Unverzagt/ Hurrelmann 2001, S. 54 f.; Zander 2004, S. 9).

Der Schwerpunkt in den SU-Richtlinien bezüglich Ökonomischer Bildung liegt in den meisten Fällen auf Konsum/Werbung. Nur die Bundesländer Hamburg und Thüringen (vgl. Gläser 2001, S. 3) setzen mehr auf die Lernziele zum Bereich Arbeit/Berufe. Von der bundesdurchschnittlichen Verteilung (vgl. Abb. 1) weichen nur Baden-Württemberg zu Gunsten von Konsum/Werbung und Hamburg zu Gunsten von Arbeit/Berufe in stärkerem Maße ab. Bemerkenswert ist zudem der hohe Anteil des Lernfeldes Geld in Bayern (17%). Im Bereich Konsum/Werbung sowie Armut/Reichtum hat Niedersachsen die meisten Lern-

---

[1] Diese SU-Richtlinie befand sich zur Zeit der Untersuchung in der Erprobung.

ziele aller SU-Richtlinien. Hamburg hat hingegen in seinen SU-Richtlinien die meisten Einträge zum Aspekt Arbeit/Berufe.

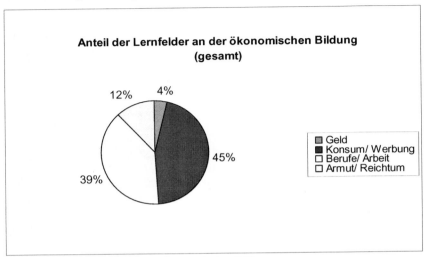

Abb.1: Anteil der Lernfelder an der Ökonomischen Bildung

Wie in der Grafik zu sehen ist, nehmen die Lernfelder Konsum/Werbung und Arbeit/Berufe prozentual den größten Teil der Lernziele von Ökonomischer Bildung ein-(84%). Die beiden Aspekte Geld und Armut/Reichtum fallen dagegen eher gering aus und kommen zusammen auf einen Anteil von 16%. Die Lernziele richten sich also deutlich auf die Konsumenten- und Arbeitserziehung. Diese Ausrichtung findet sich in den SU-Richtlinien aller Bundesländer wieder.

Besieht man sich den *Perspektivrahmen Sachunterricht* der Gesellschaft für Didaktik des Sachunterrichts (vgl. GDSU 2002), so verwundert die starke Ausrichtung auf Konsumenten- und Arbeitserziehung bei den nach 2002 entstandenen SU-Richtlinien nicht. Der Perspektivrahmen kann als Referenzrahmen bei der Erstellung neuer SU-Richtlinien im Bundesgebiet angesehen werden. In diesem „Kerncurriculum des Sachunterrichts" (GDSU 2002, S. 5) überwiegen ebenfalls die Kompetenzen der Bereiche und Arbeit (vgl. ebd., S. 10 ff.). Dass die beiden Lernfelder dort vernetzt und auch kritisch beleuchtet werden, ist nicht nur eine Prämisse des Perspektivrahmens, sondern steht auch mit den Forderungen von BNE in Einklang (vgl. Hauenschild/Bolscho 2005, S. 73 ff.).

2.2 Analyse der Lernfelder in Hinblick auf BNE

Bei der Analyse der einzelnen Lernfelder (Geld, Konsum/Werbung, Arbeit/Berufe, Armut/Reichtum) liegt das Augenmerk auf dem jeweiligen Anteil an Ökonomischer Bildung und auf dem Bezug zu Bildung für Nachhaltige Entwicklung (BNE). Zu bedenken ist, dass BNE in der heutigen Konzeption in den meisten SU-Richtlinien noch nicht explizit genannt wird. Bei der Analyse soll hauptsächlich die ökonomische Dimension von BNE im Blickpunkt stehen.

Lernfeld Geld

Das Lernfeld Geld nimmt mit 4% den geringsten Anteil an den Lernzielen Ökonomischer Bildung ein (vgl. Abb.1). Dies erscheint zu wenig, wenn man bedenkt, dass Kindern ein enormes Vermögen zur Verfügung steht und sie z.b. durch ihr Taschengeld und Geldgeschenke direkt in ihrer Lebenswirklichkeit mit Geld in Berührung kommen (vgl. KidsVerbraucherAnalayse 2003; Haupt/ Müller-Michaelis 2001, S. 34 f.; Unverzagt/ Hurrelmann 2001, S. 54 f.). Ebenso hat Geld beim Einkaufen einen festen Platz im Leben der Kinder (vgl. Moll 2001, S. 14). Sie müssen sowohl den Wert des Geldes einschätzen lernen als auch den verantwortungsvollen Umgang mit Geld als Kompetenz erwerben (vgl. Kiper 1992, S. 26). Allerdings ist gerade in den ersten beiden Schuljahrgängen das Zahlenverständnis der Schüler noch nicht entsprechend ausgeprägt. Zusätzlich stellt sich die Frage nach Macht in der Gesellschaft, welche durch Geld und Privateigentum entsteht (vgl. Moll 2001, S. 15). Vor allem auf diese Bereiche des Lernfeldes Geld wird selten eingegangen.

Doch auch wenn das Lernfeld Geld in den SU-Richtlinien sehr wenig aufgegriffen wird, so ist doch positiv zu bemerken, dass es an einigen Stellen auch kritische Töne bei Geldthemen gibt. Zu nennen sind hier Passagen, in denen die SU-Richtlinien nicht nur den Umgang mit dem zur Verfügung stehenden Geld aufgreifen, sondern auch den Kostenfaktor mit einbeziehen, wie z.B. bei der Anschaffung von Haustieren (vgl. Bayrisches Kultusministerium 2000, S. 112). Dadurch kann den Schülern u.a. der Faktor Geld als ein entscheidender Punkt in ihrer Lebensplanung aufgezeigt werden.

Lernfeld Konsum/Werbung

Es hat seine Berechtigung, dass die Lernziele aus diesem Lernfeld den größten Anteil am Gesamtvolumen der Lernziele Ökonomischer Bildung haben. Schüler sind in ihrer Lebenswirklichkeit besonders dem Themenfeld Konsum/Werbung ausgesetzt und bilden eine bedeutende Zielgruppe für die Wirtschaft (vgl. Hurrelmann 1997, S. 76; Unverzagt/Hurrelmann 2001, S. 66; Hamann 2004, S. 1).

In den SU-Richtlinien werden die verschiedensten Aspekte dieses Lernfeldes aufgegriffen, nicht nur traditionelle Lernziele wie Wünsche und Bedürfnisse, Einkaufen „im Laden um die Ecke/auf dem Markt", Preisvergleich und der Umgang mit Werbung. Es finden sich inzwischen auch Lernziele zum Konsum von Freizeitangeboten, zum Konsum von Menschen in anderen Ländern und zum Umgang mit Trends in der Gesellschaft. Die Grundschüler sollen dabei nicht nur den kritischen Umgang mit Werbung üben, sondern auch mit anderen Aspekten reflexiv umgehen lernen. So hat das Bundesland Bayern z.B. in der Klassenstufe 4 das Lernziel „Gründe suchen, einem Trend zu folgen oder sich zu verweigern" (Bayrisches Kultusministerium 2000, S. 265). Andere ausgewählte Beispiele sind:

- „Konsumverhalten reflektieren" (Senatsverwaltung für Bildung, Jugend und Sport Berlin 2004, S. 39);

- „Konsequenzen des eigenen Konsumverhaltens auf Stoffströme nachvollziehen" (Senator für Bildung und Wissenschaft Bremen 2002, S. 13);

- „Konsumverhalten und Werbung – Modetrends, Funktionsweisen von Werbung, Kriterien für verantwortliches Konsumverhalten erarbeiten" (Freie und Hansestadt Hamburg – Behörde für Bildung und Sport 2003, S. 31);

- „Medienangebote und Medienkonsum untersuchen und reflektieren" (Ministerium für Schule, Jugend und Kinder des Landes Nordrhein-Westfalen 2003, S. 63);

- „Kaufentscheidungen in alterstypischen Bedarfssituationen treffen und begründen" (Kultusministerium Rheinland-Pfalz 1984, S. 44);

- „Zum kritischen Einkaufen und Verbrauchen hinführen" (Ministerium für Bildung, Wissenschaft, Forschung und Kultur des Landes Schleswig-Holstein 1997, S. 115).

Der kritische Umgang mit Konsum und Werbung gehört zu einer verantwortungsvollen BNE, welche in einigen SU-Richtlinien einen Eingang gefunden hat oder, wie in den älteren Richtlinien, zumindest mit für BNE relevanten Lernzielen vorhanden ist.

Eine Vernetzung von ökonomischen und ökologischen oder sozio-kulturellen Lernzielen wird mehrfach hergestellt. Vor allem der sparsame Umgang mit Ressourcen wird in verschiedenen SU-Richtlinien aufgegriffen. In dieses Feld passen auch die Thematiken zur Müllvermeidung und -verwertung, z.B. „Wege von Verpackungen" (Senator für Bildung und Wissenschaft Bremen 2002, S. 13), sowie die Nutzung alternativer Energiequellen. Ausgewählte Beispiele sind:

- „Mit Wasser bewusst umgehen – Verbrauch, Schutz" (Bayrisches Kultusministerium 2000, S. 114);

- „Einen achtsamen Umgang mit den natürlichen Ressourcen einüben" (Senator für Bildung und Wissenschaft Bremen 2002, S. 11);

- „Den materiellen Wert von Müll kennen lernen" (ebd., S. 13);

- „Wasserversorgung/Wasservorkommen; z.B. Wasser in Entwicklungsländern thematisieren" (Hessisches Kultusministerium 1995, S. 137);

- „Natur als begrenzte Ressource erkennen/alternative Energien kennen" (Niedersächsisches Kultusministerium 2006, S. 25);

- „Zum kritischen Einkaufen und Verbrauchen hinführen" (Ministerium für Bildung, Wissenschaft, Forschung und Kultur des Landes Schleswig-Holstein 1997, S. 115);

- „Begreifen, dass der Wind einer der größten Aktivposten Schleswig-Holsteins ist; z.B. Windenergieerzeugung" (ebd., S. 108);

Auch die Thematisierung von Veränderungen und Folgen auf die Umwelt und das Zusammenleben der Menschen durch Konsumverhalten und Ressourcennutzung hat ihren Eingang gefunden. Der Vergleich von Konsumstilen gehört ebenfalls in diese Problematik:

- „Konsequenzen des eigenen Konsumverhaltens auf Stoffströme nachvollziehen" (Senator für Bildung und Wissenschaft Bremen 2002, S. 11);
- „Wirkungen des Konsumverhaltens auf das Zusammenleben der Menschen untersuchen" (Senatsverwaltung für Bildung, Jugend und Sport Berlin 2004, S. 39);
- „Zusammenhänge zwischen Konsumverhalten und Umweltproblemen untersuchen" (Ministerium für Schule, Jugend und Kinder des Landes Nordrhein-Westfalen 2003, S. 62).
- „Erkennen, wie der Mensch aus seinen Grundbedürfnissen heraus die Landschaft nutzt, verändert und gestaltet" (Kultusministerium Rheinland-Pfalz 1984, S. 69)

Teilweise wird auf die Globalisierung eingegangen, oft handelt es sich um die Lebensweisen und Lebensgrundlagen von Menschen in anderen Ländern, Kenntnisse über Fairen Handel sowie Herkunft und Transportwege von Produkten sind aber ebenfalls Lernziele, die vorkommen. Nachfolgend sind einige ausgewählte Beispiele aufgelistet, welche den Umgang der SU-Richtlinien mit diesen Aspekten von BNE darstellen:

- „Soziale Kriterien [für Konsum] kennen lernen, z.B. Einkaufen für ein gemeinsames Fest nach ökologischen und sozialen Kriterien – faire Preise" (Senator für Bildung und Wissenschaft Bremen 2002, S. 13);
- „Erste Einblicke in die globalisierte Produktion gewinnen" (ebd.);
- „Vergleich der eigenen Lebensbedingungen mit denen von Kindern und Erwachsenen aus einem anderen Land in Asien, Afrika oder Lateinamerika – Ernährung, Wohnen, Schule, Arbeit (Kinderarbeit), Freizeit" (Freie und Hansestadt Hamburg – Behörde für Bildung und Sport 2003, S. 24);
- „Feststellen, aus welchen Ländern Versorgungsgüter kommen" (Kultusministerium Rheinland-Pfalz 1984, S. 46);
- „Herkunft und Transport einzelner Güter auf einer vereinfachten Karte darstellen" (ebd.);
- „Sich positionieren, zu Auswahlkriterien für den Kauf eines Produktes, z.B. fairer Handel" (Sächsisches Staatsministerium für Kultus 2004, S. 27).

Wie die angeführten Beispiele zeigen, sind für BNE relevante Aspekte im Lernfeld Konsum enthalten. In den neuen SU-Richtlinien werden sie teilweise mit mehreren Lernzielen integriert.

Lernfeld Arbeit/Berufe

Dieses Lernfeld ist nach Konsum/Werbung besonders häufig in den SU-Richtlinien vertreten (39%). Die starke Ausrichtung auf das Lernfeld Arbeit/Berufe ist in Hinblick auf die weiterführenden Schulen relevant. So sind nicht nur Lernziele bezüglich der Beschreibung von Arbeit wichtig, sondern auch die Entwicklung von Perspektiven und Berufswünschen, um den Kindern eine Basis zu geben, auf der sie ihr Leben weiterentwickeln können. Es ist notwendig, dass das Lernfeld Arbeit/Berufe nicht zu einer einfachen Berufskunde verkommt, sondern den Schülern verschiedene Blickwinkel auf das Thema Arbeit ermöglicht (vgl. Kiper 1996, S. 110). Die Einstellung zur Arbeit, vor allem deren Achtung, und das Thema Berufswahl bilden eine wichtige Grundlage für die Zukunft der Kinder.

Die SU-Richtlinien kommen dieser Forderung insofern nach, als dass inzwischen nicht mehr nur die traditionellen Berufe wie Bäcker und Briefträger behandelt werden sollen. Vielmehr geben die meisten SU-Richtlinien der Bundesländer vor, Berufe aus den verschiedenen Sektoren der Wirtschaft in den Unterricht einzubeziehen, zusätzlich haben auch ehrenamtliche Tätigkeiten ihren Anteil. Auch auf die Veränderungen in der Arbeitswelt und welche Folgen sich daraus entwickeln, soll eingegangen werden. Dies betrifft sowohl die zunehmende Automatisierung und die Emanzipation von Frauen im Berufsleben als auch den Zuzug von Arbeitskräften aus dem Ausland. Ausgewählte Beispiele für die genannten Aspekte sind:

- „Die Veränderungen unseres Ortes haben Ursachen und Folgen, z.B. neue Industrie- und Gewerbegebiete" (Ministerium für Kultus, Jugend und Sport Baden Württemberg 1994, S. 140);
- „Veränderungen in der Arbeitswelt und Arbeitsleben bewusst machen, z.b. Maschinen erleichtern die Arbeit, machen Berufszweige überflüssig" (Bayrisches Kultusministerium 2000, S. 196);
- „Gründe finden, die Heimat zu verlassen, z.B. Menschen kommen zu uns – unsere Heimat als Arbeitsplatz" (ebd., S. 266);
- „Veränderungen von Arbeitstätigkeiten und Arbeitsbedingungen im Laufe der Zeit" (Freie und Hansestadt Hamburg – Behörde für Bildung und Sport 2003, S. 30);
- „Geschlechterspezifische Rollenerwartungen hinterfragen, Männerarbeit – Frauenarbeit" (ebd.);
- „Zusammenhänge zwischen technischem Fortschritt und der Entwicklung neuer Berufe erkennen" (Kultusministerium Rheinland-Pfalz 1984, S. 53);
- „Die Arbeit anderer Menschen wertschätzen, z.B. Berufsbilder aus dem Lebensumfeld und ehrenamtliche Tätigkeiten" (Kultusministerium Sachsen-Anhalt 2005, S. 8).

Selten wird hingegen auf die Möglichkeiten der Berufswahl eingegangen, z.B. durch Interviews mit Erwachsenen, wie diese zu ihren Berufen gekommen sind. Dieser Aspekt sollte vermehrt aufgenommen werden, um den Kindern Perspektiven für ihr Leben aufzuzeigen (s.o.).

Das Thema Kinderarbeit hat einen festen Platz in den SU-Richtlinien. Es wird entweder explizit als Lernziel aufgeführt, z.B. „Kinderrechte und ihre Bedeutung, z.B. Verletzung von Kinderrechten durch Kinderarbeit" (Senatsverwaltung für Bildung, Jugend und Sport Berlin 2004, S. 39) oder lässt sich in Lernziele zu Lebensweisen in anderen Ländern integrieren, z.B. „Lebensgrundlagen und Abhängigkeiten von Menschen bei uns und in anderen Ländern vergleichen, z.B. kulturelle und ökonomische Situation" (ebd.).

und Abhängigkeiten von Menschen bei uns und in anderen Ländern vergleichen, z.b. kulturelle und ökonomische Situation" (ebd.).

BNE hat ihren Platz im Lernfeld Arbeit/Berufe sowohl durch die ökonomische Dimension als auch in Vernetzung mit den anderen Dimensionen (soziokulturelle Dimension und ökologische Dimension), z.b. bei Lernzielen wie „Veränderungen der Umwelt durch Arbeit erkennen" oder „Der Mensch nutzt die Landschaft nach ihren besonderen Gegebenheiten und verändert sie dadurch, z.b. Landwirtschaft, Industrie, Fremdenverkehr, Abbau von Bodenschätzen" (Ministerium für Kultus, Jugend und Sport Baden Württemberg 1994, S. 197).

Lernfeld Armut/Reichtum

Dieses Lernfeld repräsentiert in den SU-Richtlinien ca. ein Zehntel der Lernziele der Ökonomischen Bildung (vgl. Abb.1). Bedenkt man, dass der Armuts- und Reichtumsbericht 2005 ein angestiegenes Armutsrisiko für Deutschland ausweist (vgl. BMGS 2005, S. 6), erscheint der geringe Anteil recht problematisch. Laut Zander (2004, S. 1) leben in der Bundesrepublik Deutschland über eine Millionen Kinder in relativer Armut. Für viele Schüler hat Armut also einen direkten Bezug zu ihrer Lebenswirklichkeit (vgl. Unverzagt/Hurrelmann 2001, S. 35; Zander 2004, S. 9; Schmid 2005; BMGS 2005). Da Arbeitslosigkeit ein Teil des Problems Armut ist (vgl. ebd.) und sich somit diesem Lernfeld zuordnen lässt, dürfte sich die Anzahl der direkt betroffenen Kinder sogar noch erweitern.

In den SU-Richtlinien sind jedoch nur wenige Lernziele vorhanden, die direkt auf Armut/Reichtum eingehen. Zumeist handelt es sich um Lernziele, in denen Armut integriert werden kann, z.B. „Ungleichheiten von Lebensbedingungen reflektieren" (Niedersächsisches Kultusministerium 2006, S. 20). Dabei sollte vor allem das Thema Arbeitslosigkeit in allen SU-Richtlinien mit direkten Lernzielen repräsentiert sein, denn dies ist eines der großen Probleme der heutigen Gesellschaft. In einigen SU-Richtlinien ist diese Forderung erfüllt, z.B. „Gründe für die Entstehung und Auswirkungen von Arbeitslosigkeit (z.B. einzelner Mensch, Familie, soziales Umfeld, Region) kennen" (ebd.).

Ansonsten wird Armut häufig als ein Thema in anderen Ländern behandelt. Hier wird z.B. auf „Hunger in der Welt" (Ministerium für Kultus, Jugend und Sport Baden Württemberg 1994, S. 139) oder „Vergleich der eigenen Lebensbedingungen mit denen von Kindern und Erwachsenen aus einem anderen Land in Asien, Afrika oder Lateinamerika – Ernährung, Wohnen, Schule, Arbeit (Kinderarbeit), Freizeit" (Freie und Hansestadt Hamburg – Behörde für Bildung und Sport 2003, S. 24) eingegangen. Armut in Deutschland wird dagegen selten angesprochen.

Keine der SU-Richtlinien geht mit Lernzielen auf die Spaltung zwischen Armut und Reichtum, auf Gerechtigkeitsaspekte und auf Gründe für Armut ein. Mögliche Gründe für Reichtum finden sich überhaupt nicht in den SU-Richtlinien.

Die genannten Aspekte zeigen, dass das Lernfeld Armut/Reichtum trotz eines Anteils von 12% in der Zukunft weiter ausgebaut werden sollte, um den

Forderungen der Ökonomischen Bildung und der Bildung für Nachhaltige Entwicklung nachzukommen.

3. Fazit

Bei der Durchführung der Untersuchung gab es zwei Schwierigkeiten. Erstens musste für die unterschiedlichen Formate der verschiedenen Rahmenrichtlinien eine Vereinheitlichung gefunden werden, um einen Vergleich zu ermöglichen. Zweitens ist es vielfach nicht einfach, die Lernziele bzw. Kompetenzen den vier Lernfeldern Geld, Konsum/Werbung, Arbeit/Berufe und Armut/Reichtum zuzuordnen. Es ist nicht auszuschließen, dass es auch andere Zuteilungsmöglichkeiten geben könnte.

Als Ergebnis der Untersuchung lässt sich abschließend Folgendes festhalten: Aspekte Ökonomischer Bildung sind in alle SU-Richtlinien der Bundesrepublik Deutschland eingegangen, jedoch nur mit einem Anteil von 14%. Zudem ist die Gewichtung in den verschiedenen SU-Richtlinien nicht gleichwertig (vgl. auch Gläser 2001, S. 4; 2004, S. 178). Wulfmeyer fordert daher, dass das Konzept zum Ökonomischen Lernen in der Grundschule weiterentwickelt wird, da Wirtschaftslernen eine grundlegende Aufgabe des Sachunterrichts ist. Kinder können nicht als zu jung angesehen werden, um wirtschaftliche Themen zu begreifen (vgl. Wulfmeyer 2005, S. 11).

Allerdings birgt dies eine gewisse Gefahr, auf die bereits Kiper (1996) verweist. Ihrer Meinung nach müssen die kindlichen Theorien, welche die Grundschüler zu wirtschaftlichen Themen haben, auch kritisch analysiert werden. Sachunterricht darf nicht nur Heimat- und Sachkunde sein, in der Ökonomische Bildung lediglich auf die Beschreibung einfacher Arbeitsabläufe oder des Berufsbildes des örtlichen Bäckers, Metzgers und Briefträgers beschränkt ist. Dies würde die sozialwissenschaftliche Komponente im Lernen des Sachunterrichts zu stark vereinfachen und den Kindern in ihren Möglichkeiten zum Verständnis ökonomischer Vorgänge nicht gerecht werden (vgl. Kiper 1996, S. 110).

Wie bei den Ausführungen zu den Lernfeldern deutlich wurde, befinden sich einige SU-Richtlinien auf dem geforderten Weg und greifen sowohl neue Berufsbilder als auch die Probleme z.B. durch Globalisierung, verschiedene Konsumstile und Ressourcenverbräuche auf. Damit erfüllen sie in diesen Punkten die Forderungen von BNE und stellen u.a. die Ökonomie als eine Dimension Nachhaltiger Entwicklung dar.

Um Ökonomische Bildung, insbesondere als Teil von BNE, in der Schule umsetzen zu können, sind jedoch nicht nur die SU-Richtlinien gefragt. Auch in die Lehrerbildung muss nachhaltigkeitsorientierte Ökonomische Bildung stärker integriert werden (vgl. Hauenschild/Bolscho 2005, S. 87). Allein durch Vorgaben in Richtlinien lässt sich diese in den Schulen nicht in genügendem Maße verankern. Zusätzlich braucht es auch z.B. den Ausbau von Schülerfirmen und ähnlichen Projekten, um den Schülern den handlungsorientierten Zugang zu Wirtschaft und Nachhaltiger Entwicklung zu eröffnen.

Literatur

Albers, Hans-Jürgen (1995): Handlungsorientierung und ökonomische Bildung. In: ders. (Hrsg.): Handlungsorientierung und ökonomische Bildung. Bundesfachgruppe für ökonomische Bildung, Bergisch Gladbach: Hobein, S. 1-22.

Bayrisches Kultusministerium (2000): Lehrplan für die bayrische Grundschule. In: www.isb.bayern.de/isb/index.asp?MNav=0&QNav=4&TNav=0&INav=0&Fach=&LpSta =6&STyp=1, 22.12.2007.

BMGS – Bundesministerium für Gesundheit und Soziale Sicherheit (2005): Lebenslagen in Deutschland – Der 2. Armuts- und Reichtumsbericht der Bundesregierung – Kurzfassung. In: http://www.gesundheitberlin.de/download/i_05_05_24_Armutsbericht.pdf, 22.12.2007

Freie und Hansestadt Hamburg - Behörde für Bildung und Sport (2003): Rahmenplan Sachunterricht. Bildungsplan Grundschule. In: http://www.hamburger-bildungsserver.de/bild ungsplaene/Grundschule/SU_Grd.pdf, 22.12.2007.

Gläser, Eva (2001): Zwischen heimatkundlicher Tradition und modernisierter Arbeitsgesellschaft – Aktuelle konzeptionelle Überlegungen zum ökonomischen Lernen in der Grundschule. In: http://www.sowi-onlinejournal.de/2001-2/grundschule_glaeser.htm, 22.12.2007.

Gläser, Eva (2004): Modernisierte Arbeitsgesellschaft – didaktisch-methodische Überlegungen zum ökonomischen Lernen. In: Richter, Dagmar (Hrsg.) (2004): Gesellschaftliches und politisches Lernen im Sachunterricht. Braunschweig/Bad Heilbrunn: Westermann/Klinkhardt, S. 174-188.

GDSU - Gesellschaft für Didaktik des Sachunterrichts (2002): Perspektivrahmen Sachunterricht. Bad Heilbrunn: Klinkhardt.

Hamann, Götz (2004): Habe alles, bekomme mehr. In: die Zeit, Nr. 22, 19.05.2004, S. 19-20.

Hauenschild, Katrin; Bolscho, Dietmar (2005): Bildung für Nachhaltige Entwicklung in der Schule – Ein Studienbuch. Frankfurt: Peter Lang.

Haupt, Gisela, Müller-Michaelis, Matthias (2001): So lernen Kinder mit Geld umzugehen. München: Südwest-Verlag.

Hessisches Kultusministerium (1995): Rahmenplan Grundschule. In: http://www.kultusmi nisterium.hessen.de/irj/HKM_Internet?cid=7eb3669d3206a4a676f9f4b7339d79c0, 22.12.2007.

Hurrelmann, Klaus (1997): Die meisten Kinder sind heute „kleine Erwachsene". In: Medien und Erziehung, Jg. 41/1997, Heft 2, S. 75-80.

Kiper, Hanna (1996): Konzeptionen ökonomischen Lernens. In: George, Siegfried; Prote, Ingrid (Hrsg.) (1996): Handbuch zur politischen Bildung in der Grundschule. Schwalbach/Ts.: Wochenschau-Verlag, S. 99-120.

KidsVerbraucherAnalyse (2003): Die finanzielle Situation der 6- bis 19-jährigen, o.O.

Kultusministerium Rheinland-Pfalz (1984): Lehrplan Sachunterricht Grundschule. Grünstadt.

Kultusministerium Sachsen-Anhalt (2005): Lehrplan Grundschule Erprobungsfassung. Sachunterricht. In: www.rahmenrichtlinien.bildung-lsa.de/pdf/entwurf/lpgssach.pdf, 22.12.2007.

Leitschuh-Fecht, Heike (2002): Warum kommt die Nachhaltigkeitsdiskussion so schwer in Gang? In: Beer, Wolfgang, u.a. (Hrsg.): Bildung und Lernen im Zeichen der Nachhaltigkeit. Konzepte für Zukunftsorientierung, Ökologie und soziale Gerechtigkeit. Schwalbach/Ts.: Wochenschau-Verlag, S. 34-45.

Ministerium für Bildung, Jugend und Sport des Landes Brandenburg (2004): Rahmenlehrplan Grundschule. Sachunterricht. In: http://www.bildung-brandenburg.de/fileadmin/bbs/ unterricht_und_pruefungen/rahmenlehrplaene /grundschule/rahmenlehrplaene/pdf/GS-Sach unterricht.pdf, 22.12.2007.

Ministerium für Bildung, Kultur und Wissenschaft des Saarlandes (1992): Lehrplan Sachunterricht. Grundschule Klassenstufen 1 – 4. Dillingen/Saar.

Ministerium für Bildung, Wissenschaft, Forschung und Kultur des Landes Schleswig-Holstein (1997): Lehrplan Grundschule. Heimat- und Sachunterricht. In: http://lehrplan. lernnetz.de/intranet1/links/materials/1107160466.pdf, 22.12.2007.

Ministerium für Bildung, Wissenschaft und Kultur des Landes Mecklenburg-Vorpommern (2004): Rahmenplan Grundschule. Sachunterricht. In: http://www.bildungsserver-mv.de/ download/rahmenplaene/rp-sachunterricht-gs.pdf, 22.12.2007.

Ministerium für Kultus, Jugend und Sport Baden Württemberg (1994): Bildungsplan für die Grundschule. In: www.leu-bw.de/allg/lp/bpgs.pdf, 22.12.2007.

Ministerium für Schule, Jugend und Kinder des Landes Nordrhein-Westfalen (2003): Richtlinien und Lehrpläne zur Erprobung für die Grundschule in Nordrhein-Westfalen. Düsseldorf.

Moll, Andrea (2001): Was Kinder denken. Zum Gesellschaftsverständnis von Schulkindern. Schwalbach/Ts.: Wochenschau-Verlag.

Niedersächsisches Kultusministerium (2006): Kerncurriculum für die Grundschule. Schuljahrgänge 1 – 4. Sachunterricht. Hannover.

Pfister, Gerhard (2002): Nachhaltigkeit und Humanressourcen – Sind Eigennutz und „Nachhaltigkeitsgesinnung" ein Widerspruch? In: Beer, Wolfgang, u.a. (Hrsg.): Bildung und Lernen im Zeichen der Nachhaltigkeit. Konzepte für Zukunftsorientierung, Ökologie und soziale Gerechtigkeit. Schwalbach/Ts.: Wochenschau-Verlag, S. 46-55.

Sächsisches Staatsministerium für Kultus (2004): Lehrpläne für die Grundschule. Fachlehrplan Sachunterricht. In: http://www.sachsen-macht-schule.de/apps/lehrplandb/lehr plaene/listing/0, 22.12.2007.

Schmid, Klaus-Peter (2005): Auf dem Rücken der Kinder. In: Die Zeit, Nr. 10, 03.03.2005.

Senator für Bildung und Wissenschaft Bremen (2002): Sachunterricht. Rahmenplan für die Primarstufe. In: http://lehrplan.bremen.de/primarstufe/sachunterricht/bp%20su/download, 22.12.2007.

Senatsverwaltung für Bildung, Jugend und Sport Berlin (2004): Rahmenlehrplan Grundschule. Sachunterricht. In: http://www.berlin.de/imperia/md/content/senbildung/schulorga nisation/lehrplaene/gr_sach_1_4.pdf, 22.12.2007.

Thüringer Kultusministerium (1999): Lehrplan für die Grundschule und für die Förderschule mit dem Bildungsgang der Grundschule. In: http://www.thillm.de/thillm/start_service _lp.html, 22.12.2007.

Unverzagt, Gerlinde; Hurrelmann, Klaus (2001): Konsum-Kinder: was fehlt, wenn es an gar nichts fehlt. Freiburg im Breisgau: Herder.

Wulfmeyer, Meike (2005): Ökonomie mit Kindern – Ein Konzept zum handlungsorientierten Lernen in der Grundschule. In: www.widerstreit-sachunterricht.de, Ausgabe Nr. 4, März 2005.

Zander, Margherita (2004): Bewältigung von Armut aus der Kinderperspektive. In: Kind Jugend Gesellschaft, Heft 1, S. 9-13.

Zur Notwendigkeit der Integration ökonomischer Bildung in die Allgemeinbildung und in die Lehrerbildung

Eveline Wuttke

1. Problemstellung

Schuldenberatung im Fernsehen kann man einerseits als weiteres Beispiel für die sinkende Qualität des Abendprogramms und die immer niedrigere Hemmschwelle vieler Menschen sehen, ihre privaten Probleme in der Öffentlichkeit auszubreiten. Andererseits wird damit sicherlich ein Problem aufgegriffen, von dem ein großer Teil der Bundesbürger betroffen ist. Millionen Deutsche sind überschuldet, Tendenz steigend. Laut Statistischem Bundesamt hat sich seit 1993 die Zahl der überschuldeten Privathaushalte mehr als verdoppelt. Die Zahl der Privatinsolvenzen ist beträchtlich und hat sich von knapp 70.000 in 2005 auf gut 90.000 in 2006 gesteigert. Überschuldung kann als eines von zahlreichen Beispielen gesehen werden, die zeigen, dass es mit der ökonomischen Kompetenz vieler Bundesbürger nicht zum Besten steht. Nur wenige sind mit ökonomischen Fragestellungen überhaupt vertraut und mit möglichen Lösungen sind die meisten überfordert. Das liegt nicht zuletzt daran, dass in Schulen kaum ökonomische Grundlagen gelegt werden (vgl. Liening 2004, S. 1). Das angeführte Beispiel zeigt im Übrigen auch, dass ökonomische Bildung nicht nur für die (eher kleine) Personengruppe relevant ist, die sich in ihrem *Berufsleben* wirtschaftlich orientiert. Jeder Mensch ist in seinem *Alltag* mit ökonomischen Entscheidungen konfrontiert und sollte diese vor einem soliden Hintergrund wirtschaftskundlichen Wissens treffen, um seine materielle Existenz sichern zu können. Darüber hinaus ist ökonomisches Wissen und Denken eines jeden Bürgers für die Gemeinschaft unabdingbar, weil soziale Marktwirtschaft nur funktioniert, wenn es kompetente Marktteilnehmer gibt[1] (vgl. Brandlmeier u.a. 2006, S. 17).

Arbeitswelt, Karriere- und Lebensplanung verlangen also von *jedem* Individuum eine Auseinandersetzung mit wirtschaftlichen Fragen. Zweifelsohne sollte dann aber auch jedes Individuum eine entsprechende Ausbildung erhalten, sie muss Teil der Allgemeinbildung und damit der Lehrpläne allgemein bildender Schulen werden, wofür u.a. auch das Deutsche Aktieninstitut in seinem Memorandum zur ökonomischen Bildung (1999; s. auch Liening 2004, S. 15) eintritt. Dieser Gedanke liegt auch der Definition von Kaminski (1996, S. 18) zugrunde, der ökonomische Bildung fasst als „die Gesamtheit aller erzieherischen Bemühungen in *allgemeinbildenden Schulen*, Kinder und Jugendliche mit solchen

---

[1] Jedes Individuum erfüllt sowohl ein beschäftigungsbezogenes als auch ein ziviles Rollenbündel. Im ersten kann weiter differenziert werden in z.B. Managerrolle, Spezialistenrolle, Arbeitslosenrolle. Das zivile Rollenbündel umfasst Rollen wie Konsument und Staatsbürger, Wähler oder Teilnehmer an politischem Diskurs. Für das beschäftigungsbezogene Rollenbündel sind spezifische wirtschaftliche Kompetenzen erforderlich. An das zivile Rollenbündel richtet sich dagegen der Anspruch einer Grundkompetenz (vgl. Beck/ Wuttke 2005).

Kenntnissen, Fähigkeiten, Fertigkeiten, Verhaltensbereitschaften und Einstellungen auszustatten, die sie befähigen, sich mit den *ökonomischen* Bedingungen ihrer Existenz und deren sozialen, politischen, rechtlichen, technischen und ethischen Dimensionen auf privater, betrieblicher, volkswirtschaftlicher und weltwirtschaftlicher Ebene auseinanderzusetzen, mit dem Ziel sie zur Bewältigung und Gestaltung gegenwärtiger und zukünftiger Lebenssituationen zu befähigen" (vgl. auch Beinke 2004; Schelten 2005). Im Übrigen wird auch nicht angezweifelt, *dass* junge Menschen auf die Wirtschaftswelt und die von ihnen auszufüllenden Rollen als Produzent, Konsument und Wirtschaftsbürger vorzubereiten sind. Im Mittelpunkt der Diskussion steht vielmehr die Frage, *welche Wege* dafür geeignet sowie in welchem Umfang und Rahmen Lehrer dafür auszubilden sind (vgl. Krol 2001).

2. Ökonomische Kompetenz und ökonomische Bildung

2.1 Begriffsbestimmung und Messung ökonomischer Kompetenz

In Bezug auf ökonomische *Kompetenz* lässt sich unterscheiden in eine mikroökonomische Kompetenz, die das eigene Wirtschaftshandeln anleitet, und eine makroökonomische Kompetenz, auf der das Verständnis für größere Zusammenhänge intra- und internationaler Zusammenhänge beruht (vgl. Beck/Wuttke 2005). Ökonomische *Bildung* umfasst allerdings nicht nur ökonomische *Kompetenz*, sondern ist als dreidimensionales Konstrukt zu verstehen, das ökonomische Kompetenz, ergänzt um ökonomische Einstellungen und ökonomisch-moralische Urteilsfähigkeit erfasst (vgl. ausführlich Beck 1993; 2000). Mit *ökonomischer (Grund-)Kompetenz* kann jenes Wissen und jene (Denk-)Fähigkeit beschrieben werden, die es erlauben, unter den Bedingungen des Wettbewerbs und knapper bzw. zu schonender Ressourcen Entscheidungen zu treffen oder zu beurteilen, die unter persönlichen Bewertungen und institutionellen (d.h. gesetzlichen und sozialen) Gegebenheiten i.S. des Kostenminimierungsprinzips rational sind (Beck/Wuttke 2005). Die Schule nimmt – so lautet zumindest der Anspruch – eine wichtige Rolle in der Vermittlung dieser Kompetenz ein.

Zur psychometrischen Erfassung ökonomischer Grundkompetenz liegt ein international verbreiteter Test vor (TEL: Soper/Walstad 1987; deutsch WBT: Beck/Krumm/Dubs 1998). Bei diesem handelt es sich um ein Multiple-Choice-Instrument, das in den Parallelformen A und B mit jeweils insgesamt 46 Aufgaben in vier Inhaltsbereichen vorliegt (vgl. Tab. 1).

I. Grundlagen	*II. Mikroökonomie*
1. Knappheit	7. Markt und Preis
2. Opportunitätskosten	8. Angebot und Nachfrage
3. Produktivität	9. Wettbewerb und Marktstruktur
4. Wirtschaftssysteme	10. Einkommensverteilung
5. Institutionen und Leistungsanreize	11. Marktstörungen
6. Tausch, Geld und wechselseitige Abhängigkeit	12. Rolle des Staates

I. Grundlagen	II. Mikroökonomie
III. Makroökonomie	IV. Internationale Beziehungen
13. Bruttosozialprodukt 14. Gesamtangebot 15. Gesamtnachfrage 16. Arbeitslosigkeit 17. Inflation und Deflation 18. Geldpolitik 19. Fiskalpolitik	20. Absoluter und komparativer Kostenvorteil sowie Handelshemmnisse 21. Zahlungsbilanz und Devisenkurse 22. Internationale Aspekte von Wachstum und Stabilität

Tab. 1: Basiskonzepte der WBT-Aufgaben

2.2 Die Einbindung ökonomischer Bildung in die Allgemeinbildung

Während Wirtschaftslehre als Lernbereich oder Fach in allen Formen des kaufmännischen (berufsbildenden) Schulwesens verankert ist, sieht die Situation im allgemein bildenden Zweig ganz anders aus. Lange Zeit tauchte die Wirtschaftslehre bundesweit lediglich als Leitfach der Arbeitslehre auf, die sich aus den Lernbereichen Wirtschaft, Beruf, Technik und Haushalt zusammensetzt. Diese Form der Arbeitslehre blieb – entgegen den Wünschen von Bildungsdidaktikern und Vertretern von Verbänden und Gewerkschaften – zudem weitgehend auf die Hauptschule beschränkt (vgl. Sczesny/Lüdecke-Plümer 1998). Zwar wurden und werden in Fächern wie Sozial- oder Gemeinschaftskunde vereinzelt Kurse mit wirtschaftskundlichen Inhalten angeboten, dass das möglicherweise aber nicht ausreicht, um systematische Grundlagen zu legen, zeigen die Befunde im nächsten Abschnitt. Besonders desolat war die Lage lange Zeit im allgemein bildenden Gymnasium – ökonomische Bildung war dort kein integraler Bestandteil im inhaltlichen Profil (vgl. Deutsches Aktieninstitut 1999, S. 5), sondern verteilte sich auf verschiedene Fächer wie Geografie, Sozialkunde, politische Bildung und Gemeinschaftskunde. Darüber, ob bei der Aufnahme ökonomischer Inhalte in den Kanon allgemein bildender Schulen ein eigenes Fach zu schaffen sei oder die Inhalte in einem integrierten sozialwissenschaftlichen Fach anzusiedeln wären, besteht nach wie vor keine Einigkeit (zur Diskussion dieser Frage vgl. stellvertretend Reinhard 2000 und von Rosen 2000). Wenn man davon ausgeht, dass bei der Einbindung in verschiedene Fächer in jedem Fach dann doch dessen inhaltliche Ziele, Fragestellungen und Methoden im Mittelpunkt stehen und nicht ökonomische Fragen, dann kann es nicht mehr nur um die Anreicherung bestehender Curricula mit ökonomischen Themen und Inhalten gehen. Das für die Alltagsbewältigung im wirtschaftlichen Bereich notwendige instrumentelle Wissen und das für ein Verständnis wirtschaftlicher Zusammenhänge notwendige Funktionswissen ist – da nicht ohne Rückbindung an nomologisches Wissen und an die Methodik der Ökonomik erschließbar – sicher besser in einem eigenen Fach zu vermitteln. Ohne ein eigenes Fach und hierfür speziell ausgebildete Lehrkräfte kann ökonomische Bildung zudem im schulischen Fachkanon nur geringe Reputation erwerben – mit Folgen für das schulinterne Curriculum, das Engagement der Kollegen, die Ressourcenbereitstellung und das Wahlverhalten von Schülerinnen und Schülern (vgl. Krol 2001). Unabhängig davon, ob ökonomische Inhalte in andere Fächer integriert sind oder in einem eigenen Fach gelehrt werden, ist die Frage zu stellen, wo und wie Lehrer für allgemein bildende Schulen, die diese ökonomischen Inhalte lehren sollen, auszubilden wären (vgl. Cox 2001). Bislang, so zeigt Weber (2002) auf, wird diese Lehrergruppe im Hinblick auf ökonomische Inhalte in den verschiedenen Bundesländern sehr unterschiedlich fundiert ausgebildet (von Wahlmöglichkeiten ökonomischer Module, die u.U. nie wahrgenommen werden, bis hin zu einem recht umfassenden Curriculum) und im Großen und Ganzen viel zu wenig auf ihre potentielle spätere Tätigkeit in diesem Inhaltsbereich vorbereitet.

Wie verschieden die Einbindung wirtschaftskundlicher Inhalte in das Curriculum allgemein bildender Schulen gehandhabt wird, zeigen exemplarisch die nachstehenden Beispiele.

In Sachsen werden im Gymnasium zwar mikro- und makroökonomische Inhalte vermittelt, viele Grundlagen, wie z.b. Knappheit, Opportunitätskosten, und Produktivität, fehlen jedoch. Für die Mittelschulen gibt es im Lehrplan je nach Profil ziemlich große Unterschiede. Das Spektrum reicht von einer kompletten Vernachlässigung wirtschaftlicher Inhalte bis hin zu einer ausführlichen Berücksichtigung im Wirtschaftsprofil (vgl. Müller et al. 2007).

In Rheinland-Pfalz hat das Ministerium für Bildung, Frauen und Jugend Richtlinien verabschiedet, wie ökonomische Bildung an allgemein bildenden Schulen zu gestalten sei (vgl. Ministerium für Bildung, Frauen und Jugend 2003). Dabei gehe es nicht um berufliches Spezialwissen, gefragt seien vielmehr Grundlagen, die das Verständnis beruflicher, wirtschaftlicher und technischer Strukturen und Prozesse ermöglichen. Diese Grundlagen werden in bestehende Schulfächer integriert, ein eigenständiges Fach gibt es nicht. Eine Einbindung ökonomischer Inhalte beginnt in der Primarstufe und setzt sich über die Sekundarstufen I und II fort.

Eine Analyse der hessischen Lehrpläne für Haupt- und Realschulen sowie Gymnasien (G8 und G9) lässt sich folgendermaßen zusammenfassen[2]:
In der *Hauptschule* werden wirtschaftliche Inhalte v.a. in Deutsch, Erdkunde, Mathematik und Englisch angesprochen. In Deutsch geht es beispielsweise um das Einüben von Verkaufsgesprächen, in Erdkunde um Wirtschaftsräume, in Mathematik wird Zinsrechnung behandelt und in Englisch über „jobs and career" gesprochen. Darüber hinaus gibt es in den Klassen sechs bis 10 aber noch ein eigenständiges Fach Arbeitslehre, das neben technischen auch wirtschaftliche Inhalte aufgreift (z.B. Marketing, Preisgestaltung, Wirtschaftskreislauf, Kaufvertrag etc.). In der *Realschule* lässt sich ein ähnliches Muster finden. Tangiert werden ökonomische Inhalte in den Fächern Erdkunde (z.B. Infrastruktur), Englisch (z.B. Fremdwährung und Umrechnung), Mathematik (z.B. Prozentrechnen und beschreibende Statistik), Deutsch (z.B. Geschäftsbriefe) sowie

---

[2] Hessische Lehrpläne werden etwas ausführlicher geschildert, da sich nachfolgende Befunde von Lehramtsstudierenden auch auf Hessen beziehen und damit gegenübergestellt werden kann, in welchem Umfang ökonomische Inhalte unterrichtet werden müssen, was in der Lehrerausbildung verankert ist und wie „ökonomisch kompetent" angehende Lehrer sind.

Wirtschaft und Politik (z.B. private Versorgung). Auch hier gibt es in den Klassen fünf bis neun das Fach Arbeitslehre, in dem beispielsweise Betriebserkundungen durchgeführt werden, über Leistung und Lohn gesprochen wird sowie Rationalisierungen im Betrieb diskutiert werden.

Im *neunjährigen Gymnasium* (G9) sind – oder besser gesagt: waren – wirtschaftskundliche Inhalte in besonders großem Umfang eingebunden. Neben ihrer Berücksichtigung in verschiedenen Fächern (ähnlich wie in der Haupt- und Realschule) werden ökonomische Inhalte in Politik und Wirtschaft in den Klassen sieben bis neun sowie elf und zwölf thematisiert. Dabei geht es beispielsweise um Wirtschaftszyklen, Geldfunktionen, Knappheit von Ressourcen, Internationale Beziehungen, wirtschaftlichen Wandel, Markt, Konjunktur, Wirtschaftsethik etc. Zusätzlich gibt es in der elften und zwölften Klasse das Fach Wirtschaftswissenschaften, das ausführlich auf ökonomische Grundlagen eingeht und auch weiterführende Inhalte, bis hin zu Wirtschaftstheorien, aufgreift. Dazu kommt in Klasse elf noch das Fach Rechtskunde, das sich z.B. mit Vertragsrecht auseinandersetzt.

Viele dieser Inhalte wurden mit der Umstellung auf das *achtjährige Gymnasium* (G8) „geopfert". Offensichtlich war man der Meinung, am leichtesten auf ökonomische Kompetenz verzichten zu können. Übrig blieb die Einbindung in verschiedene Fächer, wie in der Haupt- und Realschule und auch im neunjährigen Gymnasium. Übrig blieb auch die Einbindung in Politik und Wirtschaft. Das eigenständige Fach Wirtschaftswissenschaften und auch die Rechtskunde sind in den Curricula für G8 nicht mehr zu finden.

Als Fazit lässt sich festhalten: Je nach Bundesland und Schultyp – das zeigt schon die kleine Auswahl der drei Länder – werden in den allgemein bildenden Schulen unterschiedliche ökonomische Inhalte in unterschiedlichem Umfang gelehrt. Ein systematischer Aufbau und ein stringentes Curriculum sind nicht immer gegeben. Ob und welche ökonomische Bildung Schüler an deutschen allgemein bildenden Schulen erwerben, scheint vor diesem Hintergrund eher willkürlich. Ganz anders stellt sich die Situation im Übrigen in den Vereinigten Staaten dar. Dort ist eine Liste ökonomischer Konzepte definiert, über die jeder Schüler verfügen sollte. Diese Konzepte (z.B. scarcity/Knappheit) werden zum Teil bereits im Kindergarten angesprochen und ziehen sich mit steigendem Schwierigkeits- und Abstraktionsgrad durch das Curriculum bis in Klasse zwölf (Informationen und Materialien zur Unterstützung der Lehre unter: http://eced web.unomaha.edu/K-12/home.cfm).

3. Befunde zum Stand ökonomischer Grundkompetenz bei Schülern, Studierenden und angehenden Lehrern

Grundlage aller nachfolgend dargestellten Befunde ist der oben vorgestellte Wirtschaftskundliche Bildungstest in den Formen A und B.

Schülerstichproben:

Ein zentrales Ergebnis früherer Studien ist, dass in altersgleichen Schülergruppen unterschiedlicher Nationalität eine ganz erhebliche Streubreite der gemessenen Grundkompetenz zu finden ist (ausführlich vgl. Lüdecke-Plümer/ Sczesny 1999). Wie Tab. 2 zeigt, schneiden deutsche Schüler mit 45% richtiger Lösungen im internationalen Vergleich eher mäßig ab.

USA N = 4.242	GB N = 7.549	D N = 4.610	A N = 1.051	CH N = 1.382	Korea N = 4.334
48% (.18)	64% (.21)	45% (.16)	44% (.15)	45% (.14)	52% (.15)

Tab. 2: Wirtschaftskundliches Wissen (WBT gesamt, richtige Lösungen in %) im internationalen Vergleich (Standardabweichung in der Klammer)

Analysiert man die 4610 deutschen Schüler genauer, fallen einige gravierende Mängel ins Auge. So wird von den Probanden nicht einmal die Hälfte der WBT-Fragen korrekt beantwortet (45 %). Dies muss nachdenklich stimmen, misst dieser Test doch „*Grund*kenntnisse und *basale* Formen von ökonomischen Argumenten bzw. Operationen" (Beck 1993, S. 66). Bezieht man hier noch ein, dass die Lösungshäufigkeit von ca. 15 % aller Probanden unterhalb der Ratewahrscheinlichkeit von 25 % (vier Auswahlantworten pro Item mit einer richtigen Lösung) angesiedelt ist, so kommt man kaum umhin, die ökonomischen Grundkenntnisse deutscher Schüler als defizitär einzustufen. Am besten schneiden Auszubildende aus Industrie, Banken und Versicherungen sowie Wirtschaftsgymnasiasten ab (55% richtige Lösungen), also Probanden, die in ihrer Ausbildung bzw. der Schule mit ökonomischen Inhalten konfrontiert sind. Am unteren Ende sind dagegen Realschüler und Berufsfachschüler mit nur 33% richtigen Lösungen zu finden, d.h. hauptsächlich solche Schüler, die im ökonomischen Bereich nicht systematisch unterrichtet werden. Allerdings können Gymnasiasten des allgemein bildenden Zweigs recht gut mithalten (53% richtige Lösungen). Da nicht bekannt ist, in welchem Umfang sie mit ökonomischen Inhalten in Berührung gekommen sind, wäre jede Interpretation über die Ursache dieser Befunde spekulativ.

In einer neueren Studie von Müller, Fürstenau & Witt (2007) wurde die ökonomische Kompetenz sächsischer Schüler (611 Mittelschüler und 892 Gymnasiasten) untersucht. Die Befunde sind mit denen früherer Studien vergleichbar. Auch hier wurden von den Mittelschülern nur rund 36% der Fragen richtig beantwortet. Bei den Gymnasiasten sind es rund 47%. Die Gymnasiasten schneiden in allen Teilbereichen besser ab als die Mittelschüler, erzielen aber bei den Grundlagen ein überraschend schlechtes Ergebnis (47,4%). Das ließe sich möglicherweise damit erklären, dass Grundlagen im Lehrplan überhaupt nicht berücksichtigt werden. Andererseits verweisen die Autoren darauf, dass die Lösungsleistungen keineswegs in allen Fächern durch Übereinstimmung von Lehrplan und Test erklärt werden können (vgl. Müller/Fürstenau/Witt 2007, S. 245), ökonomische Kenntnisse also u.U. aus anderen Quellen erworben wurden.

Studierendenstichproben:

An der Universität Mainz wurde jeweils zu Beginn des Wintersemesters 99/2000 und des Sommersemesters 2000 bei Studienanfängern der Studienrichtungen BWL, VWL und Wirtschaftspädagogik der WBT zur Messung des wirtschaftskundlichen Wissens eingesetzt (N = 767). In einem ersten Überblick zeigt sich, dass das Niveau des ökonomischen Wissens und Denkens recht gut ist und sich weitgehend erwartungskonform nach Studiensemestern unterscheidet. Die Drittsemester erreichen durchweg die höchsten Werte.[3]

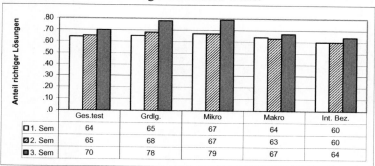

	Ges.test	Grdlg.	Mikro	Makro	Int. Bez.
1. Sem	64	65	67	64	60
2. Sem	65	68	67	63	60
3. Sem	70	78	79	67	64

Abb. 1: Niveau ökonomischen Wissens und Denkens in den vier Inhaltsbereichen und im Gesamttest nach Semester (N = 767)

Unerwartete Unterschiede zeigen sich, wenn man nach den WBT-Leistungen in Abhängigkeit davon fragt, in welcher Schulart die Hochschulreife erworben wurde. Probanden, die aus einem Wirtschaftsgymnasium kommen, liegen hinter den Absolventen allgemein bildender Gymnasien zurück (63% richtiger Lösungen gegenüber 67% bei den Absolventen allgemeinbildender Gymnasien; vgl. Beck/Wuttke 2004, S. 121). Sie hätten aufgrund ihrer einschlägigen Vorbildung jedoch bessere Ergebnisse erzielen müssen, wie es sich in anderen Studien auch gezeigt hatte (vgl. Sczesny/Lüdecke-Plümer 1998). Möglich wäre natürlich, dass an den beteiligten allgemein bildenden Schulen wirtschaftskundliche Inhalte ausführlich berücksichtigt wurden.

An der Universität Frankfurt wurden im Wintersemester 2007/08 Lehramtsstudierende (Lehramt an Grund-, Haupt- und Realschulen sowie Gymnasien) im Hinblick auf ihr wirtschaftskundliches Wissen und Denken getestet (N = 97 verwertbare Datensätze). Die Ergebnisse im Gesamttest und den einzelnen Inhaltsbereichen zeigen, dass die ökonomische Kompetenz deutlich unter der Mainzer Stichprobe liegt. Die Befunde bewegen sich bei dieser Gruppe ungefähr

---

[3] Da die Datenerhebung in einer Veranstaltung durchgeführt wurde, die nicht nur von Studienanfängern besucht wird, sind auch Zweit- und Drittsemester in unserer Stichprobe vertreten. Dass Erst- und Zweitsemester sich nicht deutlicher voneinander unterscheiden, liegt im Übrigen daran, dass für Studienanfänger im Sommer (die Zweitsemester der Stichprobe) die wirtschaftswissenschaftlichen Einführungsveranstaltungen nicht durchgehend angeboten werden bzw. wegen Überschneidungen teilweise nicht besuchbar sind.

in der Größenordnung, die auch von den Gymnasiasten der Schülerstichproben erreicht wurde (WBT gesamt 49,1%, Grundlagen 51,9%, Mikroökonomie 50,9%, Makroökonomie 45,4%, Internationale Beziehungen 47,8%). Anders als in der Mainzer Stichprobe finden wir hier auch keine systematischen Unterschiede zwischen den Semestern.

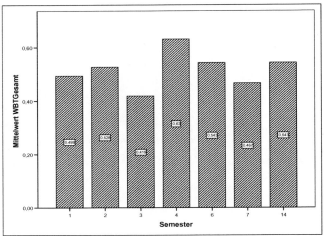

Abb. 2: Niveau ökonomischen Wissens und Denkens in Abhängigkeit von der Semesterzahl (N = 97)

Eine Analyse der Studienordnungen erklärt diese Befunde recht gut. Zwar müssen die angehenden Lehrer später die in den obigen Lehrplananalysen hervorgehobenen wirtschaftskundlichen Inhalte unterrichten, in ihren Studienordnungen sind aber kaum wirtschaftskundliche Module verpflichtend vorgesehen. So müssen Lehramtsstudierende zwar Grundlagenmodule aus dem Bereich „soziologische und politikwissenschaftliche Grundlagen für Lehrerinnen und Lehrer" absolvieren. Verschiedene Einführungen und Proseminare werden hierzu angeboten. Diese *können* ökonomischen Inhalts sein, *müssen* es aber durchaus nicht. Ob also wirtschaftskundliche Inhalte studiert werden oder nicht, ist relativ beliebig. Das bleibt dem jeweiligen Semesterangebot und v.a. den Präferenzen der Studierenden überlassen. Da den Lehramtsstudierenden freigestellt wird, ob sie Module ökonomischen Inhalts belegen, wurden sie zusätzlich befragt, ob a) bereits solche Module absolviert wurden und b) (weitere) Module ökonomischen Inhalts geplant sind. Von den 97 Teilnehmern geben gerade einmal zwei Probanden an, bereits ökonomische Module belegt zu haben. 82 verneinen diese Frage (keine Angabe von 13 Teilnehmern). 25 Teilnehmer geben immerhin an, im weiteren Verlauf des Studiums solche Module belegen zu wollen. Die weitaus größere Zahl von 64 Teilnehmern verneint dies allerdings. Die Zahlen zeigen überdeutlich, dass ein Großteil der angehenden Lehrer im Verlauf ihres Studiums nie mit ökonomischen Inhalten in Berührung kommt, obwohl die meisten von ihnen diese Inhalte später in der einen oder anderen Form unterrichten müssen. Ob dies den Studierenden überhaupt bewusst ist, wäre eine interessante Frage, die sich leider mit den vorliegenden Daten nicht beantworten lässt. Mit dem fehlenden systematischen wirtschaftskundlichen Curriculum lassen sich im Übrigen auch die nicht vorhandenen Unterschiede zwischen den Semestern erklären.

Auch zwischen den verschiedenen Lehramtsstudiengängen gibt es kaum Unterschiede in der Testleistung (WBT Gesamt bei L1 [Lehramt an Grundschulen] = 46,3%, bei L2 [Lehramt an Haupt- und Realschulen] 49,1%, bei L5 [Lehramt an Förderschulen] 47,3%). Einzig die Studierenden für das Lehramt an Gymnasien (L3) erbringen mit 54,6% eine etwas bessere Leistung, die allerdings immer noch weit unter den Leistungen der Mainzer Studierenden der Wirtschaftswissenschaften und Wirtschaftspädagogik liegt, selbst wenn man dort nur die wirtschaftskundlich „ungebildeten" Erstsemester (64% richtige Lösungen) betrachtet. Vermutlich haben angehende Wirtschaftswissenschaftler, so könnte man auch aus der Wahl des Studiengangs schließen, ein höheres Interesse an wirtschaftlichen Inhalten und sich auch schon außerhalb institutionellen Lernens mit den entsprechenden Inhalten beschäftigt.

Die Analyse der Vorbildung der Lehramtsstudierenden erklärt, im Unterschied zu anderen Studien (vgl. z.B. Beck/Wuttke 2004), keine Varianz an ihrer Leistung. So scheint es weder eine Rolle zu spielen, ob sie vor Aufnahme des Studiums ein allgemein bildendes oder ein Wirtschaftsgymnasium besucht haben, noch ob eine Ausbildung (kaufmännisch oder nicht-kaufmännisch) absolviert wurde[4].

Als Fazit der Befunde der Lehramtsstudierenden lässt sich festhalten, dass sie mit einer eher defizitären ökonomischen Kompetenz ausgestattet sind, die kaum oder gar nicht besser ist als die ihrer zukünftigen Schüler. Im Verlauf des Studiums werden ökonomische Inhalte eher gemieden, es ist also auch nicht zu erwarten, dass sich die Kompetenz nennenswert verbessert[5].

4. Konsequenzen für allgemein bildende Schulen und für die Lehrerausbildung

Das vorgefundene ökonomische Wissen breiter Bevölkerungsteile erweist sich in allen Studien als immer weniger tragfähig – mit bedenklichen Folgerungen für das Alltagshandeln, das Verständnis gesamtwirtschaftlicher Gegebenheiten, das Entscheidungsverhalten von Verbrauchern und das Wahlverhalten der Bür-

---

[4] Allerdings sind es sehr wenige Probanden, die überhaupt vom Wirtschaftsgymnasium kommen (3 TN) oder eine Ausbildung absolviert haben (14 TN), was die Aussagekraft doch erheblich einschränkt.

[5] Hier sollte vielleicht noch angemerkt werden, dass die Stichprobe aus eher engagierten Studierenden besteht, die sich freiwillig an dem doch recht langen Test beteiligt haben. Über die Kompetenz der übrigen Studierenden kann nur spekuliert werden, möglicherweise ist sie aber eher noch schlechter als die der Teilnehmer an der Studie.

ger (vgl. Beck/Wuttke 2005). Wie das Deutsche Aktieninstitut in seinem Memorandum zur ökonomischen Bildung bereits 1999 konstatierte, erschließt sich die Komplexität moderner Wirtschafts-gesellschaften dem Bürger nicht aus ökonomischen Alltagserfahrungen. Auch können ökonomische Grundkenntnisse so nicht in der notwendigen Ausprägung erworben werden (vgl. von Rosen 1998). Mit dem schulischen Auftrag, Schülerinnen und Schüler zur Bewältigung von gegenwärtigen und zukünftigen Lebenssituationen zu befähigen, verbindet sich auch die Forderung, dies im Bereich ökonomischer Bildung zu tun. Dass Handlungsbedarf besteht, zeigen die Befunde. Dieser erstreckt sich aber auch in besonderem Maße auf die Lehrerbildung. Für gewöhnlich sind wohl Lehrkräfte an allgemein bildenden Schulen nicht hinreichend im wirtschaftswissenschaftlichen Bereich qualifiziert (vgl. auch Deutsches Aktieninstitut 1999, S. 6). Wirtschaftswissenschaftliche und wirtschaftsdidaktische Inhalte müssen also in Lehramtstudiengänge für allgemein bildende Schulen verpflichtend integriert werden. Dazu sind sinnvolle Konzepte zu entwickeln und zu realisieren (vgl. Liening 2004, S. 16).

Standards für die ökonomische Bildung in der Lehrerbildung werden bereits diskutiert (vgl. Krol/Loerwald/Zoerner 2007), wobei nicht vergessen werden darf, dass es für ökonomische Bildung an allgemein bildenden Schulen meist kein eigenes Unterrichtsfach, oft nicht einmal ein einheitliches Ankerfach gibt. Für Lehramtsstudiengänge heißt das in der Konsequenz, dass die Stundendeputate, die ökonomischer Bildung zugewiesen werden, von Fach zu Fach höchst unterschiedlich und in der Regel relativ gering sind (vgl. Krol/Loerwald/Zoerner 2007, S. 446). Mindeststandards sollten aber wenigstens erreichen, dass Lehrer mit einer Grundlage an notwendigen Kompetenzen ausgestattet werden. Dazu gehört neben der „Wissensdimension" (Wissen und Verstehen ökonomischer Inhalte) natürlich auch eine „Vermittlungsdimension" (fachdidaktische Kompetenz). An Ausbildungsstandorten, die einen wirtschaftspädagogischen Studiengang anbieten, könnten solche Module dort angesiedelt sein, da in der Wirtschaftspädagogik bzw. in den wirtschaftswissenschaftlichen Fachbereichen sowohl das Fachwissen als auch das fachdidaktische Wissen vorhanden sind. Beides ist unbedingt notwendig, um sinnvolle fachspezifische Lernprozesse zu initiieren (vgl. Dubs 1996, S. 45; Kruber 1999, S. 4).

Literatur

Beck, Klaus (1993): Dimensionen der ökonomischen Bildung. Messinstrumente und Befunde. Abschlußbericht zum DFG-Projekt: Wirtschaftskundliche Bildung-Test (WBT). Normierung und internationaler Vergleich. Universität Erlangen-Nürnberg.

Beck, Klaus (2000): Ökonomische Intelligenz und moralische Kompetenz – Alternative Bildungsresultate. In: Metzger, Christoph; Seitz, Hans; Ebele, Franz (Hrsg.): Impulse für die Wirtschaftspädagogik. Zürich: Verlag des Schweizerischen Kaufmännischen Verbandes, S. 175-193.

Beck, Klaus; Krumm, Volker; Dubs, Rolf (1998): Wirtschaftskundlicher Bildungstest (WBT). Göttingen: Hogrefe.

Beck, Klaus; Wuttke, Eveline (2004): Eingangsbedingungen von Studienanfängern – Die Prognostische Validität wirtschaftskundlichen Wissens für das Vordiplom bei Studierenden der Wirtschaftswissenschaften. In: Zeitschrift für Berufs- und Wirtschaftspädagogik, Heft 1, S. 116-124.

Beck, Klaus; Wuttke, Eveline (2005): Ökonomiebezogenes Denken und Handeln – Zum Problem des Wissens über die Grundlagen der Wirtschaft und seiner Anwendung. In: Frey, Dieter; Rosenstiel, Lutz v.; Hoyos, Carl Graf (Hrsg.): Wirtschaftspsychologie. Weinheim: Beltz Verlag, S. 279-283.

Beinke, Lothar (2004): Ökonomische Bildung ist Allgemeinbildung. In: Erziehungswissenschaft und Beruf, 2, S. 175-182.

Brandlmeier, Elke; Frank-Hermann, Petra; Korunka, Christian; Plessnig, Alexandra; Schopf, Christiane; Tamegger, Konrad (2006): Ökonomische Bildung von Schüler/innen Allgemeinbildender Höherer Schulen. Wien: WUV.

Cox, Helmut (2001): Wirtschaft und Schule – Nordrhein-Westfalen im Defizit. Welchen Beitrag zur Lehrerausbildung können die Universitäten heute noch leisten? In: Diskussionsbeiträge der Fakultät für Wirtschaftswissenschaften der Gerhard-Mercator Universität Duisburg, Nr. 284, Duisburg.

Deutsches Aktieninstitut (1999): Memorandum zur ökonomischen Bildung – Ein Ansatz zur Einführung des Schulfaches Ökonomie an allgemeinbildenden Schulen [http://www.sowi-online.de/reader/oekonomie/memorand.html Abruf: 12.11.2007].

Dubs, Rolf (1996): Fachwissenschaftliche Orientierung als Beitrag zur Didaktik der Wirtschaftswissenschaften. In: Fortmüller, Richard; Aff, Josef (Hrsg.): Wissenschaftsorientierung und Praxisbezug in der Didaktik der Ökonomie, Wien, S. 43-58.

Kaminski, Hans (1996): Ökonomische Bildung und Gymnasium. Ziele, Inhalte, Lernkonzepte des Ökonomieunterrichts. Berlin: Luchterhand.

Krol, Gerd-Jan (2001): Ökonomische Bildung ohne Ökonomik? Zur Bildungsrelevanz des ökonomischen Denkansatzes. In: Sowi-onlinejournal.de [sowi.onlinejournal.de/2001-1/kro.html; Abruf: 15.11.2007].

Krol, Gerd-Jan; Loerwald, Dirk; Zoerner, Andreas (2007): Standards für die ökonomische Bildung in der gestuften Lehrerbildung. In: Zeitschrift für Berufs- und Wirtschaftspädagogik, 103 (3), S. 442-447.

Kruber, Klaus-Peter (1999): Fachdidaktische Forschung und Lehre – der Schlüssel zur ökonomischen Bildung. In: Krol, Gerd-Jan; Kruber, Klaus-Peter (Hrsg.): Die Marktwirtschaft an der Schwelle zum 21. Jahrhundert – Neue Aufgaben für die ökonomische Bildung. Wirtschafts- und Berufspädagogische Schriften 19, Bergisch-Gladbach: Hobein, S. 1-19.

Liening, Andreas (2004): Über die Bedeutung der ökonomischen Bildung. Dortmunder Beiträge zur Ökonomischen Bildung, Diskussionsbeitrag Nr. 1, Universität Dortmund, Wirtschafts- und Sozialwissenschaftliche Fakultät [http://www.wiso.uni-dortmund.de/wd/; Abruf: 15.11.2007].

Lüdecke-Plümer Sigrid; Sczesny, Christoph (1998). Ökonomische Bildung im internationalen. Vergleich. In: Schweizerische Zeitschrift für kaufmännisches Bildungswesen 6, S. 417-433.

Ministerium für Bildung, Frauen und Jugend (2003): [http://www.mbwjk.rlp.de/fileadmin/Dateien/Downloads/Bildung/pzrichtlinien_zur_oekonomischen_bildung.pdf; Abruf: 17.11.2007].

Müller, Kirsten; Fürstenau, Bärbel; Witt, Ralf (2007): Ökonomische Kompetenz sächsischer Mittelschüler und Gymnasiasten. In: Zeitschrift für Berufs- und Wirtschaftspädagogik, 103 (10), S. 227-247.

Reinhard, Sibylle (2000): Ökonomische Bildung für alle – aber wie? Plädoyer für ein integrierendes Fach. In: Gegenwartskunde, 49. Jg., 4, S. 505-512.

Rosen, Rüdiger von (1998): Schulfach Wirtschaft: Fit machen für das Leben. In: Trend, II. Quartal 1998, S. 50-55.

Rosen, Rüdiger von (2000): Wirtschaft in die Schule! Plädoyer für ein Schulfach Ökonomie an allgemein bildenden Schulen. In: Gegenwartskunde, 49. Jg., 1, S. 11-22.

Schelten, Andreas (2005): Berufsbildung ist Allgemeinbildung – Allgemeinbildung ist Berufsbildung. In: Die berufsbildende Schule (BbSch) 57, S. 127-128.

Sczesny, Christoph; Lüdecke-Plümer, Sigrid (1998): Ökonomische Bildung Jugendlicher auf dem Prüfstand: Diagnose und Defizite. In: Zeitschrift für Berufs- und Wirtschaftspädagogik, 94 (3), S. 403-420.

Soper, John C.; Walstad, William B. (1987): Test of economic literacy. Second edition. Examiner's manual. New York: Joint Council on Economic Education.

Weber, Birgit (2002): Economic Education in Germany. In: Sowi-Onlinejournal. [http://www.sowi-onlinejournal.de/2002-2/germany_weber.htm; Abruf: 16.10.2007]

Zur ökonomischen Bildung und Nachhaltigen Entwicklung

Nachhaltigkeitskommunikation und Bildungsprozesse
Ein Interview[1]

Gerd Michelsen

Welche Rolle spielt für Sie Bildung für Nachhaltige Entwicklung? Was sind für Sie deren zentrale Aspekte? Wie unterscheidet sich Umweltbildung von Bildung für Nachhaltige Entwicklung?

Bildung für Nachhaltige Entwicklung stellt für mich eine der großen Herausforderungen für unser gesamtes Bildungssystem dar. Das diesem Anspruch zugrunde liegende Konzept der Nachhaltigen Entwicklung erfordert ein neues Verständnis unseres Mensch-Natur-Verhältnisses. Natur wird danach nicht mehr in erster Linie – wie in vielen Alltagskonzepten der Menschen – als ein Gegenüber, das es zu schützen gilt, betrachtet, sondern als unsere Lebensgrundlage, die wir zwingend nutzen, die es zu gestalten und verantwortlich zu nutzen gilt. Auch wir sind Natur und stehen so in vielfältigen Wechselbeziehungen, die wir kennen und in unserem Handeln berücksichtigen müssen. Mit dieser Perspektive ist eine grundlegende Änderung unserer bisherigen Lebensweise, unserer Produktions- und Konsummuster sowie der damit verbundenen Planungs- und Entscheidungsprozesse gefordert. Es wird sichtbar, dass ökologische, ökonomische, soziale und kulturelle Entwicklungsprozesse im Zusammenhang stehen. Individuelles und gesellschaftliches Handeln hat dies zu berücksichtigen; Aushandlungsprozesse, die sich an einer Nachhaltigen Entwicklung, also an einem verantwortlichen Umgang mit den natürlichen Lebensgrundlagen und gleichzeitiger Berücksichtigung gerechter Lebensbedingungen aller Menschen in dieser Einen Welt orientieren, bringen Konflikte und die Notwendigkeit von Risikoabwägungen mit sich. Voraussetzung für die Beteiligung an diesem Prozess ist ein anderes Denken und Verstehen, das allerdings nur zu erreichen ist, wenn unser Bildungssystem und die darin enthaltenen verschiedenen Bildungsbereiche die Herausforderung aufgreifen. Nicht nur die ökologische, sondern auch die ökonomische Dimension, nicht nur die soziale, sondern auch die kulturelle Dimension müssen dabei „zusammen gedacht" werden, um eine verantwortbare gesellschaftliche Entwicklung im Sinne der Nachhaltigkeit zu ermöglichen.

Während Umweltbildung eher auf Bedrohungen von Natur und Menschen reagiert und sich in ihren Handlungsüberlegungen auf den Umweltbereich beschränkt, setzt Bildung für Nachhaltige Entwicklung auf die Gestaltung der Gesellschaft unter Berücksichtigung aller Sektoren und auf Teilhabe möglichst vieler Menschen an diesem Modernisierungsprozess. Ziel einer Bildung für Nach-

---

[1] Eine umfassende Aufarbeitung zur Nachhaltigkeitskommunikation findet man im *Handbuch Nachhaltigkeitskommunikation* (vgl. Michelsen/Godemann 2005).

haltige Entwicklung ist der Erwerb von Gestaltungskompetenz, womit Menschen – egal ob jünger oder schon älter – in die Lage versetzt werden, sich mit dem Blick in die Zukunft aktiv an gesellschaftlichen Veränderungsprozessen zu beteiligen und diese mitzugestalten. Und das ist wahrhaftig eine große Herausforderung, die nicht so einfach umzusetzen ist, zumal wir natürlich auf den verschiedenen Bildungsstufen Zugänge hierzu eröffnen müssen.

Welche Rahmenbedingungen braucht ein Bildungssystem, das sich als Hauptinstrument des gesellschaftlichen Wandels versteht?

Ob unser Bildungssystem das Hauptinstrument für den gesellschaftlichen Wandel ist, möchte ich dahin gestellt sein lassen. Unbestritten aber ist es ein wichtiges Instrument, das seinen Beitrag zum notwendigen gesellschaftlichen Wandel zu leisten hat. Neben den politischen Sonntagsreden zu Bildung für Nachhaltige Entwicklung, die wir überall vernehmen können, brauchen wir eine couragierte Offenheit in der Bildungsverwaltung und natürlich in den Bildungsinstitutionen selbst, die sich der Aufgabe stellt. Sich öffnen für notwendige Veränderungsprozesse heißt, sich auf neue und ungewohnte Situationen einzulassen, sich von Altem und Bewährtem zu verabschieden, mit Unsicherheiten und Unwägbarkeiten umzugehen, sich auf ein neues Verhältnis von Lehrenden und Lernenden einzulassen, Bildungsprozesse nicht nur am „grünen Tisch" stattfinden zu lassen, sondern sich mit realen Problemstellungen zu befassen. Ich könnte diese Punkte noch weiterführen; was ich deutlich machen möchte, ist die Notwendigkeit der mentalen Bereitschaft von Menschen in der Bildungspolitik, -verwaltung und -praxis, Bildungsprozesse neu zu denken und zu initiieren, so dass sie den Herausforderungen der Nachhaltigkeit gerecht werden. Dass hierfür auch die rechtlichen und finanziellen Rahmenbedingungen stimmen müssen, will ich an dieser Stelle nicht weiter vertiefen. Das ist für mich selbstverständlich.

Eine zentrale Rolle spielt für mich im aktuellen Prozess die UN-Dekade „Bildung für Nachhaltige Entwicklung", mit der – federführend von der Deutschen UNESCO-Kommission und dem entsprechenden Nationalkomitee – die Bedeutung, Möglichkeiten und Chancen von Bildung für Nachhaltige Entwicklung in Deutschland bekannt gemacht und weiterentwickelt werden sollen.

In Deutschland wurden ja im Vergleich zu anderen Ländern relativ frühzeitig Initiativen und Programme im Rahmen der Dekade entwickelt; Sie sind ja als Mitglied des Nationalkomitees daran beteiligt. Was hat die Dekade „Bildung für Nachhaltige Entwicklung" der Vereinten Nationen bisher erreicht?

Der Weltdekade der Vereinten Nationen zur Bildung für Nachhaltige Entwicklung ist es gelungen, die Themen „Bildung" und „Nachhaltige Entwicklung" auf die politische Tagesordnung zu setzen. In vielen Ländern der Erde finden unterschiedliche Aktivitäten statt, die Bildung für Nachhaltige Entwicklung ganz nach vorn bringen sollen. Eine Reihe von Ländern haben, ebenso wie Deutschland, Nationale Aktionspläne zur Bildung für Nachhaltige Entwicklung veröffentlicht und fördern spezielle Vorhaben und Projekte, vom Kindertagesstätten-bereich bis zur Hochschule. Internationale Kooperationen und Netzwerke för-dern den Austausch, gemeinsame Forschungs- und Bildungsprojekte.

Wie steht es um die Bekanntheit der Dekade in der Öffentlichkeit aus?

Was die Bekanntheit der Dekade betrifft, gibt es sicherlich noch einiges nachzu-holen. Bei uns in Deutschland gibt es gute Ansätze, Bildung für Nachhaltige Entwicklung stärker in der Öffentlichkeit zu verankern, z.B. durch die Aus-zeichnung von Bildungsprojekten als „Offizielle Dekade-Projekte", die zeigen, dass der Perspektivenwechsel, die Einbeziehung komplexer Zusammenhänge und neuer Methoden auf allen Ebenen des Bildungssystems möglich ist. Mit-lerweile sind weit über 600 Projekte ausgezeichnet worden, manche sogar schon ein zweites Mal. Jährliche Großveranstaltungen zu Bildung für Nachhaltige Entwicklung oder durch die Arbeit des UNESCO-Nationalkomitees „Bildung für Nachhaltige Entwicklung", in der viele gesellschaftliche Gruppen vertreten sind und von dem aus Impulse in alle Bildungsbereiche gesetzt werden. Dies alles reicht aber nicht aus, um Bildung für Nachhaltige Entwicklung zu einer Selbstverständlichkeit werden zu lassen. Es ist außerordentlich erfreulich festzu-stellen, wie groß das Interesse an der Dekade ist und wie engagiert einzelne Per-sonen und Institutionen sich daran beteiligen. Aber konzeptionelle Überlegun-gen, modellhafte Projekte und bildungspolitische Verankerungen müssen noch stärker Hand in Hand gehen.

Welchen zentralen Aufgaben und Herausforderungen, muss man sich – Ihrer Erfahrung nach – bei der praktischen Umsetzung von Projekten im Sinne einer Bildung für Nachhaltige Entwicklung stellen?

Wir erfahren fast täglich, dass Bildung für Nachhaltige Entwicklung von der Politik als eine zentrale Aufgabe für unser gesamtes Bildungssystem gesehen wird. Auf der Ebene der Bundesregierung gibt es Forschungsprogramme, die Impulse für eine Nachhaltige Entwicklung setzen – auch unter Beachtung von Kommunikation und Bildung als wichtige Elemente. Auf der Ebene der Länder sieht das sehr different aus – eine Auswirkung unseres föderalen Bildungssys-tems. Ich wünsche mir weiter gemeinsame Anstrengungen zur Umsetzung einer Bildung für Nachhaltige Entwicklung in allen Bildungsbereichen, wie sie mit dem groß angelegten Modellversuch BLK „21" stattgefunden haben oder wie sie in dem jetzt auslaufenden Programm „Transfer 21" für den schulischen Bereich zur Zeit zu sehen sind.

Wenn wir in der Schule, um ein Beispiel zu nennen, Bildung für Nachhaltige Entwicklung praktizieren wollen, brauchen wir entsprechend kompetente und qualifizierte Lehrerinnen und Lehrer, d.h., wir müssen nicht nur im Bereich der Fortbildung etwas unternehmen, sondern auch in der Lehrerbildung. Hier ge-schieht bislang viel zu wenig. Oder schauen wir in die Bildungsverwaltung. Dort gibt es an einzelnen Stellen sehr engagierte Menschen, die Bildung für Nachhaltige Entwicklung voranbringen wollen. Aber häufig sind diese Personen Einzelkämpfer, die aus der Ministerialverwaltung meist nur wenig Unterstützung erfahren. Offensichtlich ist die Selbstverpflichtung der Staaten der Welt, durch Bildung zu einer lebenswerten Gegenwart und Zukunft beizutragen, dort noch nicht angekommen.

Natürlich kann ein solch gewaltiger Veränderungsprozess im Bildungsbereich nicht von heute auf morgen stattfinden. Das ist mir auch klar. Er benötigt Zeit und viel Kraft, vor allem von denjenigen, die maßgeblich diesen Prozess strukturieren, unterstützen oder begleiten. Die notwendige Kraft bekommen diese Menschen aus den kleineren oder größeren Erfolgen, die sie in Kindertagesstätten, im schulischen Bereich oder in Hochschulen sehen. So denken kleine Kinder bereits über die Beutung von Wasser nach, Schülergruppen engagieren sich in ihrem Unterricht für konkrete regionale oder lokale Probleme und erarbeiten einen Beitrag zu deren Lösungen; Studierende beteiligen sich an der positiven Veränderung der Energiebilanz ihrer eigenen Hochschule oder bauen globale Netzwerke mit anderen jungen Leuten in Ländern des Südens auf, um gemeinsam zu lernen. Hier findet etwas statt, was Kindern und Jugendlichen (und auch den beteiligten Lehrenden) offensichtlich Freude bereitet, was sie trotz der damit verbundenen Mühen gern machen, wohl auch, weil sie den Sinn ihrer Arbeit erkennen und sich ernsthaft beteiligt fühlen an der Gestaltung ihres Lebens.

Das Konzept der Nachhaltigen Entwicklung soll in alle Ebenen des Bildungssystems integriert werden. Was sind aus Ihrer Sicht im Bereich der Hochschulbildung geeignete Zugänge? Wie überkommt man die Konkurrenz der Hochschulen um die besten Köpfe, hin zur Zusammenarbeit?

Lassen Sie mich eine grundsätzliche Vorbemerkung hierzu machen: Hochschulen sollten meiner Meinung nach, was die Befassung mit dem Leitbild der Nachhaltigkeit betrifft, eine Vorbildfunktion in unserer Gesellschaft einnehmen. In der Forschung und in der Lehre sollte Nachhaltigkeit eine wichtige Rolle spielen bis hin zu der Frage, wie sich Hochschulen als Institution im Sinne von Nachhaltigkeit entwickeln können. Da geht es dann nicht nur um das Einsparen von Ressourcen wie Energie oder um sorgfältigen Umgang mit gefährlichen Stoffen z.B. in der Chemie; es geht auch um Fragen des miteinander Umgehens innerhalb und zwischen den verschiedenen Gruppen an den Hochschulen, es geht auch darum, wie die Absolventinnen und Absolventen auf ihre künftige berufliche Tätigkeit vorbereitet werden. Schließlich sind sie wichtige Multiplikatoren, nicht zuletzt für den Nachhaltigkeitsgedanken. Hochschulen sind nach wie vor überwiegend staatlich finanziert, daher haben sie gegenüber der Gesellschaft eine große Verantwortung hinsichtlich ihres Tuns und Lassens. Nachhaltigkeit steht auf der gesellschaftlichen Agenda ganz oben, so dass auch Hochschulen nicht umhin können, sich dieser Herausforderung zu stellen.

Im Bereich der Hochschulbildung haben wir zurzeit günstige Voraussetzungen, Nachhaltigkeitsaspekte verstärkt in die Studiengänge einzubringen. Der so genannte „Bologna-Prozess", auch wenn er vielerorts immer noch sehr kritisch betrachtet wird, kann hier sehr hilfreich sein. Auf ihrer Tagung im norwegischen Bergen im Jahr 2005 haben die europäischen Bildungs- und Wissenschaftsminister beschlossen, dass Überlegungen zum Leitbild der Nachhaltigkeit in möglichst alle neuen Bachelor- und Masterprogramme integriert werden sollen. Wenn dies tatsächlich von den einzelnen Hochschulen in dieser Form umgesetzt werden würde, hätten wir einen ganz großen Schritt nach vorn getan.

An meiner Universität in Lüneburg sind wir bereits auf einem ganz guten Weg. Unsere Studierenden werden bereits im ersten Semester mit Fragen zur Nachhaltigkeit konfrontiert und erfahren, welche Bedeutung Nachhaltigkeit für sie persönlich, für ihre künftige berufliche Tätigkeit, aber auch für ihr gesellschaftliches Engagement hat. Nachhaltigkeitsfragen sind zudem in verschiedenen Studiengängen verankert. Im Alltag der Universität lassen sich Erfahrungen mit Gestaltungsmöglichkeiten einer Nachhaltigen Entwicklung machen – durch Beteiligung an Energiekampagnen, durch Engagement in studentischen Gruppen oder durch die vorhandenen Konsumangebote ökologischer und regionaler Nahrungsmittel und solchen aus Fairem Handel.

Ein großes Problem stellt meiner Meinung nach die Konkurrenz zwischen den Hochschulen dar. Wir erleben es ja gerade in der Exzellenzinitiative, in der die deutschen Hochschulen den Wettlauf um die „Futtertröge" aufgenommen haben. In den kommenden Jahren wird der Wettstreit um neue Studierende zunehmen, der es dann nur noch in eher seltenen Fällen erlauben wird, in eine ernsthafte Kooperation mit anderen Hochschulen einzutreten, es sei denn, entsprechende Aktivitäten werden in einer gewissen Form auch „belohnt".

Besondere Betonung erfahren in der Dekade der informelle Bildungssektor und Informations- und Kommunikationstechnologien. Welche Möglichkeiten ergeben sich da im Hochschulsektor?

Der informelle Bildungssektor wird bei uns bislang unterschätzt oder vernachlässigt. Dabei lernen wir sehr viel informell, vielleicht sogar überwiegend, spätestens dann, wenn wir unseren Schul-, Berufs- oder Hochschulabschluss erworben haben und dann im Berufsleben stehen. Informell lernen wir aber natürlich auch in den Bildungsinstitutionen selbst, wenn es dort ums Energiesparen geht, wenn regenerative Energien zum Einsatz kommen, wenn neue Mobilitätskonzepte eingeführt werden, wenn der Schulkiosk oder die Mensa ökologische Produkte anbietet etc. Über die Wirkungen solcher informellen Lernprozesse wissen wir allerdings recht wenig.

Etwas mehr können wir dagegen zum Einsatz von Informations- und Kommunikationstechnologien sagen. Wenn wir von Gestaltungskompetenz sprechen, geht es auch um neue Lehr- und Lernformen. In diesem Zusammenhang spielt der Einsatz Neuer Medien eine zunehmend größere Rolle. Dies ist meiner Meinung nach auch gerechtfertigt, und zwar aus zwei Gründen: Zum einen schaffen Informations- und Kommunikationstechnologien neue Zugänge zur Bearbeitung von Problemstellungen, indem durch sie verschiedenartige Perspektiven erschlossen und Reflexionsprozesse unterstützt werden können, was für den individuellen Kompetenzerwerb förderlich ist. Zum anderen werden durch Informations- und Kommunikationstechnologien selbst gesteuertes wie auch kollaboratives Lernen ermöglicht und damit entsprechende Lernprozesse unterstützt. Nicht zuletzt können Informations- und Kommunikationstechnologien globale Perspektiven von Bildung für Nachhaltige Entwicklung durch eine internationale (virtuelle) Zusammenarbeit eröffnen und einen transkulturellen Austausch zwischen Studierenden und Lehrenden fördern. In Lüneburg bieten wir z.b. gemeinsam mit anderen Universitäten in Europa virtuelle Seminare an, die sich mit Fragen der Nachhaltigkeit auseinander setzen.

Was sind Erfolgsfaktoren in der Integration unterschiedlicher Akteure, wie sie für die Bildung für Nachhaltige Entwicklung gefordert wird? Wie kann die Zusammenarbeit zwischen Nachhaltigkeitsexperten, Bildungsexperten und anderen Orten des Lernens gelingen?

Die verschiedenen Akteure einer Bildung für Nachhaltige Entwicklung sind gehalten, sich stärker als bisher für andere Bereiche und Institutionen formaler, non-formaler und informeller Bildung in ihrem Umfeld zu öffnen. Um eine derartige Zusammenarbeit in Richtung einer stärker „transformativen" Bildung zu orientieren, sollte zudem der Bezug zu einer Forschung intensiviert werden, die ihrerseits integrierend wirkt. Gemeinsam initiierte Forschungs- und Entwicklungsvorhaben im Sinne einer transdisziplinären Nachhaltigkeitsforschung, in der Wissenschaftsakteure und gesellschaftliche Praxisakteure gemeinsam an einer Problemstellung arbeiten, befördern die Kommunikation und Kooperation des Wissenschaftsbereichs mit seinem direkten Umfeld und tragen so zu beiderseitigen längerfristigen Lernprozessen und nachhaltigen Lebensbedingungen in der Region bei.

Ein interessantes Beispiel auch für den deutschsprachigen Raum ist aus meiner Sicht das von der UN-Universität in Tokyo entwickelte Modell der so genannten „Regional Centers of Expertise" (RCE), die unter ihrem Dach alle Kompetenzen einer Region zu Fragen der Nachhaltigkeit zu versammeln suchen und die Region in ihrem Prozess der Nachhaltigen Entwicklung unterstützen wollen. Weltweit gibt es derzeit mehr als zwei Dutzend dieser Einrichtungen; im Laufe dieses Jahres sollen es etwa 40 werden. Eines dieser Center, das sich auch auf den deutschen Raum bezieht, gibt es in der Rhein-Maas-Region, dessen Initiative von der Open University der Niederlande in Heerlen gestartet wurde.

Bildung (und Forschung) für Nachhaltige Entwicklung bleibt also mit ihren Aktivitäten nicht in den Bildungsinstitutionen und damit in einem eingegrenzten Bildungsraum. Sie mischt sich ein in das regionale und globale Netzwerk ökonomischer, ökologischer, sozialer und kultureller Fragen, kooperiert mit den Akteuren in diesen Bereichen. Bildung für Nachhaltige Entwicklung gibt damit den Lernenden Gelegenheit, Erfahrungen in der partizipativen, transdisziplinären Bearbeitung von Fragestellungen zu machen. Zugleich leistet sie selbst einen Beitrag zur Nachhaltigen Entwicklung, wenn sie konkrete Vorschläge zu einer verantwortlichen Wirtschafts- und Lebensweise unter Berücksichtigung ökologischer rund sozialer Belange einbringt und sich an Aushandlungsprozessen um mögliche Wege zu einer Nachhaltigen Entwicklung beteiligt.

Literatur

Michelsen, Gerd; Godemann, Jasmin (Hrsg.) (2005): Handbuch Nachhaltigkeitskommunikation. Grundlagen und Praxis. München: oekom Verlag.

Umweltethik im Wandel der Problemhorizonte

Günter Altner

1. Problemgeschichtliche Aspekte

Die Geschichte des Begriffs Umweltethik ist eng verbunden mit der Entwicklung der Umweltpolitik seit Anfang der 1970er Jahre. Hier wirken insbesondere zwei Bücher initiierend: Rachel Carsons Silent Spring (1962) und Dennis Meadows Grenzen des Wachstums (1972). Mit der UN-Konferenz von Stockholm (1972) zum Thema „Über die menschliche Umwelt" erfolgte ein erster internationaler programmatischer Paukenschlag, dem bis zur UN-Konferenz von Rio (1992) weitere internationale Tagungsereignisse folgen sollten.

Immer ging es um Zustand und Bedrohung der menschlichen Umwelt. Und dementsprechend formierten sich die ersten Handlungskonzepte und so auch die ersten Schritte der Umweltpolitik in der damaligen Bundesrepublik Deutschland, nicht zuletzt unter dem Andrang der Umweltbürgerinitiativen. Neben den klassischen Politikfeldern wurde die Umweltpolitik auf Landes- und Bundesebene als neues Ressort begründet. Die Verantwortung für die Umwelt in der programmatischen Gestalt der Umweltethik drang nicht nur in die Politik und die Wissenschaften ein, sie beeinflusste auch die Inhalte im Biologie- und im Ethikunterricht.

Dem Begriff der Umweltethik haftet bis heute ein programmatischer Mangel an. Die Umwelt (Natur) figuriert als das, was den Menschen trägt und umgibt. Der Mensch ist das fraglose Zentrum, von dem her die Natur als Umwelt des Menschen ihre Bestimmung und Gestaltung erfährt. Das ist anthropozentrisch gedacht. Ohne Frage kann diese Konstellation zum Schutz der Natur beitragen. Um des Menschen willen ist es sinnvoll, mit der Natur als Grundlage menschlicher Existenz schonend und haushälterisch umzugehen. Aber reicht das? Bedarf die Natur nicht um ihrer selbst willen der Achtung durch den Menschen? Ist Natur nur das, was um den Menschen „herum" ist?! Ist diese Beziehung nicht sehr viel komplizierter? Muss sie nicht von beiden Polen (Mensch und Natur) her gedacht werden? Unter Berücksichtigung des naturgeschichtlichen Verwobenseins von Mensch und Natur ist es auf jeden Fall angemessener, von Mitwelt und von Mitweltethik zu sprechen. Aber dieser Begriff hat sich leider nie in der offiziellen Terminologie durchgesetzt.

Spätestens seit der UN-Konferenz von Rio (1992) wurde der Begriff der Umwelt durch das Konzept der Nachhaltigkeit überlagert. Bezeichnenderweise überwiegt auch hier – angestoßen durch die Anfangsdefinition im Brundtlandbericht – der anthropozentrische Standpunkt: „Dauerhafte Entwicklung ist Entwicklung, die die Bedürfnisse in der Gegenwart befriedigt, ohne zu riskieren, dass künftige Generationen ihre eigenen Bedürfnisse nicht befriedigen können." (Hauff 1987, S. 46). Es geht also darum, den Naturverbrauch so zu gestalten, dass auch künftige Generationen bei ihrer Naturnutzung menschenwürdig leben können. Waren Umweltpolitik und Umweltethik in der Anfangsphase bis 1992 weitgehend auf neue zusätzliche Nebenbereiche beschränkt, neben denen sich politisches Handeln und vor allem wirtschaftlicher Wettbewerb relativ unverändert vollziehen konnten, so trat nun langsam eine Wende ein.

Die Klimaerwärmung und die Störungen in den großen globalen Ökosystemen (Luft, Boden, Wasser, Vegetation, Wälder) verliefen zwar weiter ungehemmt, aber in der programmatischen Nachhaltigkeitsdiskussion zeichnete sich eine Veränderung ab, die es notwendig machte, das „Nebenher" der Umweltpolitik und Umweltethik aufzugeben und in eine konkrete Auseinandersetzung mit Theorie und Praxis der neoklassischen ökonomischen Naturverwertung einzutreten.

Dazu trugen einmal die erreichten Umweltstandards bei. Aber vor allem kam es zu einer Öffnung im Nachhaltigkeitsdiskurs. Die Dimensionen der sozialen und generativen Verträglichkeit wurden um den Aspekt der Umweltverträglichkeit erweitert, Holger Rogall führt den Begriff des „Umweltraumes" in die Nachhaltigkeitsdiskussion ein: „Der Begriff der Grenzen des Umweltraumes soll zeigen, dass der Mensch die natürlichen Ressourcen nur bis zu einem gewissen Grad nachhaltig (dauerhaft) nutzen kann, ohne eine Schädigung der Lebensgrundlagen zu verursachen." (Rogall 2007, S. 43). Damit wird es unumgänglich, den Stellenwert und die Instrumente wirtschaftlichen Handelns neu und d.h. umweltethisch zu bestimmen. Mit diesem Versuch stellt sich auch die andere Frage nach einer tieferliegenden Begründung für den Eigenwert des Umweltraumes, besser der irdischen Lebenswelt.

2. Umwelt oder Mitwelt – zur Begründung einer diskursiven Umwelt-Mitweltethik

Ausgehend von der klassischen europäischen Anthropozentrik, dass der Mensch in der Ethik es nur mit sich selbst zu tun habe, schreiten wir über Kants Kathegorischen Imperativ hinaus und beziehen Hans Jonas (Prinzip Verantwortung) und Albert Schweitzer (Ehrfurcht vor dem Leben) in unsere Betrachtung mit ein. Alle drei Ansätze sind von weit tragender und immer weiter tragender Bedeutung. Mit ihnen beantwortet sich die Frage nach der Verantwortung des Menschen für sich selbst und für die ihm anvertraute Mitwelt:

Kant:	Handle so, dass du auch wollen kannst, dass deine Maxime allgemeines Gesetz werde.
Oder:	Handle so, dass die Maxime deines Handelns zum allgemeinen Gesetz erhoben werden kann.
H. Jonas:	Handle so, dass die Wirkungen deiner Handlung verträglich sind mit der Permanenz echten menschlichen Lebens auf Erden.
Oder:	Gefährde nicht die Bedingungen für den indefiniten Fortbestand der Menschheit auf Erden.
A. Schweitzer:	Ich bin Leben, das leben will, inmitten von Leben, das leben will.

Oder: In keiner Weise erlaubt die Ehrfurcht vor dem Leben dem einzelnen, das Interesse an der Welt aufzugeben. Fort und fort zwingt sie ihn, mit allem Leben um ihn herum beschäftigt zu sein und sich ihm verantwortlich zu fühlen.

Zwischen den vorliegenden Handlungsmaximen gibt es eine klare Abstufung. Kant bezieht sich primär auf das mitmenschliche Verhältnis, aber dies in einem so prinzipiellen Sinn, dass letztlich in den Handlungsabsichten des einzelnen menschlichen Subjektes die menschliche Weltgesellschaft als ganze Berücksichtigung finden soll. Man könnte von diesem Ansatz her auch das Konzept der Nachhaltigkeit begründen. Niemand soll Mittel zum Zweck sein. Meine Handlungsansätze sollen die Achtung vor der Würde eines jeden Menschen ausnahmslos miteinschließen.

Auch bei Hans Jonas zielt die Handlungsmaxime auf den Mitmenschen. Aber hier geht es, weit über Kant hinaus, um die „Permanenz echten menschlichen Lebens auf der Erde". Hier kommt die menschliche Gesellschaft als geschichtliche, mehr noch als naturgeschichtliche Größe ins Spiel. Und diese Geschichte kann immer nur Teil jener größeren Naturgeschichte sein. Hier kommt Umwelt-Mitweltethik ins Spiel, aber eben nur vermittelt durch die naturgeschichtliche Existenz des Menschen. Hans Jonas bestätigt das, indem er selbst von der „anthropozentrischen Ausrichtung" seiner Ethik spricht: „Insoweit als der letzte Bezugspol, der das Interesse an der Erhaltung der Natur zu einem moralischen Interesse macht, das Schicksal des Menschen in seiner Abhängigkeit vom Zustand der Natur ist, ist auch hier noch die anthropozentrische Ausrichtung aller klassischen Ethik beibehalten." (Jonas 2004, S. 103). Das „Ungeheure" dieser Ethik kommt darin zum Ausdruck, dass der Mensch für die Naturgeschichte, die ihn bisher fraglos getragen hat, nun selber die Verantwortung übernehmen muss. Und in diesem Zusammenhang geht es nicht nur um die Natur als unverzichtbares „Treugut" des Menschen, „sondern auch (um die Fürsorge für die Natur) um ihrer selbst willen und aus eigenem Recht" (ebd., S. 105). Hier erst tritt Hans Jonas aus der Umweltethik in die Mitweltethik über.

Bei Albert Schweitzer ist der Einbezug der nichtmenschlichen Natur in die Ethik in der Gestalt einer Ethik aller Lebewesen am deutlichsten und radikalsten. Aber auch hier ist die Ethik auf spezifische Weise durch den Menschen vermittelt. Schweitzer überwindet die Anthropozentrik, aber er ist kein Biozentriker. Er leitet aus dem Sein der Natur (in ihrem Dasein und Sosein) keine ethischen Pflichten ab. Die Argumentation ist verschlungener oder besser dialektischer.

Bezeichnenderweise geht Schweitzer von einem zweigliedrigen indikativischen Satz aus: „Ich bin Leben, das leben will, inmitten von Leben, das Leben will." In meinem Lebenwollen (Hängen am Leben) eröffnet sich mir das Bewusstsein für den unermesslichen Wert des Lebens, aber dann eben auch für den Wert des Mitmenschen und der Mitkreatur. Ich erkenne sie alle als Ausdruck jenes fundamentalen Lebenwollens, das mich in Pflicht nimmt, in der Konkurrenz der vielen Lebenswillen für möglichst viel Ausgleich und Erhaltung zu sorgen. Es gibt kein lebensunwertes Leben.

Albert Schweitzer schönt nicht. Leben ist neben aller Harmonie immer auch Konkurrenz, Fressen und Gefressenwerden. Und in dieser Konkurrenz gilt es, der Ehrfurcht vor allem Leben möglichst weitgehend Rechnung zu tragen. Man hat Schweizer immer wieder vorgeworfen, seine Ethik ende in chaotischer Vergeblichkeit, solange er sich nicht für den Primat menschlicher Interessen und einer daraus abgeleiteten Nutzungsordnung entscheide. Selbstverständlich kann man die in Schweitzers Ethik notwendigen Abwägungsprozesse stärker systematisieren, als er es selber getan hat. Und dann befindet man sich im Feld einer vorsichtig tastenden Mitweltethik, die die unreflektierte Dominanz menschlicher Bedürfnisse in Frage stellt. Und man muss selbstverständlich auch dagegenhalten und fragen: Wohin hat denn die herrschende Anthropozentrik, wie sie sich nicht zuletzt in der Dominanz von Konsum- und Wirtschaftsinteressen austobt, auf der Erde geführt?!

Bei Albert Schweitzer, aber ebenso auch bei Hans Jonas stoßen wir auf eine fundamentale Denkbewegung: Vom Menschen hin zur Mitwelt, von der Mitwelt hin zum Menschen. Denke ich allein vom Menschen und seinen überlebensinteressen her, so wird die Bestimmung des „Umweltraumes" im Nachhaltigkeitsdiskurs sehr viel enger und einseitiger ausfallen, als es die Anerkennung des Existenzrechtes einer jeden Mitkreatur notwendig macht. Lassen wir uns von der Ehrfurcht vor allem Leben tragen, so behält der Mensch natürlich ein besonderes Existenzrecht, aber es steht nun im kritischen Licht der interkreatürlichen Bedürfnishorizonte, soweit sie durch das menschliche (mitweltethische) Bewusstsein vermittelbar sind. Wir wollen versuchen, im Folgenden die Felder der Umwelt-Mitwelt-Ethik im Sinne jenes diskursiven Hin- und Hergangs abzuschreiten.

3. Handlungsfelder der Umwelt-Mitwelt-Ethik

In diesem Zusammenhang ist noch einmal der globale und naturgeschichtliche Bezugsrahmen zu unterstreichen, in dem die Mitweltethik ihre Orientierung finden muss. Natürlich bleibt der unmittelbare Mensch-Mensch- und Mensch-Kreatur-Bezug fundamental, aber er ist Teil eines sehr viel weiter greifenden Abwägungsprozesses. In der Präambel des 1992 in Rio beschlossenen UN-Vertrages zur Erhaltung der Artenvielfalt auf der Erde heißt es: „Im Bewußtsein des Eigenwertes der biologischen Vielfalt sowie des Wertes der biologischen Vielfalt und ihrer Bestandteile in ökologischer, genetischer, sozialer, wirtschaftlicher, erzieherischer, kultureller und ästhetischer Hinsicht sowie im Blick auf ihre Erholungsfunktion, ferner im Bewußtsein der Bedeutung der biologischen Vielfalt für die Evolution und für die Bewahrung der lebenserhaltenden Systeme der Biossphäre (...)" (zitiert nach Gettkant/Simonis/Supplie 1997, S. 4).

Bedeutsam an diesem Text ist nicht nur der Hinweis auf den Eigenwert der biosphärischen Komplexität und die ökosoziale Vielschichtigkeit, bedeutsam ist vor allem auch die Tatsache, dass dieser Text von allen Staaten der Erde, aus welchem Kulturkreis auch immer, in Rio unterzeichnet wurde. Umwelt-Mitwelt-Ethik ist immer international, mehr noch interkreatürlich (im Bewusstsein des Eigenwertes der biologischen Vielfalt!) und bedarf einer geregelten Abstimmung auf allen Ebenen des individuellen und gesellschaftlichen Handelns. Fragt man nach den Handlungsebenen, so bietet sich in erster Annäherung die folgende Klimax an:

Umwelt-Mitwelt-Ethik in Relation zu:

- Organismischen Individuen (Tiere, Pflanzen …)
- Arten und Artenvielfalt
- biotopischen und ökosystemaren Kontexten im Natur- und Landschaftsschutz in der Primärproduktion (Land- und Forstwirtschaft), in der Sekundärproduktion (Industrieproduktion)
- In ökosozialen Kontexten, vermittelt durch Technik, Produktion, kulturell-ästhetische Designperspektiven
- Zu den globalen Krisenhorizonten: Klima, Wasser, Boden, Unterernährung, Demographie, Frieden

In allen diesen Bezügen geht es nicht um ein Handeln „gegenüber" der Natur in einer quasi cartesianischen Subjekt-Objekt-Konstellation sowie in einem gut geregelten Naturkunde- und Biologieunterricht. Es geht vielmehr um Wechselwirkungsverhältnisse, bei denen die Natur Anteil am Menschen und der Mensch auf spezifische Weise Anteil an der Natur gewinnt. Auch der in der Nachhaltigkeitsdiskussion aufgekommene Begriff des „Naturraumes" darf nicht zu quasi objektiven Raumvorstellungen führen. In der Art und Weise, wie die Akteure Mensch und Natur im Beziehungsgeschehen der Nachhaltigkeit miteinander agieren, konstituieren sie immer wieder neue Raum-Zeit-Verhältnisse. Sie tragen den Raum mit sich und verändern ihn, ein komplexes Geschehen, das man nicht einfach von außen objektiv beschreiben kann. Man muss sich im Muster der Komplementarität darauf einlassen. Umwelt-Mitwelt-Konstellationen! Dennoch ist es unvermeidlich, Orientierungsschneisen in die so schwer zu durchschauende Komplexität zu legen und Lern- und Handlungsmodelle zu entwickeln. Dabei ist zunächst nach den Akteuren zu fragen. Alle sind beteiligt, es kann niemand ausgeklammert werden. Unter der Voraussetzung demokratisch geregelter Verhältnisse ist die Umwelt-Mitwelt-Ethik nicht nur ein Fach für die Schulen, sie ist vielmehr eine Angelegenheit öffentlicher Bildung, die den einzelnen Bürger genauso betrifft wie Gremien und Interessengruppen im nationalen und internationalen Horizont:

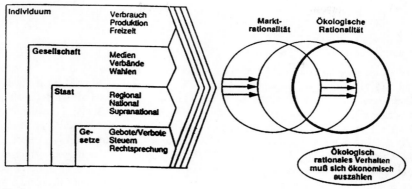

Abb. 1

Selbstverständlich wird das angestrebte Ziel, ökologische Rationalität und Marktrationalität zur Deckung zu bringen, kontrovers diskutiert. Und die Gegensätzlichkeit der Lösungsvorschläge hängt ganz entscheidend davon ab, ob die jeweilige Ausgangsposition umweltethisch oder mitweltethisch begründet wird. Zweifellos ist der härteste Kern des neuzeitlichen (anthropozentrischen) Fortschritts das kapitalistische System mit seinem neoklassischen Wachstumsparadigma. In der leidenschaftlichen Diskussion über die Möglichkeit, Marktrationalität und ökologische Rationalität zur Deckung zu bringen, werden alle Varianten der Nachhaltigkeit durchgespielt. Je konsequenter die Nachhaltigkeit aus dem Blickwinkel der Mitweltethik interpretiert wird, desto mehr wächst die Chance, das harte System der Naturausbeutung aufzulösen und einen globalen, gleichgewichtsorientierten Wandel herbeizuführen.

- Sehr schwache Nachhaltigkeit:
  Unkorrigiertes neoklassisches Wachstumsparadigma (Wachstumsoptimismus); keine ethische Position. Das kapitalistische System ist per se moralisch.

- Schwache Nachhaltigkeit:
  Umwelt- und Ressourcenökonomie, Internalisierungs- und Optimierungsstrategie, Substitutionsökonomie; ökonomisch utilitaristische Ethik.

- Mittlere Nachhaltigkeit:
  „Aufgeklärte" Neoklassik mit Festlegung von Essentials, Leitplanken, Gefährdungsbereichen mit Hilfe diskursiver Verfahren; Diskursethik (langfristiges Klugheitskalkül), Kollektive Vertragstheorie.

- Starke Nachhaltigkeit:
  Ökologische Ökonomie mit der Forderung nach Erhalt der Biodiversität, Funktionsfähigkeit der Öko-Systeme und der Erkenntnis von Wissenslücken, Unsi-

cherheiten und Monetarisierungsgrenzen, begrenzte Substituierbarkeit (Beweislastumkehr), Nachhaltige Entwicklung als Prozess; Diskursethik/ Verantwortungsethik mit bioethischen und naturphilosophischen Aspekten.

- Sehr starke Nachhaltigkeit:
  Ökozentrismus mit absolutem Naturerhalt.

Erwartungsgemäß kommen bei diesem Prozess der ökosozialen Umorientierung den naturwissenschaftlich-technischen Strategien besondere Funktionen zu: Effizienzstrategie, Konsistenzstrategie. Es geht um wissenschaftlich-technische Ansätze, die nicht auf Kosten von, sondern symbiotisch mit den Ökosystemen der Erde fungieren. Das setzt nicht nur eine technologische, sondern auch eine erkenntnis-theoretische Revolution voraus. Aber selbstverständlich geht es auch um Veränderungen im Lebensstil (Suffizienzstrategie), in der Regelung der sozialen Verhältnisse weltweit (Gerechtigkeitsstrategie) und um Veränderungen im öffentlichen Bewusstsein (Bildungsstrategie). Aber es könnte durchaus geschehen, dass die aufgeklärten Gesellschaften nun mit den besten Absichten wieder über die irdischen Lebensverhältnisse herfallen, um sie in ihrem Sinne – durchaus wohlmeinend und sensibel – umzugestalten. Eine diskursive Umwelt-Mitwelt-Ethik wird immer darauf hinarbeiten müssen, dass sich das menschliche Bewusstsein den mitkreatürlichen Bedürfnissen und Schönheiten öffnet und durch die ihr begegnende Vielfalt auf einen neuen Weg geführt wird. Deshalb gehört zu den Strategien der Nachhaltigkeit auch die Strategie der Diversität, die uns die Vielfalt der Naturformen sehen lässt. Die Zeichen für eine solche Konversion stehen schlecht. Wer soll uns die Vielfalt der Lebensformen und Lebensverhältnisse sehen lehren, wenn die Biologen nur noch mit den molekularen Bausteinen des Lebens beschäftigt sind und keine Arten mehr kennen.

Die Umwelt-Mitwelt-Ethik im Horizont der Nachhaltigkeit steht vor vielfältigen Aufgaben und Neuorientierungen. Mit Recht schreibt Ute Stoltenberg: „Zu den Inhalten, mit denen man sich auseinander gesetzt haben sollte, um sich verantwortlich und kompetent zu Fragen von Gegenwart und Zukunft verhalten zu können, gehören der Umgang mit Luft, Boden, Wasser, mit Biodiversität und kultureller Differenz, mit Energieversorgung, Landwirtschaft, Ernährung, Arbeit, Gesundheit, Wohnen und Bauen, Armut und Hunger in der Welt, politische Instrumente und Institutionen zur Gestaltung der Zukunft auf allen Ebenen" (Stoltenberg 2007, S. 204). Alle diese Felder durchdringt auch die Umwelt-Mitwelt-Ethik. In dieser umfassenden Sorgfaltspflicht kommt eine Leidenschaft und Fürsorge zum Ausdruck, die aus der Ehrfurcht vor allem Leben entspringt, und von dort die Bedingungen der Möglichkeit überlebensfähiger Mitweltverhältnisse erschließt.

Literatur

Hauff, Volker (Hrsg.) (1987): Unsere gemeinsame Zukunft – Der Brundtland- Bericht der Weltkommission für Umwelt und Entwicklung. Greven: Eggenkamp.

Rogall, Holger (2007): Ökologische Ökonomie – Neue Umweltökonomie. Opladen: Leske + Budrich, 2. Aufl.

Jonas, Hans (2004): Leben, Wissenschaft, Verantwortung, Ausgewählte Texte; hrsg. von. Dietrich Böhler. Stuttgart.

Gettkant, Andreas.; Simonis, Udo, E.; Supplie, Jessica (1997): Biopolitik für die Zukunft. Kooperation zwischen Nord und Süd./Stiftung Entwicklung und Frieden (SEF), Bonn: SEF.

Stoltenberg, Ute: Bildung für eine nachhaltige Entwicklung und das eigene Leben (2007). In: Schomaker, Claudia; Stockmann, Ruth (Hrsg.): Der Sachunterricht und das eigene Leben. Bad Heilbrunn: Klinkhardt.

Der Konflikt zwischen Ökonomie und Ökologie aus der Perspektive der ökonomischen Bildung

Gerd-Jan Krol

1. Ökonomische Bildung

Der Begriff „*ökonomische Bildung*" (ÖB) ist vieldeutig. ÖB wird hier als ein unverzichtbares Element allgemeiner Bildung in modernen Gesellschaften gesehen, d.h., sie ist auch an ihrem Beitrag zur Entwicklung einer der Humanitas verpflichteten Persönlichkeit zu messen. Persönlichkeitsentwicklung manifestiert sich in der Bewältigung von Lebenssituationen und der sozial verantworteten Teilhabe an der Gesellschaft, beides auf dem Fundament für ein freiheitlich verfasstes Gemeinwesens grundlegender Normen.

Für die Bewältigung von (ökonomisch geprägten) Lebenssituationen bedarf es eines *instrumentellen Wissens* und entsprechender Handlungskompetenzen. Die sozial verantwortete Teilhabe ist in der funktional differenzierten, durch Spezialisierung und Globalisierung zunehmend komplexeren und durch wachsende Anonymität gekennzeichneten Gesellschaft ohne eine Orientierung ermöglichendes *Struktur- und Funktionenwissen* über die „Grammatik" der Wirtschaftsordnung (Kaminski 1997, S. 144) nicht denkbar. Der tradierte Zusammenhang von internalisierten Werten, konkreten Handlungen und Handlungsfolgen wird in der modernen, funktional differenzierten, wertepluralen Gesellschaft zunehmend brüchig und verlangt nach einer gesonderten Beachtung und Gestaltung der *Wertegeltungsbedingungen*, wenn „moralische Aufrüstung" der Gefahr entgehen will, letztlich wirkungslos zu bleiben oder gar kontraproduktiv zu wirken (s.u.).

Zu all diesen Problemen hat ÖB einen originären Beitrag zu leisten. Sie muss Heranwachsende sowohl auf die von ihm zu leistende Bewältigung der Herausforderungen der Arbeits- und Wirtschaftswelt vorbereiten, wie auch zur sozial verantworteten Teilhabe an der Gestaltung und Entwicklung vorfindbarer Ordnungsbedingungen befähigen. Eine so verstandene Bearbeitung wirtschaftlich geprägter Problemstellungen kann nicht ohne den Blick durch die „Brille der Ökonomik" erfolgen, die freilich keineswegs in Konkurrenz zur Normativität bewährter Leitvorstellungen pädagogischen Handelns treten oder diese gar verdrängen will. Im Gegenteil, sie intendiert, der gewünschten Normativität unter vorfindbaren Bedingungen mehr Geltung zu verschaffen. Zentrale Merkmale der ökonomischen Perspektive sind:

- Die Analyse von Problemen und die Prüfung von Lösungsansätzen mittels der sogenannten „ökonomischen Verhaltenstheorie". Diese sucht ihre Erklärungen nicht vorwiegend in den Motiven, Zielen und Einstellungen (Präferenzen) der jeweiligen Akteure, sondern vor allem in den Handlungsbeschränkungen (Restriktionen), denen die Akteure bei der Realisierung ihrer jeweiligen Ziele gegenüberstehen. Damit rücken verallgemeinerungs-fähige situative Faktoren ins Blickfeld, mit denen allenthalben zu beobachtende Diskrepanzen zwischen dem, was die Menschen realisiert sehen wollen, und dem, was sie selbst tun, produktiv bearbeitet werden können.

- Ein Denken in Kreislaufzusammenhängen, das die aggregierten Wirkungen individuellen Handelns unter Beachtung wechselseitiger (d.h. horizontaler) Abhängigkeiten zwischen den Akteuren verdeutlicht und unbeabsichtigte Folge-/Nebenwirkungen (mittels Theorie) explizit in Rechnung stellt. Exemplarisch: eine für Nutzer „kostenlose" Bereitstellung einer Leistung ermöglicht jedem gleiche Nutzungschancen, aber es werden sich ungewollt Bereitstellungs- oder Übernutzungsprobleme ergeben; CO_2-Reduzierungen durch verringerten Verbrauch fossiler Energieträger in *einem* Land kann deren Preise auf Weltmärkten senken und damit in anderen Ländern einen Verbrauchszuwachs bewirken, der die CO_2-Emissionen insgesamt steigen lässt.

- Ein Denken in ordnungspolitischen Zusammenhängen, welches typisches Verhalten (die Spielzüge) durch die allgemein geltenden Ordnungsbedingungen und Anreizstrukturen (als den Spielregeln) kanalisiert sieht. Akteure suchen und finden ihre Handlungsstrategien unter den wirtschaftlichen und sozialen Ordnungsbedingungen nach individuellen Vorteilskalkülen. Die Ergebnisse individuellen Handelns werden in dieser Perspektive zu einer Frage der Qualität der „Spielregeln" (statt zu einer Frage der Qualität der Handlungsmotive). Umweltprobleme sind hierfür ein geradezu prototypisches Beispiel. Nach wie vor umweltbelastendes Verhalten der Akteure in zentralen Bereichen wird nicht auf fehlendes Interesse an hoher Umweltqualität zurückgeführt, sondern darauf, dass unter den gegebenen Bedingungen umweltverträglicheres Verhalten des einzelnen Konsumenten/Produzenten mit individuellen Vorteilskalkülen kollidiert.

- Die Interpretation grundlegender gesellschaftlicher Probleme als Knappheitsprobleme, bei denen nicht allen das Gewünschte zur gleichen Zeit und im gewünschten Umfang zur Verfügung gestellt werden kann. Damit ergeben sich unvermeidbar Knappheitsfolgen in Form von Verwendungskonflikten. Exemplarisch: Wird die natürliche Umwelt ungebremst als Ressourcenlieferant oder als Aufnahmemedium für Schadstoffe im Gefolge von Konsum und Produktion genutzt, ergeben sich Qualitätseinbußen bei Luft, Gewässern, Landschaft, Boden und Artenvielfalt als für Gesundheit und Wohlbefinden elementaren Gütern. Aber auch umgekehrt gilt: Wird die Qualität von Umweltmedien durch Rückführung von Umweltnutzungen verbessert, sind dafür Verzichte bei Produktion und Konsum hinzunehmen. Die gestiegene „Wertschätzung" nach Umweltqualität in Industrieländern muss in dieser Sicht nicht mit „Wertewandel", sondern kann auch auf geänderte Knappheitsbedingungen zurückgeführt werden. In Bildungsprozessen sollte beides in den Blick genommen werden. Denn je nach Diagnose ergeben sich unterschiedliche Therapieansätze: Einmal die Verankerung und Widerspiegelung der geänderten Knappheiten in für wirtschaftliche Entscheidungen maßgeblichen Informations- und Anreizsystem mit dem Ziel, individuelles Vorteilsstreben mit ökologieverträglicheren Ergebnissen kompatibel zu machen (Anreizgestaltung), zum andern Forcierung von Wertwandel mit dem Ziel, Entscheidungen im ökonomischen und sozialen Bereich ökologischen Kriterien unterzuordnen (Anreizresistenz).

Beide Ansatzpunkte können sich in ihrem Wirkungspotenzial wechselseitig stärken, aber auch behindern. Dies soll im Folgenden am Beispiel der Behandlung des Konflikts zwischen Ökonomie und Ökologie verdeutlicht werden. Es soll in Grundzügen gezeigt werden, welcher Stellenwert der ökonomischen Perspektive in Umweltbildungsprozessen zukommen kann. Fragen der methodischen Umsetzung von dieser Perspektive verpflichteten Lehr-Lernkonzepten müssen hier freilich außen vor bleiben.

Umweltbildung, zielt letztlich darauf ab, Menschen in unterschiedlichen Rollen und unterschiedlichen Kontexten zu freiwillig umweltverträglicheren Verhaltensweisen zu bewegen. Über ökologische Implikationen individuellen Verhaltens aufgeklärte Individuen sollen ihr wirtschaftliches und soziales Verhalten nicht nur an individuellen Kosten-Nutzen Kalkülen ausrichten, sondern auch die unmittelbaren und mittelbaren Folgewirkungen für andere Menschen (lebende und ungeborene) sowie Flora und Fauna mit bedenken. Mit der Erweiterung von Umweltbildung zu Bildung für Nachhaltige Entwicklung wird dieser Anspruch nicht nur für lokale, regionale und nationale Räume erhoben, sondern gleichermaßen auf globale Zusammenhänge ausgeweitet.

Solche Forderungen scheinen normativ gut begründet und lassen sich empirisch auch durch eine wachsende Zahl von Beispielen belegen. Ökologische Kriterien haben sich als Argument für Produktwahl und Geldanlage auf den Märkten etabliert und es gibt mittlerweile auch Angebote, individuelle Beiträge zu CO_2-Emissionen durch den freiwilligen Erwerb von Lizenzen verschiedener Anbieter, die in CO_2-Senken investieren, zu kompensieren (vgl. beispielsweise www. prima-klima-weltweit.de). Festzustellen ist aber auch, dass die Umweltproblematik sich weiter verschärft. Als Ergebnis individuellen Verhaltens nehmen Energieverbrauch und Abbau nicht regenerierbarer Energieträger und Ressourcen zu, regenerierbare Ressourcen werden nach wie vor über die natürliche Regenerationsrate hinaus ausgebeutet, die Assimilationskapazität der natürlichen Kreisläufe wird in vielfältigen Formen be- und teilweise überlastet. Dies ist im Prinzip unbestritten. Umstritten ist allenfalls, wie darauf zu reagieren ist. Die Vielfalt der Diagnosen und Lösungsansätze lassen sich grob zwei Denkmustern zuordnen:

- Eines sieht die Ursache in einem zwar geschärften, aber nach wie vor unzureichenden Umweltbewusstsein. Es nimmt umweltbelastende Verhaltensweisen als Indikator für Informationsmängel und Wertedefizite. Gefordert wird ein generelles Umdenken und die Bereitschaft zu intrinsisch motivierten Verhaltensänderungen, zu denen auf *Anreizresistenz abzielende Umweltbildungsprozesse* ebenso einen maßgeblichen Beitrag zu leisten haben wie zur Stärkung der umweltpolitischen Interventionskapazität des Staates.

- Demgegenüber fokussiert der andere (ökonomische) Denkansatz die Handlungsbeschränkungen, die (fehllenkenden) Anreizstrukturen, die der Umsetzung gesteigerter Wertschätzung für die natürliche Umwelt entgegenstehen. In dieser Sicht ist die entscheidende Frage nicht, dass Menschen die ökologischen Folgewirkungen ihres Verhaltens berücksichtigen *sollen*, sondern ob sie sich verbreitet so verhalten *werden*. Und dies wird so lange für unwahrscheinlich gehalten, wie das für wirtschaftliche Entscheidungen maßgebliche Informationssystem den Konsumenten und Produzenten die tatsächlichen Umweltknappheiten nicht bzw. völlig verzerrt signalisiert. Die Therapie setzt statt auf „Anreizresistenz der Personen" auf Veränderungen der „Anreizstrukturen von Situationen/Kontexten", so dass das individuelle Vorteilsstreben mit umweltverträglicheren Ergebnissen vereinbar werden kann. Auch hierzu bedarf es eines ausgeprägten Umweltbewusstseins. Mit seiner Ausrichtung auf die kollektive Handlungsebene (Anreizgestaltung) bekommt es aber eine neue sozioökonomisch fundierte Gerichtetheit, die ordnungspolitische Maßnahmen anmahnt, u.a. weil sie freiwillig umweltverträglicheres Verhalten durch die Anreizstrukturen gestützt sehen will. Warum dies für so bedeutsam gehalten wird, wird im Folgenden mit den beiden Kategorien „Verhaltenskosten" und „soziale Dilemmata" verdeutlicht.

2. „Kosten" umweltverträglicheren Verhaltens

Wenn die Bereitschaft der Menschen, Müll zu trennen, erheblich ausgeprägter ist als die, CO_2-Emissionen mittels partiellen PKW-Verzicht oder Verzicht auf Flugreisen zu reduzieren, wenn in Schulen geordnetes Entsorgungsverhalten praktiziert wird, während die zu den Schulen hinführenden Wege „vermüllt" sind, wenn Appelle an Bergwanderer, ihren Müll ins Tal mitzunehmen in den Alpen befolgt werden, aber der Müll sich auf dem Gipfel des Mount Everest türmt (Kirchgässner 2000, S. 44), dann liegt es nahe, diese Verhaltensunterschiede auch mit dem Aufwand, den Mühen und den Belastungen (kurz: den „Kosten") umweltverträglicheren Verhaltens in Verbindung zu bringen. Menschen sind bereit, sich umweltverträglicher zu verhalten, solange die nicht nur monetär zu sehenden Kosten entsprechender Verhaltensänderungen nicht allzu hoch sind. Verallgemeinert: es besteht einzelwirtschaftlich ein Trade-off, ein Konflikt zwischen umweltverträglicherem Verhalten und dessen „Kosten".

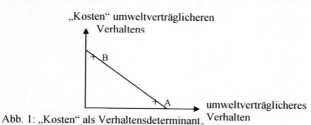

Abb. 1: „Kosten" als Verhaltensdeterminant.

Je höher die „Kosten" umweltverträglicheren Verhaltens für das Individuum sind, umso weniger wird es praktiziert. Punkt A symbolisiert eine sogenannte „low-cost"-Situation, z.B. Mülltrennung oder den (zeitweiligen) Konsumentenboykott gegen Anbieter, die wie im „Brent Spar-Fall" gegen ökologische oder soziale Normen verstoßen haben. Hier haben deutsche Autofahrer im Rahmen einer von Greenpeace organisierten Campagne die Shell-AG durch bloßen Tankstellenwechsel dazu gebracht, von der geplanten und hoheitlich genehmigten Entsorgung der Bohrinsel Brent Spar durch Versenkung im Atlantik abzusehen. Solche Beispiele von Konsumentenmacht dürfen aber nicht verallgemeinert und auf Bereiche übertragen werden, in denen die „Kosten" von Verhaltensänderungen hoch sind (vgl. z.B. Diekmann/Preisendörfer 1991; Diekmann 1995; Diekmann 2005). So kann der Punkt B in Abb. 1 den mit hohen Kosten verbundenen und deshalb nur auf geringem Niveau praktizierten (partiellen) PKW-Verzicht symbolisieren. Danach sind es Merkmale der Situation, die situativ unterschiedlichen Verhaltenskosten, auf die für mehr oder weniger umweltverträglicheres ursächlich sind. Dieser Ansatz lässt sich gut auf immer wieder zu machende Beobachtungen beziehen, dass umweltbewusste Individuen sich in unterschiedlichen Situationen durchaus unterschiedlich umweltverträglich verhalten. Entsprechend lassen sich je nach Einschätzung der Kosten der Verhaltensänderungen situative Kontexte und damit Einschätzungen der Verhaltenswirksamkeit von Umweltbewusstsein auf der Geraden abtragen.

Neben „low-cost"-Situationen hat die Spieltheorie weitere, umweltverträglicheres Verhalten begünstigende, Kontextmerkmale aufgezeigt. Sie liegen in der Reziprozität und Häufigkeit von Interaktionen, in „face-to-face"-Kontakten sowie in (sozial zu kontrollierenden) Kleingruppenkontexten. Diese Merkmale begünstigen die Wirkungsmöglichkeiten des individualethischen Paradigmas: Von entsprechend gebildeten Individuen kann in durch diese Kriterien geprägten Situationen Bereitschaft zu umweltverträglicherem Verhalten erwartet werden.

Nun sind aber die wirklich gravierenden Umweltprobleme durch Großgruppenkontexte, Anonymität und hohe „Kosten" geforderter Verhaltensänderungen geprägt. Beispielhaft sei wiederum auf Energieverbrauch, globale Emissionen von Klimagasen, Bevölkerungsentwicklung vielfältige Formen der Ressourcenübernutzung verwiesen, die weit reichende und tief greifende Verhaltensänderungen erfordern und damit den „high-cost"-Situationen zuzurechnen sind. Hier wird ein auf Anreizresistenz abzielendes individual-ethisches Paradigma der Umweltbildung nicht nur an Grenzen stoßen, es kann auch zu einem Bestandteil des zu lösenden Problems werden.

3. Verhaltensanreize und „Verantwortungszumutungen" in Dilemma-Situationen"

Anders als beim mit individuellen Vorteilen einhergehenden Energiesparen im Haushalt oder produktiveren Ressourceneinsatz in Unternehmen ist es für die meisten Umweltprobleme typisch, dass angestrebte Vorteile in Form verbesserter Umweltqualität nicht vom eigenen, sondern vom Verhalten der jeweils anderen abhängt. So ist es für das Ziel der Klimastabilisierung geradezu irrelevant, ob ein einzelner Autofahrer seine $CO2$-Emissionen durch verringerte PKW-Nutzung reduziert. Auch kann ein einzelner Fischer (oder eine einzelne Fischfangaktion) keinen Beitrag zur Erhaltung der Fischbestände leisten. Dann gebiert das „gute Beispiel" nicht Nachahmer, sondern gerät in Gefahr, durch Trittbrettfahrer ausgebeutet zu werden. Die in der Umweltbildung reklamierte Vorbildfunktion des guten Beispiels relativiert sich dort, wo ein überschaubarer

Kleingruppenkontext verlassen wird. Hierfür sind ganz bestimmte Eigenschaftsmerkmale von Umweltproblemen maßgeblich.

Umweltqualität hat ebenso wie Maßnahmen zu ihrer Verbesserung den Charakter eines „öffentlichen Gutes". Anders als bei privaten Gütern, streut der Nutzen öffentlicher Güter. Deren Nutzen kann nicht auf den Kreis derjenigen beschränkt werden, die zu den „Kosten" ihrer Bereitstellung beigetragen haben. Sie laden zum „Trittbrettfahren" ein. Und es ist davon auszugehen, dass dem in sozial nicht kontrollierbaren, anonymen Kontexten verbreitet gefolgt wird. Unter diesen Bedingungen besteht ein *systematischer Anreiz*, zwar für mehr Umweltqualität zu plädieren, in der Anonymität der modernen Gesellschaft aber den eigenen Beitrag dazu in der Erwartung zurück zu halten, dass die jeweils anderen ihn schon erbringen werden (Krol 2005, S. 536 ff.). Aus der Perspektive des einzelnen ist umweltverträgliches Verhalten mit sicheren und spürbaren „Kosten", aber unsicheren und wenn überhaupt erst zukünftig anfallenden Nutzen im Sinne verbesserter Umweltqualität verbunden. Ein einzelner (Konsument, Produzent) *kann* nämlich keinen spürbaren Beitrag zu verbesserter Umweltqualität leisten, denn diese hängt davon ab, dass die jeweils andern folgen. Nicht fehlendes individuelles *Wollen*, sondern fehlendes individuelles *Können* ist für fortbestehende Umweltprobleme maßgeblich. Dann ist die Wahrscheinlichkeit groß, dass sich in der Anonymität der modernen Gesellschaft jeder so verhält, wie er es vom jeweils anderen befürchten muss: Umweltverträglicheres Verhalten unterbleibt auch dann, wenn alle mehr Umweltqualität wollen, aber keiner sicher sein kann, dass sein aus Einsicht in die Notwendigkeit erbrachter Verhaltensbeitrag nicht durch Trittbrettfahren der jeweils anderen ausgebeutet wird. Umweltprobleme auf der Makroebene und individuelles Verhalten auf der Mikroebene sind durch fehllenkende Anreizstrukturen verknüpft, nicht durch Fehlverhalten der Akteure. Man steckt in der Falle, der strukturellen Falle eines sozialen Dilemmas (Krol 2006, S. 74 ff.).

Nun mag man einwenden, dass menschliches Verhalten nicht nur durch Vorteilskalküle, sondern auch durch Gemeinwohlorientierung gekennzeichnet ist (Kirsch 1996, S. 24). Und es lassen sich immer wieder mit der Hoffnung auf Verbreitung Beispiele anführen, in denen den Anreizen zum Trittbrettfahren widerstanden und das für richtig gehaltene bzw. als notwendig erkannte sich gegen die Möglichkeit individuell vorteilhafterer Alternativen behauptet, wie es ein „Prinzip Verantwortung" (vgl. Jonas 1979) fordert.

Aber zum einen darf Phänomenologisches nicht ohne weiteres für verallgemeinerbar gehalten werden, zum anderen ist darauf zu verweisen, dass im sozialen Kontext der Begriff „Verantwortung" diejenigen, die für etwas ursächlich verantwortlich sind, von denjenigen unterscheiden will, die es nicht sind. Der Sinn der Verantwortungsidee besteht in der sozial adäquaten Steuerung menschlichen Verhaltens. Und diese Funktion vermag die Kategorie Verantwortung nicht mehr zu erfüllen, wenn alle für etwas verantwortlich gemacht werden (vgl. Bayertz 1997, S. 221 ff.). Denn wo alle für etwas verantwortlich sind, ist am Ende keiner verantwortlich.

Nicht weniger bedeutsam ist, dass ein ausschließlich individual-ethisches Paradigma der Umweltbildung in *Verantwortungszumutungen* (Knobloch 1994, S. 162) einmünden kann. Von Verantwortungszumutung ist zu sprechen, wenn geforderte Verhaltensänderungen den einzelnen (Konsumenten, Unternehmen) „Kosten" auferlegen, ohne dass damit spürbare Lösungsbeiträge verbunden werden können, weil diese in Kollektivgutsituationen nicht davon abhängen, ob der einzelne sich anreizresistent verhält, sondern davon, dass die *jeweils anderen* dem „guten Beispiel" folgen. Der PKW-Verzicht des einzelnen wird diesem ein höheres Maß an zeitlichem Aufwand, Mühen und Unbequemlichkeit aufbürgen, ohne dass damit eine spürbare Verbesserung der Umweltqualität einhergeht. Er wird ungewollt den Entfaltungsraum derjenigen vergrößern, die weiterhin Auto fahren. Statt einer Kettenreaktion des Ausstiegs aus dem System des motorisierten Individualverkehrs bedeuten individuelle Verzichte dann lediglich einen Attraktivitätsgewinn des Autos bei anderen (Wiesenthal 1990, S. 25). Auch würden die Fangverzichte eines Fischers (einer Fischfangnation) ohne darüber hinausgehende bindende Kooperationsvereinbarungen (Anreizgestaltung) nur in den Netzen der jeweils anderen landen. Solche und andere gleich gelagerte Erfahrungen können auf Dauer nicht ohne Rückwirkungen auf das Verhalten der zunächst Gutwilligen bleiben. Verhaltensstandards, deren Befolgung für den einzelnen spürbare Opfer mit sich bringen, ohne dass damit gleichzeitig ein spürbarer Beitrag zur Problementschärfung bewirkt werden kann, werden auf Dauer erodieren.

Ein Weiteres ist hier zu bedenken: Umweltprobleme sind – von Umweltkriminalität abgesehen – i.d.R. unbeabsichtigte (und häufig auch unbewusste) Nebenfolgen aggregierten, alltäglichen Verhaltens. Niemand nutzt fossile Energieträger, um CO_2 zu emittieren, sondern CO_2-Emissionen sind unerwünschtes Nebenprodukt bei der Bereitstellung von Energie und Transportleistungen. Sie sind *unintendiertes* Ergebnis zielgerichteten, ökonomischen und sozialen Verhaltens. Die Vermeidung solch unintendierter Nebenfolgen lässt sich nicht generell zum dominanten Kriterium wirtschaftlicher und sozialer Verhaltensweisen aufwerten, zumal Menschen im immer komplexer werdenden Alltag unaufhebbar nach Reduktion von Entscheidungsbelastung streben. Wer wirtschaftlich und sozial motiviertes Alltagsverhalten umfassend ökologischen Kriterien unterwerfen will, macht einen Fehler der gleichen Art, wie man ihn dem ökonomischen Denken vorgeworfen hat: sowie dort über lange Zeit die ökologischen Folgen menschlichen Verhaltens externalisiert wurden, würden hier nun die sozialen und ökonomischen Folgen ökologischer Verhaltenspostulate externalisiert (vgl. Hirsch 1993, S. 144).

4. (Verlorene) Lösungsmöglichkeiten und Umweltbildung

Mit der Umweltproblematik sind uns nicht nur neue in Art und Ausmaß bisher unbekannte Problemdimensionen zugewachsen, gleichzeitig verlieren angesichts der Dilemmastrukturen in der Vergangenheit bewährte, individualethisch fundierte Konzepte an Lösungspotenzial (vgl. Kirsch 1996, S. 5 ff.). Die neuen

Problemdimensionen sind zentraler Gegenstand der Umweltbildung. Der Problematik der Dilemmastrukturen wird sie bisher nicht gerecht. Sie bearbeitet Umweltprobleme als Fehlverhalten und in Anreizresistenzforderungen einmündenden *„Läuterungen von Handlungsgesinnungen"*, ohne sich auch systematisch der auf Anreizgestaltung abzielenden *„Erläuterung von Handlungsbedingungen"* (Pies 2001, S. 186) zuzuwenden. Diese kommen allenfalls in Form eines intervenierenden Staates in den Blick, der den Akteuren im Bedarfsfall mittels Auflagen (Gebote und Verbote) umweltpolitische Handlungsbeschränkungen vorgibt. Diese Sicht knüpft nahtlos an den individualpolitischen Ansatz an. Wenn man sich schon nicht freiwillig für mehr Ökologie zu Lasten von Ökonomie entscheidet, soll ein mittels Auflagen intervenierender Staat für notwendig erachtete Positionierungen im Konfliktfeld Ökonomie/Ökologie (vgl. Abb. 2) erzwingen. In dieser konflikttheoretischen Sicht können ökologische Ziele immer nur zu Lasten ökonomischer Ziele durchgesetzt werden und umgekehrt (vgl. auch Brinkmann/Pies 2005).

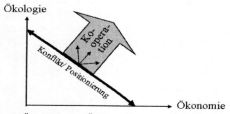

Abb. 2: Ökologie und Ökonomie im konflikt- und im kooperationstheoretischen Paradigma

Die ökonomische Sicht interpretiert Umweltprobleme als Kooperationsprobleme aufgrund von sozialen Dilemmata. In ihnen führen die Anreizstrukturen individuell vorteilhaftes und den Teilsystemlogiken entsprechendes Verhalten zu insgesamt unerwünschten Ergebnissen, die aber kein einzelner Akteur aufgrund der Trittbrettfahrerproblematik durch einen Strategiewechsel verhindern kann. Folglich sind die Anreizstrukturen selbst so zu gestalten, dass ein allen unterstelltes Interesse an dauerhaftem Umweltschutz wirksam werden kann. Es gilt, zu wechselseitig vorteilhaften Formen der Selbstbindung zu gelangen, welche diejenigen, die mehr Umweltschutz praktizieren, belohnen und damit soziale und umwelttechnische Innovationen fördern. Staatliche Auflagen sind zur Abwehr unmittelbar drohender Gefahren unverzichtbar, dem Problem der Anreize zur Suche nach laufend umweltverträglicheren Alternativen werden sie nicht gerecht, weil jeder, der über die Auflage hinaus Umweltschutz praktiziert, in Vergleich zu denen, die die Auflage gerade einhalten, zunächst nur höhere Kosten hat. Jeder Auflagengrenzwert teilt die verbleibenden Restemissionen zum Nulltarif zu und macht damit darüber hinausgehende Emissionsvermeidung ökonomisch unattraktiv. Das kreative Wettbewerbssystem gerät – anreiztheoretisch –in eine Bremserrolle. Dies würde sich grundsätzlich anders darstellen, wenn die Umweltnutzung selbst zu einem Kostenfaktor würde, statt lediglich die Anstrengungen zur Verringerung der Umweltnutzung mit Kosten zu belegen, sei es durch Pfandregelungen, Emissionsabgaben/-steuern, Emissionslizenzen, das Haftungsrecht oder andere Formen verlässlicher Selbstbindung. Erst dann wird mehr Umweltschutz auch unter Vorteilskalkülen attraktiv werden. Die Botschaft des ökonomischen Denkansatzes ist, zunächst nach wechselseitig vorteilhaften Kooperationsmöglichkeiten, d.h. nach Möglichkeiten der institutionellen Beherrschung der Dilemmastruktur zu suchen. Dies veranschaulicht der Südost-Pfeil der Abb. 2. Auch hier bleibt eine konflikttheoretische Perspektive hinsichtlich der Aufteilung der Kooperationsvorteile bedeutsam, ist aber sachlogisch den Möglichkeiten der Erlangung von Kooperationsgewinnen durch institutionellen Arrangements zur Beherrschung der Ausbeutungsgefahr der ökologisch Engagierten nachzulagern.

5. Fazit

Der originäre, d.h. domänenspezifische Beitrag der ÖB zur Bildung für Nachhaltige Entwicklung liegt in der Analyse von (kontextabhängigen) Anreizstrukturen und ihrer Gestaltungsmöglichkeiten in einschlägige Lehr-/Lernkonzepte. Damit soll nicht einem soziotechnikversessenen Machbarkeitkult das Wort geredet werden. Plädiert wird aber gegen eine ordnungs- und anreizvergessene Individualisierung von Umweltproblemen, die in vielfältige Verantwortungszumutungen einmünden und ökologisch effektive Instrumentierungen der Umweltpolitik behindern kann, wenn sie von bewährtem sozio-ökonomischen Wissen abgekoppelte „mentale Modelle" fördert.

Die ökonomische Perspektive scheint mir an die vorherrschend individualpolitische Ausrichtung der Umweltbildung anschlussfähig, weil diese Perspektive

... dort zur Anwendung gebracht werden kann, wo das individualpolitische Paradigma in Erklärungsnot gerät, weil sie geschärftes Umweltbewusstsein einerseits und wenig umweltverträgliches Verhalten eigentlich nur als Paradoxon sehen kann;

... sich auf Fragen der Wertegeltung, der Umsetzung von Gewolltem konzentriert und nichts Eigenständiges zu anzustrebenden Leit- und Menschenbildern enthält, wie manchmal befürchtet wird;

... als Situationstheorie Einschätzungen über die Höhe und Entwicklung von „Anpassungskosten" ermöglicht und damit sowohl vor vorschnellen Verallgemeinerungen beobachtbarer Einzelphänomene als auch vor Verantwortungszumutungen schützen kann;

... in sozialen Dilemmasituationen, in denen intrinsische Motivationen auf Dauer Schaden nehmen, dem durch Umweltbildung geschärften Bewusstsein im Diskurs eine neue, lösungsorientierte Blick- und Suchrichtung geben kann: die Analyse und Gestaltung von Anreizstrukturen mit dem Ergebnis, dass intrinsische und extrinsische Motivationen kompatibel werden.

Literatur

Bayertz, K. (1996): Globale Umweltveränderungen und die Grenzen ökologischer Moral. In: Barz, Wolfgang. u.a. (Hrsg.): Globale Umweltveränderungen. Landsberg: ecomed.

Brinkmann, Johanna u. Pies, Ingo. (2005): Corporate Citizenship: Raison d'etre korporativer Akteure aus der Sicht der ökonomischen Ethik. Wittenberg-Zentrum für Globale Ethik. Diskussionspapier Nr. 05, 1, S. 1-11.

Diekmann, Andreas (1995): Umweltbewusstsein oder Anreizstrukturen? In: Diekmann, Andreas; Frantzen, Axel (Hrsg.): Kooperatives Umwelthandeln. Modelle Erfahrungen, Maßnahmen. Chur/Zürich: Ruegger, S. 39-68.

Diekmann, Andreas (2005): Denn sie wissen was sie tun. In: Politische Ökologie 95, Jg. 23, Aug. 2005, S. 32-34.

Diekmann, Andreas; Preisendörfer, Peter (1991): Umweltbewusstsein, ökonomische Anreize und Umweltverhalten. Schweizerische Zeitschrift für Soziologie, 2, S. 207-223.

Hirsch, Gertrude (1993): Wieso ist ökologisches Handeln mehr als eine Anwendung ökologischen Wissens? In: Gaia Ecological Perspectives in Science, Humanities and Economics, Jg. 2, Nr. 2, S. 141-151.

Jonas, Hans (1979): Das Prinzip Verantwortung – Versuch einer Ethik für die technische Zivilisation. Frankfurt/M.: Suhrkamp.

Kaminski, Hans (1997): Neue Institutionenökonomik und ökonomische Bildung. In: Kruber, Klaus-Peter (Hrsg.): Konzeptionelle Ansätze ökonomischer Bildung. Wirtschafts- und Berufspädagogische Schriften, Band 17. Bergisch-Gladbach: Hobein, S. 129-159.

Kirchgässner, Gebhard (2000): Die Bedeutung moralischen Handelns für die Umweltpolitik. GAIA, Jg. 9, H. 1, S. 41-49.

Kirsch, Guy (1996): Umwelt, Ethik und individuelle Freiheit: Eine Bestandsaufnahme. In: Siebert, Horst (Hrsg.): Elemente einer rationalen Umweltpolitik – Expertisen zur umweltpolitischen Neuorientierung. Tübingen: J.C.B. Mohr (Paul Siebeck), S. 3-32.

Knobloch, Ulrike (1994): Theorie und Ethik des Konsums. Bern; Stuttgart; Wien: Haupt.

Krol, Gerd-Jan (2005): Umweltprobleme aus ökonomischer Sicht – zur Relevanz der Umweltökonomie für die Umweltbildung. In: May, Hermann (Hrsg.): Handbuch zur ökonomischen Bildung. München: Oldenbourg Wissenschaftsverlag, 8. Aufl., S. 531-552.

Krol, Gerd-Jan (2006): Bildung für nachhaltige Entwicklung – Ein Beitrag der ökonomischen Perspektive. In: Hiller, Bettina; Lange, Manfred A. (Hrsg.): Bildung für nachhaltige Entwicklung Perspektiven für die Umweltbildung. Münster: Zentrum für Umweltforschung der Westfälischen Wilhelms-Universität, Vorträge und Studien, H. 16, S. 67-89.

Pies, Ingo (2001): Können Unternehmen Verantwortung tragen? – Ein ökonomisches Kooperationsangebot an die philosophische Ethik. In: Wieland, Josef (Hrsg.): Die moralische Verantwortung kollektiver Akteure. Heidelberg: Physica, S. 171-199.

www.prima-klima-weltweit.de

Nachhaltige Regionalentwicklung als Kontext für ökonomische Bildung

Ute Stoltenberg

Mit diesem Beitrag wird begründet, warum Nachhaltige Regionalentwicklung ein geeigneter Kontext für ökonomische Bildung ist. Dazu wird der Frage nachgegangen, welche Grundeinsichten und Kompetenzen ökonomische Bildung ausmachen und wie sie zu ermöglichen sind.

Ökonomische Bildung hat es mit einem Sachverhalt zu tun, der sowohl hinsichtlich theoretischer Begründungen als auch hinsichtlich der Ausgestaltung höchst strittig ist. Für die einen ist die Ökonomie das Zentrum gesellschaftlicher und kultureller Organisation, für die anderen ist sie ein Organisationsprinzip, das menschliche Bedürfnisbefriedigung für ein gutes Leben sicherstellen soll. Diese verschiedenen Sichtweisen gelten nicht nur für Länder und Kulturen unterschiedlicher Entwicklung, sondern auch innerhalb eines Kulturraums, zum Beispiel in Europa, zum Beispiel in einer deutschen Region: Repräsentanten der einen Seite mögen Politikerinnen und Politiker oder Vertreterinnen und Vertreter großer Unternehmen sein, die andere Seite mag durch eine europaweite Organisation des ökologischen Landbaus oder durch den letzten Preisträger des Alternativen Nobelpreises verkörpert werden. Selbst in der Beschreibung wirtschaftlichen Handelns auf den verschiedenen Ebenen – volkswirtschaftlich, betriebswirtschaftlich, in privaten Haushalten – gibt es keine gemeinsame Logik, eher Verständigungsschwierigkeiten bis hin zu unüberbrückbaren Interessengegensätzen zwischen den verschiedenen Perspektiven. Vorsorgendes Wirtschaften, verantwortlicher Konsum oder gleicher Lohn für gleiche Arbeit erscheint als Gegensatz zu Unternehmerverantwortung für Arbeitsplätze und Aktienkurse. Damit ist aber zumindest auch die interessensgebundene, widersprüchliche und damit auch umstrittene ökonomische Praxis skizziert, wie sie insbesondere über Medien wahrgenommen werden kann. Und damit sind wir bei der Bildungsaufgabe: Denn Bildung soll zur Orientierung in gesellschaftlicher Praxis beitragen, jedenfalls Grundbildung (zum Ökonomie-Studium muss hier nichts weiter gesagt werden). Orientierung wird hier so verstanden, dass nicht – wie häufig in traditioneller ökonomischer Bildung – Praktiken eingeübt werden sollen (Wie eröffne ich ein Konto? Oder: Wie kaufe ich ein?), sondern eine eigenständige kritische Beurteilung, ein Einblick in Wirkungszusammenhänge und Bewertungsmöglichkeiten gegeben werden soll.

1. Ökonomie im Konzept einer Nachhaltigen Entwicklung

Das ethische Leitbild der Nachhaltigen Entwicklung bezieht hier Position: Gefordert ist ein Wirtschaften, dass sich am Erhalt natürlicher Lebensgrundlagen und an Gerechtigkeit in der Verteilung von Lebenschancen und Lebensqualität – für die heute dieser Einen Welt lebenden Menschen, aber auch für künftige Generationen – orientiert. Das Konzept einer nachhaltigen Entwicklung bietet einen Rahmen, in dem Bewertungskompetenz entwickelt werden kann: Es geht davon aus, dass alle Produkte und menschlichen Tätigkeiten auf natürlichen Lebensgrundlagen beruhen und zeigt Zusammenhänge mithilfe von Analysemodellen wie dem Nachhaltigkeitsviereck (Stoltenberg/Michelsen 1999) auf. Danach ist ein Sachverhalt hinsichtlich seiner ökologischen, ökonomischen, sozialen und kulturellen Aspekte zu analysieren und diese unter dem Nachhaltigkeitsanspruch in Beziehung zu setzen. Wirtschaften steht damit immer zugleich im Kontext sozialen, ökonomischen, kulturellen Handelns und Bewusstseins. Ökonomie verstehen heißt danach, die Wirkungszusammenhänge, in denen wirtschaftliches Handeln steht, wahrnehmen und begreifen können. Die damit auch angesprochenen unterschiedlichen Sichtweisen, Konflikte zwischen den Analyse- und Handlungsfeldern, die deutlich werdende Notwendigkeit der Aushandlung verantwortlicher Entscheidungen im Sinne einer Nachhaltigen Entwicklung (oder bewusst gegen sie) entspricht einem Bildungsverständnis, das nicht Sachwissen „vermitteln", sondern durch Verbindung von Sach-, Orientierungs- und Handlungswissen Gestaltungskompetenz ermöglichen will. Um es an einem Beispiel zu verdeutlichen: Der „Wert" eines Produkts (z.B. eines T-Shirts) stellt sich Kindern und Jugendlichen (oder Erwachsenen) in einer so angelegten ökonomischen Bildung nicht nur als Geldwert dar, sondern eröffnet den Blick auf den in dem Produkt steckenden Naturverbrauch (der im Marktpreis in der Regel nicht enthalten ist), auf seinen kulturellen (z.B. Sammel-) Wert oder seinen sozialen Wert, weil ein bestimmtes T-Shirt soziale Zugehörigkeit zum Ausdruck bringt. Sparen, mit dem eigenen Geld haushalten – als eine Zielsetzung traditioneller ökonomischer Bildung – erfährt dabei einen Bedeutungswandel: Nicht weniger Geld ausgeben wäre dann das Ziel, sondern es so ausgeben, dass die Ausgabe langfristig und auch gesellschaftlich sinnvoll ist. Das hieße etwa, ein teureres T-Shirt mit geringem ökologischem Rucksack und längerem Gebrauchswert kaufen und dafür nur eines in einem bestimmten Zeitraum statt dreier T-Shirts. (Der an dieser Stelle oft gehörte Einwand, damit würde man eine einseitige Sichtweise einnehmen und „vermitteln", soll gleich zurückgewiesen werden: Um eigene Bewertungskompetenz entwickeln zu können, bedarf es eines ethischen Bezugsrahmens, der ausgewiesen ist und kritisch reflektiert werden kann. Wer hier eine Gegenposition einnehmen möchte, mag seinerseits seine ethische Grundhaltung offen legen und argumentieren; das setzt Bildungsprozesse in Gang.)

Dieses Beispiel ökonomischer Bildung bietet Einsichten, die dem Individuum exemplarisch Wirkungszusammenhänge aufzeigen, Bewertungen eigenen ökonomischen Verhaltens ermöglichen und alternative Gestaltungsmöglichkeiten für das Subjekt eröffnen. Es ist jedoch hinsichtlich ökonomischer Bildung auch begrenzt, solange die Gestaltungsmöglichkeiten sich nur auf den Kaufakt beziehen. Die Erfahrung eines ökonomischen Wirkungszusammenhangs mit verschiedenen Akteuren, beteiligten Institutionen, Interessen und konstruktiver Mitwirkung an *gesellschaftlichen* Gestaltungsmöglichkeiten unter dem Anspruch einer Nachhaltigen Entwicklung (oder auch explizit gerade nicht), bedarf eines komplexer ausgestatteten Erfahrungs-, Lern- und Gestaltungsraums.

2. Region als Bildungs- und Gestaltungsraum

Die „Region", verstanden als sozialräumliche Kategorie, kann diese Bildungs-Funktion erfüllen. Eine Region ist danach ein von ihrem Zuschnitt her durch verschiedene Orte, räumliche Verbindungen und soziale Verknüpfungen und durch die Abgrenzung zu anderen Regionen differenzierter Raum. Sie verbindet Menschen durch bestimmte Erfahrungs- und Handlungskontexte, durch eine Geschichte, natürliche und kulturelle Gegebenheiten. Darauf gründend haben sich in einer Region auch die wirtschaftlichen Strukturen herausgebildet. Ipsen (1994) beschreibt die Qualität von Regionalräumen mit den Raumeigenschaften Kohärenz, Komplexität und Kontur. Kohärenz meint die Möglichkeit, einen Raum als Ganzes begreifen zu können. Aufgrund ihrer kognitiven und sozialen Überschaubarkeit stellt die Region einen solchen Raum dar. Komplexität beschreibt eine Voraussetzung für dynamische Prozesse; damit sind unter der Bildungsperspektive „Stimuli" gemeint, die dazu motivieren, sich mit den räumlichen Strukturen auseinanderzusetzen und diese aktiv zu erschließen. Konkret bedeutet dies, dass Menschen in Regionen räumliche Strukturen mit subjektiven Erlebnissen und Erfahrungen verbinden können und sich ihnen dabei komplexe gesellschaftliche Strukturen erschließen. Die Bedingung „Kontur" verweist auf ein besonderes Merkmal des Raumes (ohne dass es in Abgrenzung zu anderen stehen muss). Diese Bedingungen begünstigen die Entwicklung von Orientierung, Vertrauen, Stabilität und Handlungsfähigkeit im Rahmen von Raumaneignungsprozessen.

Mit der aktiven Aneignung von Räumen erfährt man etwas über die gesellschaftlichen Verhältnisse, Regelungen, Macht- und Herrschaftsverhältnisse, über dominierende Werthaltungen, die über Räume vermittelt werden (Chombart de Lauwe 1977). Zum anderen stellt der Regionalraum als räumlicher Bezugspunkt eine Möglichkeit dar, Komplexität zu reduzieren: Es werden „komplexe ökologische, wirtschaftliche oder soziale Systemzusammenhänge auf ihre räumliche Dimension reduziert und damit leichter lesbar und interpretierbar gemacht" (Weichhart 1996, S. 38). Mit den Gegebenheiten einer Region kann man sich vertraut machen; man hat immer schon lebensweltliche Anknüpfungspunkte, die im Austausch mit anderen zum Verständnis der gemeinsam geteilten Lebenswelt ausgebaut werden können. Regionen sind Räume, die groß genug sind, um komplexe Zusammenhänge abzubilden und gleichzeitig so überschaubar, dass Sicherheit im Handeln und persönliche Betroffenheit erzeugt werden können.

Diese allgemeinen Aussagen zum Bildungspotential einer Region lassen sich ergänzen durch Aussagen zur Bedeutung der Region für nachhaltiges Wirtschaften und damit als geeignetem Ort für ökonomische Bildung. Eine kaum überschaubare Flut an Forschungs- und Entwicklungsprojekten unter Beteiligung verschiedenster Disziplinen zeigt, dass nicht nur die Not öffentlicher Haushalte und wirtschaftliche Konkurrenz (die zur Bildung von „Metropolregionen" oder länderübergreifenden Wirtschaftsräumen anregen), sondern auch die Bündelung regionaler Ressourcen unter Nachhaltigkeitsgesichtspunkten ein Motiv für die

Neuentdeckung[1] des Regionalen ist. So hat das Programm des Bundesministeriums für Bildung und Forschung (BMBF) "Regionale Ansätze nachhaltigen Wirtschaftens" und die Begleitforschung des Instituts für sozial-ökologische Forschung (Kluge/Schramm 2003) zeigen können, dass die regionale Ebene ein wesentlicher Schlüssel für nachhaltigeres Wirtschaften ist. Räumliche und soziale Nähe wurden als wichtige, aktivierende Voraussetzungen für die Zusammenarbeit verschiedenartiger Wirtschaftsakteure identifiziert. Sie waren entscheidend sowohl für nachhaltigkeitsorientierte Innovationen als auch für Erhalten und Stärken der regionalen Wirtschaftsfähigkeit. Regionalisierung steht hier nicht für eine Gegenreaktion zu Globalisierung, sondern für die Stärkung der Partizipationsmöglichkeiten in Subräumen. Es geht primär nicht um eine Organisationsreform, sondern um die *„ökonomische, soziale, ökologische und kulturelle Entwicklung von Räumen"* (Benz 1999, S. 25), wobei die Ressourcen in Regionen gebündelt und aktiviert werden. Dies schließt materielle Potentiale, wie z.B. Industrie, Infrastruktur etc. und ebenso „Humankapital" in Form der Kompetenzen der Bürgerinnen und Bürger ein. Unter politischer Perspektive ist Regionalisierung als eine Strategie der Entwicklungspolitik und konkret als *„Reaktion auf Krisenerscheinungen im modernen Staat und ein Konzept zur Überwindung von Problemen staatlicher Steuerung und Legitimation"* (Benz 1999, S. 27) zu betrachten. Gerlind Weber (2007) sieht insbesondere für strukturschwache Regionen die Chance und Notwendigkeit eines kooperativen, effizienteren Mitteleinsatzes der Kommunen einer Region, um die soziale und materielle Infrastruktur auf einem angemessenen Niveau halten und entwickeln zu können. Neue Kooperationsformen von Wirtschaft, Politik, Verwaltung, NGO's, Bildungs- und Forschungsinstitutionen und Bürgerinnen und Bürgern verändern die Region und damit die erfahrbaren Lebensbedingungen der Menschen. Beispiele dafür sind Regionale Agenda 21-Prozesse, Zusammenarbeit in LEADER- und INTERREG-Projekten und nicht zuletzt Biosphärenreservate, in denen neue Formen nachhaltigen Wirtschaftens gefunden werden. Eine stärkere Förderung regionaler Wirtschaftskreisläufe wird insbesondere für Ernährung, Energiebereitstellung, Bauen und Dienstleistungen diskutiert (vgl. dazu auch die Studien des Wuppertal Instituts für Klima, Umwelt, Energie).

Zugleich kann aus der Perspektive der Region nachvollzogen werden, dass wirtschaftliches Handeln in globalen Wirkungszusammenhängen steht. Beispiele dafür sind das Aufzeigen von Grenzen nachhaltigen Wirtschaftens in der Region (in Wirtschaftsbereichen, die im globalen Wettbewerb um Marktanteile nicht mithalten können), die Kooperation der Region mit anderen Regionen (z.B. durch Produktion von ökologisch angebauten Früchten für eine europaweit organisierte Saftproduktion oder durch Fairen Handel mit Ländern des Südens), aber auch der Export von Emissionen durch nicht nachhaltiges Wirtschaften in der Region.

---

[1] Auf den Begriff „Renaissance des Regionalen" oder „Wiederentdeckung" wird hier bewusst verzichtet – denn hier interessiert das Neue an dem Nachdenken über die Region, das durch eine Orientierung an nachhaltiger Entwicklung gefordert ist.

3. Ökonomische Grundeinsichten und Kompetenzen als Ergebnis von Bildungsprozessen

Bildung als Fenster zur Welt und als Schlüssel zu verantwortlichem Handeln wird in zwei Bildungskonzepten konkretisiert, die hier zugrunde gelegt werden. Das eine akzentuiert die demokratische Bildung durch den Zusammenhang von Selbstbestimmungs-, Mitbestimmungs- und Solidaritätsfähigkeit als Bildungsziel. Um sie auszubilden, müsse man sich mit den epochaltypischen Schlüsselproblemen auseinandersetzen. Allgemeinbildung nach Klafki (1992, S. 19) bedeutet, „ein Bewusstsein von zentralen Problemen der Gegenwart und, soweit voraussehbar, der Zukunft zu gewinnen, Einsicht in die Mitverantwortlichkeit aller angesichts solcher Probleme und Bereitschaft, an ihrer Bewältigung mitzuwirken. Abkürzend kann man von der Konzentration auf epochaltypische Schlüsselprobleme unserer Gegenwart und der vermutlichen Zukunft sprechen."
Dazu rechnet Klafki:

- Krieg und Frieden,
- Umweltfrage (Zerstörung oder Erhaltung der natürlichen Grundlagen menschlicher Existenz),
- Rapides Wachstum der Weltbevölkerung,
- gesellschaftlich produzierte Ungleichheit,
- neue technische Steuerungs-, Informations- und Kommunikationsmedien und
- Verhältnis zwischen den Geschlechtern/Ich-Du-Beziehung.

In der Auseinandersetzung mit den von ihm identifizierten Schlüsselproblemen ließen sich auch ökonomische Grundprobleme thematisieren; in dem Problemfeld „Gesellschaftlich produzierte Ungleichheit" sind sie unmittelbar angesprochen.

Während Klafki die Gestaltung des Verhältnisses zwischen den Menschen und Felder problematischer Mensch-Natur-Verhältnisse in den Mittelpunkt stellt, sieht das zweite hier zugrunde gelegte Bildungskonzept, Bildung für Nachhaltige Entwicklung (vgl. u.a. de Haan 2004; Stoltenberg 2007a) die Notwendigkeit, das Verhältnis von Mensch und Natur (mit dem Ziel des Erhalts natürlicher Lebensgrundlagen) und das Verhältnis der Menschen in der Einen Welt (durch Gerechtigkeit im Zugang zu den natürlichen Lebensgrundlagen) *neu* zu gestalten. Orientierung für die Reflexion und Thematisierung der Schlüsselprobleme ist danach das Leitbild und Konzept einer Nachhaltigen Entwicklung. Das hieße einerseits, solche Problemfelder wie „Umweltfragen" hinsichtlich ihrer Relevanz für eine Nachhaltige Entwicklung zu konkretisieren, den Zusammenhang der epochaltypischen Schlüsselprobleme an nachhaltigkeitsrelevanten Problemfeldern (wie z.B. Ernährung) aufzuzeigen und sie unter dem Retinitätsgedanken zu bearbeiten (Stoltenberg 2007).

An der Auseinandersetzung mit dem Vorschlag von Dagmar Richter (2002, S. 114), „ökonomische Fragen" als weiteres Schlüsselproblem einzubeziehen, lässt sich gut nachvollziehen, dass nicht „Ökonomie", sondern die Perspektive, unter der Wirtschaften diskutiert wird, und dass die Folgen unterschiedlicher Formen von Wirtschaften das Problem sind und bildungswirksam thematisiert werden sollten. Astrid Kaiser und Detlef Pech haben dazu angemerkt: „Sicher ist die Ökonomie angesichts des zumindest derzeitigen Scheiterns jeglicher Alternativen zum Kapitalismus und einer globalen Wirtschaftsstruktur mit ihren Konsequenzen ein Schlüsselbereich menschlicher Zukunft. Doch ist sie nicht per se das Problem. Problematisch sind die Strukturen, die sie schafft, also bspw. die zunehmende Differenz zwischen arm und reich. Ökonomie sollte folglich unter dem Fokus betrachtet werden, inwieweit sie gesellschaftliche Ungleichheit schafft" (Pech/Kaiser 2004, S. 7). Im Konzept einer Bildung für Nachhaltige Entwicklung wird Ökonomie sowohl zu den sozialen als auch zu den ökologischen Folgen ihrer Praxis und zu den kulturellen Ausprägungen, die sie eher fördern oder zu beeinflussen vermögen, in Beziehung gesetzt. Ausgangspunkt für die dabei zu gewinnenden Einsichten sind Problemstellungen in realen Kontexten, zu denen Kinder oder Jugendliche auch einen Zugang haben – sowohl hinsichtlich ihrer Vorerfahrungen als auch konkreter (Mit-) Gestaltungsmöglichkeiten. Dass solche komplexen Themenstellungen eine im Sinne von Interdisziplinarität mehrperspektivische Betrachtung erforderlich machen, unterstützt auch der Ansatz des Perspektivrahmens Sachunterricht mit dem Beispiel „Arbeit und Umwelt" (GDSU 2002, S. 12).

Hier werden jedoch bildungswirksame Inhalte nicht aus der Fachwissenschaft abgeleitet, sondern vom Kontext nachhaltiger Regionalentwicklung, der als Bildungskontext weiter oben begründet wurde. Welche Zusammenhänge, Einsichten, Erfahrungs- und Gestaltungsmöglichkeiten zu ökonomischer Bildung beitragen können, wird beispielhaft mit Bezug zu einem Vorhaben konkretisiert, das seit 2005 in einer Region Polens der Frage nachgeht, wie Bildung für eine nachhaltige Regionalentwicklung fruchtbar gemacht werden kann und wie zugleich Prozesse einer nachhaltigen Regionalentwicklung Ort für Bildungsprozesse werden können.[2] Dazu wurden drei Vorhaben in einem interdisziplinären Projekt unter Beteiligung regionaler Akteure aufeinander bezogen entwickelt:

I. Die Gestaltung der Lehrerbildung im Sinne einer Bildung für nachhaltige Entwicklung an der Adam Mickiewicz Universität, Posen,

II. die Nutzung eines ökologisch wirtschaftenden Bauernhofs als Praxisbeispiel und Bildungsstätte,

III. der Aufbau einer Vermarktungsgesellschaft für qualitätsvolle regionale Produkte.

Einbezogen in das Projekt waren auch Lehrerinnen und Lehrer des Elementarbereichs sowie deren Schülerinnen und Schüler, indem sie die Bildungsstätte und den Bauernhof in ihrer Bildungsarbeit nutzten. Die Arbeit dort war wiederum bezogen auf Fragestellungen aller drei Teilprojekte.

---

[2] Das Projekt wurde 2007 abgeschlossen; die Arbeit in den aufgebauten Strukturen geht weiter (vgl. Stoltenberg/Emmermann 2007).

Das Projekt war angesiedelt in Wielkopolska, einer Region in Polen, deren Wirtschaftsstruktur stark von der Landwirtschaft mit den besonderen Problemlagen aber auch Vorteilen kleinerer und mittlerer Betriebe geprägt ist. Zentrale und vordringliche Aufgabe einer nachhaltigen Entwicklung der Region ist die Zukunft der landwirtschaftlichen Betriebe und der darauf bezogenen Wirtschaftszweige. Schwerpunkt der in das Projekt einbezogenen Probleme und Prozesse nachhaltiger Regionalentwicklung waren Fragen der landwirtschaftlichen Produktion, der Konsum regionaler Produkte und die Infrastruktur des ländlichen Raumes. Damit sind auch Erfahrungs- und Gestaltungsfelder der beteiligten Lernenden einbezogen (und das sind im Verständnis einer Bildung für Nachhaltige Entwicklung alle Beteiligten, wenn auch mit unterschiedlichem Vorwissen und Erfahrungen im Aufbau neuen Wissens).

Schon die Konstruktion des Projekts beinhaltet einen Anstoß zu ökonomischem Lernen: Das *Verhältnis von Produzenten und Konsumenten* wurde unter der Perspektive einer Nachhaltigen Entwicklung thematisiert. Dazu wurden ökonomische, ökologische, soziale und kulturelle Fragen dieses Verhältnisses in Beziehung gesetzt – mit dem Interesse, Handlungsmöglichkeiten aller Beteiligten im Sinne einer nachhaltigeren Wirtschaftsweise herauszufinden. Und immer wurde danach gefragt, welche Rolle Bildung dabei spielt. So geraten Wissensfragen (z.B.: Werden die regionalen Produkte gekauft? Welche haben Absatzschwierigkeiten und warum?), Bewertungsfragen (z.B.: Soll ich eher die Produkte der Region kaufen oder die internationalen Supermarktangebote nutzen?) als auch Gestaltungsfragen (z.B.: Wie kann man dafür sorgen, dass die regionalen Produkte auch die Konsumenten erreichen?) in den Blick.

Mit der Frage „Was wird warum in der Region angebaut? Wer kauft das?" wird eine *Produktionskette* sichtbar: vom Landwirt zu weiterverarbeitenden Betrieben oder direkt zum Endverbraucher (z.B. Tourismusbetriebe in der Region oder Verkauf auf regionalen Märkten). *Grundzüge gesellschaftlicher Arbeitsteilung*, der *Zusammenhang von Arbeit und Umwelt* (über Jahreszeiten, Bodenbeschaffenheit, Vermeidung von weiten Transportwegen) oder der „Wert", der in einem Produkt durch Beteiligung Vieler steckt, sind Fragestellungen, die aus dem Erfahrungskontext entstehen. Es gibt in der Region die Möglichkeit, die Akteure solcher Produktionsketten aufzusuchen, um letztere exemplarisch nachvollziehen zu können.

Eng damit verbunden ist der Preis eines Produkts. Der „ökologische Rucksack" ist eine Methode, mit der die Problematik „echter Preise" (durch Einrechnung des Konsums von Naturverbrauch), die durch Einbeziehung der Diskussion über externalisierte Kosten (z.B. Straßenabnutzung durch Lieferwagenverkehr oder Veränderung des Wasserhaushalts durch Versiegelung) ergänzt werden kann.

Gerade in ländlichen Regionen sind zudem unterschiedliche *Tauschbeziehungen* noch lebendig, die erlauben, der Logik des Geldes auf die Spur zu kommen: Neben Supermärkten und Wochenmärkten gibt es auch noch nachbarschaftliche Tauschbeziehungen oder über Geld vermittelte Kooperationen, die als gut für Landschaft, Arbeitsplätze, Infrastruktur der Region erfahren werden können (wie bspw. die Kooperation von Betrieben, die „Ferien auf dem Bauernhof" anbieten, aber auf z.T. kleine Mengen von landwirtschaftlichen Produkten in der Nähe angewiesen sind, die sie nicht selbst herstellen).

Die *Rolle von Konsumenten* kann – wie in dem Projekt praktiziert – von Kindern oder Studierenden auch empirisch untersucht werden: Befragungen auf Wochenmärkten können Motive für Verbraucherverhalten erschließen oder als aktivierende Befragung auf nachhaltigen Konsum mit den entsprechenden ökonomischen Wirkungen (Sicherung von Betrieben und Arbeitsplätzen) aufmerksam machen. Eigene Gestaltungsmöglichkeiten – auch in der Bildungsinstitution (vgl. dazu auch Hauenschild/Wulfmeyer 2006) – lassen sich erarbeiten.

Die Einführung von Labeln für regionale Produkte und Messen des Marschallamts zur gemeinsamen Kommunikation der wirtschaftlichen Produkte der Region waren ein Anlass, um *betriebliches und politisches ökonomisches Handeln* nachvollziehbar zu machen. Sie öffnen auch den Blick für traditionelle Produkte (oder Nutzpflanzen und Nutztierarten und -sorten), die Ausdruck der speziellen Kultur der Region sind und eine wichtige Grundlage für künftiges regionales Wirtschaften sein können. Ökonomie wird hier sichtbar als gemeinsames Handeln, das menschliche Bedürfnisbefriedigung mit Qualität und nachhaltiger Naturnutzung verbindet. Auch hier bieten sich Gestaltungsmöglichkeiten für Kinder und Jugendliche: durch Patenschaft einer Schule für regionalspezifische Arten und Sorten oder durch Gründung einer Schülerfirma zur ökonomischen Nutzung (z.B. mit dem Ziel der Herstellung von Moosbeerenkonfitüre).

Ausgehend von der Mitarbeit auf dem ökologischen Bauernhof und der Verarbeitung der Erfahrungen in der Bildungsstätte können Kinder und Lehrpersonen gemeinsam die *Veränderung wirtschaftlichen Handelns* durch Technik und Technologien bearbeiten. Traditionelles Handwerk ist nicht nur museal erfassbar, sondern in Handwerksbetrieben konkret zurückzuverfolgen.

Gemeinsame Zukunftsvorstellungen vom Leben in einer Region entwickeln ist Teil einer Bildung, die das Potential der Beteiligten ernst nimmt. In Zukunftswerkstätten haben in dem genannten Projekt nicht nur Studierende, sondern auch Lehrkräfte und Schülerinnen und Schüler jeweils für sich eine Analyse der derzeitigen Situation der Region (und als zentralem Bestandteil immer auch der ökonomischen) vorgenommen, Utopien für die Zukunft und schließlich realisierbare innovative Wege zur Veränderung der Region und ihrer Strukturen entwickelt. Dabei wurde der Blick zum Beispiel auf typische ökonomische Nutzungen des Waldes in der Region gerichtet, auf den Erhalt der Landschaft als Potential für Tourismus oder auf alte Obst- und Gemüsesorten und Tierrassen als Basis für stabile wirtschaftliche Erfolge unabhängig von Wetter, Pestizidzugaben, Kraftfutter und Düngemitteln.

Es existieren inzwischen europaweit viele Programme und Projekte, in die ökonomisches Lernen ähnlich wie hier integriert ist. Dazu gehört etwa das EU-Projekt „ALICERA" (Action Learning for Identity and Competence in European Rural Areas), in dem Partner aus Lettland, Ungarn, Österreich, Frankreich und

Deutschland zusammengearbeitet haben. Regionale Umweltzentren in Niedersachsen haben vielfältige Beziehungen zu den wirtschaftlichen Akteuren der Region geknüpft und für Bildungsprozesse fruchtbar gemacht. Als Beispiel sei auf das Projekt „Transparenz schaffen – Von der Ladentheke bis zum Erzeuger", das vom Regionalen Umweltzentrum Schortens koordiniert wird, verwiesen. Potentiale für ökonomisches Lernen in Lebensweltkontexten mit ernsthaften Aufgaben und Problemstellungen bieten auch Projekte, die auf die Bildung regionaler *Netzwerke* als Lernorte zielen. Als Beispiel seien Netzwerke für eine Bildung für nachhaltige Entwicklung am Beispiel des Themenfelds Wald genannt (Gonzalez/ Krebs/ Stoltenberg 2007). Dort sind Sägewerke, Handwerker oder der Holzhandel mit einbezogen; der Wald wird nicht nur in seiner ökologischen, sondern auch in seiner ökonomischen Funktion erfahrbar.

Ergebnis von Bildungsprozessen in derartigen regionalen Kontexten ist dann nicht Sachwissen über einzelne Elemente ökonomischer Prozesse, sondern ökonomisches Denken, Wissen um Zusammenhänge von Wirtschaftsprozessen mit dem eigenen Leben, Wissen um die Notwendigkeit, Arbeit und die Produktion von Gütern für das Leben der Menschen nicht als gegeben, sondern als veränderbar im Sinne eines guten Lebens für alle unter Wahrung der natürlichen Lebensgrundlagen zu begreifen.

Literatur

Chombart de Lauwe, Paul-Henry (1977): Aneignung, Eigentum, Enteignung. Sozialpsychologie der Raumaneignung und Prozesse gesellschaftlicher Veränderung. In: Arch+, H. 34, S. 2-6.

Gläser, Eva (2004): Modernisierte Arbeitsgesellschaft – didaktisch-methodische Überlegungen zu ökonomischem Lernen. In: Richter, Dagmar (Hrsg.): Gesellschaftliches und politisches Lernen im Sachunterricht. Bad Heilbrunn: Klinkhardt, S. 173-188.

Benz, Arthur (1999): Regionalisierung – Theorie, Praxis, Perspektiven. Opladen: Leske + Budrich.

Haan, Gerhard de (2004): Politische Bildung für Nachhaltigkeit. In: Aus Politik und Zeitgeschichte. B 7-8.

Haan, Gerhard de (2002): Die Kernthemen der Bildung für eine nachhaltige Entwicklung. In: ZEP, Jg. 25, H. 1, S. 13-20.

Hauenschild, Katrin; Wulfmeyer, Meike (2006): Ökonomische Kompetenzen in der Primarstufe. In: Hinz, Renate; Schumacher, Bianca (Hrsg.): Auf den Anfang kommt es an: Kompetenzen entwickeln – Kompetenzen stärken. Jahrbuch Grundschulforschung. Wiesbaden: VS, S. 77-85.

Ipsen, Detlev (1994): Regionale Identität. Überlegungen zum politischen Charakter einer psychosozialen Raumkategorie. In: Lindner, Rolf (Hrsg.): Die Wiederkehr des Regionalen: über neue Formen kultureller Identität. Frankfurt/M./New York: Campus.

Klafki, Wolfgang (1995): "Schlüsselprobleme" als thematische Dimension eines zukunftsorientierten Konzepts von "Allgemeinbildung". In: Münzinger, Wolfgang; Klafki, Wolfgang (Hrsg.): Die Deutsche Schule, 3. Beiheft, S. 9-14.

Klafki, Wolfgang (1992): Allgemeinbildung in der Grundschule und der Bildungsauftrag des Sachunterrichts. In: Lauterbach, Roland;Köhnlein, Walter; Speckelsen, Kay; Klewitz, Elard (Hrsg.): Brennpunkte des Sachunterrichts. Kiel: IPN, S. 11-31.

Kluge, Thomas; Schramm, Engelbert (Hrsg.) (2003): Aktivierung durch Nähe – Regionalisierung nachhaltigen Wirtschaftens. München: oekom.

Krämer-Badoni, Thomas; Kuhm, Klaus (Hrsg.) (2003): Die Gesellschaft und ihr Raum. Raum als Gegenstand der Soziologie. Stadt, Raum und Gesellschaft. Band 21. Opladen: Leske + Budrich.

Pech, Detlef; Kaiser, Astrid: Problem und Welt. Ein Bildungsverständnis und seine Bedeutung für den Sachunterricht. In: dies., (Hrsg.): Die Welt als Ausgangspunkt des Sachunterrichts. Basiswissen Sachunterricht, Bd. 6. Baltmannsweiler: Schneider, 2004, S. 3-25.

Richter, Dagmar (2002): Sachunterricht – Ziele und Inhalte. Baltmannsweiler: Schneider.

Stoltenberg, Ute (2007a): Bildung für eine nachhaltige Entwicklung und das eigene Leben. In: Schomaker, Claudia; Stockmann, Ruth (Hrsg.): Der (Sach-)Unterricht und das eigene Leben. Bad Heilbrunn: Klinkhardt, S. 201-212.

Stoltenberg, Ute (2007b): Region und Bildung. Zukunftsfähige Bildung durch Sachunterricht. In: Cech, Diethard;Fischer, Hans-Joachim; Holl-Giese; Knörzer, Martina; Schrenk, Marcus (Hrsg.): Bildungswert des Sachunterrichts. Bad Heilbrunn: Klinkhardt, S. 117-132.

Stoltenberg, Ute; Emmermann, Claudia (2007): Bildung und Regionalentwicklung – Netzwerke für eine Nachhaltige Entwicklung. In: Banse, Gerhard; Kiepas, Andrzej (Hrsg.): Nachhaltige Entwicklung in Polen und Deutschland. Landwirtschaft – Tourismus – Bildung. Nachhaltigkeitsforschung in der Helmholtz-Gemeinschaft, Bd.13. Berlin: edition sigma.

Stoltenberg, Ute; González y Fandiño, Ana; Krebs, Oliver (2007): Bildung für eine nachhaltige Waldwirtschaft. In: Ökologisches Wirtschaften, H. 4, S. 39-42.

Stoltenberg, Ute; Michelsen, Gerd (1999): Lernen nach der Agenda 21: Überlegungen zu einem Bildungskonzept für eine nachhaltige Entwicklung. In: Stoltenberg, Ute; Michelsen, Gerd;Schreiner, Johann (Hrsg.): Umweltbildung – den Möglichkeitssinn wecken. NNA-Berichte, Jg. 12, H. 1, S. 45-54.

Weber, Gerlind (2007): Regionen im Umbruch. „Unterschiedliche Lösungsansätze sind erforderlich ..." In: umwelt & bildung, H. 2, S. 8-9.

Weichhart, Peter (1996): Die Region – Chimäre, Artefakt oder Strukturprinzip sozialer Systeme? In: Brunn, Gerhard (Hrsg.): Region und Regionsbildung in Europa. Baden-Baden: Nomos, S. 25-44.

Nachhaltige Schülerfirmen – auch in der Grundschule?

Rolf Dasecke & Beatrice von Monschaw

1. Was sind Nachhaltige Schülerfirmen?

Nachhaltige Schülerfirmen[1] sind pädagogische Projekte in Schulen der Sekundarstufen I und II, in denen die Schülerinnen und Schüler die Grundbegriffe des Wirtschaftens erleben und die Auswirkungen ihres Handelns auf das soziale und ökologische Umfeld berücksichtigen sollen. Zu diesem Zweck wird ein Unternehmen „gegründet"[2], welches entweder Produkte herstellt oder Dienstleistungen anbietet. Die Schülerinnen und Schüler bzw. Mitarbeiterinnen und Mitarbeiter einer nachhaltigen Schülerfirma müssen sich neben der Herstellung ihrer Produkte oder der Bereitstellung ihrer Dienstleistung mit den wesentlichen Bereichen der Betriebswirtschaftslehre auseinandersetzen. Das fängt bei den Überlegungen zu dem potentiellen Kundenkreis und der Auswahl der Produkte an, führt weiter zu Einkauf, Produktion, Absatz und geht über Arbeitssicherheitsmaßnahmen, Namensfindungen, Vermarktung bis hin zu der organisatorischen Strukturierung von Arbeitsabläufen (Hierarchien und Informationswege) und Präsentation des Unternehmens auf Messen, Ausstellungen und Verkaufsveranstaltungen.

Dabei thematisieren Mitarbeiterinnen und Mitarbeiter in den nachhaltigen Schülerfirmen nicht nur Kosten und (betriebswirtschaftlichen) Nutzen der verschiedenen Handlungen, sondern überlegen sich, inwieweit ihr Handeln Auswirkungen auf ihr Umfeld hat. Das kann sowohl betriebsintern als auch -extern geschehen. So führt zum Beispiel die Frage nach der betriebswirtschaftlichen Organisationsstruktur auch zu einer Diskussion über Hierarchien, Arbeitsabläufe, Weisungsbefugnisse, Informationswege, gesellschaftliche Rollenbilder und Machtstrukturen. Weitere wichtige Themenfelder bei nachhaltigen Schülerfirmen sind Chancengleichheit und Verteilungsgerechtigkeit. Dabei kann es sich sowohl um die eigenen Mitarbeiterinnen und Mitarbeiter als auch um externe Personengruppen handeln und es kann auch zu einer Unterstützung von Projekten in den sog. „Entwicklungsländern" führen.

Bei der Verwendung und Nutzung von Materialien wird auf besonders umweltfreundliche Materialien und Ressourcen schonende Produktionsweisen geachtet. Viele nachhaltige Schülerfirmen im Sek. I und Sek. II-Bereich führen ein vereinfachtes, an schulische Bedürfnisse angepasstes Nachhaltigkeitsaudit durch und dokumentieren damit den ständigen Verbesserungsprozess innerhalb ihrer Schülerfirma.

---

[1] Vgl. hierzu ausführlich Dasecke (o.J.).

[2] Die Gesamtkonferenz sollte das Projekt als pädagogische Veranstaltung anerkennen, jedoch muss keine Eintragung beim Gewerbeamt erfolgen, da es sich um eine andere Form des Unterrichts handelt und sich die nachhaltigen Schülerfirmen verpflichten, nicht in unlauteren Wettbewerb zu einem Marktteilnehmer zu treten und unterhalb der sog. steuerlichen Geringwertigkeitsschwellen zu bleiben

Im Rahmen dieses Beitrages soll ein Konzept zur nachhaltigen ökonomischen Grundbildung an Grundschulen vorgestellt werden, welches sich an der Vermittlung der Teilkompetenzen der Gestaltungskompetenz orientiert. Zur Abgrenzung des Konzeptes der nachhaltigen Schülerfirmen im Sek. I- und Sek. II-Bereich soll im Folgenden der Begriff des „(nachhaltigen) Schülerladens" für die Grundschule verwendet werden.

2. Historische Entwicklung, Ziele und Rahmenbedingungen

1992 fand in Rio de Janeiro die Konferenz zur Umwelt und Entwicklung mit über 170 teilnehmenden Staaten dieser Welt statt. Hintergrund war die Erkenntnis, dass ein „Weiter so" in Wirtschaft, Umwelt und Gesellschaft global nicht möglich war. Unsere marktwirtschaftliche Wirtschaftsordnung, die elementar auf Wirtschaftswachstum angewiesen ist, um angesichts von Bevölkerungswachstum, Globalisierung, Rationalisierung und Automation Arbeit und ein ausreichendes Einkommen für alle gewährleisten zu können, sprengt die Möglichkeiten unseres Globus'. Das gilt besonders für die Lebensweise und den Konsum in den entwickelten Industrienationen. „Die großen Mengen an Ressourcen, die zum Überleben benötigt werden, übersteigen das Angebot der Erde" (UN-Umweltbericht „Geo-4"). Der immer noch rasant zunehmende Ressourcenverbrauch verursacht zunehmend Umweltprobleme wie Wasserverschmutzung, Klimaerwärmung, Artensterben. Die Grenzen des Wachstums sind erreicht – und das zu einem Zeitpunkt, an dem sich bevölkerungsreiche Nationen wie Indien und China auf den Wachstumspfad begeben haben. Es gibt jedoch nicht nur globale Umweltprobleme. Armut, Hungersnöte, vermehrte Ungleichheiten in den einzelnen Nationen und zwischen den Nationen, Migrationswellen und kriegerische Auseinandersetzungen weisen auf schwerwiegende globale soziale Probleme hin.

Die Konferenz von Rio 1992 stellte den Versuch dar, einen Ausweg aus diesem Dilemma zu finden. Zur Lösung der elementaren Probleme wurden in der auf der Konferenz verabschiedeten Agenda 21 alle wichtigen Säulen der Gesellschaften wie Bürgerinnen und Bürger, Politik, Wissenschaft, Wirtschaft und Nichtregierungsorganisationen aufgefordert, gemeinsam ein Konzept zur Bewältigung der Zukunftsprobleme zu entwickeln – und das auf allen Ebenen nach dem Motto „Global denken – lokal handeln". In 40 Kapiteln wurden in der Agenda 21 die gesellschaftlichen Handlungsfelder für das 21. Jahrhundert beschrieben – und es wurde ein generelles Ziel festgelegt: Nachhaltigkeit. Nachhaltigkeit bedeutet dabei ein Konzept globaler Entwicklung, das die Bedürfnisse der Gegenwart befriedigt, ohne zu riskieren, dass künftige Generationen ihre eigenen Bedürfnisse nicht befriedigen können (vgl. Hauff 1987). Leitlinien sind dabei globale Gerechtigkeit, dauerhafte Umweltverträglichkeit und zukunftsfähige wirtschaftliche Entwicklung. Das ist die Aufforderung, sich zukünftig auf einen permanenten Suchprozess einzulassen – nach der zum jeweiligen Zeitpunkt besten Lösung im Dreieck der Nachhaltigkeit von Umwelt, Gesellschaft und Wirtschaft.

Im Kapitel 36 der Agenda 21 wurden die grundsätzlichen Zielsetzungen des globalen Bildungssektors beschrieben und die Nationen der Welt aufgefordert, entsprechende Umsetzungskonzepte zu entwickeln.

1999 begann die Bundesrepublik Deutschland, im Rahmen der BLK [3] - Programme „Bildung für eine nachhaltige Entwicklung" (1999-2004) und Transfer-21 (2004-2008) ihren Beitrag zu einem Bildungsprogramm im Sinne der Agenda 21 zu entwerfen und zu verbreiten. In drei Bereichen wurden Unterrichts- und Organisationsprinzipien für die Sekundarstufen I und II entwickelt und Praxis erprobte Werkstattmaterialien präsentiert (vgl. www.transfer21.de). Im ersten Bereich geht es um interdisziplinäres Wissen, das an Themen wie Syndrome des globalen Wandels, Nachhaltiges Deutschland, Umwelt und Entwicklung, Mobilität und Gesundheit vermittelt werden soll. Im zweiten Bereich geht es um partizipatives Lernen durch die aktive Beteiligung von Schülerinnen und Schülern an Entwicklungen in Stadt und Land. Im dritten Bereich geht es um innovative Strukturen beim Lernen wie Schulprofil, Nachhaltigkeitsaudits, nachhaltige Schülerfirmen und neue Formen der externen Kooperation (vgl. BLK 1999). Die Unterrichts- und Organisationsprinzipien sollen die Schülerinnen und Schüler befähigen, sich zukünftig aktiv in gesellschaftliche Prozesse im Sinne der Agenda 21 einzubringen. Sie sollen als Kernbegriff der Bildung für Nachhaltige Entwicklung (BNE) Gestaltungskompetenz erlangen. Das heißt, sie sollen weltoffen sein und durch Integration neuer Perspektiven Wissen aufbauen. Sie sollen in der Lage sein, auf Grundlage von interdisziplinär erworbenen Kenntnissen vorausschauend zu denken und zu handeln. Sie sollen sich in Entscheidungsprozesse einbringen und mit anderen gemeinsam und doch selbstständig planen und handeln können. Dabei ist es notwendig, dass sie sich selbst aber auch ihre Mitstreiter motivieren können, aktiv zu werden. Grundlage dieser Aktivitäten muss ein durch Reflektion gewonnenes persönliches Leitbild sein, das sich am Konzept der Nachhaltigkeit orientiert.

Bei der Entwicklung einer tragfähigen nachhaltigen Gesellschaft von morgen kommt der Weiterentwicklung unseres Wirtschaftssystems – wie bereits beschrieben – eine zentrale Bedeutung zu. Wirtschaften darf zukünftig nicht mehr allein am kurzfristigen Gewinn ausgerichtet sein, sondern muss die ökologischen und sozialen Auswirkungen berücksichtigen und in Richtung Nachhaltigkeit beeinflussen.

Dies bereits in der Schule praktisch zu erfahren und zu üben, ist der tiefere Sinn nachhaltiger Schülerfirmen. Sie dienen der Förderung von vernetztem Denken im Dreieck der Nachhaltigkeit. Alle betrieblichen Entscheidungen sind in diesem Dreieck zu prüfen und ein regelmäßig durchzuführendes vereinfachtes Nachhaltigkeitsaudit soll zu einem kontinuierlichen Verbesserungsprozess führen. Sie dienen der praktischen Vermittlung (betriebs-) wirtschaftlicher Grundkenntnisse wie der Stärkung der persönlichen und sozialen Kompetenzen der Schülerinnen und Schüler, indem ihnen so viel Entscheidungs-, Handlungs- und

---

[3] Bund-Länder-Kommission für Bildungsplanung und Forschungsförderung.

Reflektionsspielraum wie möglich gegeben wird. Letztendlich ist es das Ziel, die Mitarbeiterinnen und Mitarbeiter in den Schülerfirmen auf ihre wahrscheinliche berufliche Zukunft vorzubereiten, die ja bis in die zweite Hälfte des 21. Jahrhunderts dauern wird. Nach allen Prognosen wird diese berufliche Zukunft gekennzeichnet sein durch Phasen der abhängigen Beschäftigung in mehreren Firmen und Jobs, der Selbstständigkeit allein und mit anderen, durch Phasen der Weiterbildung oder Arbeitslosigkeit (Stichwort „Patchwork-Career"). Die Weckung von Unternehmergeist ist deshalb ebenfalls von zentraler Bedeutung. Die gemeinsame Selbstständigkeit mit anderen wird im Modell der nachhaltigen Schülerfirmen geübt, getreu dem genossenschaftlichen Motto „alle für einen, einer für alle". Es geht also um die Vorbereitung von Jugendlichen auf den Arbeitsmarkt von morgen – mit veränderten Strukturen, aber auch in Anbetracht der gewaltigen Umwelt- und Sozialprobleme veränderten Betriebe.

Um diese Ziele erreichen zu können, brauchen nachhaltige Schülerfirmen gesicherte Rahmenbedingungen. Sie müssen in Schulprogramm und Regelunterricht eingebettet sein mit der möglichen Anbindung an alle Schulfächer der Sek. I und II. Sie brauchen abgesicherte administrative und rechtliche Bedingungen und die Kooperation mit der Wirtschaft, aber auch mit Umwelt- und Eine-Welt-Verbänden. Und sie brauchen ein Beratungssystem durch ein Netzwerk von Multiplikatoren vor Ort mit entsprechenden Lernmaterialien. Diese Bedingungen konnten im Land Niedersachsen – und bedingt auch in anderen Bundesländern – inzwischen geschaffen werden.

3. Warum nachhaltige Schülerläden in Grundschulen?

Wenn die heutigen Grundschülerinnen und Grundschüler einer 3. Klasse wahrscheinlich mit 67 in Rente gehen, schreiben wir das Jahr 2067. Die Welt wird dann anders aussehen als heute. Deutschland wird sehr viel weniger Einwohner haben, die Klimakatastrophe wird Realität sein, Rohstoffe werden knapp und teuer sein, Kriege wegen knapper Ressourcen wie Trinkwasser sind wahrscheinlich, Wirtschafts- und Umweltflüchtlinge sind weltweit unterwegs, die staatliche Rente wird das Leben eines alten Menschen kaum absichern können, die internationale Konkurrenz wird übermächtig sein. Ein Horrorszenario.

Dieses Szenario muss aber nicht Wirklichkeit werden, wenn wir rechtzeitig, d.h. jetzt, gegensteuern. Die inzwischen schon unvermeidlich sinkenden Einwohnerzahlen zwingen Gesellschaft und Wirtschaft, die Fähigkeiten eines jeden einzelnen rechtzeitig zu fördern. Ein veränderter Lebensstil der Menschen und veränderte Wirtschaftsweisen geben die Chance, die drohenden Umweltkatastrophen und die Ressourcenknappheiten in den Griff zu bekommen. Die zukünftige Welt unserer heutigen Grundschüler wird anders aussehen als unsere heutige – so oder so. Wenn wir sie positiv gestalten wollen, müssen wir in Bildung investieren, was in Gesellschaft und Wirtschaft unbestritten ist, auch wenn noch zu wenig tatsächlich passiert. Wir müssen nicht nur mehr Engagement für Kinder entwickeln, wir wissen auch, dass wir in der frühen Bildung anfangen müssen, wenn wir wirklich alle Potentiale im einzelnen Menschen zur Entfaltung bringen wollen. Kindergarten und Grundschule geraten immer stärker in den bildungspolitischen Fokus.

In methodisch und inhaltlich angemessener Weise muss Grundschulkindern vermittelt werden, dass und warum unsere bisherige Lebens- und Wirtschaftsweise zwar zu Wohlstand – wenn auch national und international ungleich verteilt –, aber auch zu Umweltkatastrophen, Rohstoffknappheit und gesellschaftlichen Spannungen geführt hat. Sie sollen lernen, an praktischen Beispielen die Zusammenhänge zwischen wirtschaftlichem Handeln, dem Zustand der lokalen und globalen Umwelt und der sozialen Situation im eigenen Land und in der Welt zu erkennen. Nachhaltigkeit im Sinne der Agenda 21 muss thematisiert werden. Das ist in der Grundschule sehr gut im Rahmen des Kerncurriculums für das Fach Sachunterricht möglich. Zum Beispiel Erkundungen des Waldes unter den Blickwinkeln der wirtschaftlichen Nutzung, des Naturschutzes und der Erholung des Menschen zeigen Probleme im Spannungsdreieck der Nachhaltigkeit zwischen Wirtschaft, Umwelt und Sozialem auf, erlauben aber auch ein Erfahren und Nachdenken über zukunftsfähige Kompromisse und Lösungen. Eine solche Vorgehensweise ist auch in anderen Themenfeldern wie z.B. Landwirtschaft, gesunde Ernährung, Leben in der Einen Welt oder Abfallvermeidung möglich.

Mit Nachhaltigkeit rückt auch das wirtschaftliche Handeln stärker in den Mittelpunkt der unterrichtlichen Arbeit. Das ist relevant für das zukünftige private und berufliche Leben der Schülerinnen und Schüler – Stichworte sind z.B. Orientierung an Nachhaltigkeit, Vermeidung von Überschuldung, Alterssicherung –, aber auch für den Erfolg im Wirtschaftsleben – Stichworte sind hier Nachhaltigkeit, systematische Entwicklung aller Potentiale, Entwicklung der Persönlichkeit und der sozialen Kompetenzen.

Bei der Entwicklung der Wirtschaftskompetenz unserer Grundschüler und Grundschülerinnen hinken wir in Deutschland wie in vielen anderen Feldern zurzeit noch hinterher, zeigen doch internationale Studien, dass Deutschland bei der gründungsbezogenen Ausbildung in der Sekundarstufe, aber gerade auch in der Grundschule bei einer Expertenbefragung nur auf dem 25. Platz im internationalen Vergleich landet. Die Spitzenpositionen werden von den USA, Singapur und Kanada eingenommen. Die Bewertung für Deutschland sieht im Detail bei einer Skala von -2 bis +2 folgendermaßen aus:

- In meinem Land regt der Unterricht der Primar- und Sekundarstufe Kreativität, Selbstständigkeit und Eigeninitiative an (Bewertung -0,81).

- In meinem Land vermittelt der Unterricht in der Primar- und Sekundarstufe ausreichend Kenntnisse über das Funktionieren einer Marktwirtschaft (Bewertung -1,04).

- In meinem Land wird in der Primar- und Sekundarstufe Entrepreneurship und Unternehmensgründungen ausreichend Aufmerksamkeit geschenkt (Bewertung -1,57).

Eine handlungs- und praxisorientierte Methode der Vermittlung erster Erfahrungen in den Bereichen Wirtschaft und Nachhaltigkeit stellen nachhaltige Schüler-

läden, eingebettet in Unterrichtsprojekte dar, die im Folgenden beispielhaft erläutert werden sollen.

4. Bedeutung der unterrichtlichen Einbettung an ausgewählten Beispielen

Das seit 2006 im Fach Sachunterricht der Klassen 1-4 der Grundschule geltende
Kerncurriculum in Niedersachsen (vgl. Niedersächsisches Kultusministerium
2006) weist Kompetenzbereiche aus, die nach der 2. bzw. 4. Klasse erreicht
werden sollen. Die Inhalte, mit denen die Kompetenzen vermittelt werden sollen, sind weniger spezifisch und erweitern dadurch den Entscheidungsspielraum
der Lehrenden. Es ist demnach möglich, Gestaltungskompetenzen mit Hilfe der
Unterrichtsmethode „Schülerladen" zu erarbeiten. Der Aufbau und die Organisation eines Schülerladens stellen eine Methode dar, mit deren Hilfe einfache
ökonomische Grundlagen in sozialer und ökologischer Verantwortung erklärt
bzw. erfahren werden. Als Einstiegshilfe kann ein Schwerpunktthema, z.B.
Wald, gesunde Ernährung, Eine Welt, Abfallvermeidung, Streuobstwiese oder
Ähnliches dienen, an dem bestimmte Sachverhalte konkret thematisiert werden
und das dazu genutzt werden kann, außerschulische Lernstandorte (z.B. regionale Umweltbildungszentren – RUZ) einzubinden. Es bietet sich darüber hinaus
an, fächer- und jahrgangsübergreifend zu arbeiten.

Die Deutsche Bundesstiftung Umwelt (DBU) finanziert im Zeitraum von
Mai 2007 bis April 2009 ein Projekt, in dem an sechs Grundschulen Niedersachsens ein Konzept zum Aufbau und zur Organisation eines (nachhaltig arbeitenden) Schülerladens entwickelt werden soll, mit dem Ziel, Inhalte von Bildung
für Nachhaltige Entwicklung zu vermitteln. Die Unterschiede hinsichtlich der
Größe und Einzugsgebiete der beteiligten Grundschulen, die Anzahl der beteiligten Lehrkräfte und deren Vorkenntnisse im Bereich der Nachhaltigkeitsbildung erfordern unterschiedliche, angepasste Konzepte bzgl. der Einbettung und Integration in den Schulalltag.

Im Folgenden werden beispielhaft einige Abläufe, die zur Planung und Organisation eines Schülerladens gehören, dahingehend untersucht, in wie weit sie
sich im neuen niedersächsischen Kerncurriculum für Sachunterricht wiederfin-
den bzw. ob sie geeignet sind, die im Curriculum geforderten Kompetenzen zu
vermitteln.

Beispiel 1:
Die Planung, Organisation und Durchführung von Schülerläden erfordert ein
hohes Maß an Kommunikation und Absprachen innerhalb der Gruppe. Viele
Entscheidungen müssen getroffen werden (Was wollen wir machen? Wer macht
wann was? usw.). Das Kerncurriculum gibt dazu Kenntnisse und Fertigkeiten
an: z.B. *an Entscheidungen im Schulleben mitwirken (Partizipation), Kompro-
miss als eine Möglichkeit der Konfliktlösung im Streitfall kennen* (Schuljahr 2,
Punkt 4.2), *Mehrheitsregel als demokratisches Entscheidungsverfahren prakti-*

zieren, wenn kein Konsens möglich ist, demokratische Entscheidungen des Klassenrates u.ä. respektieren, reflektieren und umsetzen (Schuljahr 4, Punkt 4.2). Die Schülerinnen und Schüler lernen dadurch, *Rechte und Pflichten in der Klasse kennen und wahrzunehmen*, sie erfahren *die Bedeutung von Klassen- und Schulregeln* und lernen *Zusammenhänge für das Funktionieren des Schullebens* (Schuljahr 2, Punkt 4.2), in diesem Fall auch des Schülerladens, kennen. Das Nicht-Einhalten abgesprochener Regeln oder Vergessen zugeteilter Aufgaben verursacht umgehend Konsequenzen in Form von Ablaufschwierigkeiten innerhalb des Schülerladens. Erscheint z.b. jemand zu einer bestimmten Arbeit nicht, so bleibt die Arbeit (erst einmal) liegen. Andere können ihre Arbeit aller Wahrscheinlichkeit nach nicht fortsetzen, da ihnen Vorprodukte fehlen. Schüler und Schülerinnen erleben auf diese Weise die Konsequenzen ihres Handelns selbst und stellen fest, dass sie ihr Handeln ändern müssen.

Viele Absprachen sind an bestimmte Zeiten gebunden. So teilen sich z.B. die Schülerinnen und Schüler in Verkaufsgruppen zu bestimmten Zeiten ein. Dafür müssen sie im Vorfeld *Begriffe der Zeiteinteilung unterscheiden und anwenden* können, *analoge und digitale Zeitmesser lesen* lernen, sowie *einfache Formen der Zeitplanung (Tages- und Wochenpläne) vornehmen* können (Schuljahr 2, Punkt 4.1).

Bereits die Auswahl der zu fertigenden Produkte und deren Herstellung bietet die Möglichkeit, über *Formen von Arbeit, verschiedene Berufe, Arbeitsplätze (auch ehrenamtliche) und Arbeitsbedingungen kennen und beschreiben* (Schuljahr 4, Punkt 4.2) zu sprechen. Eine Vertiefung mit Blick auf Gründe, Entstehung und Auswirkungen von Arbeitslosigkeit (z.B. auf einzelne Menschen, deren Familien und das soziales Umfeld oder die Region) kann sich daran anschließen.

Beispiel 2:
Mit Hilfe des Schwerpunktthemas lassen sich in der Regel die *wechselseitigen Abhängigkeiten, die zwischen Lebewesen untereinander und dem sie umgebenden Lebensraum bestehen, erkennen und erklären* (Kompetenzen in Schuljahr 4, Punkt 4.4). Wie unter dem Punkt „Kenntnisse und Fähigkeiten" gefordert, kann man sowohl Kreisläufe aufdecken und erklären, Jahreszyklen besprechen und damit auf saisonale Verfügbarkeit von Naturressourcen eingehen als auch die *Natur als begrenzte Ressource erkennen/alternative Energien kennen* und ein *Umweltbewusstsein entwickeln*. Auch die Themen Umweltverschmutzung und Umweltbelastung durch den Menschen können an dieser Stelle einfach erarbeitet werden. Besonders die RUZe haben sich seit ihrem Bestehen in der Umwelt- und Nachhaltigkeitsbildung einen festen Platz erworben. Vor Ort können Schülerinnen und Schüler die *Gestaltung und Nutzung von ausgewählten Räumen Niedersachsen* kennen und *Zusammenhänge zwischen naturgegebenen und von Menschen gestalteten Merkmalen eines Raumes* verstehen, sowie *typische Landschaftsformen (...) in der eigenen Region kennen und mit einer ausgewählten Region Niedersachsens vergleichen* (Schuljahr 4, Punkt 4.3).

An ihrem Schwerpunktthema (außer beim Thema Recycling) können *typische Merkmale, grundlegende Verhaltensweisen und Lebensbedingungen von ausgewählten Tieren und Pflanzen* besprochen *(Erwerb von Artenkenntnissen), einfache Formen der Fortpflanzung und Vermehrung beschrieben und verglichen, Wissen um Lebensbedingungen von ausgewählten Tieren und Pflanzen als Grundlage für angemessene Haltung und Pflege* sowie *verschiedene Entwicklungsstadien und Formen des Wachstums aufgezeigt und verglichen* werden (Schuljahr 2, Punkt 4.4).

Beispiel 3:

In der Schülerfirma müssen zur ersten Verkaufsaktion neben den Produkten von den Schülerinnen und Schülern auch Werbeplakate, Handzettel und evtl. Hinweisschilder erstellt werden. Bei der Gestaltung der Handzettel müssen sie sich nicht nur Gedanken über ihre Zielgruppe (Kunden) machen, sondern auch ihre *eigenen Wünsche/Bedürfnisse reflektieren – auch unter dem Einfluss von Werbung und Trends* (Schuljahr 2, Punkt 4.2). Im Rahmen dessen können sowohl allgemeine Mechanismen von Werbung als auch die kritische Auseinandersetzung mit Werbebotschaften in Radio und Fernsehen thematisiert werden. Besonders Grundschülerinnen und Grundschüler neigen dazu, Werbebotschaften für wahr zu halten. Dies wird besonders bei der Werbung für Süßigkeiten deutlich (Beispiel: „Das kleine Frühstück für zwischendurch", was impliziert, dass dieses Produkt ein normales – gesundes und ausgewogenes – Frühstück ersetzen kann, oder die Werbung für „Kindermilchriegel", die suggeriert, dass er – der Riegel – genauso gesund sei, wie ein Glas Milch).

Wünsche und Vorstellungen von Kunden bezüglich einzelner Produkte sind oftmals Trends unterworfen. So macht es Sinn, bevor man ein bestimmtes Produkt herstellt, zu prüfen, ob es letztendlich auch verkäuflich ist. Schülerinnen und Schüler erkennen so die Notwendigkeit, Kundenwünsche rechtzeitig in ihre Planungen einfließen zu lassen. Dies kann zum Beispiel durch eine Umfrage geschehen. Die Schülerinnen und Schüler lernen vorausschauend zu denken und zu planen.

Aber auch die Gestaltung von Hinweisschildern bzw. der Wegbeschreibung zu dem Verkaufsstand bietet die Möglichkeit, sich mit *Lagebeziehungen und Wegbeschreibungen* auseinander zu setzen. Dafür müssen *markante Punkte, Hinweisschilder und Piktogramme* erstellt und *einfache Wege- und Lageskizzen* (Schuljahr 2, Punkt 4.3) angefertigt und genutzt werden. Die Schülerinnen und Schüler erkennen, dass die Pläne eine Abbildung der Wirklichkeit darstellen, und lernen, sie bekannten Wirklichkeiten zuzuordnen. Sie lernen die *grundlegenden Zusammenhänge zwischen Verkleinerung und Vereinfachung (Generalisierung) zu erkennen und zu deuten,* sowie *Kartensymbole (Zeichen und Farben) und Kartenlegende kennen und deuten* (Schuljahr 4, Punkt 4.3).

Beispiel 4:
Zur Herstellung von Produkten müssen die Schülerinnen und Schüler *Werkzeuge kennen und sachgerecht gebrauchen, Materialien sach- und umweltgerecht verwenden* sowie *einfache Bauanleitungen verstehen und umsetzen* können (Schuljahr 2, Punkt 4.5). Ältere Schülerinnen und Schüler können für ihre Produkte *Modellzeichnungen als Denkmodelle* (Schuljahr 4, Punkt 4.5) anfertigen. Damit aus den Einzelteilen Produkte werden, sollen *Gegenstände aus vorgefertigten Einzelteilen montiert/demontiert* werden können (Schuljahr 2, Punkt 4.5). Auch hier bietet es sich an, sich über *regionale Abfallentsorgung und Abfallverwertung* (ebd.) und Mülltrennung Gedanken zu machen.

Gerade in der Produktion ist es manchmal schwer, den Eifer der Schülerinnen und Schüler zu zügeln, da sie die Produktion häufig eher als Wettlauf begreifen. Oftmals leidet darunter die Qualität bzw. die Passgenauigkeit der Produkte. Eine schülerladeninterne Qualitätskontrolle kann die Schülerinnen und Schüler dazu anhalten, langsamer und sorgfältiger zu arbeiten. Abfall- und Verschnittmengen werden reduziert, und die Schülerinnen und Schüler lernen, erst zu denken und dann zu handeln.

5. Fazit

Anhand dieser ausgewählten Beispiele soll deutlich werden, dass die Methode „nachhaltiger Schülerladen" vielfältige Umsetzungsmöglichkeiten zum Erwerb der im Kerncurriculum geforderten Kompetenzen an die Hand gibt. Den Schülerinnen und Schülern wird ein in sich schlüssiges Konzept dargeboten, das ihnen Gelegenheit gibt, sowohl alleine als auch gemeinsam mit anderen zu planen und zu handeln und aktiv an Entscheidungsprozessen mitzuwirken. Sie müssen nicht nur sich, sondern auch andere motivieren, aktiv zu werden, sind gezwungen, vorausschauend zu denken und zu handeln, und lernen, demokratische Entscheidungsregeln umzusetzen und Ergebnisse zu akzeptieren.

Über Schülerläden können darüber hinaus Empathie und Solidarität für Benachteiligte, Arme, Schwache und Unterdrückte entwickelt werden und diese Gruppen können – zumindest im kleinen Umfang – unterstützt werden.

Mit Hilfe dieser Unterrichtsmethode können somit die wesentlichen Teilkompetenzen von Gestaltungskompetenz erreicht und ein wesentliches Ziel für Bildung für Nachhaltige Entwicklung umgesetzt werden.

Literatur

BLK – Bund-Länder-Kommission für Bildungsplanung und Forschungsförderung (1999): Bildung für eine nachhaltige Entwicklung – Gutachten zum Programm von Gerhard de Haan und Dorothee Harenberg, Freie Universität Berlin. Materialien zur Bildungsplanung und Forschungsförderung, Heft 72. Bonn.

BLK-Programm Transfer 21 (Hrsg.): Zukunft gestalten lernen – (k)ein Thema für die Grundschule? Grundschule verändern durch Bildung für nachhaltige Entwicklung, Teil 2. Berlin: 2005.

Hauff, Volker (Hrsg.) (1987): Unsere gemeinsame Zukunft – Der Brundtland- Bericht der Weltkommission für Umwelt und Entwicklung.

Dasecke, Rolf (o.J.): Nachhaltige Schülerfirmen: Wirtschaften in ökologischer, gesellschaftlicher und sozialer Verantwortung [http://www.transfer-21.de/daten/texte/daseckeschuelerfirmen04.pdf].

Niedersächsisches Kultusministerium (2006): Kerncurriculum für die Grundschule. Schuljahrgänge 1 – 4. Sachunterricht. Hannover.

UN-Umweltbericht „Geo-4", zusammengefasst im Artikel „Die Welt wird lebensgefährlich" der Süddeutschen Zeitung vom 26.10.2007, S. 20

www.transfer-21.de; Abruf 28.11.07.

Neue Impulse zur Gestaltung berufsorientierender und berufsvorbereitender Lehr-/Lernprozesse durch die Leitidee der Nachhaltigen Entwicklung

Tobias Schlömer & Walter Tenfelde

1. Berufsorientierung an allgemeinbildenden Schulen – etabliert und problematisiert

Berufsorientierung ist ein fester Bestandteil des Unterrichts auf der Sekundarstufe I und der Lehrpläne für die gymnasiale Oberstufe. Auf der Sekundarstufe I liegt der Schwerpunkt von Berufsorientierung in den letzten beiden Klassenstufen der jeweiligen Schulform und auf der gymnasialen Oberstufe in den Leitfächern aus dem gesellschaftspolitischen Bereich (vgl. Sekretariat der ständigen Konferenz der Kultusminister 2003) mit dem Ziel, Berufswahlreife bzw. Berufswahlfähigkeiten bei Schülern und Schülerinnen zu befördern.

Auf der Sekundarstufe I sollen grundlegende Kenntnisse über die Wirtschafts- und Arbeitswelt vermittelt werden, ein Überblick über berufliche Ausbildungsmöglichkeiten in der Region erarbeitet und eine Berufswegplanung entworfen werden. Auf der gymnasialen Oberstufe sind das Funktionsgefüge von Unternehmen sowie Strukturmerkmale einer industriellen Gesellschaft die wesentlichen Lerninhalte von Berufsorientierung. Neben den Unterrichtsfächern sind Betriebserkundungen und Betriebspraktika feste Bestandteile der Berufsorientierung auf der Sekundarstufe I als auch auf der gymnasialen Oberstufe.

Ob Berufsorientierung, die Dibbern noch in den 1990er Jahren als Schlüsselkategorie der Berufsvorbildung an allgemeinbildenden Schulen bezeichnete (vgl. Dibbern 1993), auch tatsächlich diese Ziele erreichen kann, scheint jedoch fraglich zu sein. Der Strukturwandel in der Arbeitsgesellschaft und Entwicklungen an der ersten Schwelle des Übergangs in Berufsausbildung und Erwerbsarbeit lassen Zweifel aufkommen. So sind Berufswahl und Erstausbildung keine das ganze Berufsleben tragende Entscheidungen mehr (vgl. BMBF 2007, S. 211 ff.). Der Eintritt in Ausbildung und Beschäftigung markiert in der Regel nur den Beginn lebenslanger Lernprozesse, die durch vielfache Wechsel in beruflichen Tätigkeitsfeldern und individuellen Neuorientierungen gekennzeichnet sind (Wittwer 2007, S. 4). Eine sinnvolle Berufsorientierung für Jugendliche kann sich diesen Veränderungen nicht verschließen. Das Leitbild der Nachhaltigen Entwicklung bietet Anhaltspunkte dafür, wie berufsorientierende und berufsvorbereitende Maßnahmen zukunftsgerecht zu gestalten sind.

In diesem Beitrag wird daher ein Versuch unternommen die Impulse des Leitbildes der Nachhaltigen Entwicklung für die Berufsorientierung zu beschreiben (Kapitel 3) und anhand eines kurzen Beispiels zu skizzieren (Kapitel 4). Zunächst werden dafür die Ausgangspunkte und die gegenwärtigen Problemfelder der Berufsorientierung dargestellt (Kapitel 2).

2. Ausgangspunkte für eine zukunftsgerechte Berufsorientierung

2.1 Strukturelle Veränderungen in Arbeit, Beruf und Bildungssystem

Die Mehrheit der Jugendlichen möchte nach der Schule eine duale Berufsausbildung beginnen. Hierfür bieten sich aktuell 344 staatlich anerkannte Ausbildungsberufe an. Dennoch treffen 77 % der Mädchen ihre Berufswahl nur unter 25 Ausbildungsberufen. Bei den Jungen ist es mit 57 % mehr als die Hälfte, für die der Großteil möglicher Berufsausbildungen von vorn herein berufswahlirrelevant erscheint (vgl. BMBF 2007, S. 14). Dieses Berufswahlverhalten wird gemeinhin als Folge unverändert wirksamer Geschlechtersegregation und faktischer Beschränkungen der Zugänge zu Ausbildung und Berufsarbeit gedeutet. Schulische Berufsorientierung kann dem kaum etwas entgegensetzen.

Bei der Auswahl von Berufen lassen sich Jugendliche zudem sehr häufig allein von den Berufs*bezeichnungen* leiten, wie aktuelle empirische Studien aufzeigen (vgl. Krewerth; Tschöpe/Ulrich 2004). Die Jugendlichen verwenden Berufsbezeichnungen wie „Hinweisschilder" auf für sie zentrale Informationen. Berufsbezeichnungen dienen ihnen als „Filter" für die Auswahl in der Fülle von Informationen. Sie sind aber zugleich auch ihre persönlichen „Visitenkarten" für die Selbstdarstellung im sozialen Raum (vgl. Krewerth/Ulrich 2006; Ebbinghaus 2007, S. 42). Berufsbezeichnungen vermitteln zwar nur einen ersten Eindruck von der Berufstätigkeit, generieren jedoch die individuellen Vorstellungen von Berufsausbildung und Erwerbsarbeit und helfen den Kreis der hierfür in Frage kommenden Berufe auf ein überschaubares Maß einzugrenzen. Es wird deshalb auch vermutet, dass ein erheblicher Teil der bereits in der Probezeit wieder gelösten Ausbildungsverträge – im ersten Ausbildungsjahr 47 %, im zweiten 32 %, im vierten nur noch 2 % – mit eben diesen individuellen, jedoch unzureichenden und unzutreffenden Vorstellungen von der Berufsarbeit im gewählten Ausbildungsberuf zu erklären sind. Im Lichte dieser empirischen Befunde betrachtet, erscheint das Ziel von Berufsorientierung, „(…) Informationen zur Berufswahl gezielt nachzufragen und zu verwerten und damit die Chance für eine selbstbestimmte Berufswahl zu vergrößern" (Dibbern 1993, S. 29), auf einem brüchigen empirischen Fundament zu stehen.

Der Zugang zum Arbeits- und Beschäftigungsmarkt, auf den Berufsausbildung vorbereiten und die Berufsorientierung unterstützen soll, ist zudem nicht homogen und durchlässig. Er ist unterteilt in Sektoren mit sehr unterschiedlichen Arbeitsverhältnissen. Im ersten Sektor werden den Beschäftigten noch Normalarbeitsverhältnisse mit Dauerbeschäftigung, beruflichen Entwicklungsperspektiven, guter Bezahlung und sozialer Absicherung angeboten. In einem zweiten Sektor dagegen ist die Beschäftigung insgesamt unsicher, diskontinuierlich und großenteils ohne hinreichende soziale Absicherung. Ein Anspruch auf Entlohnung, die den Lebensunterhalt sichern und eine dem Normalarbeitsverhältnis des ersten Sektors vergleichbare Lebensqualität gewährleisten könnte, wird als unrealistische Anspruchsgrundlage gewertet (vgl. Oehme 2007, S. 17).

Dazwischen liegen Segmente mit besser bezahlter Arbeit, die jedoch nach Bedarf projektförmig und flexibel organisiert ist, am Arbeitsergebnis bewertet wird und deshalb den „Arbeitskraftunternehmer" anfordert. Wird nun weiter berücksichtigt, dass seit den 1990er Jahren die Zahl der atypischen Beschäftigungsverhältnisse in den letztgenannten Sektoren kontinuierlich zunimmt und junge Menschen zunehmend geringere Chancen haben, in die Kernbereiche der Erwerbsarbeit des ersten Sektors zu gelangen, könnte auch die Hoffnung, dass Berufsorientierung die Berufswegplanung unterstützt, zerbrechen. Betroffen wären davon besonders die Absolventen aus Haupt-, Sonder- bzw. Förderschulen, Jugendliche mit so genannten Maßnahmekarrieren und Schüler und Schülerinnen der schulischen Lehrgänge des Berufsgrundbildungs- und Berufsvorbereitungsjahrs sowie der Berufsfachschulen. Für sie würde Berufsorientierung den wohl endgültigen Abschied vom Lebensberuf, die Vorbereitung auf Berufswechsel und zeitweiliger Erwerbslosigkeit und Familienzeit, Flexibilität und Mobilität in der Ausübung von Berufsarbeit und Gelegenheitsjobs, lebenslanges Um- und Neulernen bzw. Mehrfachqualifizierung bedeuten. Berufsorientierung wäre in diesem Fall wohl mit Orientierung auf die Bewältigung „diskontinuierlicher Erwerbsverläufe" (vgl. Naevecke 2002) gleichzusetzen. Ihr Ziel wäre die Beförderung von Veränderungskompetenz (vgl. Wittwer 2007), mit der auch das idealisierte Bild vom Lebensberuf wohl endgültig zerbrechen würde (vgl. Schober 2001).

Gleichsam spiegelbildlich lassen sich die im Zuge der Deregulierung der Arbeitsmärkte erzeugten Verwerfungen auch in der Entgrenzung und Segmentierung der Bildungsstrukturen erkennen. Die ehemals berufskonstituierenden und berufstypischen Schneidungen von Tätigkeitsprofilen zersplittern auch Berufe durch Kombination von Berufsinhalten zu Bindestrich- und Hybridberufen und verändern ihr Profil durch solche Anreicherung mit Zusatzqualifikationen, die häufig erst eine effektive Berufsarbeit überhaupt möglich machen. So hat z. B. die Informatisierung bereits mehr als 50 % aller beruflichen Tätigkeiten erfasst und sich Berufsarbeit zunehmend zu einem gedanklichen Operieren in abstrakten und symbolisierten Arbeitswelten entwickelt. Vor diesem Hintergrund scheint die Frage berechtigt: Welches sind eigentlich noch die grundlegenden Kenntnisse über die Wirtschafts- und Arbeitswelt? Und wie kann angesichts der Entgrenzung beruflicher Qualifizierung noch ein Überblick über berufliche Ausbildungsmöglichkeiten vermittelt werden?

2.2 Konzepte der Berufsorientierung und ihre schulische Umsetzung

Obwohl es also die sozialstaatlich regulierte Berufsgesellschaft nicht mehr gibt, orientiert sich Berufsorientierung faktisch immer noch an den für die Ordnung der Berufsausbildung entwickelten und am Prinzip der Beruflichkeit orientierten Berufsbildern. Sie werden in die von der Bundesanstalt für Arbeit vorgehaltenen Materialien und Handreichungen zur Berufsorientierung und Berufswahlvorbereitung eingeschrieben. In der 2005 begonnenen großen Offensive zur Berufsorientierung im Rahmen des „Nationalen Paktes für Ausbildung und Fachkräftenachwuchs in Deutschland" (vgl. Arbeitsgruppe „Schule und Wirtschaft" 2006), an der sich neben Bundesministerien, Arbeitgeberverbänden, der Kultusministerkonferenz auch die Bundesagentur für Arbeit beteiligt hat, wurden Transferstrategien für die Themenfelder Berufsorientierung, Ausbildungsreife sowie für den Übergang von der Schule in die Ausbildung erarbeitet. Deren Empfehlungen für Betriebserkundungen lauten jedoch lapidar: „Durch eine Betriebserkundung erhalten die Schülerinnen und Schüler Einblicke in die Berufs- und Arbeitswelt, in Unternehmensstrukturen sowie in Ausbildungsmöglichkeiten in verschiedenen Berufsbereichen (…) Indem die Schülerinnen und Schüler vielseitige Aufträge erhalten, kann die Erkundung zielgerichtet und ergebnisorientiert durchgeführt werden" (ebd., S. 28).

Konkreter werden dagegen Materialien, die Lehrern und Lehrerinnen für die Vorbereitung, Durchführung und Auswertung z.B. von Betriebserkundungen angeboten werden. Die Materialien fallen jedoch weit hinter den Anspruch von Berufsorientierung als systematisch angelegte Aufklärung über Betrieb, Berufsarbeit und Berufsausbildung zurück. In einem „Beobachtungs- und Fragebogen zur Betriebsbesichtigung", der vom renommierten Institut Technik und Bildung der Universität Bremen zum Download ins Internet gestellt wurde (vgl. Institut Technik und Bildung 2008), wird die Orientierungslosigkeit in der Berufsorientierung schnell deutlich: Dort stehen fast nur Fragen, die für eine Berufsorientierung ziemlich belanglos sind: Wie heißt der Betrieb? Wann wurde der Betrieb gegründet und wer ist der Firmengründer? Um was für eine Unternehmensform handelt es sich? Oder: Wie sind die Arbeitszeiten? Gibt es Schichtarbeit? Ist der Betrieb mit öffentlichen Verkehrsmitteln zu erreichen? Werden körperlich schwere Arbeiten verrichtet usw.: Es ist ein Beispiel für viele, auf die die Kritik an den schulischen Maßnahmen zutrifft, dass nämlich deren Angebote trotz des formulierten didaktischen Anspruchs ständig Gefahr laufen, an der wirtschaftlichen Realität der Arbeitswelt und den tatsächlichen Anforderungen von Unternehmen vorbeizugehen (vgl. Heisler 2005, S. 2).

Eine zukunftsfähige Berufsorientierung muss deshalb neue Antworten finden auf eine stark veränderte Problemlage an der ersten Schwelle des Übergangs in die Berufs- und Arbeitswelt. Es soll nun geprüft werden, ob die Leitidee von Nachhaltiger Entwicklung und die darauf bezogene Diskussion über Nachhaltiges Wirtschaften vielleicht auch Reformimpulse für die Berufsorientierung an allgemeinbildenden Schulen geben könnte.

3. Berufsorientierung im Kontext einer Nachhaltigen Entwicklung – Vision oder Illusion?

3.1 Handlungsfelder für Nachhaltige Entwicklung in Wirtschaft, Arbeit und Beruf

Hinter dem Begriff der Nachhaltigkeit, der im Anschluss an die UN-Konferenz von 1992 in Rio de Janeiro geprägt wurde, steht die Vorstellung, dass die gegenwärtige Generation ihren Bedarf befriedigen soll, ohne künftige Generationen in ihrer Bedarfsbefriedigung zu beeinträchtigen. Nachhaltigkeit meint deshalb eine generationenübergreifende und globale Gerechtigkeit bei der Verteilung und Nutzung der Ressourcen, aber auch die intragenerationelle Gerechtigkeit zwischen Menschen und Völkern derselben Generation.

Ein weiteres Merkmal der Leitidee Nachhaltigkeit ist, dass ökonomische, ökologische und soziale Entwicklungen für die Sicherung der Lebensgrundlagen auf der Erde nicht voneinander zu trennen sind und deshalb auch nicht gegeneinander ausgespielt werden sollten. Die Leitidee der Nachhaltigkeit stellt insoweit auch eine Vision über ein neues Verständnis von Wirtschaften dar, in der wirtschaftliche Entwicklungen mit dem Schutz der natürlichen Umwelt und einer globalen Sicht auf soziale Gerechtigkeit *operational* verbunden werden (vgl. Fischer 2000, S. 3 ff.). Ob und ggf. wie diese allgemeine Leitidee auf Wirtschaft, Arbeit und Beruf übertragen werden kann, ist jedoch bisher keineswegs schlüssig und konsensfähig dargestellt worden (vgl. hierzu die Deutungen von „Nachhaltiges Wirtschaften" in Tiemeyer/Wilbers 2006). Mit dem Blick auf das zentrale Ziel der Berufsbildung, die berufliche Handlungsfähigkeit zu befördern, können aber schon einige Hinweise auf mögliche Handlungsfelder gegeben werden (vgl. Schulz/Gessner/Kölle 2006, S. 62 ff.).

Nachhaltiges Wirtschaften im Handlungsfeld „Ökologie" meint zunächst den schonenden Umgang mit den in Produktion und Dienstleistung zu verbrauchenden natürlichen Ressourcen. Im Wesentlichen handelt es sich dabei um eine Minimierung des Flächenverbrauchs und um den sparsamen Verbrauch von Rohstoffen und Energie. Zugleich bedeutet Nachhaltiges Wirtschaften aber auch die Minimierung von Schadstoffeinträgen in die natürliche Umwelt. Derzeit stehen dabei besonders die Umweltbelastung durch CO^2-Einträge im Fokus, die kaum kalkulierbare Klimaveränderungen erzeugen, eine globale Bedrohung darstellen und besonders die Lebensgrundlagen der Menschen in den Entwicklungsländern der südlichen Welthalbkugel zerstören könnten.

Nachhaltiges Wirtschaften im ökologischen Handlungsfeld meint zudem die Herstellung von weitestgehend umweltverträglichen Produkten mit Verfahren, die geringstmögliche Risiken für das natürliche und soziale Umfeld mit sich bringen. Dies schließt auch eine globale ökologische Verantwortung insbesondere gegenüber den Entwicklungs- und Schwellenländern ein, beispielsweise bei der Beschaffung von Rohstoffen und der Entsorgung von Produktionsabfällen.

Nachhaltiges Wirtschaften im Handlungsfeld „Soziale Verantwortung" betrifft die langfristige Bereitstellung von Ausbildungsplätzen und Arbeitsplätzen zur Sicherung des Erwerbseinkommens sowie der beruflichen Entwicklungsmöglichkeiten der Beschäftigten durch Lernen und Arbeiten in Wirtschaftsbetrieben. Die soziale Verantwortung zeigt sich besonders auch in der Art und Weise, wie Unternehmen mit Beschäftigen in besonderen „Problemlagen" umgehen: Mit Behinderten, Leistungsschwächeren und sozial Benachteiligten, mit Migranten und Migrantinnen, mit älteren Arbeitnehmern und Frauen, die neben ihrer Erwerbsarbeit auch die Familienbetreuung zu übernehmen bereit sind.

Zur sozialen Verantwortung von Unternehmen zählt auch die Fürsorge für die Gesundheit der Beschäftigten, d.h. deren Schutz vor gesundheitlichen Schäden durch den Umgang mit Gefahrstoffen, vor Betriebsunfällen und Berufskrankheiten. Konkret drückt sich diese Verantwortung ebenso in der Gestaltung der Arbeitsumgebungen, der Arbeitsprozesse und Arbeitszeiten sowie der Arbeitsplätze nach ergonomischen Standards aus.

Ein weiterer Bereich für sozial verantwortliches Handeln im Unternehmen ist die Institutionalisierung von Möglichkeiten der Mitbestimmung und Mitgestaltung von Organisationsstrukturen, Organisationsabläufen und Arbeitsprozessen durch die Beschäftigten: Sie reichen von der freiwilligen Einrichtung und Verstärkung der Mitbestimmungsrechte von Betriebsräten und Jugendvertretungen über die situative und problembezogene Verbesserung von Produktions- und Arbeitsprozessen und der Arbeitszufriedenheit durch Einrichtung von Qualitätszirkeln und der Beteiligung der Auszubildenden an der Bewerberauswahl. Beispielhaft zu nennen ist auch die einzelbetrieblich institutionalisierte Frauenförderung zur Gleichstellung in Karrieremöglichkeiten, Arbeitsqualität und Arbeitsentgelt sowie die Rücksichtnahme auf die kulturellen Bedürfnisse der ausländischen Mitarbeiter/-innen.

Nachhaltiges Wirtschaften im Handlungsfeld „Ökonomie" ist zweifellos von besonderer Bedeutung für die Unternehmensführungen (vgl. Kastrup/ Tenfelde/ Tenfelde 2006). Dazu zählt beispielsweise, dass der Unternehmenserfolg nicht nur kurzfristig, sondern auch langfristig zu erhalten ist. Dies ist häufig dadurch möglich, dass Unternehmen neue Geschäftsfelder z.B. in der Umwelttechnik, der Erzeugung regenerativer Energien, der energiesparenden Gebäudesanierung u.a. entdecken und besetzen.

Besonders für kleine und mittlere Betriebe kann es ökonomisch vorteilhaft sein, wenn sie sich als nachhaltigkeitsorientiertes Unternehmen in der Region positionieren können. Damit können sie neue Geschäftsfelder erschließen und Kundengruppen mit zukunftsverträglichen Produkten und Dienstleistungen für sich gewinnen. Nachhaltige ökonomische Vorteile realisieren Unternehmen schließlich in der gesamten Wertschöpfungskette, indem sie dauerhafte Kooperationen eingehen und miteinander Netzwerke knüpfen. Dies bedeutet dann aber auch, dass sie ihre betrieblichen Geschäftsprozesse und Arbeitsabläufe überdenken und ggf. im Sinne einer nachhaltigen Erstellung ihrer wirtschaftlichen Leistungen aufeinander abstimmen müssen.

3.2 Impulse einer Vision Nachhaltigen Wirtschaftens für die Berufsorientierung an allgemeinbildenden Schulen

Welche Konsequenzen können nun aus der Skizze der Leitidee der Nachhaltigen Entwicklung und ihrer Auslegung auf eine Vision von Nachhaltigem Wirtschaften für eine zu verändernde Sichtweise auf Berufsorientierung gezogen werden? Dies soll an ausgewählten Prinzipien einer nachhaltigkeitsorientierten Berufsorientierung verdeutlicht werden.

Berufsbilder, wie sie den allgemeinbildenden Schulen von der Bundesanstalt für Arbeit zur Verfügung gestellt werden, sind – auch wenn sie kaum die Realität der Erwerbsarbeit reflektieren – nach wie vor bewusstseinsprägend. Sie stehen immer noch für die Wertschätzung von Berufsarbeit und der gesellschaftlichen Positionierung der Berufstätigen. Andererseits erfahren sie faktisch einen beträchtlichen Bedeutungsverlust durch deren Entgrenzung. Soll dennoch an Berufsbildern und den darin festgeschriebenen berufstypischen Tätigkeiten festgehalten werden, empfiehlt sich eine betriebs- oder gar berufsübergreifende Sichtweise auf organisierte Erwerbsarbeit. Diese ist dann möglich, wenn von der üblichen Funktions- zur Arbeits- und Geschäftsprozessorientierung übergegangen wird. In dieser Sichtweise auf wirtschaftliches Handeln wird nicht nur die Engführung in tradierten Berufsbildern aufgebrochen. Es wird zugleich einem Prinzip Nachhaltigen Wirtschaftens entsprochen, das die Betrachtung ökonomischer Prozesse der Leistungserstellung unter Nachhaltigkeitsaspekten „von der Wiege bis zur Bahre" anfordert.

Wenn Berufstätigkeit faktisch nicht mehr mit der engen Schneidung von Berufen und den normierten Berufsbildern korreliert ist, sollte sich Berufsorientierung auch an eben diesen polyvalenten Qualifikationsanforderungen moderner Berufstätigkeit ausrichten. Hier empfiehlt es sich dann, Berufe nicht nur über die Erkundung von Arbeitsplätzen in Betrieben, betrieblichen Arbeitsorganisationen und Berufsausbildungen in den Blick zu nehmen, sondern einen Perspektivwechsel vorzunehmen: Der Kunde als Verbraucher oder Nutzer wirtschaftlicher Leistungen will in der Regel eine ganzheitliche Leistung: Beratung, ein gutes Produkt oder eine ihn überzeugende Dienstleistung, Reparatur und Service, Entsorgung, erneute Beratung usw. In dieser Betrachtung wirtschaftlicher Leistungen als Prozesskette und aus der Kundenperspektive fließen zugleich auch vielfältige berufliche Arbeitsleistungen und Arbeitsanforderungen zusammen zu einem Gesamtbild berufsbezogener Tätigkeiten. Dieses Bild vermag das Problem der Berufsschneidungen zumindest für die Gestaltung von Berufsorientierung etwas zu mildern. Es vermag zudem den nachhaltigkeitsorientierten Grundsatz der Mehrperspektivität von technischer, ökonomischer, ökologischer und sozialer Betrachtung von wirtschaftlichen Vorgängen in sich aufzunehmen.

Eine Berufsausbildung verspricht nicht mehr die Sicherheit der qualifizierten Vorbereitung auf eine spätere Berufstätigkeit. Berufliche Erstausbildung wird deshalb mittlerweile auch mit einer Einstiegsqualifizierung verglichen. Diese Sichtweise auf Berufsausbildung als Einstiegsqualifikation bietet der Berufsorientierung auch die Chance, den Blick auf solche Qualifizierungs- und Entwicklungsprozesse zu lenken, die außerhalb formalisierter und weitgehend standardisierter Ausbildungsprozesse stattfinden: Dem Lernen und der Kompetenzentwicklung im Prozess der Arbeit. Letztlich ist dies auch die Konsequenz, die aus der Leitidee des Nachhaltigen Wirtschaftens gezogen werden kann, weil diese Leitidee ohnehin nur in ganz wenigen Fällen in die Ordnungsmittel für die berufliche Erstausbildung eingeschrieben wurde und selbst dort eher als randständig erscheint.

Wenn nun Berufsorientierung auf der Folie Nachhaltigen Wirtschaftens Arbeits- und Geschäftsprozesse in der Wertschöpfungskette in den Blick nimmt, Berufsarbeit und beruflich erbrachte Arbeitsleistungen mehrperspektivisch im Sinne des Nachhaltigkeitsdreiecks aus der Kundenperspektive betrachtet und dabei auch das informelle Qualifizierungs- und Entwicklungspotenzial des Lernens im Prozess von Berufsarbeit aufzeigt, stellt sich die Frage nach einem dieser Komplexität angemessenen Lernmodell für die Gestaltung von Berufsorientierung in der Berufsvorbildung. Ein solches Lernmodell (vgl. Klemisch/ Schlömer/ Tenfelde 2008) soll nun am Beispiel eines geplanten Unterrichtsprojektes zur (virtuellen) Betriebserkundung und in einigen Blitzlichtern vorgestellt werden.

4. Erkundungsprojekt: Das Beispiel „Energetische Sanierung eines Einfamilienhauses"

Das Erkundungsobjekt: Die Erkundung wird für eine BVJ-Klasse geplant. Anstatt einzelne Handwerksbetriebe zu erkunden, soll eine Baustelle über einen längeren Zeitraum erkundet werden. Hierfür konnte bereits ein kleines Einfamilienhaus gefunden werden, das energetisch saniert werden soll (vgl. Abb. 1). Für die Vorbereitung auf das Erkundungsprojekt steht den Schülerinnen und Schülern bereits der so genannte Hamburger Energiepass für das Haus zur Verfügung. Dieser informiert fachlich über die energetischen Schwachstellen des Hauses und beschreibt Sanierungsvorschläge.

Abb. 1: Ein Hamburger Einfamilienhaus als Erkundungsgegenstand

Erstes Blitzlicht: Geschichte des Hauses
Das genaue Baujahr des Hauses ist nicht bekannt: Beim Bauamt gibt es keine Antragsunterlagen für das Haus. Die neue Eigentümerin weiß nur, „dass es irgendwann nach dem Krieg gebaut wurde". Erkundungen auf der Baustelle liefern Hinweise, dass es offensichtlich aus Trümmerschutt und im Zeitraum von März 1948 bis August 1949 errichtet wurde (vgl. Abb. 2). Erkundungen bei älteren Bewohnern in der Nachbarschaft ergaben zudem, dass es einmal als so genanntes Behelfsheim von einem ausgebombten Ehepaar aus der Hamburger Innenstadt gebaut wurde.

Abb. 2: Erste Erkundungsergebnisse liefern Hinweise auf die Geschichte des Hauses

Zweites Blitzlicht: Belassen, abreißen oder sanieren?

Nachdem die alten Bewohner des Hauses verstorben waren, stand die neue Eigentümerin vor der Frage: Abreißen oder sanieren? In einem Gespräch mit der Eigentümerin erfahren die Schüler und Schülerinnen: Obwohl immobilienwirtschaftliche Überlegungen für einen Abriss und Neubau sprechen, hat sie sich für den Erhalt des Hauses und eine energetische Sanierung (vgl. Abb. 3) entschieden. Als Gründe werden angeführt: Der persönliche Beitrag zum Milieuschutz und zum Klimaschutz sowie in Aussicht gestellte Fördermittel bei energetischer Sanierung.

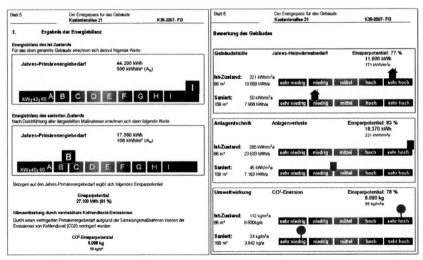

Abb. 3: Der Energiepass bietet Einblicke in die Entscheidungsfindung der Hauseigentümerin

Drittes Blitzlicht: Handwerken in der Wertschöpfungskette

Durch eine kontinuierliche Erkundung der Handwerksarbeiten auf der Baustelle erhalten die Schüler und Schülerinnen gute Einblicke in die Gewerke von Zimmerern, Maurern, Fliesenlegern, Fensterbauern, Klempnern, Sanitär- und Heizungsbauern, Elektrikern, Schornsteinfegern u.a. Sie können zudem die Aufga-

ben der am Sanierungsprojekt beteiligten Architektin und des Energiefachbera-
ters erkunden. Als eine besondere Anforderung an handwerkliches Arbeiten auf
der Baustelle erfahren (und dokumentieren!) sie die aufeinander abzustimmen-
den Arbeitsschritte in der Wertschöpfungskette „Energetische Sanierung eines
Einfamilienhauses".

Viertes Blitzlicht: Handwerk und Umweltschutz
Auf der Baustelle gibt es vielfältige Möglichkeiten zu erkunden, welche Beiträge die verschiedenen Gewerke zum Umweltschutz leisten können: Auswahl
umweltverträglicher Baumaterialien für Fassaden- und Dachdämmung, Trennung von Bauschutt für Entsorgung und Recycling, Maßnahmen zum Gesund-
heitsschutz bei der Entsorgung von Sondermüll.

Fünftes Blitzlicht: Arbeiten und Lernen
Rückblickend und die Erkundungsergebnisse auswertend reflektieren die Schüler und Schülerinnen ihre eigenen Lernerträge und die erfahrenen Möglichkeiten, Arbeiten und Lernen in handwerklichen Berufen miteinander zu verbinden.
Sie beschreiben diese in Präsentationen und stellen sie in einer Lernumgebung
auch anderen Schülerinnen und Schülern zur Verfügung (vgl. Abb. 4).

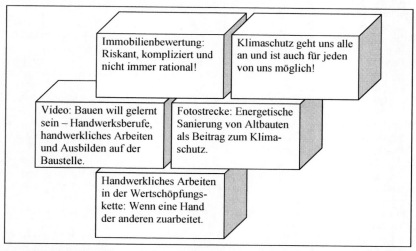

Abb. 4: Schülerpräsentationen als Bausteine für eine Lernumgebung „Energetische Sanierung
eines Einfamilienhauses"

5. Schlussbemerkungen

Erwerbsarbeit ist nach wie vor der wirksamste Vergesellschaftungsmodus in der
heutigen Gesellschaft. Durch eine Integration in die Erwerbsarbeit werden
Chancen der Teilhabe am wirtschaftlichen und gesellschaftlichen Leben verteilt

oder auch vorenthalten. Deshalb ist den Übergängen an der ersten und zweiten Schwelle ins Erwerbsleben besondere Aufmerksamkeit zu widmen. Sie lassen sich auch durch Berufsorientierung gestalten, wenngleich die Freiheitsgrade hierfür durch segmentierte Arbeitsmärkte mit ihren Zugangsbeschränkungen für große Teile der jungen Menschen erheblich eingeschränkt sind. Umso mehr zählt dann, dass Reformanstrengungen zur Verbesserung von Lebensperspektiven konsequent genutzt werden, auch für eine verbesserte Integration von jungen Menschen in die Erwerbsarbeit.

Die Leitideen von Nachhaltiger Entwicklung und Nachhaltigem Wirtschaften sind in diesem Sinne nicht nur Visionen für eine Bearbeitung von globalen Schlüsselproblemen. Sie sind auch von mitlaufender Referenz für die Klärung der Frage, was Berufsorientierung heute noch bedeutet und welchen sinn- und identitätsstiftenden Beitrag Berufsorientierung für die soziale Positionierung der jungen Menschen in der Gesellschaft und für ihr Berufswahlverhalten noch leisten kann.

Literatur

Arbeitsgruppe „Schule und Wirtschaft" (2006): Schule und Betriebe als Partner. Ein Handlungsleitfaden zur Stärkung von Berufsorientierung und Ausbildungsreife [http://www.ausbildungspakt-berufsorientierung.de; Abruf: 28.12.07].

Bildungsserver Hessen [http://lernen.bildung.hessen.de/arbeitslehre/awa; Abruf: 28.12.2007].

BMBF – Bundesministerium für Bildung und Forschung (2007): Berufsbildungsbericht 2007. Bonn; Berlin.

Dibbern, Harald (1993): „Berufsorientierung" als Schlüsselkategorie der Berufsvorbildung. In: Dibbern, Harald (Hrsg.): Theorie und Didaktik der Berufsvorbildung und Konsumentenerziehung, Band 26. Baltmannsweiler: Schneider, S. 22-29.

Ebbinghaus, Margit (2007): Berufsorientierung im Casting-Verfahren. In: berufsbildung, H. 103/104, Jg. 61, S. 42-44.

Fischer, Andreas (2000): Bildung für eine nachhaltige Entwicklung im sozial- und wirtschaftswissenschaftlichen Unterricht. In: sowi-onlinejournal: Nachhaltigkeit, Ausgabe 1 [http://www.sowi-onlinejournal.de/nachhaltigkeit/einl.htm, Abruf: 20.11.2007].

Heisler, Dietmar (2005): Die Einbindung der Berufsausbildungsvorbereitung in betriebliche Bildungsprozesse. Gegenüberstellung betrieblicher und außerbetrieblicher berufsvorbereitender Bildungsmaßnahmen. In: Berufs- und Wirtschaftspädagogik online, Ausgabe 9 [http://www.bwpat.de/ausgabe9/heisler_bwpat9.shtml; Abruf: 10.12.2007].

Institut Technik und Bildung: Projekt GAPA [http://www.gapa.uni-bremen.de/lag-betriebser kundung.html; Abruf: 14.01.2008].

Kastrup, Julia; Tenfelde, Julia; Tenfelde, Walter (2006): Forschungsbericht: Hinweise und Anregungen zur handwerklichen Aus- und Weiterbildung für nachhaltiges Wirtschaften mit dem Themenschwerpunkt „Energieeffiziente Gebäudesanierung und Wärmedämmung". Ergebnisse einer Abnehmerbefragung in Hamburger Handwerksbetrieben. Hamburg: Universität.

Klemisch, Herbert; Schlömer, Tobias; Tenfelde, Walter (2008): Wie können Kompetenzen und Kompetenzentwicklung für nachhaltiges Wirtschaften ermittelt und beschrieben werden? In: Bormann, Inka; Haan, Gerhard de (Hrsg.): Kompetenzen der Bildung für nachhaltige Entwicklung. Operationalisierung, Messung, Rahmenbedingungen, Befunde. Wiesbaden: VS Verlag, S. 103-122.

Krewerth, Andreas; Tschöpe, Tanja; Ulrich, Joachim Gerd (2004): Berufsbezeichnungen und ihr Einfluss auf die Berufswahl Jugendlicher. Theoretische Überlegungen und empirische Ergebnisse. Berichte zur beruflichen Bildung. H. 270. Bielefeld: Bertelsmann.

Krewerth, Andreas; Ulrich, Joachim Gerd (2006): Beeinflussen die bloßen Namen von Berufen die Berufswahl von Jugendlichen? Folien zu Lehrveranstaltung [http://www.bibb.de/de/26793.htm; Abruf: 28.12.2007].

Naevecke, Stefan (2002): Berufliche Weiterbildung und Kompetenzentwicklung zur Bewältigung diskontinuierlicher Erwerbsverläufe. Duisburg: Universität [http://deposit.ddb.de/cgi-bin/dokserv?idn=968825044; Abruf: 11.01.2008].

Oehme, Andreas (2007): Kompetenzentwicklung, Aneignung und Bewältigung in der entgrenzten Arbeitsgesellschaft. Baltmannsweiler: Schneider.

Schober, Karen (2001): Berufsorientierung im Wandel – Vorbereitung auf eine veränderte Arbeitswelt. In: Wissenschaftliche Begleitung des Programms „Schule-Wirtschaft/ Arbeitsleben (Hrsg.): „Schule-Wirtschaft/Arbeitsleben". Dokumentation 2. Fachtagung. SWA-Materialien Nr. 7, Bielefeld: Universität, S. 7-38.

Schulz, Werner F.; Gessner, Christian; Kölle, Axel (2006): Nachhaltiges Wirtschaften in Unternehmen: Ein Überblick. In: Tiemeyer, Ernst; Wilbers, Karl (Hrsg.): Berufliche Bildung für Nachhaltiges Wirtschaften. Konzepte-Curricula-Methoden-Beispiele. Bielefeld: Bertelsmann, S. 57-69.

Sekretariat der Ständigen Konferenz der Kultusminister der Länder in der BRD (2003): Auszug aus Veröffentlichungen der Kultusministerkonferenz (1): Dokumentation zur Berufsorientierung an allgemeinbildenden Schulen (Sekundarbereich I und II). In: Wissenschaftliche Begleitung des Programms „Schule-Wirtschaft/Arbeitsleben" (Hrsg.): Berufsorientierung. [http://www.sowi-online.de/reader/berufsorientierung/akteure-kmk.htm; Abruf: 20.12.2007].

Tiemeyer, Ernst; Wilbers, Karl (Hrsg.) (2006): Berufliche Bildung für Nachhaltiges Wirtschaften. Konzepte-Curricula-Methoden-Beispiele. Bielefeld: Bertelsmann.

Wittwer, Wolfgang (2007): Veränderungskompetenz. Navigator der beruflichen Entwicklung. In: berufsbildung, H. 103/104, Jg. 61, S. 3-7.

Motivationen und ökonomische Bildung
Ausgewählte Ergebnisse aus dem BLK-Programm „21"

Horst Rode

1. Ökonomische Bildung im BLK-Programm „21"

Am 1. August 1999 begann das BLK-Programm „21" – Bildung für eine nachhaltige Entwicklung. Es endete am 31. Juli 2004 und wurde dann in das Fortsetzungsprogramm zum Transfer der Ergebnisse überführt, das noch bis Sommer 2008 laufen wird. Am BLK-Programm „21" haben sich in fast fünf Jahren Laufzeit rund 200 Schulen in 15 Bundesländern, mindestens 1000 Lehrkräfte und über 50.000 Schülerinnen und Schüler beteiligt.

Das BLK-Programm „21" war als Innovationsprogramm (vgl. de Haan/ Harenberg 1999) angelegt, in erster Linie für Schulen der Sekundarstufe I. Es sollten nicht nur Inhalte mit Relevanz für Nachhaltigkeit in den Unterricht einfließen, sondern auch Veränderungen bei Unterrichtsmethoden und Schulorganisation ausgelöst werden. Vor diesem Hintergrund sind die beiden zentralen Programmziele zu sehen. „Verankerung der Bildung für eine nachhaltige Entwicklung in der schulischen Regelpraxis" und „Vermittlung von Gestaltungskompetenz an Schülerinnen und Schüler".

Der vorliegende Beitrag wird sich mit einem inhaltlichen Bereich der Bildung für Nachhaltige Entwicklung (BNE) befassen, der einer der Eckpfeiler des Nachhaltigkeitsdreiecks mit seiner Vernetzung ökologischer, sozialer und ökonomischer Aspekte ist: der Ökonomischen Bildung. Er wird der Frage nachgehen, welche Rolle Motivationen und Erwartungen der Lehrkräfte für die mit Ökonomischer Bildung verknüpften Inhalte spielen. Dabei wird auf Daten aus der Evaluation des BLK-Programms „21" zurückgegriffen. Ähnliche Daten zum Nachfolgeprogramm „Transfer-21" liegen nicht vor, da die Evaluation dieses Programms sich auf die Transferforschung (vgl. Nickolaus/Gräsel 2006) konzentriert und erst zum Zeitpunkt der Verfassung dieses Beitrags in die Feldphase eintritt.

Das BLK-Programm „21" war in drei zentrale inhaltliche Bereiche (Module) gegliedert: Partizipatives Lernen, Interdisziplinäres Wissen und Innovative Strukturen. Im Kern ist das Aufgabenfeld „Ökonomische Bildung" im Modul Innovative Strukturen verortet, das seinerseits vier Inhaltsaspekte (Sets) in den Mittelpunkt seiner Aktivitäten stellte:

- Schulprofil „nachhaltige Entwicklung"

- Schülerfirmen zwischen Ökologie und Ökonomie

- Neue Formen externer Kooperation

- Nachhaltigkeitsaudit

Die Thematik Ökonomische Bildung bildete ab Programmbeginn den Schwerpunkt des Sets Schülerfirmen zwischen Ökologie und Ökonomie. Weitere Aspekte finden sich verstärkt in den Sets Nachhaltigkeitsaudit (z.B. Thematisierung von Stoffströmen auch mit ihrer ökonomischen Seite) oder Neue Formen externer Kooperation (z.B. Zusammenarbeit von Schulen und Firmen des schulischen Umfelds). Darüber hinaus sind im Laufe des Programms an vielen Schulen Unterrichtsvorhaben unter deutlicher Einbeziehung ökonomischer Themen durchgeführt worden. Beleg sind die zwölf der 55 vorliegenden und im Programm entstandenen Werkstattmaterialien[1], die Aspekte Ökonomischer Bildung einbeziehen und teilweise mit anderen Inhaltsbereichen wie dem Globalen Lernen verknüpfen.

2. Die Datengrundlage

Die Evaluation des BLK-Programms „21" (vgl. Rode 2000; 2001) orientiert sich an einem Drei-Stufen-Modell von Evaluation, das sich an Vorschläge von Rossi/Freeman/Lipsey (1999) anlehnt. In diesem Modell werden eine *Konzeptevaluation* (Prüfung, ob ein Konzept oder die Teile eines ins Auge gefassten Vorhabens dazu geeignet sind, die gesteckten Ziele zu erreichen), eine *Implementationsevaluation* (Klärung der Frage, ob alle notwendigen Akteure erreicht werden und eingebunden sind und ob sich das Vorhaben – in unserem Falle BNE – in der betreffenden Institution verankern lässt) und eine *Ergebnisevaluation* (Aufschluss über den Grad der Zielerreichung) unterschieden. So liegen im Rahmen der Evaluation des BLK-Programms „21" Befragungsdaten von Lehrkräften zu drei Befragungszeitpunkten vor. Ende 2002/Anfang 2003 wurde eine Zwischenerhebung an ausgewählten Programmschulen durchgeführt, die aus einem qualitativen Teil (32 Interviews an 16 Schulen, detaillierte Ergebnisse vgl. Rode 2003) und aus einem quantitativen Teil (standardisierte Befragung der Ansprechpersonen für das Programm, der Schulleitungen, je einer neu hinzugekommenen und einer nicht beteiligten Lehrkraft an insgesamt 81 ausgewählten Schulen) bestand. In die Abschlussbefragung Ende 2003/Anfang 2004 konnten 352 Lehrkräfte[2], 80 Schulleitungen und 1564 Schülerinnen und Schüler der Jahrgangsstufen 8 bis 13 einbezogen werden.

Im Programmverlauf hat eine Reihe von Schulen auch in den Modulen „Interdisziplinäres Wissen" und „Partizipatives Lernen" Ansätze und Inhalte Ökonomischer Bildung in die von ihnen im BLK-Programm „21" behandelten Thematiken integriert. Eine grundsätzliche Unterscheidung zwischen Sets mit und

---

[1] Beispiele sind die Materialien 4 („Schülerfirmen"), 12 („Rüben verändern ganze Landstriche – Der Weg in die Industriegesellschaft unserer Heimatregion"), 18 („Wirtschaften in Modellunternehmen"), 38 („Vom Teller zum Acker. Transparenter Produktionsweg und hohe Lebensqualität. Ein Unterrichtskonzept für die Sek. II") und 43 („FAIROS – Kaffee aus Nicaragua. Schülerinnen und Schüler entwickeln ein Marketingkonzept"). Diese Materialien sind über www.transfer-21.de „Materialien" abrufbar.

[2] Die geringere Fallzahl der Lehrkräfte im Vergleich zur Eingangsbefragung lässt sich zu einem großen Teil durch das vorzeitige Ende des Programms in einem Bundesland und Schulschließungen noch im Programmverlauf in weiteren Ländern erklären. Dem Programm gingen so fast 30 engagierte Schulen verloren.

Sets ohne expliziten Schwerpunkt in Ökonomischer Bildung lässt sich daher zum Ende des Programms nicht mehr aufrecht erhalten.

Man kann andererseits davon ausgehen, dass die Erstellung eines Werkstattmaterials eine anspruchsvolle Aufgabe ist, die sich nur an Schulen lösen lässt, die eine Thematik intensiv bearbeiten. Daher werden die Lehrkräfte gesondert betrachtet, die an Schulen tätig waren, die sich durch die Erstellung eines Materials mit klaren Aspekten Ökonomischer Bildung auszeichnen. Von den 352 Lehrerinnen und Lehrern der Abschlussevaluation sind dies immerhin 48 Personen, die an insgesamt 17 Schulen unterrichten, so dass sich die Ergebnisse für zwei unterschiedliche Befragtengruppen analysieren lassen.

Eine weitere Einschränkung ergibt sich, wenn man bedenkt, dass die Evaluation des BLK-Programms – das wird an den folgenden Ergebnissen sehr deutlich – keine Daten aus einer Zufallsstichprobe von Lehrkräften erhebt, sondern sich auf nach anderen Kriterien[3] ausgewählte Befragte bezieht. Trotz dieser Einschränkungen besteht eine Datengrundlage, die Aussagen mit Geltung für das gesamte BLK-Programm „21" zulässt. Dieser Beitrag stützt sich im Wesentlichen auf die Befragungen der Lehrkräfte am Ende des Programms (Abschlussevaluation). Daten der Eingangsbefragung werden zu Vergleichszwecken zusätzlich herangezogen. Im Mittelpunkt werden Motivationen und Ausprägungen Ökonomischer Bildung stehen. Dabei ist zu beachten, dass für die Evaluation des BLK-Programms „21" das Gesamtbild Priorität hat. Motivationen, methodische und inhaltliche Gesichtspunkte wurden erhoben, allerdings generalisiert und nicht speziell für einzelne Inhaltsaspekte des BLK-Programms „21".

3. Die Erhebung von Motivationen im BLK-Programm „21"

Die Motivationen der Lehrkräfte sind ein Bereich, der in allen drei Phasen der Evaluation des BLK-Programms „21" große Bedeutung hatte und grundsätzlich miterhoben wurde. Die Erhebung der Motivationen orientiert sich im Kern an den fünf Umweltmentalitäten von Poferl/Schilling/Brand (1997), die um Fragen zu Interesse und Innovationsbereitschaft der Lehrkräfte ergänzt wurden. Beispiele sind:

- Als Lehrer oder Lehrerin habe ich in puncto Nachhaltigkeit eine *Vorbildfunktion* (Umweltmentalität „Vorbild").

- Verantwortung für die Umwelt zu übernehmen, betrachte ich als *persönliche Herausforderung* (Umweltmentalität „persönliches Entwicklungsprojekt").

- Ich erwarte neue Impulse für meine tägliche Praxis (Innovation).

- Ich setze mich für einen Ausgleich zwischen Nord und Süd (Gerechtigkeit in der „Einen Welt") ein (Globales Lernen).

---

[3] Die Auswahl der Schulen und der beteiligten Lehrkräfte erfolgte innerhalb der Länder nach jeweils unterschiedlichen Kriterien. Fast überall trug ein Engagement der Schulen für Umwelt, Globales Lernen oder – seltener – soziale Belange (z.B. des Stadtteils) dazu bei, dass den Schulen eine aktive Beteiligung am BLK-Programm „21" ermöglicht wurde.

Die Einzelfragen des Konstrukts Motivation wurden von Evaluationsphase zu Evaluationsphase behutsam dem Programmverlauf angepasst. So erschien es beispielsweise ab der zweiten Phase nicht mehr sinnvoll, in der Erhaltung des Schulstandortes noch wie zu Beginn des Programms ein Motiv für die intensive Beschäftigung mit dem Nachhaltigkeitsthema zu sehen, da sich bedauerlicherweise abzuzeichnen begann, dass Schulen trotz großen Engagements geschlossen wurden. Auf der anderen Seite musste auch einer gewissen Fluktuation unter den Lehrkräften Rechnung getragen werden, so dass potenzielle Motivationen wie Anreize oder Wertschätzung des eigenen Engagements einen Platz in der Befragung erhielten.

3.1 Motivationen am Programmbeginn: Eingangsbefragung

Die Eingangsbefragung der Lehrkräfte zeigte ein sehr hohes Maß an Motivation, sich für Bildung für Nachhaltige Entwicklung zu engagieren (vgl. Tab. 1). Diese Beobachtung zeigt, dass sich am Beginn des BLK-Programms „21" eine Gruppe von Lehrkräften aktiv beteiligt, die über Vorerfahrungen in der schulischen Umweltbildung oder der entwicklungsbezogenen Bildung verfügt und sich besonders aufgeschlossen für Innovationen in der Schule zeigt.

Mit Hilfe einer Faktorenanalyse wurde in einem weiteren Analyseschritt den Antwortstrukturen nachgegangen. Drei Motivationsbündel (vgl. Tab. 2) lassen sich unterscheiden: Das deutlichste Motivbündel lässt sich als das „Verantwortungsmotiv" bezeichnen. Die Sorge um die Zukunft einer nicht nachhaltigen Gesellschaft ist sehr wichtig. Andere an das Leitbild der Nachhaltigkeit heranzuführen und es selbst als persönliche Herausforderung zu betrachten, ist dann nur konsequent. Sich in diesem Kontext für Schülerinnen und Schüler als Vorbild zu begreifen und gemeinsam mit ihnen die bessere Zukunft – auch mit Blick auf den Nord-Süd-Ausgleich – zu gestalten, wird schließlich zu einem zentralen Motiv pädagogischen Handelns. Das zweite Motiv lässt sich als „Innovationsmotiv" charakterisieren. Neue Methoden und neue Themen – insgesamt neue Impulse für die tägliche Arbeit in der Schule kennzeichnen dieses Variablenbündel. Schwieriger ist die Interpretation des dritten Motivbündels, das sich aus nur zwei Variablen zusammensetzt: Die Verbindung zwischen den besseren pädagogischen Entfaltungsmöglichkeiten, die die Beschäftigung mit Nachhaltigkeit bietet, und die Sicherung des Schulstandortes. Ohne dieses genauer prüfen zu können, lässt sich vermuten, dass bei der Sicherung des Schulstandortes für kleine Schulen auf dem Land die *Profilierung* im Vordergrund steht. Diese Profilierungsnotwendigkeit überlagert Verantwortungs- und Innovationsmotive und lässt die persönliche Entfaltung pädagogischer Tätigkeit als nach außen eher erkennbare Komponente nach vorne treten. Diese Vermutung lässt sich mit dem Befund stützen, dass die beiden Motive dieses Bündels bei Lehrkräften in den neuen Bundesländern auf besonders starke Resonanz stoßen.

Was trägt zu Ihrem Engagement an Ihrer Schule bei? (N zwischen 401 und 428)	ist sehr wichtig (%)	ist eher wichtig (%)	ist eher unwichtig (%)	ist völlig unwichtig (%)
1 Mich interessieren neue Themen	50,0	42,4	6,7	0,9
2 Ich möchte neue Unterrichtsmethoden kennen lernen	41,0	46,3	12,7	
3 Ich erwarte neue Impulse für meine tägliche Praxis	47,4	42,3	9,9	0,5
4 Ich möchte Schülerinnen und Schüler an das gesellschaftliche Leitbild der Nachhaltigkeit heranführen	50,7	44,8	4,3	0,2
5 Mit Schülerinnen und Schülern *gemeinsam* will ich Zukunft gestalten	44,3	45,2	10,3	0,2
6 Als Lehrer oder Lehrerin habe ich in punkto Nachhaltigkeit eine Vorbildfunktion	44,4	46,9	8,5	0,2
7 Verantwortung für die Umwelt zu übernehmen, betrachte ich als persönliche Herausforderung	46,0	45,4	7,9	0,7
8 Das Engagement für Nachhaltigkeit erlaubt mir bessere pädagogische Entfaltungsmöglichkeiten	17,0	42,3	36,4	6,3
9 Ich sorge mich um die Zukunft einer nicht nachhaltigen Gesellschaft	46,7	42,8	9,1	1,4
10 Ich setze mich für einen Ausgleich zwischen Nord und Süd (Gerechtigkeit in der „Einen Welt") ein.	23,0	51,8	21,8	3,4
11 Ich leiste mit meinem Engagement einen Beitrag zur Sicherung des Schulstandortes	22,4	26,7	30,9	20,0

Tab. 1: Gesamtergebnis zu Motivationen Evaluationsphase I

Motive des Engagements zu Beginn des Programms BLK „21" (Faktorenanalyse, N=412) Item ↓ Anteil erklärter Varianz →	Motivbündel „Verantwortung" 34,3%	Motivbündel „Innovation" 15,1%	Motivbündel „Profilierung" 9,2%
1 Mich interessieren neue Themen		,795	
2 Ich möchte neue Unterrichtsmethoden kennen lernen		,827	,118
3 Ich erwarte neue Impulse für meine tägliche Praxis	,175	,742	,295
4 SchülerInnen an das Leitbild der Nachhaltigkeit heranführen	,728	,294	
5 Mit SchülerInnen gemeinsam Zukunft gestalten	,634	,277	
6 Als Lehrperson habe ich Vorbildfunktion	,670		,180
7 Verantwortung für Umwelt ist persönliche Herausforderung	,705		,260
8 Nachhaltigkeit = bessere pädagogische Entfaltungsmöglichkeiten	,395	,160	,586
9 Ich sorge mich um die Zukunft einer nicht nachhaltigen Gesellschaft	,750		
10 Ich setze mich für einen Ausgleich zwischen Nord und Süd ein	,589	,190	,205
11 Ich leiste einen Beitrag zur Sicherung des Schulstandortes		,131	,859
Reliabilitäten der Teilskalen	α=.7861	α=.7421	α=.4284

Extraktionsmethode: Hauptkomponentenanalyse. Rotation: Varimax mit Kaiser-Normalisierung. Die Rotation ist in 5 Iterationen konvergiert. Erklärte Varianz (3 Faktoren): insgesamt 58,5%. Es sind nur Ladungen > ,1 dargestellt.

Tab. 2: Ergebnisse der Faktorenanalyse zu den Motivationen der Lehrkräfte (Eingangsbefragung)

Hinsichtlich der Motivation für BNE finden sich kaum Unterschiede zwischen beiden Befragtengruppen. Lediglich bei den ersten Items, die das Motivbündel „Innovation" bilden, zeigen sich graduelle Differenzen: Befragte an Schulen mit einem höheren Engagement für Ökonomische Bildung sind in der Tendenz ein wenig innovationsfreudiger (vgl. Abb. 1).

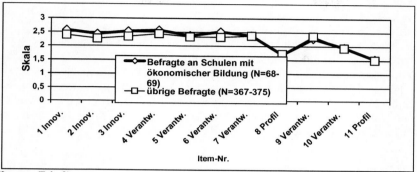

(Items s. Tab. 2)

Abb. 1: Motivationen. Mittelwertvergleich zwischen Befragten an Schulen mit und ohne deutliche Schwerpunkte im Bereich Ökonomischer Bildung

3.2 Motivationen in der Abschlussevaluation des BLK-Programms „21"

Angesichts des außerordentlich hohen Maßes an Motivationen bei Programmbeginn könnte man vermuten, dass es nach fast fünf Jahren Laufzeit bei den beteiligten Lehrkräften zu Erosionseffekten kommt. Für diese Vermutung liefern die vorliegenden Daten allerdings keinen Beleg. Das hohe Motivationsniveau hält nahezu unvermindert an (vgl. Tab. 3). Das gilt übrigens auch für die rund 30% der Befragten, die erst 2002 und später im Programm aktiv geworden sind.

Nicht nur das Motivationsniveau, auch die Motivationsstruktur weist gegen Ende des Programms sehr große Ähnlichkeiten mit den Befunden der Eingangsbefragung auf. Trotz der Items, die an den Programmverlauf angepasst wurden, reproduziert die Befragung zur Abschlussevaluation die Faktorstruktur der Eingangsbefragung zu Motivationen. Auch im Frühjahr 2004 lassen sich drei Motivbündel (vgl. Tab. 4) unterscheiden, die 53,4% der Gesamtvarianz erklären:

- *Verantwortung* (37,5%). Nach wie vor ist es den Lehrkräften wichtig, ihre Schülerinnen und Schüler an das Leitbild Nachhaltigkeit heranzuführen und mit den Jugendlichen einen gemeinsamen Beitrag zur Zukunftsgestaltung zu leisten. Die eigene Vorbildfunktion und das Empfinden einer eigenen Verpflichtung, einen Beitrag zur Nachhaltigkeit zu leisten, gehen Hand in Hand mit dem eigenen Interesse an der Thematik.

- *Innovation* (8,7%). Ungebrochen ist der Trend, die Innovation „BNE" aktiv voranzubringen. Nach wie vor wird BNE als Bereicherung für den Unterricht gesehen und als Chance, sich in Hinblick auf Unterrichtsmethoden weiterzuentwickeln. Bessere pädagogische Entfaltungsmöglichkeiten und die Gelegenheit, Neues auszuprobieren, runden das Motivbündel „Innovation" ab.

- *Profilierung* (7,8% der erklärten Varianz). Die Möglichkeit einer verstärkten Profilierung wird sowohl für die Schule als Ganzes (Diskussionsprozess über gemeinsame Ziele, wachsende Gestaltungsmöglichkeiten der Schule) als auch für die eigene Person (Wertschätzung der eigenen Arbeit) gesehen.

Ein weiteres zentrales Ergebnis aus der Eingangsbefragung wird reproduziert: Auch in der Abschlussevaluation lassen sich keine statistisch bedeutsamen Unterschiede zwischen Lehrkräften an Schulen mit einem Aktivitätsschwerpunkt in Ökonomischer Bildung und den übrigen Lehrkräften ausmachen. Für beide Teilpopulationen ist ein auch nach fast fünf Jahren Programmlaufzeit außergewöhnliches Motivationsniveau zu konstatieren (vgl. Abb. 2). Bei den Lehrkräften liegt also nicht nur ein hohes generelles Motivationsniveau vor, sondern auch eine über mehrere Jahre stabile Motivationsstruktur, die offenbar unabhängig von Inhaltsaspekten ist (vgl. Rode 2004b).

Welche Motive sind für Ihre Mitarbeit im BLK-Programm „21" von Bedeutung?	ist wichtig (%)	ist eher wichtig (%)
Verantwortung, Verpflichtung		
Schülerinnen und Schüler werden an das gesellschaftliche Leitbild der Nachhaltigkeit herangeführt	35,7	54,5
Es zeigt sich, dass mit Schülerinnen und Schülern eine *gemeinsame* Zukunftsgestaltung möglich ist	31,3	59,3
Als Lehrer oder Lehrerin kann ich in puncto Nachhaltigkeit meine Vorbildfunktion erfüllen	33,9	47,4
Ich fühle mich verpflichtet, einen Beitrag zur Nachhaltigkeit zu leisten	44,0	44,0
Eigenes Interesse	49,7	43,1
Innovation		
Gelegenheit, etwas Neues auszuprobieren	41,2	46,7
Nachhaltigkeitsthematik ist Bereicherung meines Unterrichts	28,0	56,1
Ich lerne durch die Beschäftigung mit der Nachhaltigkeitsthematik neue Unterrichtsmethoden kennen	20,3	48,4
Anreize (z. B. Stundenermäßigung, Unterstützung von Projekten)	14,1	24,8
Das Engagement für Nachhaltigkeit erlaubt mir bessere pädagogische Entfaltungsmöglichkeiten	17,3	44,5
Profilierung		
Durch die Teilnahme am BLK-Programm „21" ist in der Schule ein Diskussionsprozess über ein gemeinsames Ziel in Gang gekommen	29,6	51,6
Im Rahmen des BLK-Programms „21" wachsen die Gestaltungsmöglichkeiten der Schule	34,6	49,7
Meine Arbeit im Rahmen des BLK-Programms wird an meiner Schule hoch geschätzt	14,3	34,2
	304 < N < 330	

Tab. 3: Positive Antworttendenzen zu Motivationen in der Abschlussevaluation

Motiv	Motivbündel 1: Verantwortung	Motivbündel 2: Innovation	Motivbündel 3: Profilierung
Anteil erklärter Varianz	37,5%	8,7%	7,8%
1 Diskussionsprozess über gemeinsame Ziele an der Schule	,418	-,019	**,655**
2 Thema BNE ist Bereicherung des Unterrichts	,438	**,469**	,185
3 BNE bedeutet Kennenlernen neuer Unterrichtsmethoden	,222	**,661**	,065
4 SchülerInnen werden an gesellschaftliches Leitbild Nachhaltigkeit herangeführt	**,707**	,244	,070
5 gemeinsame Zukunftsgestaltung mit SchülerInnen	**,617**	,277	,200
6 eigene Vorbildfunktion	**,692**	,118	,237
7 Verpflichtung eigenen Beitrag zur Nachhaltigen Entwicklung zu leisten	**,739**	,094	,200
8 Gestaltungsmöglichkeiten der Schule wachsen	,275	,240	**,684**
9 hohe Wertschätzung der eigenen Arbeit an der Schule	,001	,275	**,782**
10 bessere pädagogische Entfaltungsmöglichkeiten	,241	**,610**	,396
11 eigenes Interesse	**,532**	,390	,001
12 Anreize	,008	**,556**	,252
13 Gelegenheit, Neues auszuprobieren	,308	**,700**	,056
Reliabilität	$\alpha = .7742$	$\alpha = .6979$	$\alpha = .6717$

Extraktionsmethode: Hauptkomponentenanalyse. Rotationsmethode: Varimax mit Kaiser-Normalisierung. Die Rotation ist in 7 Iterationen konvergiert.

Tab. 4.: Faktorstruktur Motivationen (Abschlussevaluation)

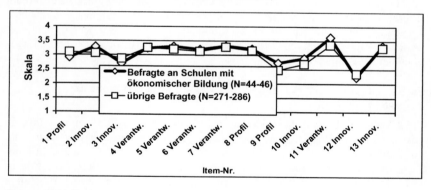

(Items s. Tab. 4)
Abb. 2: Motivationen. Mittelwertvergleich zwischen Befragten an Schulen mit und ohne deut liche Schwerpunkte im Bereich Ökonomischer Bildung (Abschlussevaluation)

4. Ökonomische Bildung als Teil von BNE

Die relativ große Zahl von Werkstattmaterialien, die ökonomische Themen aufgreifen, und der durchgehend hohe Motivationsgrad der Lehrkräfte unabhängig von Inhaltsaspekten lassen erwarten, dass Ökonomische Bildung im Rahmen von BNE mehr als nur eine Randerscheinung darstellt. In der Eingangsbefragung wurden die Lehrerinnen und Lehrer gebeten, die Bedeutung 16 BNE-bezogener Themen vor Beginn des Programms einzuschätzen und ihre Erwartungen hinsichtlich der Bedeutungsentwicklung dieser Themen zu äußern. In der Abschlussevaluation wurden die Lehrpersonen nach ihrer Beobachtungsbilanz im Verlauf des Programms und vor dem Hintergrund des eigenen Unterrichts gefragt.

4.1 Die Einschätzung der Bedeutung ökonomischer Themen zu Programmbeginn

Von den 16 Themen, deren Bedeutung einzuschätzen war, betreffen fünf auch ökonomische Aspekte. Generell wird bei allen Themen ein Zuwachs der Bedeutung erwartet, wenn auch in unterschiedlichen Größenordnungen. Die stärksten Bedeutungszuwächse erwarten die Befragten für die Themen „Lokale Agenda 21", „Nachhaltigkeitsindikatoren" und „Nachhaltiges Wirtschaften". Mit „Globalisierung" und „fairer Handel" wecken zwei weitere Themen mit ökonomischer Komponente relativ hohe Erwartungen.

Dabei gibt es zwischen den beiden Befragtengruppen nur graduelle Unterschiede. Auffällig ist, dass Befragte an Schulen mit ökonomischem Schwerpunkt viele Themen in ihrer Bedeutung etwas zurückhaltender einschätzen als die übrigen Befragten (z. B. „Wohnen", „fairer Handel", „Welthandel", „Nachhaltiges Wirtschaften"). Bei der Einschätzung der Bedeutungsentwicklung dieser Themen im Programmverlauf kommen beide Befragtengruppen zu einem höheren Grad an Übereinstimmung – abgesehen von Ausnahmen wie „Lokale Agenda 21" und „Umwelt und Entwicklung" (vgl. Tab. 5). Bei der Einschätzung der Bedeutungsentwicklung ökonomischer Themen herrscht viel Einigkeit zwischen beiden Befragtengruppen.

4.2 Die Einschätzung der Bedeutung ökonomischer Themen am Programmende

Für Aspekte Ökonomischer Bildung bestanden am Programmbeginn günstige Aussichten. Am Programmende wurde den Befragten erneut eine Themenliste zur Einschätzung vorgelegt. Die Auswahl der Themen wurde dabei auf der Grundlage von Erfahrungen aus dem Programmverlauf geändert. So entfielen beispielsweise „Wohnen" und „Mobilität", da sie von nur sehr wenigen Schulen aufgegriffen und umgesetzt wurden. Neu hinzu kam auf der anderen Seite „Biodiversität und Ökologie", während fairer Handel, Welthandel usw. zu „Globales Lernen" zusammengefasst wurden.

Zunächst äußern alle Befragten einen Bedeutungszuwachs für alle gefragten Themen, auch wenn dieser bei „Flächennutzung und Bodenbewirtschaftungsformen" einen ganzen Skalenpunkt geringer ausfällt als bei „Energie".

Wie schätzen Sie die unterrichtliche Bedeutung folgender Themen ein, die Sie allein oder gemeinsam mit Kolleginnen und Kollegen unterrichten? Thema	vor Beginn des BLK-Programms „21" Item-Scores *		Prognose für BLK-Programm „21" Item-Scores *	
	Ökon. Bildung nicht primär	mit ökon. Bildung	Ökon. Bildung nicht primär	mit ökon. Bildung
1 Energie (z. B. Wärmeerzeugung/ Heizung/ Licht)	.64	.60	.76	.77
2 Verkehr (z. B. Verkehrsmittel, Mobilität, Tourismus, Ferntourismus)	.50	.44	.69	.80
3 Landwirtschaft und Ernährung (z. B. Produktionsmethoden, weltweite Ernährungssituation)	.58	.56	.77	.68
4 Wohnen (Wohnformen und Baustoffe)	.38	.29	.60	.60
5 Gesundheit	.64	.66	.70	.67
6 Umgang mit Rohstoffen	.63	.58	.77	.77
7 Konsumverhalten	**.57**	**.60**	**.74**	**.71**
8 fairer Handel	**.41**	**.35**	**.67**	**.68**
9 Kulturreflexion (z. B. Multikulturalität, unterschiedliche Kulturen kennen lernen, Umgang mit kulturellem Nichtverstehen üben)	.58	.52	.70	.66
10 Welthandel (z. B. Fragen internationaler Gerechtigkeit, internationale Verteilung von Einkommen und Gütern, Instrumente der Welthandelspolitik)	**.47**	**.39**	**.67**	**.67**
11 Globalisierung (z. B. Verbreitung industrieller Wirtschaftssysteme, soziale Fragen)	**.50**	**.58**	**.73**	**.77**
12 Urbanisierung (weltweit wachsende Bedeutung des Lebens in städtisch verdichteten Regionen)	.43	.33	.63	.68
13 Lokale Agenda 21	.37	.35	.85	.77
14 Nachhaltiges Wirtschaften	**.49**	**.41**	**.84**	**.84**
15 Umwelt und Entwicklung	.65	.58	.82	.73
16 Indikatoren für Nachhaltigkeit	.40	.43	.83	.76
N mit Schwerpunkt Ökonomische Bildung = 61-74 N Ökonomische Bildung nicht primär = 332-365				

* Berechnet als Anteil des Item-Mittelwertes am maximal zu erreichenden Skalenwert (Werte über 0,50 signalisieren eine positive Antworttendenz).

Tab. 5: Einschätzung der Themenbedeutung zu Programmbeginn

Es zeigen sich jedoch auch zwischen beiden Befragtengruppen Unterschiede: Befragte an Schulen mit Schwerpunkt im Bereich Ökonomischer Bildung sehen bei neun der 13 Themen einen höheren Bedeutungszuwachs als die übrigen Befragten. Nur bei „Energie", „Globales Lernen", „Lokale Agenda 21" und „Stadtentwicklung/Stadtplanung" ist es umgekehrt. Von besonderem Interesse ist, dass auch „Partizipation" an Schulen mit ökonomischen Schwerpunkten höher eingeschätzt wird als bei den übrigen Befragten (vgl. Abb. 3). Man kann aus diesen Befunden die Schlussfolgerung ziehen, dass ein verstärktes Gewicht ökonomischer Bildung durchaus einen Beitrag zur verstärkten Berücksichtigung und vielleicht Wertschätzung von BNE leistet.

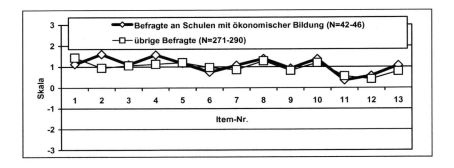

1 Energie (z. B. Wärmeerzeugung, regenerative Energien)
2 Landwirtschaft und Ernährung (z. B. Produktionsmethoden, weltweite Ernährungssituation)
3 Gesundheit
4 Umgang mit Rohstoffen (z. B. Bergbau, Waldnutzung)
5 Globales Lernen (z. B. fairer Handel, Probleme des Welthandels, Globalisierung, Kulturreflexion)
6 Lokale Agenda 21
7 Nachhaltiges Wirtschaften, regionale Wirtschaftszusammenhänge
8 Umwelt und Entwicklung
9 Indikatoren für Nachhaltigkeit
10 Partizipation (z. B. Schülerbeteiligung, Beteiligung Jugendlicher an Entscheidungsprozessen)
11 Stadtentwicklung/Stadtplanung
12 Flächennutzung, Land-Bewirtschaftungsformen
13 Biodiversität und Ökologie

Abb. 3: Themenbedeutung am Programmende

Die Verankerung Ökonomischer Bildung an den Programmschulen drückt sich nicht nur in der durch die Lehrerinnen und Lehrer wahrgenommenen Themenbedeutung aus, sondern wird auch an Handlungsangeboten für die Schülerinnen und Schüler sichtbar: 46% aller befragten Lehrkräfte geben an, Handlungsangebote im Bereich Energie- und Rohstoffnutzung ausgeweitet zu haben. 26% berichten von der Ausweitung der Schülermitarbeit bei Schulcafé oder -kiosk. Trotz eines hohen Ausgangsniveaus legen beide Handlungsangebote in ihrer Bedeutung mit 25% bei der Energie- und Rohstoffnutzung und sogar mit 33% der Befragten an Schulen mit ökonomischen Schwerpunkten zu.

5. Die Bilanz

Eine durchgehend hohe Motivation und nach fünf Jahren die Wahrnehmung eines erfolgreichen Abschlusses des Innovationsprogramms sind zentrale Kennzeichen des Programmverlaufs. Diese guten Voraussetzungen für eine großflächige Etablierung von BNE wurden auf das Nachfolgeprogramm „Transfer-21" übertragen und konnten dort genutzt werden.

Diese optimistische Einschätzung betrifft alle Inhaltsaspekte – auch die Ökonomische Bildung mit ihren unterschiedlichen Teilaspekten. Auch wenn ökonomische Aspekte formal am Programmbeginn in nur einem Set verankert waren, haben sie im Programmverlauf doch erheblich an Bedeutung gewinnen können und sich in allen Modulen und Sets ausgebreitet, wenn auch mit unterschiedlichen Ausprägungen und Intensitäten.

Wie auch die übrigen Inhalte profitiert Ökonomische Bildung von der sehr hohen und sehr stabilen Motivation der beteiligten Lehrkräfte. Angesichts dieses Befundes kann es nicht verwundern, dass sich keine speziell auf Ökonomische Bildung gerichteten Motivationen der aktiven Lehrkräfte beobachten lassen. Andererseits bewegen sich alle, die diesen inhaltlichen Schwerpunkt für ihren Unterricht gewählt haben, mindestens auf dem gleichen Niveau wie ihre Kolleginnen und Kollegen: Auch Ökonomische Bildung hat einen Beitrag zur positiven Gesamtbilanz des Programms geleistet. Die Aktivitäten im BLK-Programm „21" liefern einen Beleg für die Relevanz ökonomischer Aspekte in BNE. Zugleich konnten Möglichkeiten für eine sinnstiftende Einbeziehung in den Unterricht und das Schulleben aufgezeigt werden. Unter dem Dach von BNE hat Ökonomische Bildung durchaus Chancen für eine gute Konjunktur.

Literatur

Giesel, Katharina D.; Haan, Gerhard de; Rode, Horst (2003): Bildung für eine nachhaltige Entwicklung in der schulischen Erprobung: Strukturen, Motivation, Unterrichtsmethoden und -inhalte. Bericht zur ersten summativen Evaluation des BLK-Programms "21", 2 Bde. (Paperreihe des Instituts für erziehungswissenschaftliche Zukunftsforschung der FU Berlin, 03-173).

Haan, Gerhard de; Harenberg, Dorothee (1999): Bildung für eine nachhaltige Entwicklung. Gutachten zum Programm, Materialien zur Bildungsplanung und zur Forschungsförderung, Heft 72, hrsg. von der Bund-Länder-Kommission für Bildungsplanung und Forschungsförderung (BLK), Bonn.

Nickolaus, Reinhold; Gräsel, Cornelia (2006): Innovation und Transfer. Expertisen zur Transferforschung. Hohengehren: Schneider.

Poferl, Angelika; Schillig, Karin; Brand, Karl-Werner (1997): Umweltbewusstsein und Alltagshandeln. Eine empirische Untersuchung sozial-kultureller Orientierungen. Opladen: Leske + Budrich.

Rode, Horst (2000): Konzept zur Evaluation des BLK-Programms "21". Unveröffentlichtes Manuskript der Koordinierungsstelle, Berlin.

Rode, Horst (2001): Die Quadratur des Dreiecks - Evaluation des BLK-Programms „Bildung für eine nachhaltige Entwicklung". In: unterrichten/erziehen, H. 1, S. 57-60.

Rode, Horst (2003): Implementation der Bildung für eine nachhaltige Entwicklung in Schulen. Bericht zur formativen Evaluation des BLK-Programms „21". Teil I: Interviewstudie (Paperreihe des Instituts für erziehungswissenschaftliche Zukunftsforschung der FU Berlin, 03-174).

Rode, Horst (2004): Motivationen und Globales Lernen im BLK-Programm „21". In: Kroß, Eberhard (Hrsg.): Globales Lernen im Geographieunterricht – Erziehung zu einer nachhaltigen Entwicklung. Nürnberg (Geographiedidaktische Forschungen, Bd. 38).

Rode, Horst (2005a): Bildung für eine nachhaltige Entwicklung ("21"). Abschlussbericht des Programmträgers zum BLK-Programm. Heft 123, hrsg. von der Bund-Länder-Kommission für Bildungsplanung und Forschungsförderung (BLK), Bonn.

Rode, Horst (2005b): Motivation, Transfer und Gestaltungskompetenz. Ergebnisse der Abschlussevaluation des BLK-Programms „21". Berlin (auch Download unter http://www.transfer-21.de).

Rossi, Peter H.; Freeman, Howard E.; Lipsey, Mark W. (1999): Evaluation. A Systematic Approach. Thousand Oaks, CA: Sage.

Vermittlung ökonomischer Kompetenz durch E-Learning

Ina Rust

Im Zusammenhang mit der bildungswissenschaftlichen Kompetenzdebatte wird im folgenden Beitrag beschrieben, inwieweit E-Learning zur Entwicklung ökonomischer Kompetenz – insbesondere unter der Perspektive der Nachhaltigkeit – beitragen kann. Mögliche Anwendungen im Sachunterricht und Entwicklungspotenziale werden aufgezeigt.

1. Einleitung

Die Ausrichtung auf den *Kompetenzerwerb* stellt schon seit langem eine bildungswissenschaftliche Leitkonzeption dar (vgl. Müller-Ruckwitt 2008) und grenzt sich vom vorrangig kontext- und handlungsfernen Wissenserwerb mit dem daraus entstehenden „trägen Wissen" (vgl. Gruber/Mandl/Renkl 1999) ab. Neue Dynamik hat die Kompetenzorientierung zudem durch die PISA-Studien gewonnen: „Erfolgreiche Kompetenzentwicklung bedeutet bei PISA, das Wissen flexibel auf bedeutsame Problemstellungen anwenden zu können." (Prenzel u.a. 2007, S. 3). Als Konsequenz der neueren bildungswissenschaftlichen Erkenntnisse werden vermehrt Ansätze des *selbstgesteuerten Lernens* (vgl. Bönsch 2006) diskutiert, die oftmals gedanklich in der Tradition reformpädagogischer Klassiker stehen (vgl. Siebert 2006), seit den 1980er Jahren im schulischen Bereich zur Entwicklung von Formen des offenen Unterrichts führten (vgl. Peschel 2002; Jürgens 2004) und die seit der Jahrtausendwende auch mit E-Learning Konzepten verbunden werden (vgl. Kopp/Mandl 2006; Reinmann/Vohle 2007; Erpenbeck/Sauter 2007).

Parallel hierzu hat sich, zum Teil mit ähnlichen theoretischen Bezügen, in den Debatten um Nachhaltige Entwicklung das mehrdimensionale Konzept der *Gestaltungskompetenz* herausgebildet: Sie soll es den Menschen ermöglichen, durch eine damit erworbene Problemlösungs- und Handlungsfähigkeit, „die Zukunft der Gesellschaft, ihren sozialen, ökonomischen, technischen und ökologischen Wandel in aktiver Teilhabe im Sinne nachhaltiger Entwicklung" (de Haan 2004, S. 41) zu gestalten. Bildung für Nachhaltige Entwicklung (BNE) zielt in der Verknüpfung der ökologischen, ökonomischen und soziokulturellen Dimension auch auf die Förderung ökonomischer Kompetenz ab (vgl. Hauenschild/Bolscho 2007, S. 66 f.). *Ökonomische Kompetenz* kann ebenfalls als ein mehrdimensionales Konzept verstanden werden (vgl. Weber in diesem Band; Kaminski u.a. 2007, S. 39 ff.) und hat die Aufgabe, sowohl das individuelle Handeln anzuleiten als auch über sozio-ökonomische/gesellschaftliche Strukturen aufzuklären – beides in der Perspektive der Wissensvermittlung wie in der Perspektive kritischer Distanz (vgl. Bolscho in diesem Band). Ökonomische Kompetenz kann auch in das Kompetenzkonzept des Sachunterrichts eingebunden werden (vgl. Niedersächsisches Kultusministerium 2006).

Alle genannten Kompetenzkonzepte arbeiten mit Teilkompetenzen. In diesen werden insbesondere Methodenkompetenzen und dabei die Medienkompetenz (vgl. Baacke 1999) explizit wie implizit angesprochen. Die Vermittlung von Kompetenzen im Sachunterricht beruht auf unterschiedlichen Methoden (vgl. die Methodenübersicht in Kaiser 2008, S. 276 ff.), zu denen auch E-Learning bzw. allgemein die Computernutzung zählen können.

2. Neuere Herausforderungen für ökonomische Bildung durch das Internet

Mittlerweile hat ein Großteil der Bevölkerung in den Industrienationen Zugang zum Internet. Das Internet verändert unsere Gesellschaft: Immer schneller können Informationen gefunden, ausgetauscht und verbreitet oder diskutiert werden. Dies bezieht sich nicht nur auf Informationen im Allgemeinen, sondern auch auf ökonomische Prozesse.

Allgemeine Veränderungen der Marktstruktur durch das Internet
Durch das Internet erweitert sich die Transparenz der Märkte erheblich: Wer heute ein konkretes Produkt (z.B. ein bestimmtes Handy) kaufen will, kann im Internet direkte Preisvergleiche anstellen. Wer also als Konsument oder Konsumentin auf eine Optimierung des monetären Einsatzes aus ist (bzw. eine Optimierung des Angebotes in Bezug auf ausdifferenzierte individuelle Konsumwünsche), der ist durch das Internet im Vorteil. Das gilt auch, wenn er oder sie noch kein konkretes Produkt ins Auge gefasst hat (Beispiel: Ich suche ein Handy mit Fotokamera und MP3-Funktion, das ohne Vertrag unter 200 Euro kostet). Auch hier kann das Internet einen erweiterten Überblick bieten, da selbst große Geschäfte beispielsweise nicht alle Handy-Modelle führen können, die am Markt verfügbar sind. Und falls sich der Kunde für die Produktionsprozesse interessiert (beispielsweise: Werden diese Handys auch von einem Unternehmen in Deutschland hergestellt?), so kann er ebenfalls über das Internet schnell Antworten zu Unternehmenskonzept, Produktionsstandorten etc. erhalten. Alle diese Informationen sind auch ohne das Internet zu erhalten, aber mit mehr Aufwand in der Suche, etwa beim Besorgen von Test-Zeitschriften oder beim Anfordern von Unternehmensprospekten. Das Internet kann also die Informationssuche über Produktionshintergründe, Produkte und deren Vergleich erleichtern – es kann zu einer erhöhten Markttransparenz beitragen. Außerdem erweitert das Internet die Möglichkeiten des individuellen Markt-Handelns: des Kaufens und Verkaufens. Ob direkt beim Hersteller, bei einem Händler oder gebraucht von Privatpersonen in Online-Börsen: Dem Konsumenten eröffnen sich neue Möglichkeiten, beispielsweise wenn ein Produkt (z.B. eine Marken-Hose in Größe 30) bei den Fachhändlern am Wohnort nicht vorhanden ist. Auch erhält er möglicherweise Waren zu günstigeren Preisen als direkt vor Ort. Und er kann selbst als Verkäufer in einer der vielen Online-Tausch-und-Verkaufs-Börsen auftreten. Die Wahrscheinlichkeit, dass auch ungewöhnliche Dinge (z.B. eine Big-Boy-

Modelleisenbahn) einen Abnehmer finden, ist hier in der Regel größer, da die Menge der potenziellen Käufer größer ist als die Leserschaft des Anzeigenmarktes der örtlichen Tageszeitung, wodurch zudem der Verkaufspreis optimiert werden kann. Wer diese Erweiterungen der Marktstruktur nicht nutzen kann, wird oftmals ökonomische Nachteile (und Nachteile in der Optimierung der Erfüllung komplexer Konsumwünsche) hinnehmen müssen. Die Orientierung über das Marktgeschehen im Internet und die Teilnahme daran wird immer mehr zu einer wichtigen Alltagskompetenz, die als neuerer Teilbereich der ökonomischen Bildung erworben werden muss.

Nachhaltigkeitseffekte der internetbedingten Marktveränderungen
Die durch das Internet erweiterte Marktstruktur hat auch Bedeutung für Nachhaltigkeit: Durch das Internet kann für ein umweltfreundliches Produkt bei Bedarf erleichtert der günstigste Preis gefunden werden. Es wird der Vergleich von Angeboten unter Nachhaltigkeitsaspekten wesentlich erleichtert (z.B. bei der Suche nach einer umweltfreundlichen flugzeuglosen all-inclusive-Urlaubsreise nach Italien in den Sommerferien). Und wer sich für die Nachhaltigkeit auf der Produktionsseite interessiert, der kann mit ein paar Klicks auf den Homepages der Unternehmen Produktbeschreibungen, Nachhaltigkeitsberichte und das Corporate Social Responsibility-Management eines Unternehmens, das alle Nachhaltigkeitsaspekte umfasst, erfahren. Die Erweiterung des individuellen Markthandelns kann negative (ökologische) Effekte aufgrund möglicher zusätzlicher Transporterfordernisse und Versandverpackungen sowie beispielsweise für Arbeitsplätze im lokalen Einzelhandel zeigen. Aber der Bereich der erweiterten individuellen Marktteilnahme kann auch viele positive Nachhaltigkeitseffekte haben: bei gebrauchten Produkten sind Mehrfachnutzungen (z.B. Verkauf eines gebrauchten Handys) aufgrund besserer Allokation möglich, wodurch es gesamtgesellschaftlich bzw. gesamtwirtschaftlich betrachtet zu Einsparungen im Sinne der Effizienzstrategie der Nachhaltigkeit kommt.

Es zeigen sich – bei nicht zu verschweigenden Nachteilen – eine Reihe von Chancen für den (auf nachhaltige Produktion bezogenen) nachhaltigen Konsum. Allerdings kann das Internet ein Buch mit sieben Siegeln sein, wenn man sich darin nicht auskennt: Die vielen Möglichkeiten können bei einer unsystematischen Suche ins Gegenteil umschlagen und zu individuell empfundener Intransparenz und Überforderung führen. Die Kompetenz zum individuellen ökonomischen (alltagsrelevanten) Handeln im Internet muss erworben werden – dies kann auf traditionelle Weise geschehen oder besser über das Internet selbst, eingebettet in Lehr- und Lernprozesse des E-Learnings.

3. Was ist E-Learning?

Es gibt eine Reihe von Definitionen für E-Learning, beispielsweise allgemein als das Lernen mit Informations- und Kommunikationstechnologien. Seit der Jahrtausendwende wird darunter zunehmend das Online-Lernen verstanden (vgl.

Hohenstein/Wilbers 2008, 2.1, S. 3) und etwa seit 2007 kommen Entwicklungen um Social Software/Web 2.0 auf die E-Learning-Agenda.[1] Auf die Diskussion um E-Learning Definitionen soll hier nicht eingegangen werden.

Im Folgenden wird vielmehr eine eigene, beschreibende Nominaldefinition für ein E-Learning „*Maximalszenario*" geliefert, das mit allen derzeit verfügbaren technisch-didaktischen Elementen die weitestgehende Form des E-Learnings aufzeichnet:

- Das Lernen wird organisiert in einem *Learning Management System* (LMS). Das gesamte Lehr-Lern-Szenario ist i.d.R. auf einen eingegrenzten Teilnehmerkreis bezogen, dem Rollen und Rechte (Schreib-, Lese- und Up-/Downloadberechtigungen) zugeteilt werden. Im LMS werden Dokumente zum Download/Upload (z.B. eingescannte Fach- bzw. Schulbuchliteratur[2]) zur Verfügung gestellt.

- Die Teilnehmer lernen in Präsenzphasen zu ungefähr 50% der Gesamtzeit und sind in der übrigen Zeit in den Online- bzw. Selbstlernphasen miteinander und mit dem Lehrenden technisch verbunden (blended learning). Die Präsenzphasen werden über e-Lectures-Systeme dokumentiert, in denen ein video- oder audio-podcast des Präsenzgeschehens mit paralleler Ansicht des Powerpoint-Präsentation der Lehrveranstaltung zum jederzeitigen (Wieder-)Abruf zur Verfügung gestellt werden (vgl. Krüger 2007).

- Über das LMS sind Lernmodule zugänglich. Die Lerninhalte werden dabei in den Selbstlern-/Online-Phasen als *web based training* (wbt) hypertextbasiert vermittelt – mit textlichen, graphischen, graphisch animierten, audio- und videomaterialgestützten, wahlweise simulationsbasierten Verweisen. So können über gängige Visualisierungen hinaus beispielsweise Rollenspiele oder Versuche wiedergegeben werden. Innerhalb des wbt werden (interaktive) *Selbst-Tests* (self-assessments) durchgeführt, wobei der individuelle Bearbeitungsstand und Lernfortschritt über das LMS nachzuvollziehen ist. Am Ende steht eine notenrelevante *E-Prüfung* (external/online assessment).

- Das LMS ermöglicht eine asynchrone Kommunikation der Lernenden untereinander sowie zwischen Lernenden und Lehrenden über die Funktionen:

  o interne *E-Mail* (teilweise parallel zur normalen E-Mail),

  o Diskussions-*Forum* (als Ort der asynchronen Diskussion zum Austausch von Argumenten und Entwicklung von Alternativen),

---

[1] Das Web 2.0 bezeichnet das „Mitmachnetz" mit Wikis, Blogs und Foren, Video-, Foto- und Audiotauschbörsen auch privat selbstproduzierter Inhalte und besteht technisch gesehen aus bereits Ende der 1990er Jahre entwickelten Methoden. Erst seit kurzer Zeit findet eine explosionsartige Vergrößerung der Web 2.0 Angebote statt, insbesondere da Privatpersonen jetzt massenhaft hochleistungsfähige Internetzugänge und Computertechnologien mit hohem Speichervolumen, die für die sinnvolle Nutzung erforderlich sind, zur Verfügung stehen. Erpenbeck und Sauter (2007) stellen in ihrem Buch „Kompetenzentwicklung im Netz. New Blended Learning mit Web 2.0" die These auf, dass erst mit der Social Software des Web 2.0. „echte, emotional-motivational herausfordernde Entscheidungssituationen" geschaffen werden, die das Kompetenzlernen am Computer fördern.

[2] Zur Beachtung des Urheberrechts im Zusammenhang von LMS siehe Horn (2007).

o *votings* (für Meinungsumfragen, Entscheidungen etc. zu vorgegebenen Alternativen/Aussagen),

o kollaboratives Glossar (*Wiki*-Online Script) zur gemeinsamen Erstellung von Texten. Diese können die Grundlage für Präsentationen/Homepages (s.u.) sein.

o Die Lernenden führen elektronisch Lerntagebücher (als weblogs/*blogs*) oder eigenständige *E-Portfolios* ggf. auch zur gegenseitigen Inspiration der Lernenden untereinander.

- Das LMS ermöglicht eine synchrone Kommunikation der Lernenden untereinander sowie zwischen Lernenden und Lehrenden über die Funktionen:

o live *Chat* (synchrone Kommunikationsmöglichkeit),

o live *Webkonferenzen* (Video-Audio-Konferenzen) zur Projektarbeit,

o online kollaborativ erstellte computerbasierte *Mindmaps*.

- Außerhalb des LMS können Formen des computerbasierten experimentellen Lernens angeboten werden:

o virtuelle *Rollenspiele* ermöglichen einen experimentellen Zugang,

o natur- sowie ingenieurwissenschaftliche computergesteuerte Versuchen können mithilfe von *Fernlaboren* durchgeführt werden.

- Die Lernenden arbeiten mit *Internetrecherchen* auch in Form von *WebQuests*.

- Ein Ziel des E-Learnings ist – neben dem individuellen Wissenserwerb – die Produktion/Erstellung eigener (allgemein oder begrenzt downloadbarer) Inhalte in Form von *Präsentationen* oder *Skripten* durch die Lernenden oder allgemein zugänglicher *Homepages* als Projektergebnis.

Ein derartiges Maximalszenario existiert in der Praxis nicht, auch wenn es prinzipiell möglich wäre. Das Maximalszenario bietet einen Überblick über die grundsätzlichen Möglichkeiten des E-Learnings für den Kompetenzerwerb: Es fördert selbstgesteuertes Lernen und damit die Selbstlernkompetenzen. Dies zeigt sich schon an den äußeren Rahmenbedingungen. E-Learning ermöglicht 1) Zeitunabhängigkeit des Lernens, 2) Raumunabhängigkeit des Lernens und 3) Anpassung an das individuelle Lernniveau und somit eine Möglichkeit für einen differenzierten Unterricht, der es sowohl den Lernstärkeren ermöglicht, eigene Interessen zu vertiefen, als auch den Lernschwächeren die Chance bietet, eigene Defizite im Vergleich zur Lerngruppe abzubauen. Neben der Stärkung der Selbstlernkompetenzen können andere positive Effekte zum Tragen kommen durch Wiederholungsmöglichkeiten, direktes Feedback bei Testaufgaben, Ansprechen audio-/visueller Kanäle, Möglichkeiten computerbasierter experimenteller Praxis, Aktivierung der Eigenständigkeit durch Gestaltung eigener Inhalte sowie neue Formen sozialen Lernens in der synchronen wie asynchronen Kommunikation und Kooperation.

Für sich genommen werden die mit den Lernelementen verbundenen Kompetenzerwerbstrategien auch in Konzepten ohne E-Learning ermöglicht, aber gerade die Kombination der Kompetenzerwerbsstrategien macht die neue Qualität dieses selbstgesteuerten, sozialen und veranschaulichenden Lernens aus.

4. Neuere Vermittlungswege für ökonomische Bildung durch internetbasiertes E-Learning

Das Internet erweitert die Lehr-Lern-Möglichkeiten, die für alle inhaltlichen Bildungsbereiche und damit auch für die ökonomische Bildung genutzt werden können.

4.1. E-Learning in der Schule

E-Learning sollte im Bereich der schulischen Bildung immer eine die traditionellen Lernmethoden *ergänzende Methode* bleiben – aus vielfältigen Gründen. An dieser Stelle ist keine ausführliche Pro-Contra-Argumentanalyse zum E-Learning möglich (vgl. Aufenanger 2006); ein Argument soll hier herausgegriffen werden, weil es die Grundvoraussetzungen betrifft: Vielfach wird beklagt, dass dem E-Learning im schulischen Rahmen viele praktische Probleme entgegenstünden. Hierzu zählt vor allem die Verfügbarkeit von Computern sowohl in der Schule als auch in den Elternhäusern. Deutschland ist nach der letzten PISA Studie von 2006 der OECD-Staat, in dem der Computer mit 31 Prozent im Vergleich zum OECD-Durchschnitt von 56 Prozent am seltensten als Lernwerkzeug im Unterricht eingesetzt wird (vgl. Prenzel u.a. 2007). Handelt es sich wirklich nur um ein *Verfügbarkeitsproblem* bei den Schulen oder auch um ein *Bildungs- und Motivationsproblem* bei den Lehrkräften? Es können zwar Verfügbarkeitsprobleme berechtigterweise benannt werden, doch bestehen umfangreiche staatliche Förderprogramme[3] – und letztlich reicht beispielsweise ein einziger Computer oder Laptop (den sich sogar grundsätzlich mehrere Klassen teilen können) im Klassenraum, um diesen als Lernstation einzusetzen. Kleinere E-Learning Einheiten können durchaus ohne großen Aufwand gestaltet werden.

4.2. Computer und E-Learning im Sachunterricht – auch zur Anwendung bei ökonomischen Themen

Was prädestiniert das Fach Sachunterricht, sich mit Computern bzw. E-Learning zu beschäftigen?[4] Dies wird anhand ökonomischer Themen durchgespielt. Die Dreiteilung zur Rolle des Computers im Sachunterricht „als Thema, Medium und Werkzeug" (vgl. Jablonski 2007, S. 60; Strelzyk 2006), die die Computerkritik einschließt, wird dabei aufgegriffen. Diese Aufteilung wird im Folgenden in Beziehung gesetzt zu dem wohl am häufigsten zitierten Modell zur Medienkompetenz von Baake (1999), welches Medienkunde, Mediennutzung, Mediengestaltung und Medienkritik umfasst. Ein in diesem Artikel zusätzlich aufgeführter, abschließender fünfter Punkt ist zu den anderen vier systematisch ver-

---

[3] Beispielsweise zu nennen sind die Bundesinitiative „Schulen ans Netz" (www.schulen-ans-netz.de) oder die niedersächsische Initiative N-21 (www.n-21.de).

[4] Das Sonderheft „Computer und Internet kreativ nutzen" der Zeitschrift Grundschulunterricht von 2006 illustriert anschaulich und praxisbezogen die Anwendungsmöglichkeiten im Sachunterricht.

schieden, da er nur aus der Perspektive der Lehrenden von Bedeutung ist: Die Nutzung des Computers zur Unterrichtsvorbereitung. Alle Dimensionen der computerbezogenen Medienkompetenz, die nicht immer überschneidungsfrei sind, werden anhand von Beispielen aus der ökonomischen Bildung mit Einsatzmöglichkeiten aus dem Sachunterricht illustriert.

Medienkunde-Kompetenz: Computerhardware/-technik als Gegenstand des Sachunterrichts in der technischen und ökonomischen Perspektive

In der technischen Perspektive des Sachunterrichts[5] werden u.a. einzelne technische Produkte und Verfahren näher betrachtet. Hierzu gehört auch die Computerhardware, die mittlerweile einen wichtigen Alltagsgegenstand darstellt. Hierzu werden im Folgenden einige unterrichtliche Möglichkeiten vorgestellt: Den Einstieg in die Computernutzung bietet eine Beschäftigung mit der Hardware. Da in diesem Sektor der technologische Wandel schnell vorangeht, ist es sinnvoll, nicht ausschließlich mit Computerhardwareeinführungen, wie etwa dem anschaulichen „Mammutbuch der Technik" (vgl. Macaulay 2005) zu arbeiten, sondern auch anhand von kostenlosen Werbeprospekten mit den Kindern beispielsweise eine Collage zu erstellen. Für diese werden alle Teile, aus denen der Computer besteht und die wichtigsten (alternativ: alle möglichen) Anschlussgeräte („Drucker", „Scanner", „externe Festplatte", „Fotoapparat" etc.) ausgeschnitten, aufgeklebt und benannt („Monitor", „Tastatur", u.s.w.). Hierbei ist es – im Sinne eines differenzierten Unterrichts – möglich, Zusatzanforderungen für einige Schüler(gruppen) zu formulieren: 1) im Sinn der Ästhetik der Darstellung des Plakates der Computer(zubehör)teile, 2) mit einer Auflistung der jeweiligen Preise und Errechnung des Gesamtpreises oder 3) man formuliert die lebensnahe Aufgabe, dass die Schülerinnen und Schüler mit einem gegebenen Budget einen Computer zusammenstellen, nachdem sie sich zuvor überlegt haben, welche Funktionen er erfüllen soll, was bei begrenztem Budget Abwägungs- und Gewichtungsentscheidungen erfordert. Im Kontrast dazu können die Schülerinnen und Schüler aufgefordert werden, ohne finanzielle Begrenzung ihren persönlichen „Traumcomputer" für sich zusammenzustellen. Kernlernziel der Aufgabe ist – im Sinn der Medienkunde-Kompetenzen – die Reflexion über notwendige bzw. häufig verwendete Teile eines Computers und ihre Benennung – ergänzt durch ökonomische Aufgaben zur Preiseinschätzung mit Preisvergleich.

Auf alle Computer-Anwendungen im Sinne der Medienkunde-Kompetenz, als Grundlage zur vorrangig rezeptiven Mediennutzungs-Kompetenz oder der vorrangig produktiven Mediengestaltungs-Kompetenz (computerbasierte Erstellung eigener Inhalte) kann nicht eingegangen werden[6]. Auch ist auf eine Un-

---

[5] In den fünf Perspektiven des Sachunterrichts (vgl. GDSU 2002) wird keine eigenständige ökonomische Perspektive explizit genannt, diese ist aber durchaus in den anderen Perspektiven miterfasst. Zu den Schwierigkeiten, ökonomische Bildung in schulischen Curricula zu verankern siehe Kaminski u.a. 2007, S. 156-162.

[6] Sie sollten zumindest benannt werden: Schreiben, offline und online Spielen, Telefonieren, Chatten, Filme sehen, Fotos ansehen, downloaden und (eigene) bearbeiten und hochladen,

schärfe bei der Zuordnung von einigen Computer-Anwendungen – wie Internet-recherchen oder wbts mit „Mitmach"/ web 2.0 Elementen – hinzuweisen, die sowohl der Mediennutzung als auch Mediengestaltung zugeschrieben werden können.

Mediennutzungs-Kompetenz: Computerbezogene Lernprogramme zu Sachunter-richtsthemen im Bereich der ökonomischen Bildung

Einige Lernprogramme für die ökonomische Bildung, die zwar nicht direkt für den Sachunterricht konzipiert wurden, können gleichwohl in ihm verwendet werden. Zu nennen wäre hier das interessante online-Lernangebot unter www.oeconomix.de, das von www.lehrer-online.de empfohlen und vom Institut der Deutschen Wirtschaft und der Citybank unterstützt wird.[7] Das Ziel des Lernangebotes ist es, die finanzielle und ökonomische Allgemeinbildung zu verbessern (in den sechs Bereichen Konsum, Arbeitsmarkt, Unternehmen, Markt & Wandel, Staat, Kapitalmarkt).

Insgesamt fällt auf, dass selbst in den qualitätsvollen einschlägigen Sachun-terrichts-Datenbanken/Informationsportalen wie www.sachunterricht-online.de der GDSU, Supra-Sachunterricht der Universität München www.edu.uni-muenchen.de/supra oder der Virtuellen Sachunterrichtswerkstatt www.lesa21.de von Prof. Kaiser von der Universität Oldenburg (so gut wie) keine ökonomi-schen Lernprogramme aufgeführt sind (vgl. Datz/Schwabe 2005). Auch allge-meine, nicht speziell auf den Sachunterricht bezogene Informationsvermitt-lungsangebote, wie die führende und staatlich geförderte Datenbank www.so dis.de, weisen wenige Lernprogramme für die ökonomische Bildung auf. Es gibt zumeist allenfalls Angebote, die sehr kleinteilige Themen herausgreifen, dabei aber oftmals nicht mehr sind als E-Books und somit die kollaborativen und in-teraktiven Möglichkeiten des E-Learnings nicht nutzen oder sich erst auf die be-rufliche oder höhere Bildung beziehen. Allgemein besteht noch ein erheblicher Qualitätsmangel bei Lernsoftware im Sachunterrichtsbereich (vgl. Gervé 2007; 2004). Für wbts zur ökonomischen Bildung für Anwendungen im Sachunterricht der Grundschule besteht somit erheblicher Forschungs- und Entwicklungsbe-darf. Ganz zu schweigen von der Einbindung solcher wbts in einen kommunika-

---

Briefe als E-Mail versenden, Drucken, Texte speichern, Einscannen, Informationen im In-ternet suchen/finden, selbst eine Homepage gestalten, Rechnen, Graphiken und Tabellen erstellen oder verändern, Musik abspeichern/abspielen, Fotografieren (Webcam), Videos ansehen und hochladen, Navigieren, Fahrtrouten berechnen, Einkaufen/Verkaufen, Online-Banking, Download von Behördendokumenten, Podcasts, Blogs, Diskussionsforen, Netz-werk-Communities... Die unterschiedlichen Einsatzmöglichkeiten im privaten und beruflichen Bereich sowie für die Ausbildung können exemplarisch verdeutlicht werden, so dass die Kinder bei Bedarf und Interesse selbst lernend aktiv werden können.

[7] Gerade bei ökonomischen Themen ist der Entstehungshintergrund von Lernmaterialien mit den Lernenden zu reflektieren, so dass hieran auch Fragen ökonomischer Interessen und der Quellenkritik erläutert werden können.

tiven und kollaborativen Lernzusammenhang, der dem oben aufgezeichneten „Maximalszenario" entsprechen würde.

Mediengestaltungs-Kompetenz: Darstellung erarbeiteter ökonomischer Themen im Sachunterricht mit dem Computer

Im Übergang von Mediennutzung und Mediengestaltung liegen Anwendungen, die zunächst einmal gelernt werden müssen, um dann zur Darstellung von Ergebnissen verwendet zu werden bzw. die, wie Internetrecherchen, eher den Werkzeugcharakter aufweisen: So dienen Internetrecherchen als Mittel zur Informationsbeschaffung. Spezielle Kindersuchmaschinen können Recherchen erleichtern. Die wichtigste Kindersuchmaschine ist www.blindekuh.de. Sie wird vom Bundesministerium für Familie, Senioren, Frauen und Jugend (BMFSFJ) unterstützt. Die aktuelle Empfehlung des Niedersächsischen Kultusministeriums und der Niedersächsischen Landesmedienanstalt bezieht sich auf www.internet-abc.de. Es gibt zudem Tipps zur Online-Arbeit bei Sachunterrichtsthemen (vgl. Morawietz 2006, S. 62 f.). Als Grundlage kann ein „Internetsurfschein" oder „Internetführerschein" angeboten werden,[8] der auf einen „Computerführerschein" aufbaut oder in diesen eingeschlossen ist.

Als motivierende Einführung in die Computernutzung wird allgemein empfohlen, einen „Computerführerschein" anzubieten. Es gibt eine Reihe von „selbstgebastelten" Computerführerscheinen, die an Schulen von Lehrerinnen und Lehrern für die spezifischen Bedingungen vor Ort erarbeitet wurden. Es ist empfehlenswert, sich an solchen Beispielen zu orientieren oder an der kindgerechten Computer-Einführungsliteratur (vgl. Philippi 2007). Für das spätere Berufsleben von Relevanz ist der Europäische Computerführerschein[9]. Ein Computerführerschein umfasst in der Regel die Office-Anwendungen, vor allem das Schreiben mit Word und das Verfassen von Folien mit Powerpoint. Auch die Tabellenkalkulation kann für ökonomische Berechnungen zum Einsatz kommen.

Die Nutzung des Computers im Sachunterricht kann nach dem Erwerb des Computerführerscheins erfolgen oder die Computer-Methoden können quasi „nebenbei" inhaltsbezogen eingeführt werden. Beispielsweise können anhand des Sachunterrichtsthemas Preisbildung bei Lebensmitteln verschiedene Computeranwendungen genutzt werden, z.B.:

- Internet-Recherche zum Thema Lebensmittel: Wieso sind Biolebensmittel zumeist teurer? Wie verändern sich die Lebensmittelpreise im Laufe der Jahreszeiten (Angebot und Nachfrage; Preisbildungsmechanismus)? Anleitungen für geleitete Internetrecherchen zu ökonomischen Sachunterrichts-Themen finden sich beispielsweise in Datz/Schwabe (2007).

---

[8] Zu nennen sind hier beispielsweise: www.surfcheck-online.de/dyn/10.htm oder www. internet-fuehrerschein.de oder das „Internet-Seepferdchen" unter www.n-21.de.

[9] Den europäischen Computerführerschein: www.ecdl.de gibt es auch speziell für Menschen mit Behinderungen: www.dlgi.org/de/it-zertifizierung/ecdl/ecdl-barrierefrei.

- Word zum Verfassen eines Textes, z.B. einer Reportage über den außerschulischen Lernort „Wochenmarkt" mit der Aufgabe des Preisvergleichs von Lebensmitteln an den unterschiedlichen Ständen.

- Darstellung der Ergebnisse der Unterrichtseinheit über Powerpoint mit eigenen Schwerpunktsetzungen (vgl. Köster 2006).

- Darstellung der Ergebnisse der Unterrichtseinheit auf Internetseiten: „Wo kann man auf dem Wochenmarkt des eigenen Wohnortes die günstigsten Birnen und wo die günstigsten Bio-Birnen kaufen?" (Zur Erstellung schulischer Homepages vgl. www.schulhomepage.de).

Medienkritik-Kompetenz: Computer- und Medienkritik im ökonomischen Kontext

„Computer wälzen die Lebenswelt um, wie es vorher vielleicht kein anderes Werkzeug und Medium getan hat. Der Sachunterricht sollte hierauf reagieren." (Jablonski 2007, S. 58). Dabei sind – im Sinne des Konzeptes der Medienkompetenz – neben den technischen Möglichkeiten und Nutzungshindergründen auch kritische Bereiche zu beachten. Computer- und Medienkritik ist dabei sowohl auf die sozio-ökonomischen Strukturen wie auf die individuellen Handlungen bezogen. Insbesondere auf Probleme wie *Computersucht*[10] sollte aufmerksam gemacht werden, genauso wie auf den sicheren Umgang im Netz. So kann eine Reflexion über jugendgefährdende Inhalte, auf die die Kinder immer wieder unbeabsichtigt treffen werden, vorbereitet werden. Natürlich sollten zudem Techniken zum sicheren Umgang mit dem Internet[11] vermittelt werden. Auf der Ebene sozio-ökonomischer Strukturen können gerade am Thema Computer Rationalisierungseffekte, wie sie etwa beim Online-Banking auftreten, mit positiven Effekten wie der Verfügbarkeit und negativen Effekten wie Arbeitsplatzverlusten – oder die Umgestaltung des Wirtschaftssytems im Sinn der Tertiarisierung kritisch und differenziert angesprochen werden.

Rahmende Medienkompetenz der Lehrenden: Computer in der Unterrichtsvorbereitung für den Sachunterricht in der ökonomischen Bildung

Es gibt eine Reihe von über das Internet, teilweise erst nach einer Anmeldung[12], zugänglichen Unterstützungsmöglichkeiten zur Unterrichtsvorbereitung für Lehrkräfte. Zu nennen sind hier beispielsweise Angebote, die von der Deutschen Gesellschaft für Ökonomische Bildung unterstützt werden: Insbesondere im Umfeld der Universität Oldenburg werden für Lehrkräfte Fort- und Weiterbil-

---

[10] Computersucht wird insbesondere diskutiert unter den Aspekten Computerspielsucht und Internetsucht/ Online-Sucht vgl. www.online-sucht.de.

[11] Eine sehr gute Broschüre des BMFSFJ, die kontinuierlich erneuert wird ist: „Ein Netz für Kinder. Surfen ohne Risiko?" www.bmfsfj.de/Kategorien/Publikationen/Publikationen, did=4712.html

[12] Wie beispielsweise der E-Learningbereich unter www.sparkassen- schulservice.de/ elearn ing/index.php.

dungen zur ökonomischen Bildung – oftmals in blended-learning-Szenarien angeboten. Beispielsweise zu nennen sind das Projekt „Ökonomische Bildung online (ÖBO)" www.ioeb.uni-oldenburg.de. In der entsprechenden Datenbank www.wigy.de befinden sich Unterrichtsmaterial und Unterrichtsbeispiele. Eine ausführliche Übersicht über sechs ausgewählte Projekte ist zu finden unter Kaminski u.a. (2007, 109-155)[13]. Hilfreich für die Unterrichtsplanung kann auch die Zusammenstellung zur Behandlung ökonomischer Themen in Schulbüchern des Sachunterrichts, beispielsweise des Themas Geld/Einkaufen [14] sein. In Sammlungen zu allgemeinen Unterrichtsvorbereitungshilfen im Netz[15] können natürlich auch Inhalte zur ökonomischen Bildung gefunden werden.

Es bleibt festzuhalten, dass die Lehrenden von computerbasierten Medien in ihrer Unterrichtsvorbereitung profitieren können. Sie müssen darüber hinaus die oben genannten vier Dimensionen der Medienkompetenz selbst handlungsorientiert erwerben, um sie an die Lernenden weitergeben zu können. Die Kompetenz zur Vermittlung von Medienkompetenz/ Computerkompetenz – themenunabhängig und themenbezogen auch am Beispiel ökonomischer Themen – muss somit in der Aus- und Weiterbildung der Lehrkräfte erworben werden.

5. E-Learning im Sachunterricht zur Nachhaltigkeit mit ökonomischen Bezügen

Wenn E-Learning im Sachunterricht an Schulen zu ökonomischen Themen mit Nachhaltigkeitsschwerpunkten eingesetzt werden soll, so sind hierfür Anstrengungen in der Lehramtsausbildung notwendig. Hierzu setzt ein Projekt an, das zunächst Nachhaltigkeit allgemein focussiert, perspektivisch aber mit einem Schwerpunkt in ökonomischer Bildung ausgebaut werden könnte. Im Sommersemester 2008 werden Studierende des Seminars „Bildung für Nachhaltige Entwicklung – auch für Kinder?" (Prof. Bolscho) sich die Lerninhalte zur Einführung in die Nachhaltigkeit anhand eines web based trainings erarbeiten und dabei in ein komplexes Lehr-Lern-Szenario auf dem Learning Management System StudIP eingebunden sein. Das web based training zur „Einführung in die Nachhaltigkeit" wurde auf der Grundlage eines Studienbriefes der Universität Lüneburg (Prof. Michelsen) entwickelt. Der E-Learning-Einsatz in der Lehramtsausbildung ist eine Möglichkeit, die zukünftigen Lehrkräfte auch für den Einsatz von E-Learning-Methoden an Schulen zu motivieren und zu qualifizieren. Im zweiten Teil des Seminars werden Studierende Präsentationen zu einzelnen BNE-Anwendungsthemen, wie beispielsweise zum Konsum erarbeiten. Die

---

[13] Es handelt sich um www.schulbanker.de, www.jugendundwirtschaft.de, www.klipp-und-klar.de, www.hoch-im-Kurs.de, und die Unterrichtseinheiten „Globalisierung" sowie „finanzielle Allgemeinbildung", verfügbar unter www.handelsblatt-macht-schule.de.
[14] www.lesa21.de/lehrer/g/geld/hinweise/geld.html#info1
siehe hierfür beispielweise die Liste der Angebote unter www.uni-hildesheim.de/de/8365.htm oder ganz zentral auf dem Deutschen Bildungsserver www.bildungsserver.de.

Ergebnisse der Arbeiten der Studierenden können, bei entsprechender Qualität, zukünftig zur Erweiterung des wbts herangezogen werden. Hier zeigt sich eine weitere Möglichkeit des E-Learnings – die Ausschöpfung von Lehr-Lern-Potenzialen mit dem Ziel, das Thema Nachhaltigkeit bzw. Bildung für Nachhaltige Entwicklung auch in seiner ökonomischen Bildungsdimension einer breiteren Öffentlichkeit zugänglich zu machen.

6. Fazit: Zusammenfassung und Perspektiven für neue Forschungsfragen

Für den Sachunterricht an Schulen ergeben sich durch E-Learning neue Vermittlungswege für die ökonomische Bildung und die damit verbundene Bildung für Nachhaltige Entwicklung. Die Potenziale dieser neuen Lernformen müssen noch systematischer erschlossen werden, um ihnen zu einer erfolgreichen Verbreitung in der Schul- wie in der Alltagspraxis zu verhelfen. Ein Ansatz dazu sind Projekte in der Lehramtsausbildung, wie das genannte zur „Einführung in die Nachhaltigkeit" im Allgemeinen, die auch auf die nachhaltigkeitsorientierte ökonomische Bildung im Speziellen „heruntergebrochen" werden können. Ein weiterer Ansatz liegt im Bereich der Förderschulen, für die bisher kaum spezifische E-Learning-Angebote für den Sachunterricht (differenziert nach unterschiedlichen Förderschwerpunkten) bestehen, obwohl gerade im sonderpädagogischen Bereich zum Teil erhebliche Zusatzvorteile für Menschen mit Behinderungen bestehen (vgl. Pfeffer-Hoffmann 2007; Löser/Werning/Rust 2008). Ein Projekt der Lehr-Lernforschung im WS 2007/2008 hat mit dem Aufbau eines Informationsportals Sachunterricht, Sonderpädagogik und E-Learning begonnen – und wird dabei auch ökonomische Themen aufnehmen. Auch die Erstellung spezieller wbts zu ökonomischen Inhalten im Sachunterricht für Grund- wie Förderschulen ist perspektivisch denkbar. Es liegt jetzt an den Lehrenden im Hochschule und Schule, die Potenziale des E-Learnings für die ökonomische Bildung in den kommenden Jahren systematisch zu erschließen und zu nutzen, um so eine Kompetenzförderung zu ermöglichen, die den Herausforderungen der Wirtschaft im Internetzeitalter angemessen ist.

Literatur

Aufenanger, Stefan (2006): E-Learning in der Schule. Chance oder Bedrohung?, in: Computer und Unterricht, Heft 62, S. 6-10.

Baacke, Dieter (1999): Medienkompetenz als zentrales Operationsfeld von Projekten. In: Baacke, Dieter (Hrsg.): Handbuch Medien: Medienkompetenz – Modelle und Projekte, Bonn: Bundeszentrale für politische Bildung, S. 31-35.

Bönsch, Manfred (2006) (Hrsg.): Selbstgesteuertes Lernen in der Schule, Braunschweig: Westermann Schulbuchverlag.

Datz, Margret; Schwabe, Rainer Walter (2005): Lernen mit Software. Heft 3; Sachkunde. Offenburg: Mildenberger Verlag.

Datz, Margret; Schwabe, Rainer Walter (2007): Konsum und Werbung. Lernen im Netz. Heft 16. Offenburg: Mildenberger Verlag.

Erpenbeck, John; Sauter, Werner (2007): Kompetenzentwicklung im Netz. New Blended Learning mit Web 2.0. Köln: Luchterhand.

Gervé, Friedrich (2007): Computer im Sachunterricht. In: Mitzlaff, Hartmut (Hrsg.): Internationales Handbuch Computer (ICT), Grundschule, Kindergarten und Neue Lernkultur, Band 1 und 2. Baltmannsweiler: Schneider Verlag Hohengehren, S. 548-554.

Gervé, Friedrich (2004): Lernsoftware im Sachunterricht. In: Kaiser, Astrid u.a. (Hrsg.): Basiswissen Sachunterricht, Band 5. Baltmannsweiler: Schneider Verlag Hohengehren, S. 104-110.

Gesellschaft für die Didaktik des Sachunterrichts (2002): Perspektivrahmen Sachunterricht. Bad Heilbrunn: Klinkhardt.

Gruber, Hans; Mandl, Heinz; Renkl, Alexander (1999): Was lernen wir in Schule und Hochschule: Träges Wissen? (Forschungsbericht Nr. 101). München.

Haan, Gerhard de (2004): Politische Bildung für Nachhaltigkeit. In: Aus Politik und Zeitgeschichte, B 7-8, S. 39-46.

Hauenschild, Katrin; Bolscho, Dietmar (2007): Bildung für Nachhaltige Entwicklung in der Schule. Ein Studienbuch. Frankfurt am Main: Peter Lang Verlag, 2. Aufl.

Hohenstein, Andreas; Wilbers, Karl (Hrsg.) (2008): Handbuch E-Learning. Expertenwissen aus Wissenschaft und Praxis, (Loseblattsammlung Stand 23. Ergänzungslieferung, Januar 2008). Köln: Fachverlag Deutscher Wirtschaftsdienst.

Horn, Janine (2007): Rechtsfragen beim Einsatz neuer Medien in der Hochschullehre. In: Krüger, Marc; Holdt, Ulrike von (Hrsg.): Neue Medien in Vorlesungen, Seminaren & Projekten an der Leibniz Universität Hannover. Tagungsband zur eTeaching und eScience Tagung 2007. Aachen: Shaker Verlag, S. 53-59.

Jablonski, Maik (2007): Arbeiten mit dem Computer. In: Reeken, Dietmar von (Hrsg.): Handbuch Methoden im Sachunterricht. Baltmannsweiler: Schneider Verlag Hohengehren, 2. Aufl., S. 58-67.

Jürgens, Eiko (2004): Die „neue" Reformpädagogik und die Bewegung Offener Unterricht – Theorie, Praxis und Forschungslage. Sankt Augustin: Academia Verlag, 6. Aufl.

Kaiser, Astrid (2008): Neue Einführung in die Didaktik des Sachunterrichts. Baltmannsweiler: Schneider Verlag Hohengehren, 2. Aufl.

Kaminski, Hans; Brettschneider, Volker; Eggert, Katrin; Hübner, Manfred; Koch, Michael (2007): Mehr Wirtschaft in die Schule. Herausforderungen für den Unterricht. Wiesbaden: Universum Verlag.

Kopp, Brigitta; Mandl, Heinz (2006): Selbstgesteuert kooperativ lernen mit neuen Medien. ZBW-Beiheft "Selbstgesteuertes Lernen", 20, S. 81-91.

Köster, Hilde (2006): Ergebnisse präsentieren mit PowerPoint. In: Sonderheft Grundschulunterricht: Computer und Internet kreativ nutzen. München: Oldenbourg Schulbuchverlag, S. 35-39.

Krüger, Marc (2007): Selbstgesteuertes und kooperatives Lernen mit Vortragsaufzeichnungen im Lernarrangement VideoLern. In: Krüger, Marc; Holdt, Ulrike von (Hrsg.): Neue Medien in Vorlesungen, Seminaren & Projekten an der Leibniz Universität Hannover. Tagungsband zur eTeaching und eScience Tagung 2007, Aachen: Shaker Verlag, S. 121-131.

Löser, Jessica; Werning, Rolf; Rust, Ina (2008): Neue Medien im Unterricht bei Kindern mit Lernbeeinträchtigungen. In: Opp, Günther; Theunissen, Georg (Hrsg.): Handbuch der schulischen Sonderpädagogik. Bad Heilbrunn: Klinkhardt Verlag. (im Erscheinen).

Macaulay, David (2005): Das große Mammutbuch der Technik. München: Dorling Kindersley Verlag.

Menschenmoser, Helmut (2002): Lernen mit Multimedia und Internet, Einführung in die Mediendidaktik. Baltmannsweiler: Schneider Verlag Hohengehren.

Morawietz, Holger (2006): Aktuelle Sachfragen online klären. In: Sonderheft Grundschulunterricht: Computer und Internet kreativ nutzen. München: Oldenbourg Schulbuchverlag, S. 62-63.

Müller-Ruckwitt, Anne (2008): "Kompetenz" – Bildungstheoretische Untersuchungen zu einem aktuellen Begriff. Würzburg: Ergon.

Niedersächsisches Kultusministerium (2006): Kerncurriculum für die Grundschule. Schuljahrgänge 1-4, Sachunterricht. Hannover.

Peschel, Falko (2002): Offener Unterricht – Idee, Realität, Perspektive und ein praxiserprobtes Konzept zur Diskussion. Band I: Allgemeindidaktische Überlegungen. Band II: Fachdidaktische Überlegungen. Baltmannsweiler: Schneider Verlag Hohengehren.

Peschel, Markus (2006): Der Computer zur Präsentation von Experimenten im Sachunterricht. In: Sonderheft Grundschulunterricht: Computer und Internet kreativ nutzen. München: Oldenbourg Schulbuchverlag, S. 31-34.

Pfeffer-Hoffmann, Christian (2007): E-Learning für Benachteiligte. Eine ökonomische und mediendidaktische Analyse. Berlin: Verlag Mensch und Buch.

Philippi, Jule (2007): Computer und Internet. Surfen kann ich auch. Kopiervorlagen für Kinder. Göttingen: Vandenhoeck & Ruprecht.

Prenzel, Manfred; Artelt, Cordula; Baumert, Jürgen; Blum, Werner; Hammann, Marcus; Klieme, Eckhard; Pekrun, Reinhard – PISA-Konsortium Deutschland (Hrsg.) (2007): PISA 2006. Die Ergebnisse der dritten internationalen Vergleichsstudie. Zusammenfassung. (verfügbar unter: http://pisa.ipn.uni-kiel.de/zusammenfassung_PISA2006.pdf)

Reinmann, Gabi; Vohle, Frank (2007): Kreatives E-Learning oder: Narration und Spiel und was wir davon lernen können. In: Baumgartner, Peter; Reinmann, Gabi (Hrsg.): Überwindung von Schranken durch E-Learning. Innsbruck: Studienverlag, S. 177-200.

Siebert, Horst (2006): Selbstgesteuertes Lernen und Lernberatung. Konstruktivistische Perspektiven. Augsburg: ZIEL, 2. Aufl.

Sonderheft Grundschulunterricht (2006): Computer und Internet kreativ nutzen. München: Oldenbourg Schulbuchverlag.

Strelzyk, Sabine (2006): Möglichkeiten des Computers im Sachunterricht. In: Sonderheft Grundschulunterricht: Computer und Internet kreativ nutzen. München: Oldenbourg Schulbuchverlag, S. 46-53.

Ausblick

Perspektiven für die Weiterentwicklung ökonomischer Bildung

Katrin Hauenschild

Die Beiträge des Sammelbandes spiegeln die bemerkenswerte – und für manchen vielleicht ungeahnte – Breite ökonomischer Bildung wieder, sie indizieren, dass dieser Lernbereich auf vielen Ebenen weiter entwickelt ist, als es in der erziehungswissenschaftlichen Diskussion mitunter den Anschein hat. Auf theoretischer, konzeptioneller wie didaktisch-methodischer Ebene zeigen die Beiträge in eindrucksvoller Weise die disziplinären wie inter- und transdisziplinären Ausformungen ökonomischer Bildung auf – diese Beiträge tragen somit zur Weiterentwicklung ökonomischer Bildung im wissenschaftlichen Diskurs bei und machen zugleich auf weiterführende Potentiale aufmerksam.

In *theoretischer und konzeptioneller Perspektive* ist die Einbindung ökonomischer Bildung in die Aufgaben und Ziele von Bildung für Nachhaltige Entwicklung evident (vgl. Hauenschild/Bolscho 2007). Die Vernetzung (Retinität) ökonomischer mit ökologischen und soziokulturellen Aspekten in globaler Sichtweise gilt inzwischen als ein bildungspolitischer Imperativ, auch wenn die Realisierung in der Breite noch intensiviert werden kann. Die weltweiten Entwicklungen in Hinblick auf Prozesse zunehmender Zeit-Raum-Verdichtung in den globalen politischen und gesellschaftlichen Verflechtungen fordern zur Überwindung disziplinärer Sichtweisen hin zu transdisziplinären und mehrperspektivischen Zugängen heraus, in denen nach Blättel-Mink u.a. (2003) die lebensweltliche Einbettung der Problemdefinition und der Problemlösung ein zentrales Merkmal ist und die „Engführungen der Fächer und Disziplinen" (Mittelstraß 2003, S. 10) aufgehoben sowie integrative Perspektiven angenommen werden (vgl. Bolscho/Hauenschild 2006).

Die Beiträge von Griese, Datta, Noormann, Altner, Krol sowie Stoltenberg behandeln zwar spezielle Aspekte und Kontexte ökonomischer Bildung, sie thematisieren sie jedoch in komplexen Diskursfeldern; damit weisen sie auf die Spannbreite ökonomischer Bezugspunkte hin, die im Leitbild Nachhaltige Entwicklung zur Entfaltung kommen kann. Fragen z.B. nach nachhaltigen Wachstumskriterien, verträglichen Produktions-, Dienstleistung- und Distributionsstrategien, nach Konsumformen und Steuerkonzepten (vgl. de Haan 2002, S. 18) sind Ansatzpunkte nicht nur für die Kontextualisierung ökonomischer Bildung im Rahmen von Bildung für Nachhaltige Entwicklung, sondern auch für die Realisierung gesellschafts- und lebensweltrelevanter Konzepte nachhaltigkeitsorientierter ökonomischer Bildung in der Schule. Ein konstruktives Beispiel für nachhaltigkeitsorientierte ökonomische Bildung im Rahmen der Berufsorientierung legen Schlömer & Tenfelde in ihrem Beitrag dar.

In *curricularer Perspektive* bestehen für ökokomische Bildung vielfältige Anknüpfungspunkte an Themen in den Lehrplänen aller Schulstufen. Bisher ist allerdings die Einbindung ökonomischer Inhalte in den Ländern und den verschiedenen Schulstufen unterschiedlich – das zeigen die Beiträge von Wuttke und Lampe. Aufgrund der fehlenden ‚konsensfähigen' konzeptionellen Grundlegung ökonomischer Bildung ist die Erarbeitung einer systematischen curricularen Struktur zur zielgerichteten Förderung ökonomischer Kompetenzen bis jetzt nicht umfassend geleistet; vielmehr kommen ökonomische Themen in unterschiedlichen Fächern der verschiedenen Schulstufen und -formen vor, nur stellenweise sind sie an Inhalte von Bildung für Nachhaltige Entwicklung angebunden – ein Beispiel für die Primarstufe ist hier das Thema „Arbeit und Umwelt" im Perspektivrahmen Sachunterricht (vgl. GDSU 2002, S. 12). An der konzeptionellen Entwicklung ökonomischer Bildung in der Grundschule, wie sie Feige in seinem Beitrag für den Sachunterricht aufgearbeitet hat, werden Heterogenität und fehlende Systematik der Konzepte und Inhalte ökonomischer Bildung exemplarisch deutlich. Im Sachunterricht gibt es lediglich vereinzelte Vorstöße, ökonomische Bildung konzeptionell mit konkreten Themenvorschlägen in der Sachunterrichtsdidaktik zu verankern (wie z.b. bei Kahlert 2002 und Richter 2002) oder ökonomische Bildung als eigenständige Dimension des Sachunterrichts zu etablieren (wie z.b. in der vielperspektivischen Konzeption von Köhnlein 2001; vgl. auch Feige (2007)) oder ökonomische Bildung konzeptionell als Teil von Bildung für Nachhaltige Entwicklung zu begründen. „Noch immer – so scheint mir – ist es nicht abschließend gelungen, solche Grundideen konzeptionell zu verknüpfen mit anderen Dimensionen des Sachunterrichts und sie zur Erfahrungswelt von Grundschulkindern in Beziehung zu setzen." (Kaminski, 2008, S. 47). Für die Entwicklung eines kriteriengeleiteten Ziel-Inhalts-Konzepts fehle dem Sachunterricht nicht nur die konzeptionelle Voraussetzung, sondern auch ein „Mindestverständnis einer Scientific Community" (ebd. S. 49). Dem Sachunterricht fehlt u.E. allerdings in erster Linie der Konsens über die grundlegende Einbeziehung nachhaltigkeitsorientierter ökonomischer Bildung; schärfer ausgedrückt: Es fehlt dem Sachunterricht eine entsprechende ‚Lobby', die sich in der Scientific Community gegenüber ‚Propagandisten' der anderen ‚Domänen' aus den natur- und sozialwissenschaftlichen Bereichen des Sachunterrichts behauptet, um die systematische Erarbeitung einer konzeptionellen Grundlegung und curricularen Strukturierung nachhaltigkeitsorientierter ökonomischer Bildung voranzutreiben.

Im Zusammenhang mit dem Fehlen eines systematischen inhaltlichen Aufbaus steht sicherlich auch die mangelnde Umsetzung ökonomischer Bildung in der Praxis. Die thematischen Vorschläge in Lehrplänen und Unterrichtsmaterialien sind in ihrer Struktur für Lehrende wenig transparent. Hinzu kommt, dass Lehrende in ihrer Ausbildung selten die Möglichkeit erhalten, sich im Gegenstandsbereich ökonomische Bildung (in Kontext von Bildung für Nachhaltige Entwicklung!) entsprechende Kompetenzen anzueignen. Dass Lehrende in der Praxis diese Themenbereiche dann vernachlässigen oder gar meiden, ist verständlich. Zudem sind Lehrende herausgefordert, mit einem durch Komplexität und Unsicherheit gekennzeichneten Lernbereich umzugehen, innerhalb dessen die Verknüpfung unterschiedlicher Perspektiven geleistet werden muss. Dass Lehrkräfte durchaus inhaltliche Anknüpfungspunkte in ihren Fächern sehen, die Vernetzung der Themen jedoch nicht gelingt, konnte eine Lehrerbefragung an niedersächsischen Schulen zu Gelingensbedingungen von Bildung für Nachhaltige Entwicklung zeigen (vgl. Bolscho/Hauenschild/Rode 2008). Für die Lehrerbildung liegen hier zentrale Herausforderungen. Wenn Michelsen im Interview anmahnt, dass Bildung für Nachhaltige Entwicklung in der Aus- und Fortbildung von Lehrerinnen und Lehrern ein deutlich höherer Stellenwert zukommen solle, so gilt dies gleichermaßen für ökonomische Bildung. Für beide Lernbereiche, für ökonomische Bildung wie für Bildung für Nachhaltige Entwicklung, stellt sich dabei das Problem, dass sie wenig Beachtung finden. Ob im föderalen Bildungssystem die Umstrukturierungen von (Lehramts-) Studiengängen im Zuge des Bologna-Prozesses als Chance aufgegriffen wurde, ist fraglich. Zumindest bleibt die Hoffnung, dass sich nachhaltigkeitsorientierte ökonomische Bildung weiter durch theoretisch und konzeptionell fundierte, d.h. forschungsbasierte, Vorschläge im wissenschaftlichen Diskurs profiliert.

In *bildungstheoretischer Perspektive* trägt ökonomische Bildung mit Kindern und Jugendlichen im Sinne einer gegenwarts- und zukunftsbezogenen Konzeption von Allgemeinbildung, die auf Selbstbestimmungs-, Mitbestimmungs- und Solidaritätsfähigkeit setzt (vgl. Klafki 1993), zur Entwicklung grundlegender Kompetenzen für das Selbst- und Weltverstehen des Menschen bei. Selbstverwirklichung der individuellen Persönlichkeit auf der einen und Übernahme von Verantwortung in der Gesellschaft auf der anderen Seite sind die Pole von Bildung, wie sie Hartmut von Hentig (1996) setzt und wie sie formuliert sind in den Schlüsselkompetenzen der OECD, die sowohl dem erfolgreichen Leben von Individuen als auch gut funktionierenden Gesellschaften zugute kommen sollen (vgl. OECD 2005; vgl. ausführlich Rychen/Salganik 2003). Damit ist ökonomische Bildung an ein zeitgemäßes Bildungsverständnis anschlussfähig, das auf die Entwicklung der Persönlichkeit wie auf die verantwortliche Gestaltung der Lebenswelt zielt. Ökonomische Bildung zielt darauf, in ökonomische Denkweisen einzuführen und zur Bewältigung wirtschaftlich geprägter Lebenssituationen beizutragen (Albers 1995). Zusammengefasst geht es in den Konzeptionen ökonomischer Bildung um Fähigkeiten zum ökonomischen Orientieren, Urteilen, Entscheiden und Handeln (vgl. Weber in diesem Band). Diese Fähigkeiten können in die für Bildung für Nachhaltige Entwicklung zentralen Kompetenzbereiche eingefasst werden: Nach Rost, Lauströer & Raack sind Wissen, Handeln und Bewerten (vgl. 2003) die zentralen Komponenten des übergreifenden Leitziels von Bildung für Nachhaltige Entwicklung: Gestaltungskompetenz. Gestaltungskompetenz ist die Befähigung zur aktiven und zukunftsgerichteten Reflexion über und Teilhabe an gesellschaftlichen Entwicklungen in Hinblick auf die ökologischen, ökonomischen und sozialen Folgen globaler und lokaler Umweltveränderungen (vgl. BLK 1999). Im Kern zielt Gestaltungskompetenz auf die

Analyse nachhaltiger und nicht nachhaltiger Entwicklungen und auf darauf basierende begründete Entscheidungs- und Handlungsprozesse (vgl. de Haan 2008, S. 31). Dabei gehe es nicht um eine „Lernkultur, die am Prinzip des additiven, kumulativen und archivarischen Wissenserwerbs schulischen Lernens orientiert ist" (ebd. S. 28). Die Beförderung von Selbst- und Weltverstehen sind also aus einem aufgeklärten Bildungsverständnis heraus die zentralen Ziele einer nachhaltigkeitsorientierten ökonomischen Bildung.

In *didaktisch-methodischer Perspektive* ist nachhaltigkeitsorientierte ökonomische Bildung herausgefordert, sich innovativen Themenfeldern und Lernformen zu öffnen, um lebensweltorientierte Unterrichtsdesigns zu ermöglichen. Um im Sinne partizipationsorientierter Kompetenzen für die Förderung von Selbst- und Weltverstehen selbstorganisiertes Lernen und die Entwicklung von Eigeninitiative und Eigenverantwortung zu ermöglichen, müssen Bildungsprozesse so angelegt sein, dass in weitgehend selbstinstruktiven und kommunikativen Lernarrangements vernetztes Denken gefördert sowie partizipatives Handeln und reflexive Bewertungsprozesse ermöglicht werden. Induktive Lernstrategien in individualisierenden Unterrichtsarrangements – z.B. offene projektorientierte, situationsorientierte und handlungsorientierte Unterrichtsformen sowie fächerübergreifender Unterricht – haben sich für die Förderung von Gestaltungskompetenz und Partizipation als geeignet erwiesen; insbesondere dem situierten Lernen wird ein hoher Stellenwert beigemessen (vgl. Rode 2005). Bereits im Orientierungsrahmen weist die BLK (vgl. 1998, S. 33 ff.) auf die Bedeutung vielfältiger Methoden hin, die weit über die Vermittlung fachlichen Wissens in herkömmlichen Formen schulischen Unterrichts hinausweisen. Dazu gehören u.a. außerschulische, spielerisch-szenische, kreative und kooperative Formen des Lernens. Generell sind diese Orientierungen anschlussfähig an die methodischen Vorschläge von Klafki: Epochalunterricht, als Unterrichtsprinzipien exemplarisches Lernen, methodenorientiertes Lernen, handlungsorientierter Unterricht, Verbindung von sachbezogenem und sozialem Lernen, auf Lehrerseite schließlich das Teamprinzip (vgl. 1993, S. 102). Einen zentralen Schwerpunkt bilden hierbei praktische Vorhaben in konkreten Lebenssituationen, durch die Lernprozesse mit lokalen, regionalen oder internationalen Kampagnen, Programmen und Projekten verbunden werden. Die Vorschläge von Dasecke & von Monschaw zu nachhaltigen Schülerfirmen und von Rust zum E-Learning sind konstruktive Beispiele, die ihren besonderen Wert dadurch entfalten, dass sie für alle Schulstufen und -formen angemessen ausformuliert werden können.

In forschungsbezogener Perspektive ist nachhaltigkeitsorientierte ökonomische Bildung für die weitere Profilierung und Dissemination in allen Bereichen des Bildungssystems auf empirische Fundierung ihrer Konzepte angewiesen, um im wissenschaftlichen und bildungspolitischen Diskurs zu überzeugen. Und sowohl ökonomische Bildung als auch Bildung für nachhaltige Entwicklung sind aufgefordert, sich mit ihrer heterogenen – strenger formuliert: unsystematischen und defizitären – Forschungslage gründlich auseinander zu setzen.

In unserem Studienbuch ‚Bildung für Nachhaltige Entwicklung in der Schule' haben wir 2005 für die Formulierung von Forschungsperspektiven auf die Empfehlungen einer Arbeitsgruppe der DGfE-Kommission ‚Bildung für eine nachhaltige Entwicklung' (vgl. DGfE 2004) hingewiesen und die Forschungsfelder *Surveyforschung, Innovationsforschung, Qualitätsforschung* und *Lehr-Lernforschung* sowie *Genderforschung* als Querschnittsaufgabe für Vorhaben und Projekte der Forschung zur Bildung für Nachhaltige Entwicklung beschrieben (vgl. Hauenschild/Bolscho 2007). Wir halten diesen Ordnungsversuch bei der Formulierung von Forschungspotentialen für die nachhaltigkeitsorientierte ökonomische Bildung für richtungsweisend, wobei eine gewisse Unschärfe der Forschungsfelder und Überschneidungen nach wie vor konzediert werden muss. Dennoch: An einzelnen Forschungsfeldern können konkrete Anregungen exemplifiziert werden. Der Stand der Forschung zu ökonomischer Bildung oder zu Bildung für Nachhaltige Entwicklung, kann hier nicht dezidiert wiedergegeben werden; wir beschränken uns auf einzelne Beispiele aus der Forschungspraxis, die wir als Impulsgeber für die Intensivierung der Forschungsaktivitäten zu nachhaltigkeitsorientierter ökonomischer Bildung anregen möchten.

Surveyforschung: Zu Surveyforschungen zählen neben deskriptiven Umfrage- und Überblicksstudien auch explanatorische und explorative Untersuchungen (vgl. hierzu ausführlich Hauenschild 2006). Ein Beispiel, wie auf der Grundlage repräsentativer Umfragedaten Lebensstile klassifiziert werden können, gibt Lüdtke in seinem Beitrag. Im Rahmen von Surveyforschungen kann gefragt werden: Was wird überhaupt gemacht und wie und unter welchen Bedingungen hat nachhaltigkeitsorientierte ökonomische Bildung eine Chance? Dies kann sich auf inhaltlich-curriculare, auf intentionale, auf methodische und auf organisatorisch-institutionelle Aspekte beziehen, es können Lehrerbefragungen, Schülerbefragungen und auch Dokumentenanalysen durchgeführt werden, die auf die schulische Bildung in verschiedenen Schulstufen wie auf die berufliche oder außerschulische Bildung bezogen werden können. Die Erforschung der Bedingungen für den Erwerb von Kompetenzen für nachhaltigkeitsorientierte ökonomische Bildung ist hier ein zentrales Ziel empirischer Survey-Forschung. In diesem Bereich siedeln wir unsere aktuelle Studie zu Bildung für Nachhaltige Entwicklung an Schulen an, die auf der Grundlage von Vorstudien (vgl. Rode/Bolscho/Hauenschild 2006; Bolscho/Rode/Hauenschild 2008) ländervergleichend Gelingensbedingungen für die Entfaltung von Bildung für Nachhaltige Entwicklung an ca. 160 Schulen untersucht. Im Zentrum des Erkenntnisinteresses steht die Sondierung von Voraussetzungen, unter denen die Bemühungen zur Verankerung von Bildung für Nachhaltige Entwicklung stattfinden.

Innovationsforschung, die sich im Sinne von ‚Transferforschung' auch auf die Erforschung von Implementationsprozessen bezieht, „fragt nach gemeinsamen Merkmalen von Innovationsprozessen als gezielte Maßnahmen zur Änderung sozialer Systeme oder Organisationen" (DGfE 2004, S. 11) und schließt damit auch Aspekte der Evaluationsforschung ein. Innovationsforschung thematisiert in deskriptiv-analytischer Hinsicht Bedingungen, Regelmäßigkeiten und

Probleme von Innovationsprozessen und sieht in konstruktiv-begleitender Absicht die planende Unterstützung von Innovationen in sozialen Systemen vor. Die Evaluation des BLK-Programms „21", in der die Gelingensbedingungen für das innovative Modellprogramm untersucht wurden (vgl. Rode in diesem Band; Rode 2005; BLK 2004), stellt ein bemerkenswertes Beispiel für Innovationsforschung dar. In Anlehnung an Rossi/Freeman/Lipsey (1999) wurden in einem Drei-Stufen-Modell die Teiluntersuchungen Konzeptevaluation, Implementationsevaluation und Ergebnisevaluation durchgeführt. Nach einem ähnlichen Vorgehen evaluieren wir das von der Deutschen Bundesstiftung Umwelt (DBU) geförderte Projekt „Nachhaltiges Wirtschaften in der Grundschule erfahren", in dessen Rahmen erstmals in Grundschulen nachhaltige Schülerfirmen implementiert werden (vgl. Dasecke & von Monschaw in diesem Band). Übergeordnete Fragestellung der mehrschrittigen Evaluation ist, welche Bedingungen für die Umsetzung des Projektes hinderlich oder förderlich sind und inwieweit das Projekt zum nachhaltigkeitsbezogenen ökonomischen Verstehen bei Kindern beiträgt. Die verschiedenen Schritte der qualitativ orientierten Evaluation umfassen eine Befragung der Kinder zu ihren ökonomischen Vorstellungen zu Beginn und am Ende der Projektlaufzeit (Pre-Post-Test-Design mit Vergleichsgruppe), aktionsorientierte Interviews 1 mit den Kindern während ihrer Tätigkeiten in der Schülerfirma sowie im Zusammenhang mit der Implementationsevaluation eine Befragung der direkt und indirekt an der Schülerfirma Beteiligten im Umfeld der Schulen (z.B. Eltern, Schulleitung, Lehrkräfte, Hausmeister, Kooperationspartner). Schwerpunkt dieser Befragung sind die Akzeptanz der Schülerfirmen und ihr Beitrag zum Schulleben. Wir greifen hier auf Erfahrung eines Pilotprojekts zurück, in dem die Einrichtung eines Schülerladens mit Schreibwaren an einer Grundschule evaluiert wurde (vgl. Hauenschild/Wulfmeyer 2006).

Qualitätsforschung, die mit ihren Fragen nach Qualität, Qualitätssicherung und Qualitätsmanagement (Standards und Indikatoren) unmittelbar an die Innovationsforschung anschließt, eröffnet weitere Forschungsaufgaben (z.B. wird zunehmend die Entwicklung von Indikatoren für Bildung für Nachhaltige Entwicklung vorangetrieben; vgl. hierzu z.B. Nikel/Müller 2008).

Lehr-Lernforschung sollte – abhängig vom Erkenntnisinteresse – u.E. als Querkategorie für Forschungen im Bereich nachhaltigkeitsorientierter ökonomischer Bildung gesehen werden. Gegenstand der Lehr-Lernforschung ist die Untersuchung von Lernerperspektiven, Lernprozessen und Vermittlungsstrategien zur „theoriegeleiteten Beschreibung, Erklärung und Optimierung von Lehr-Lern-Prozessen" (vgl. Niegemann 1998, S. 388; Hauenschild/Bolscho 2007, S. 108 ff.). Im Kontext einer systematischen empirischen Unterrichtsforschung bildet die Schülervorstellungsforschung den Kern der Lehr-Lernforschung, indem sie Deutungs- und Handlungsmuster von Lernenden rekonstruiert. Damit können bereichsspezifische Lernvoraussetzungen als Grundlage für die Entwicklung

---

[1] Das Konzept des aktionsorientierten Interviews wurde im Rahmen der Evaluation von GLOBE-Germany für das naturwissenschaftliche Arbeiten von Schülerinnen und Schülern entwickelt (vgl. Hauenschild/Wulfmeyer 2008).

kind- und sachgerechter Vermittlungsprozesse erhoben werden, um zu einer Verbesserung der Unterrichtspraxis zu gelangen. Im Bereich Bildung für Nachhaltige Entwicklung liegen inzwischen eine Reihe von Untersuchungen zu bereichsspezifischen Schülervorstellungen vor (vgl. im Überblick Hauenschild/Bolscho 2007). Auch zur ökonomischen Bildung gibt es eine Reihe von Studien zum ökonomischen Denken von Schülerinnen und Schülern (einen Überblick gibt der Beitrag von Kölbl; für den anglo-amerikanischen Raum Webley 2005). Für die nachhaltigkeitsorientierte ökonomische Bildung sollten vermehrt Untersuchungen ökonomischer Vorstellungen im Sinne der Vernetzung mit ökologischen und soziokulturellen Aspekten in globaler Perspektive durchgeführt werden. Beispiele sind hier die Untersuchung zu Kontrollwahrnehmungen von Kindern in nachhaltigkeitsrelevanten Handlungssituationen (vgl. Hauenschild 2002) oder die Untersuchungen mit Kindern im Rahmen der oben aufgeführten Evaluationsstudien. Neben der Analyse von Lernervorstellungen könnten auch Untersuchungen von Lehrervorstellungen Aufschlüsse über Gelingensbedingungen für nachhaltigkeitsorientierte ökonomische Bildung erbringen. Darüber hinaus sollten im Sinne von Unterrichtsforschung Vermittlungs- und Aneignungsprozesse in Bezug auf domänenspezifische sowie überfachliche Kompetenzen (cross curricular competencies), die für den Aufbau von Gestaltungskompetenz bedeutsam sind, einen weiteren Schwerpunkt bilden. Weitere Fragestellungen könnten sich auf die Interaktionsprozesse zwischen Lehrenden und Lernenden sowie auf die Wirksamkeit von (neuen) Lehrmedien, Lernumgebungen und -methoden beziehen, aber auch subjektive Theorien von Lehrenden und ihre Kompetenzentwicklung im Rahmen der Qualifizierung in der Lehrerbildung können untersuchen werden (vgl. DGfE 2004, S. 14).

Insgesamt ist die Forschung zu nachhaltigkeitsorientierter ökonomischer Bildung auf die Etablierung von Forschungsverbünden angewiesen, um kumuliertes wissenschaftliches Wissen zu befördern und disziplinär orientierte Einzelforschungen zugunsten systematischer sowie forschungsmethodisch vielseitiger Forschungsaktivitäten zielgerichtet zu bündeln.

Wir hoffen, mit diesem Sammelband die Breite ökonomischer Bildung wiedergegeben und Anregungen und Bereicherung denjenigen gegeben zu haben, die sich mit ökonomischer Bildung mit Kindern und Jugendlichen beschäftigen.

Literatur

Albers, Hans-Jürgen (1995): Handlungsorientierung und ökonomische Bildung. In: ders. (Hrsg.): Handlungsorientierung und ökonomische Bildung. Bergisch Gladbach: Hobein, S. 1-22.

Blättel-Mink, Birgit; Kastenholz, Hans; Schneider, Melanie; Spurk, Astrid (2003): Nachhaltigkeit und Transdisziplinarität. Ideal und Forschungspraxis. Stuttgart: Akademie für Technikfolgenabschätzung.

BLK – Bund-Länder-Kommission für Bildungsplanung und Forschungsförderung (1998): Bildung für eine nachhaltige Entwicklung – Orientierungsrahmen. Bonn: Materialien zur Bildungsplanung und Forschungsförderung, Heft 69.

BLK (1999): Bildung für eine nachhaltige Entwicklung – Gutachten zum Programm von Gerhard de Haan und Dorothee Harenberg, Freie Universität Berlin. Bonn: Materialien zur Bildungsplanung und Forschungsförderung, Heft 72.

BLK (2004): Bildung für eine nachhaltige Entwicklung („21"). Abschlussbericht des Programmträgers zum BLK-Programm. Materialien zur Bildungsplanung und Forschungsförderung, Heft 123. Bonn.

Bolscho, Dietmar; Hauenschild, Katrin (2006): Transdisziplinarität als Perspektive für Bildung für Nachhaltige Entwicklung in der wissenschaftlichen Ausbildung. In: Zeitschrift für Nachhaltigkeit, Ausgabe 03, April, S. 14-24.

Bolscho, Dietmar; Hauenschild, Katrin; Rode, Horst (2008): Bildung für Nachhaltige Entwicklung in der Grundschule. Ausgewählte Ergebnisse einer Pilotstudie mit Lehrerinnen und Lehrern. In: Giest, Hartmut; Wiesemann, Jutta (Hrsg.): Kind und Wissenschaft. Bad Heilbrunn: Klinkhardt, S. 301-312.

DGfE – Deutsche Gesellschaft für Erziehungswissenschaft/Kommission ‚Bildung für eine nachhaltige Entwicklung' (2004): Forschungsprogramm „Bildung für eine nachhaltige Entwicklung". Lüneburg; Hannover, März.

Feige, Bernd (2007): Der Sachunterricht und seine Konzeptionen. Historische, aktuelle und internationale Entwicklung. Bad Heilbrunn: Klinkhardt, 2. Aufl.

GDSU – Gesellschaft für Didaktik des Sachunterrichts (2002): Perspektivrahmen Sachunterricht. Bad Heilbrunn: Klinkhardt.

Haan, Gerhard de (2002): Die Kernthemen der Bildung für eine nachhaltige Entwicklung. In: Zeitschrift für internationale Bildungsforschung und Entwicklungspädagogik, 25, S. 13-20.

Haan, Gerhard de (2008): Gestaltungskompetenz als Kompetenzkonzept der Bildung für nachhaltige Entwicklung. In: Bormann, Inka; Haan, Gerhard de (Hrsg.): Kompetenzen der Bildung für nachhaltige Entwicklung. Operationalisierung, Messung, Rahmenbedingungen, Befunde. Wiesbaden: VS Verlag, S. 23-43.

Hauenschild, Katrin (2002): Kinder in nachhaltigkeitsrelevanten Handlungssituationen. In: Bolscho, Dietmar; Michelsen, Gerd (Hrsg.): Umweltbewusstsein unter dem Leitbild Nachhaltige Entwicklung. Opladen: Leske + Budrich, S. 85-125.

Hauenschild, Katrin (2006): Survey-Forschung. In: Rieß, Werner; Apel, Heino (Hrsg.): Bildung für eine nachhaltige Entwicklung. Aktuelle Forschungsfelder und Forschungsansätze. Wiesbaden: VS Verlag, S. 163-169.

Hauenschild, Katrin; Bolscho, Dietmar (2007): Bildung für Nachhaltige Entwicklung in der Schule – Ein Studienbuch, Frankfurt: Peter Lang, 2. Aufl.

Hauenschild, Katrin; Wulfmeyer, Meike (2006): Ökonomische Kompetenzen in der Primarstufe. In: Hinz, R.; Schumacher, B. (Hrsg.): Auf den Anfang kommt es an: Kompetenzen entwickeln – Kompetenzen stärken. Jahrbuch Grundschulforschung. Wiesbaden: Verlag für Sozialwissenschaften, S. 77-85.

Hauenschild, Katrin; Wulfmeyer, Meike (2008): Die Perspektive des Lerners – das aktionsorientierte Interview. In: Gropengießer, H.; Gerhard, M.; Kattmann, U. (Hrsg.): Handbuch zur fachdidaktischen Lehr-Lernforschung – Didaktische Rekonstruktion. Bad Heilbrunn: Klinkhardt. Im Druck.

Hentig, Hartmut von (1996): Bildung. München; Wien: Hanser.

Kahlert, Joachim (2002): Der Sachunterricht und seine Didaktik. Bad Heilbrunn: Klinkhardt.

Kaminski, Hans (2008): Die ökonomische Domäne im Rahmen des Sachunterrichts – Überlegungen zur Entwicklung eines Referenzsystems als Hilfe zur Generierung von Kompetenzmodellen. In: Giest, Hartmut; Hartinger, Andreas; Kahlert, Joachim (Hrsg.): Kompetenzniveaus im Sachunterricht. Bad Heilbrunn: Klinkhardt, S. 47-71.

Klafki, Wolfgang (1993): Allgemeinbildung heute. Grundlinien einer gegenwarts- und zukunftsbezogenen Konzeption. In: Pädagogische Welt, 47, S. 98-103.

Köhnlein, W. (2001): Innovation Sachunterricht – Auswahl und Aufbau der Inhalte. In: Köhnlein, W.; Schreier, H. (Hrsg.): Innovation Sachunterricht – Befragung der Anfänge nach zukunftsfähigen Beständen. Bad Heilbrunn: Klinkhardt, S. 299-329.

Mittelstraß, J. (2003): Transdisziplinarität – wissenschaftliche Zukunft und institutionelle Wirklichkeit. Konstanz: Universitätsverlag.

Nikel, Jutta; Müller, Susanne: Indikatoren einer Bildung für nachhaltige Entwicklung. In: Bormann, Inka; Haan, Gerhard de (Hrsg.): Kompetenzen der Bildung für nachhaltige Entwicklung. Operationalisierung, Messung, Rahmenbedingungen, Befunde. Wiesbaden: VS Verlag, S. 233-251.

Niegemann, Helmut (1998): Lehr-Lern-Forschung. In: Rost, Detlef H. (Hrsg.): Handwörterbuch Pädagogische Psychologie. Weinheim: PVU, S. 387-393.

OECD (2005): Die Definition und Auswahl von Schlüsselkompetenzen. Zusammenfassung. Paris. [http://www.oecd.org/dataoecd/36/56/35693281.pdf; Abruf 19.07.2007].

Richter, Dagmar (2002): Sachunterricht – Ziele und Inhalte. Ein Lehr- und Studienbuch zur Didaktik. Baltmannsweiler: Schneider.

Rychen, Dominique, S.; Salganik, Laura H. (Hrsg.) (2003): Key competencies for a successful life and a well-functioning society. Göttingen: Hogrefe.

Rode, H. (2005): Bildung für eine nachhaltige Entwicklung („21"). Abschlussbericht des Programmträgers zum BLK-Programm. Heft 123, hrsg. von der Bund-Länder-Kommission für Bildungsplanung und Forschungsförderung (BLK). Bonn.

Rode, Horst; Bolscho, Dietmar; Hauenschild, Katrin (2006): Gute Chancen für Bildung für Nachhaltige Entwicklung an Schulen. Ausgewählte Ergebnisse einer empirischen Studie. In: Zeitschrift für internationale Bildungsforschung und Entwicklungspädagogik, 29, Heft 4, S. 33-35.

Rossi, Peter H./Freeman, Howard E./Lipsey, Mark W. (1999): Evaluation. A Systematic Approach. Princeton.

Rost, Jürgen; Lauströer, Andrea; Raack, Ninja (2003): Kompetenzmodelle einer Bildung für Nachhaltigkeit. In: Praxis der Naturwissenschaften – Chemie in der Schule, 52, S. 10-15.

Webley, Paul (2005): Children's understanding of econonomics. In: Barrett, Martyn; Buchanan-Barrow, Eithne (eds.): Children's understanding of society. Hove, New York: Psychology Press, S. 43-67.

237

Autorinnen und Autoren

Günther Altner, Prof. Dr. Dr.
Theologe und Biologe, lehrte bis zum Sommersemester 1999 evangelische Theologie an der Universität Koblenz-Landau. Verleihung der Ehrendoktorwürde vom Fachbereich Umweltwissenschaften der Universität Lüneburg im Mai 2000.

Dietmar Bolscho, Prof. Dr.
Professor an der Philosophischen Fakultät der Universität Hannover und Geschäftsführender Leiter des Instituts für Sachunterricht und Interdisziplinäre Didaktik (ISID). Schwerpunkte in Lehre und Forschung: Bildung für Nachhaltige Entwicklung, Interkulturelle Pädagogik, Ökonomische Bildung, Sachunterricht, Lehr-Lern-Forschung.

Rolf Dasecke
Mitglied der niedersächsischen Landeskoordination im BLK-Programm Transfer-21; Fachkoordinator für nachhaltige Schülerfirmen in Niedersachsen im Rahmen der BLK-Programme „21" und Transfer-21; Leiter des Projektes „Schülerfirmen im Kontext einer Bildung für Nachhaltigkeit" der Deutschen Bundesstiftung Umwelt (DBU) 2001-2003; Mitglied der Projektleitung „Nachhaltige Schülergenossenschaften" in Kooperation mit dem Genossenschaftsverband Norddeutschland e.V.; Leiter des Projektes „Nachhaltiges Wirtschaften erfahren an Grundschulen" der Deutschen Bundesstiftung Umwelt (DBU); Lehrkraft (Fächer: Wirtschaftslehre und Englisch) an der Kerschensteiner Berufsschule in Delmenhorst.

Asit Datta, Prof. Dr.
Professor (em.) für Erziehungswissenschaft, Mitgründer und Geschäftsführender Leiter der Arbeitsgruppe Interkulturelle Pädagogik (AG Interpäd) an der Leibniz Universität Hannover (1985-2002), Vorsitzender h.c. (2002-); Gründungsmitglied von Germanwatch, Mitglied des Beirats von Stiftung Nachhaltigkeit und der Schlichtungskommission von VENRO. Schwerpunkte in Lehre und Forschung: Interkulturelle Pädagogik, Globales Lernen.

Bernd Feige, Prof. Dr.
Institut für Grundschuldidaktik und Sachunterricht des Fachbereichs Erziehungs- und Sozialwissenschaften der Stiftung Universität Hildesheim. Schwerpunkte in Lehre und Forschung: Historische Bildungsforschung, Konzeptionen der Grundschulpädagogik und des Sachunterrichts, Lehrerbildung.

Hartmut Griese, Prof. Dr.
Professor am Institut für Soziologie und Sozialpsychologie in der Philosophischen Fakultät der Universität Hannover. Schwerpunkte in Lehre und Forschung: Allgemeine Soziologie, Jugendsoziologie, Soziologie sozialer Randgruppen, Migrationssoziologie und interkulturelle Pädagogik, Erwachsenenbildung, Sozialisationsforschung und qualitative Forschungsmethoden.

Katrin Hauenschild, Prof. Dr.
Professorin im Institut für Grundschuldidaktik und Sachunterricht des Fachbereichs Erziehungs- und Sozialwissenschaften der Stiftung Universität Hildesheim. Schwerpunkte in Lehre und Forschung: Integrative Lern- und Studienbereiche der Grundschuldidaktik und der Didaktik des Sachunterrichts, Umweltbildung/Bildung für Nachhaltige Entwicklung, Ökonomische Bildung, Inter-/Transkulturelle Bildung, Kindheitsforschung, Lehr-Lernforschung.

Carlos Kölbl, PD Dr.
Dipl.-Psych., Wissenschaftlicher Mitarbeiter am Institut für Pädagogische Psychologie der Leibniz Universität Hannover, z. Zt. Vertretung der Professur für Erziehungswissenschaft/Empirische Bildungsforschung an der Justus-Liebig-Universität Gießen. Schwerpunkte in Lehre und Forschung: Entwicklungs-, Pädagogische und Kulturpsychologie, Methodenlehre, Bildungs-, Schul- und Unterrichtsforschung, interkulturelles Lernen, Geschichtsbewusstsein im Kindes- und Jugendalter, die Psychologie der kulturhistorischen Schule.

Gerd-Jan Krol, Prof. Dr.
Institut für ökonomische Bildung, Westfälische Wilhelms-Universität Münster. Schwerpunkte in Lehre und Forschung: Ökonomische Bildung, Allgemeine Wirtschaftsdidaktik, Verbraucherpolitik/Verbraucherbildung, Umweltökonomie/ Umweltpolitik/ Umweltbildung, Einsatz neuer Informations- und Kommunikationstechnologien in der ökonomischen Bildung.

Volker Lampe
Wissenschaftlicher Mitarbeiter im Institut für Grundschuldidaktik und Sachunterricht des Fachbereichs Erziehungs- und Sozialwissenschaften der Stiftung Universität Hildesheim. Schwerpunkte in Lehre und Forschung: Integrative Lern- und Studienbereiche der Grundschuldidaktik und der Didaktik des Sachunterrichts, Bildung für Nachhaltige Entwicklung, Ökonomische Bildung, Lehr-Lernforschung.

Hartmut Lüdtke, Prof. Dr.
Professor (em.) für Empirische Soziologie an der Philipps-Universität Marburg. Schwerpunkte in Lehre und Forschung: Methoden, Räumliche Soziologie, Zeit- und Freizeitforschung, Sozialstrukturanalyse, Theorie, Konsumsoziologie.

Gerd Michelsen, Prof. Dr.
seit 1995 Professor und Institutsleiter des Instituts für Umweltkommunikation der Universität Lüneburg und seit 2005 Inhaber des UNESCO-Chair „Higher Education for Sustainable Development"; als promovierter Volkswirt mit Lehrberechtigung für Erwachsenenbildung Beteiligung an der Gründung des Fachbereichs Umweltwissenschaften an der Universität Lüneburg; 1998 Verleihung des B.A.U.M. Wissenschaftspreises; Mitglied des UNESCO-Nationalkomitees „Bildung für eine Nachhaltige Entwicklung", Mitglied der UNECE „Task Force on Education for Sustainable Development". Schwerpunkte in Lehre und Forschung: (Hochschul-) Bildung für Nachhaltige Entwicklung, Nachhaltigkeitskommunikation und -berichterstattung.

Beatrice von Monschaw

Studium der Wirtschaftswissenschaften an der Carl von Ossietzky Universität Oldenburg, neun Jahre wissenschaftliche Mitarbeiterin im Fachbereich Rechts- und Wirtschaftswissenschaften; Betreuende Mitarbeiterin im DBU-Projekt „Schülerfirmen im Kontext einer Bildung für Nachhaltigkeit" (2001-2004); Leiterin des Arbeitskreises „Nachhaltige Schülerfirmen" im Raum Cloppenburg; seit 5/2007 betreuende Mitarbeiterin im DBU-Pilotprojekt „Nachhaltiges Wirtschaften erfahren an Grundschulen".

Harry Noormann, Prof. Dr.

Professor für Evangelische Theologie und Religionspädagogik und Vorsitzender der Arbeitsgruppe Interkulturelle Pädagogik (AG Interpäd) an der Philosophischen Fakultät der Leibniz Universität Hannover. Schwerpunkte in Lehre und Forschung: Theorie und Praxis der ökumenischen und interreligiösen Didaktik, Geschichte des Christentums, Interkulturelle Bildung, Religion und Bildung im kulturellen Kontext.

Horst Rode, Dr.

Forschungstätigkeiten u.a. am IPN in Kiel, an der FU Berlin und an den Universitäten Hannover und Lüneburg, freiberuflich im Bereich empirischer Bildungsforschung tätig. Schwerpunkte in Lehre und Forschung: Methoden empirischer Sozialforschung, Forschungs- und Entwicklungsarbeit im Bereich Umweltbildung/Bildung für Nachhaltige Entwicklung, Interkulturelle Pädagogik, Globales Lernen.

Ina Rust, Dr.

Lehr- und Forschungstätigkeiten an den Universitäten Kassel, Göttingen, Augsburg und Hannover. In Hannover beschäftigt am Institut für Sachunterricht und Interdisziplinäre Didaktik. Schwerpunkte in Lehre und Forschung: E-Learning in der Hochschul- bzw. Schuldidaktik des Sachunterrichts sowie sozialwissenschaftliche Technik-, Risiko-, Wissenschafts- und Nachhaltigkeitsforschung.

Tobias Schlömer

Dipl.-Hdl., Carl von Ossietzky Universität Oldenburg, Institut für Betriebswirtschafslehre und Wirtschaftspädagogik, Fachgebiet Berufs- und Wirtschaftspädagogik. Schwerpunkte in Lehre und Forschung: Berufliche Bildung für eine nachhaltige Entwicklung, Personalentwicklung.

Ute Stoltenberg, Prof. Dr.

Seit 1995 Professorin für Sachunterricht und seine Didaktik im Fachbereich Erziehungswissenschaften der Universität Lüneburg, Geschäftsführende Leiterin des Instituts für integrative Studien, seit 1999 auch Lehre und Forschung im Institut für Umweltkommunikation, seit 2000 Lehre (Umweltbildung) an der Freien Universität Bozen, Italien. Schwerpunkte in Lehre und Forschung: Bildung für Nachhaltige Entwicklung (Elementarbereich, Grundschule, berufsbildende Schulen für den sozialpädagogischen Bereich, außerschulische Bildung, Lehrerbildung), nachhaltige Regionalentwicklung/Lokale Agenda 21.

Walter Tenfelde, Prof. Dr.
Universität Hamburg, Sektion 3 für Berufliche Bildung und Lebenslanges Lernen.
Schwerpunkte in Lehre und Forschung: Didaktik der Industriebetriebslehre, Betriebliche Aus- und Weiterbildung, Berufliche Bildung für eine nachhaltige Entwicklung.

Birgit Weber, Prof. Dr.
Professur für Didaktik der Sozialwissenschaften an der Universität Bielefeld, stellvertretende Vorsitzende der Deutschen Gesellschaft für ökonomische Bildung, Mitwirkung an den Bildungsstandards für ökonomische Bildung, dem Kerncurriculum Beruf-Haushalt-Technik-Wirtschaft, den Rahmenplänen für Wirtschaft-Arbeit-Technik in Brandenburg. Schwerpunkte in Lehre und Forschung: Ökonomische Bildung, Konsumentenbildung, Berufsorientierung, Bildung für Nachhaltigkeit und Selbstständigkeit, Handlungsorientierte Methoden, Gesellschaftliche Weltbilder von Kindern und Jugendlichen.

Eveline Wuttke, Prof. Dr.
Kaufmännische Ausbildung, Studium der Wirtschaftspädagogik, Professorin für Wirtschaftspädagogik am Fachbereich Wirtschaftswissenschaften der Johann Wolfgang Goethe-Universität Frankfurt. Schwerpunkte in Lehre und Forschung: Gestaltung innovativer Lehr-Lern-Arrangements, blended learning, Messung komplexer Kompetenzen, Voraussetzungen und Bedingungen von Lernprozessen, Berufsbildung im internationalen Vergleich, Unterrichtskommunikation, Lernen aus Fehlern, Langeweile in der Schule, Messung von Problemlösefähigkeit, ökonomische Bildung.

Peter Lang · Internationaler Verlag der Wissenschaften

Katrin Hauenschild / Dietmar Bolscho

Bildung für Nachhaltige Entwicklung in der Schule

Ein Studienbuch
2., durchgesehene Auflage

Frankfurt am Main, Berlin, Bern, Bruxelles, New York, Oxford, Wien, 2007.
135 S., zahlr. Tab. und Graf.
Umweltbildung und Zukunftsfähigkeit. Herausgegeben von Dietmar Bolscho.
Bd. 4
ISBN 978-3-631-57435-5 · br. € 14.80*

Nachhaltige Entwicklung (sustainable development) ist seit der Rio-Konferenz zu Umwelt und Entwicklung 1992 in Rio de Janeiro zum Leitbild internationaler und nationaler Umweltpolitik geworden. Umweltpädagogik hat dieses Leitbild aufgegriffen und Konzepte zur Bildung für Nachhaltige Entwicklung in Theorie und Praxis ausgeformt. Ein Defizit ist die noch nicht hinreichende Verbreitung von Bildung für Nachhaltige Entwicklung im schulischen und universitären Alltag. Dieses Studienbuch soll dazu beitragen, Studierende und Lehrende zur Auseinandersetzung mit dem Leitbild Nachhaltige Entwicklung in seiner pädagogischen Bedeutung anzuregen. Es werden Entwicklung und Diskussionsstand zu Bildung für Nachhaltige Entwicklung aufbereitet und die zentralen konzeptionellen Bezugspunkte und Praxisbeispiele dargestellt.

Aus dem Inhalt: Entwicklung von der Umweltbildung zur Bildung für Nachhaltige Entwicklung · Leitlinien · Curriculare Rahmenbedingungen und didaktische Prinzipien von Bildung für Nachhaltige Entwicklung · Praxisbeispiele · Forschungsperspektiven

Frankfurt am Main · Berlin · Bern · Bruxelles · New York · Oxford · Wien
Auslieferung: Verlag Peter Lang AG
Moosstr. 1, CH-2542 Pieterlen
Telefax 00 41 (0) 32 / 376 17 27

*inklusive der in Deutschland gültigen Mehrwertsteuer
Preisänderungen vorbehalten
Homepage http://www.peterlang.de